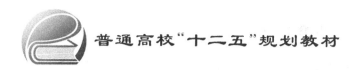

普通高校"十二五"规划教材

建筑制图与阴影透视

（第二版）

赵景伟　魏秀婷　张晓玮　编著

北京航空航天大学出版社

内 容 简 介

本书共三篇计24章。上篇画法几何，主要内容有建筑制图的基本知识，投影的基本知识，点、线、面的投影，直线与平面、平面与平面的相对位置，换面法，曲线与曲面，基本形体的投影，立体的截交线与相贯线，组合体的投影图，标高投影和轴测投影。中篇专业制图，主要内容有房屋建筑的图样画法，建筑施工图，房屋结构图和室内装修施工图。下篇阴影透视，主要内容有建筑阴影概述，平面立体及平面建筑形体的阴影，曲面立体的阴影，轴测图上的阴影，透视投影的基本知识，透视图的作图方法，透视图的辅助画法，曲面体的透视以及透视图中的阴影、倒影和虚像。

书中的专业制图部分是根据住房与城乡建设部颁布实施的最新标准编写完成的。

本书可作为高等学校本科土木工程、建筑学、城市规划和艺术设计等专业的教材，也可供其他类型学校如职业技术学院、成人教育学院和电视大学等相关专业选用。

与本书配套的赵景伟等编著的《建筑制图与阴影透视习题集(第二版)》同时由北京航空航天大学出版社出版，可供选用。

图书在版编目(CIP)数据

建筑制图与阴影透视 / 赵景伟等编著. -- 2版. -- 北京：北京航空航天大学出版社，2012.5
 ISBN 978-7-5124-0490-8

Ⅰ. ①建… Ⅱ. ①赵… Ⅲ. ①建筑制图－透视投影－高等学校－教材 Ⅳ. ①TU204

中国版本图书馆CIP数据核字(2011)第124980号

版权所有，侵权必究。

建筑制图与阴影透视(第二版)
赵景伟　魏秀婷　张晓玮　编著
责任编辑：金友泉

*

北京航空航天大学出版社出版发行

北京市海淀区学院路37号(邮编100191)　http://www.buaapress.com.cn
发行部电话：(010)82317024　传真：(010)82328026
读者信箱：http://www.buaapress.com　邮购电话：(010)82316936
北京建宏印刷有限公司印装　各地书店经销

*

开本：787×1 092　1/16　印张：26　字数：666千字
2012年5月第2版　2021年12月第4次印刷　印数：9 001～10 000册
ISBN 978-7-5124-0490-8　定价：59.00元

若本书有倒页、脱页、缺页等印装质量问题，请与本社发行部联系调换。联系电话：(010)82317024

第一版前言

本书是根据作者承担的建筑制图与阴影透视教学改革项目,并结合原国家教委于1995年批准印发的《画法几何及土木建筑制图课程教学基本要求(土建、水利类专业使用)》进行编写的。书中采用了中华人民共和国建设部于2002年颁布实施的最新6项建筑制图标准。

本书共分为三篇:上篇画法几何,中篇专业制图和下篇阴影透视。

上篇主要阐明画法几何的基本知识和规律,内容做到由浅入深、由简及繁,把握画法几何各知识点,使之环环相扣,具有较强的系统性。文中较少采用烦琐冗长的字句进行解释,力求简洁明了;重要的作图大都选择了分步图的形式;对基本概念、投影规律以及较为复杂的投影图,都绘制了空间示意图。

中篇主要阐明建筑图样的画法,详述建筑施工图、房屋结构图和室内装修施工图的制图标准。工程图样是设计文件的主要组成部分,是指导施工和生产的重要依据。作为建筑工程设计最后阶段的施工图设计,是相对微观、定量和实施性的设计。如果说方案和初步设计的重心在于确定做什么,那么施工图设计的重心则在于如何做。逻辑不清、交代不详、错漏百出的施工图,必然导致施工费时费力,反复修改,对某些工种的设计无法合理使用或留下隐患,从而造成经济上的损失,甚至发生工程事故。因此,在学习中一定要养成一丝不苟、严谨细致的工作作风,严格遵守各项国家建筑制图标准。

下篇主要阐明建筑阴影透视的基本知识、原理和作法,选用大量的具有时代气息的建筑效果图,力求理论与实践统一。学生通过对该部分的学习,能熟练地绘制建筑透视阴影图,以充分表达设计构思和设计意图。

本书的一个特点是加强了建筑学和城市规划专业对专业制图的学习,同时也使土木工程专业对建筑阴影透视有较好的认识。

本书以及与之配套的《建筑制图与阴影透视习题集》可以作为高等学校工科土木工程、建筑学、城市规划、艺术设计等专业的教材,也可供其他类型学校如职业技术学院、成人教育、电视大学等相关专业以及建筑工程技术人员选用。

本书授课计划100~120学时。采用本教材时,可根据各专业的具体情况,由教师酌情取舍。

本书由山东科技大学土木建筑学院建筑系组织编写。在编写中吸收和借鉴了国内外同行专家的先进经验和成果,在此表示衷心的感谢!

参加本书编写工作的有赵景伟(绪论、第1、4、9~第18、20、22、23章)、魏秀婷(第2、3、5~第8章)、张晓玮(第19、21章)。

本书在编写和出版中得到了山东科技大学土木建筑学院吕爱钟教授、王来教授、吕京庆教授的大力支持和帮助,也得到了北京航空航天大学出版社的热情帮助,在此表示衷心的感谢!

本书是对土木工程、建筑学等专业制图教学相结合的一种尝试,书中会有不足之处,敬请广大同仁和读者批评指正。

编　者

2004年10月

第二版前言

本教材第一版,参加了山东省高等学校优秀教材的评选工作,并获得优秀教材二等奖的成绩。此后,作者结合多年以来的教学工作,萌发了对该教材进行修订再版的想法,并在北京航空航天大学出版社的大力支持下,想法得以实现。

教材第二版在内容上增加了关于混凝土结构平法施工图、轴测图上绘制阴影的内容,主要是考虑到现代建筑工程制图的需要。

本书由山东科技大学土木建筑学院城市规划系组织修订,在修订中参考了大量的有关著作,在此对这些编著者表示衷心的感谢!

本书在第二版修订的过程中,得到了北京航空航天大学出版社的热情帮助,在此表示衷心的感谢!

本书如有疏漏之处,敬请广大同仁和读者批评指正。

编 者
2011 年 10 月

目 录

绪 论

上篇 画法几何

第1章 建筑制图的基本知识
  1.1 制图工具、仪器及使用方法⋯⋯ 7
  1.2 制图的基本规格 ⋯⋯⋯⋯⋯⋯ 9
  1.3 几何作图 ⋯⋯⋯⋯⋯⋯⋯⋯ 22
  1.4 平面图形分析及作图步骤⋯⋯ 28

第2章 投影的基本知识
  2.1 投影法概述 ⋯⋯⋯⋯⋯⋯⋯ 31
  2.2 正投影的特征 ⋯⋯⋯⋯⋯⋯ 33
  2.3 三面投影图 ⋯⋯⋯⋯⋯⋯⋯ 34

第3章 点、线、面的投影
  3.1 点的投影 ⋯⋯⋯⋯⋯⋯⋯⋯ 37
  3.2 直线的投影 ⋯⋯⋯⋯⋯⋯⋯ 41
  3.3 平面的投影 ⋯⋯⋯⋯⋯⋯⋯ 48

第4章 直线与平面、平面与平面的相对位置
  4.1 直线与平面的相对位置⋯⋯⋯ 54
  4.2 平面与平面的相对位置⋯⋯⋯ 62
  4.3 点、直线和平面的综合解题 ⋯ 70

第5章 换面法
  5.1 换面法的基本概念⋯⋯⋯⋯⋯ 77
  5.2 点的投影变换⋯⋯⋯⋯⋯⋯⋯ 77
  5.3 直线的投影变换⋯⋯⋯⋯⋯⋯ 79
  5.4 平面的投影变换⋯⋯⋯⋯⋯⋯ 81
  5.5 换面法解题举例⋯⋯⋯⋯⋯⋯ 83

第6章 曲线与曲面
  6.1 曲 线⋯⋯⋯⋯⋯⋯⋯⋯⋯⋯ 87

  6.2 曲面概述⋯⋯⋯⋯⋯⋯⋯⋯ 90
  6.3 建筑物中常见的非回转曲面 ⋯⋯⋯⋯⋯⋯⋯⋯⋯⋯⋯⋯ 92
  6.4 螺旋面⋯⋯⋯⋯⋯⋯⋯⋯⋯ 97

第7章 基本形体的投影
  7.1 平面立体的投影 ⋯⋯⋯⋯⋯ 102
  7.2 曲面立体的投影 ⋯⋯⋯⋯⋯ 105

第8章 立体的截交线与相贯线
  8.1 概 述⋯⋯⋯⋯⋯⋯⋯⋯⋯ 111
  8.2 平面与平面立体相交 ⋯⋯⋯ 111
  8.3 平面与曲面立体相交 ⋯⋯⋯ 113
  8.4 两平面立体相交 ⋯⋯⋯⋯⋯ 117
  8.5 平面立体和曲面立体相交 ⋯ 121
  8.6 两曲面立体相交 ⋯⋯⋯⋯⋯ 122

第9章 组合体的投影图
  9.1 组合体的形成和投影图画法 ⋯⋯⋯⋯⋯⋯⋯⋯⋯⋯⋯⋯ 128
  9.2 组合体的尺寸标注 ⋯⋯⋯⋯ 131
  9.3 阅读组合体的投影图 ⋯⋯⋯ 134

第10章 标高投影
  10.1 点和直线的标高投影 ⋯⋯⋯ 139
  10.2 平面的标高投影⋯⋯⋯⋯⋯ 142
  10.3 曲线、曲面和曲面体的标高投影 ⋯⋯⋯⋯⋯⋯⋯⋯⋯⋯⋯ 147
  10.4 相交问题的工程实例 ⋯⋯⋯ 149

第11章 轴测投影
  11.1 轴测投影的基本知识⋯⋯⋯ 152
  11.2 正轴测投影 ⋯⋯⋯⋯⋯⋯⋯ 154
  11.3 平面立体的正轴测图画法 ⋯⋯⋯⋯⋯⋯⋯⋯⋯⋯⋯⋯ 156
  11.4 平行于坐标面的圆的正轴测图

……………………………………… 162

　11.5　曲面立体的正轴测图画法

　　……………………………………… 163

　11.6　斜轴测图……………… 166

中篇　专业制图

第12章　房屋建筑的图样画法

　12.1　投影法……………… 175

　12.2　剖面图……………… 178

　12.3　断面图……………… 184

　12.4　简化画法…………… 185

　12.5　应用举例…………… 188

第13章　建筑施工图

　13.1　概　述……………… 191

　13.2　设计(总)说明和总平面图

　　……………………………………… 199

　13.3　建筑平面图…………… 204

　13.4　建筑立面图…………… 210

　13.5　建筑剖面图…………… 212

　13.6　建筑详图……………… 216

　13.7　建筑施工图的画法………… 222

第14章　房屋结构图

　14.1　概　述……………… 229

　14.2　楼层结构平面图……… 237

　14.3　钢筋混凝土构件详图… 241

　14.4　基础平面图和基础详图…… 245

　14.5　楼梯结构详图………… 250

　14.6　钢结构图……………… 254

　14.7　钢筋混凝土结构施工图平面

　　　　整体表示方法………… 262

第15章　室内装修施工图

　15.1　平面布置图…………… 276

　15.2　楼地面装修图………… 278

　15.3　室内立面装修图……… 279

　15.4　顶棚平面图…………… 280

　15.5　节点装修详图………… 281

下篇　阴影透视

第16章　建筑阴影概述

　16.1　建筑阴影的基本知识……… 285

　16.2　点和直线的落影……… 286

　16.3　直线的落影规律……… 290

　16.4　平面的落影…………… 294

第17章　平面立体及平面建筑形体的阴影

　17.1　平面立体的阴影……… 298

　17.2　建筑形体的阴影……… 301

第18章　曲面立体的阴影

　18.1　圆柱与圆锥的阴影…… 311

　18.2　形体在圆柱面上的落影…… 315

　18.3　形体在圆锥面上的落影…… 318

　18.4　回转体的阴影………… 319

第19章　轴测投影图上的阴影

　19.1　平行光线下的阴影作图…… 325

　19.2　中心辐射光线下的阴影作图

　　……………………………………… 333

第20章　透视投影的基本知识

　20.1　概　述……………… 337

　20.2　点和直线的透视规律… 342

　20.3　透视图的选择………… 346

第21章　透视图的作图方法

　21.1　迹点灭点法…………… 352

　21.2　量点法………………… 358

　21.3　网格法………………… 363

　21.4　三点透视的画法……… 367

第22章　透视图的辅助画法

　22.1　灭点在图板外的透视画法

　　……………………………………… 372

22.2 建筑细部的简捷画法……… 375
22.3 透视图的放大……………… 379
22.4 三点透视的辅助画法……… 380

第23章 曲面体的透视

23.1 圆的透视………………… 382
23.2 圆柱和圆锥的透视……… 384
23.3 其他曲面体的透视……… 387

第24章 透视图中的阴影、倒影和虚像

24.1 透视阴影的光线…………… 390
24.2 建筑透视阴影的作图……… 393
24.3 倒影和虚像………………… 401

参考文献

绪　　论

1. 本课程的性质、地位

在建筑工程中,无论是建造厂房、住宅、学校、桥梁、道路、商场或其他建筑,都要依据图样进行表现和施工。这是因为建筑的形状、尺寸、设备及装修等都是很难用人类语言或文字描述清楚的。

在建筑工程技术中,把能够表达房屋建筑的外部形状、内部布置、地理环境、结构构造及装修装饰等的图样称为**建筑工程图**。建筑技术人员只有通过绘制一系列的图样来表达设计构思,进行技术交流,所以图纸是各项建筑工程不可缺少的重要技术资料。

建筑工程图作为工程制图的一种类别,同样被喻为"工程技术界的共同语言"。此外,它还是一种国际语言,因为各国的图纸是根据统一的投影理论绘制出来的,各国的建筑工程技术界之间经常以建筑工程图为媒介,进行研讨、交流、竞赛和招标等活动。

本课程作为土木工程、建筑学及城市规划等专业必修的专业技术基础课,主要培养学生绘图、读图、图解和表达的能力,为后续课程、各种实习、设计以及将来的工作打下坚实的基础。

2. 本课程的任务

本课程分为画法几何、专业制图和阴影透视三篇。

画法几何是专业制图和阴影透视的理论基础,主要研究在平面上如何用图形来表达空间的几何形体,以及如何运用几何作图来解决空间几何问题的基本理论和方法。

专业制图是应用画法几何原理绘制和阅读建筑图样的一门技术。通过专业制图的学习,应掌握建筑工程制图的内容与特点,初步掌握绘制和阅读专业建筑图样的方法,能正确、熟练地绘制和阅读中等复杂程度的平面、立体及剖面图,详图以及结构较为简单(如钢筋混凝土结构、砖混结构等)的图样。

阴影透视图是职业建筑师、规划师的基本技能之一。通过阴影透视图的学习,应掌握绘制阴影透视图的原理和技能,提高建筑方案的表达能力。

本课程的主要任务是:

(1) 学习各种投影法(正投影法、轴测投影法、标高投影法和透视投影法)的基本理论及其应用。

(2) 研究常用的图解方法,培养空间几何问题的图解能力。

(3) 培养绘制和阅读建筑工程图的能力。

(4) 培养和发展空间想象能力和空间构思能力。

(5) 培养绘制建筑物阴影透视图的能力。

(6) 培养学生认真细致、一丝不苟的工作作风,将良好的、全面的素质培养和思想品德修养贯穿于教学的全过程。

此外,在学习本课程的过程中,还必须注重自学能力、分析问题和解决问题的能力以及审美能力的培养。

3. 本课程的学习方法

本课程具有相当强的实践性，只有通过认真完成一定数量的绘图作业和习题，正确运用各种投影法的规律，才能不断地提高空间想象能力和空间思维能力。

(1) 端正态度，刻苦钻研。本课程一般安排在一年级，对于刚刚进入大学的学生来说，还没有适应大学课堂教学的特点。所以，必须端正学习态度，锲而不舍，克服困难，不断进取。

(2) 大力培养空间想象能力和空间思维能力。任何一个物体都有三个向度(长度、宽度、高度)，习惯上称为三维形体，而在图纸上表达三维形体，必须通过二维图形来实现，因此需要建立由"三维"到"二维"、由"二维"到"三维"的转换能力。对于初学者来说，培养空间想象能力和空间思维能力是本门课程的最大困难，有的学生直到课程结束，还是没有建立"二维"、"三维"之间的相互转换或者不能由物画图、由图画物。在学习中，必须下大力通过各种途径培养这些能力。

(3) 要培养解题能力。本课程的另一个困难是"听易做难"：听课简单，一听就会；做题犯难，绞尽脑汁也不尽其然。解决这类问题，一定要将空间问题拿到空间去分析研究，决定解题的方法和步骤。

(4) 充分认识点、直线、平面投影的重要性。这些内容包括点、直线、平面的投影及直线、平面之间的相对位置，一般在课程的前面学习；而后面大部分内容如立体、截交线、相贯线、阴影及透视等都是以此为基础的。如果这一部分没学好，下面的内容就变得极为困难。

(5) 养成良好的课前预习、课后复习的习惯。上课前应预习教材，善于发现问题，带着问题听教师讲课。课后要及时复习，图文结合，吃透教材。

(6) 认真完成作业，不懂就问。作业是检验听课效果的有效方式，同时通过作业，还可以再进一步复习、巩固所学内容。遇到不懂或不清楚的问题要勇于向教师提问，或同其他同学商讨、解决。

(7) 严格要求，作图要符合国家标准。施工图是施工的重要依据，图纸上一字一线的差错都会给建设事业造成巨大的损失。所以，从初学开始，就要养成认真负责，力求符合国家标准的工作态度。

4. 工程制图发展概述

有史以来，人类试图用图形来表达和交流思想，从远古洞穴中的石刻可以看出，在没有语言、文字前，图形就是一种有效的交流思想的工具。考古发现，早在公元前2 600年就出现了可以成为工程图样的图，那是一幅刻在泥板上的神庙地图。直到公元1500年文艺复兴时期，才出现将平面图和其他多面图画在同一幅画面上的设计图。1795年，法国著名科学家加斯帕·蒙日将各种表达方法归纳，发表了《画法几何》著作，蒙日所说明的画法是以互相垂直的两个平面作为投影面的正投影法。蒙日方法对世界各国科学技术的发展产生巨大影响，并在科技界，尤其在工程界得到广泛的应用和发展。

中国是世界上文化发达最早的国家之一。在数千年的悠久历史中，勤劳智慧的劳动人民创造了光辉灿烂的文化。历代封建王朝，统治阶级都曾大兴土木，为自己修建宫殿、苑囿和陵寝。

1977年冬，河北省平山县出土了公元前323—309年的战国中山王墓，在大批出土的青铜器中发现一块长94 cm、宽48 cm、厚约1 cm的铜板，上面用镶嵌金银线表示出国王、两位皇后、两位夫人的坟墓和相应享堂的位置和尺寸，这也是世界上罕见的最早工程图样。该图是用

1∶500 的比例绘制成图,其绘图原理酷似现代图学中的正投影法,这说明我国在 2 300 多年前就有了正投影法表达的工程图样。

中国古代传统的工程制图技术,与造纸术一起于唐代同一时期(公元 751 年后)传到西方。公元 1100 年宋代李诫(字明仲)所著的雕版印刷的《营造法式》中,有图样 6 卷,约 1 000 余幅图,是世界上最早的一部建筑规范巨著,对建筑技术、用工用料估算以及装修等都有详细的论述,充分反映了 900 多年前中国工程制图技术的先进和高超。

新中国成立后,随着社会主义建设事业蓬勃发展和对外交流的日益增长,工程制图学科得到飞快发展,学术活动频繁,画法几何、射影几何、透视投影等理论的研究得到进一步深入,并广泛与生产、科研相结合。国家适时制订了相应的制图标准,制图的理论、应用以及制图技术,都有了前所未有的发展。

随着电子计算机的诞生和发展,计算机辅助设计(Computer Aided Design,CAD)使制图技术产生了根本性的革命。CAD 技术是以计算机绘图(Computer Graphies,CG)为基础而发展起来的一种新技术,是建立于图形学、应用数学和计算机科学三者的基础上,应用计算机及其图形输入、输出设备,实现图形显示、辅助设计与绘图的一门新兴学科。我国在"八五"期间提出"甩掉图板",在"九五"期间大力推广应用计算机辅助设计技术。利用计算机绘图可以完全取代手工绘图,使工程设计人员真正从手工设计绘图的繁琐、低效和重复性的劳动中解脱出来,使之集中于创造性的劳动、控制设计的全过程,以缩短设计周期,提高设计质量,降低成本。

在我国,除了国外一批先进的图形、图像软件如 AutoCAD、Pro/Engineer、3D Studio MAX、Adobe Photoshop 等得到广泛使用外,我国自主开发的一批国产绘图软件,如天正建筑 CAD、开目 CAD、凯图 CAD、CAXA 电子图板等也在设计、教学、科研生产单位得到广泛使用。随着科学技术的迅猛发展,计算机辅助设计必然能够发挥越来越重要的作用。

上 篇
画 法 几 何

- 建筑制图的基本知识
- 投影的基本知识
- 点、线、面的投影
- 直线与平面、平面与平面的相对位置
- 换面法
- 曲线与曲面
- 基本形体的投影
- 立体的截交线与相贯线
- 组合体的投影图
- 标高投影
- 轴测投影

第1章 建筑制图的基本知识

1.1 制图工具、仪器及使用方法

充分了解各种制图工具、仪器的性能,熟练掌握正确的使用方法,经常注意保养维护,是保证制图质量,加快制图速度,提高制图效率的必要条件之一。

1. 铅笔

铅笔分为木铅笔和活动铅笔两种类型。通常铅芯有不同的硬度,分别用 B、H、HB 表示。标号 B、2B、…、6B 表示软铅芯,数字越大表示铅芯越软;标号 H、2H、…、6H 表示硬铅芯,数字越大表示铅芯越硬;HB 表示不软不硬。画底稿时,一般用 H 或 2H,图形加深常用 B、2B 或 HB。削铅笔时应将铅笔尖削成锥形,铅芯露出长度为 6~8 mm,注意不要削有标号的一端,如图 1-1 所示。

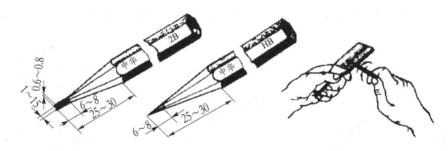

图 1-1 铅笔的使用方法

使用铅笔绘图时,用力要均匀,用力过小则绘图不清楚,用力过大则会划破图纸或在纸上留下凹痕甚至折断铅芯。画长线时,要一边画一边旋转铅笔,这样可以保持线条的粗细一致。画线时的姿势,从侧面看笔身要铅直,从正面看,笔身要倾斜约 60°。

2. 图板

图板用于固定图纸,作为绘图的垫板,板面一定要平整,硬木工作边要保持笔直。图板有大小不同的规格,通常比相应的图幅略大,画图时板身略为倾斜比较方便。图纸的四角用胶带纸粘贴在图板上,位置要适中,如图 1-2 所示。注意:切勿用小刀在图板上裁纸,同时应注意防止潮湿、曝晒及重压等对图板的破坏。

3. 丁字尺

丁字尺由尺头和尺身组成,是用来与图

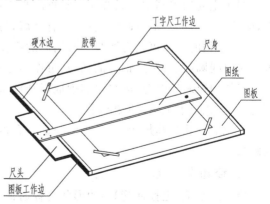

图 1-2 图板与丁字尺

板配合画水平线的工具。图1-2中，尺身的工作边（有刻度的一边）必须保持平直光滑。在画图时，尺头只能紧靠在图板的左边（不能靠在右边、上边或下边）上下移动，画出一系列的水平线，或结合三角板画出一系列的垂直线，如图1-3所示。

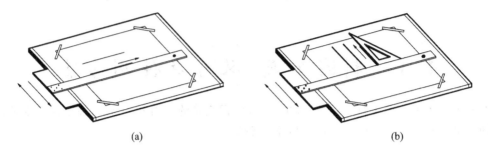

图1-3 丁字尺的使用

丁字尺在使用时，切勿用小刀靠近工作边裁纸，用完之后要挂起，防止丁字尺变形。

4. 三角板

一副三角板有30°×60°×90°和45°×45°×90°两块。三角板的长度有多种规格，如25 cm、30 cm等。绘图时应根据图样的大小，选用相应长度的三角板。三角板除了结合丁字尺画出一系列的垂直线外，还可以配合画出15°、30°、45°、60°及75°等角度的斜线，如图1-4所示。

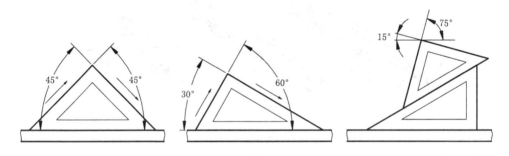

图1-4 画15°、30°、45°、60°及75°的斜线

5. 圆规和分规

圆规主要用来画圆或画圆弧。常见的是三用圆规，定圆心的一条腿的钢针，两端都为圆锥形，应选用台肩的一端（圆规针脚一端有台肩，另一端没有）放在圆心，并可按需要适当调节长度；另一条腿的端部可按需要装上有铅芯的插腿，可绘制铅笔线圆（弧）；装上墨线笔头的插腿可绘制墨线圆（弧）；装上钢针的插腿，可作为分规使用。

当使用铅芯绘图时，应将铅芯削成斜圆柱状，斜面向外，并且应将定圆心的钢针台肩调整到与铅芯（或墨水笔头）的端部平齐。

分规的形状与圆规相似，只是两腿都装有钢针，用来量取线段的长度，或用来等分直线段或圆弧。

6. 绘图墨水笔

绘图墨水笔（也称针管笔）的形状与普通钢笔差不多，笔尖为一针管，内有通针，针管有不同的规格，以便画出不同的线宽的墨线，如图1-5所示。由于绘图墨水笔可以存储墨水，所以在绘图中无须经常加墨水。为保证墨水能顺利流出，应使用不含杂质的碳素墨水或专用绘图墨水。绘图时笔的正面稍向前倾,笔的侧面垂直纸面。长期不使用时,应将笔管和笔尖清洗干净,防止墨水笔内干涸,影响下次使用。

图1-5 绘图墨水笔

7. 比例尺

比例尺常制成三棱柱状,所以也称为三棱尺。比例尺的三个棱面上共刻有1∶100、1∶200、1∶300、1∶400、1∶500和1∶600六种比例。比例尺上的数字均以米为单位,使用时,只需将实际尺寸按绘图的比例,在相应的棱面刻度上量取即可。例如,要以1∶100的比例尺画3 600 mm,只要在比例尺的1∶100刻度上找到单位长度1 m,并量取从0到3.6 m刻度点的长度就可以了。

8. 曲线板

曲线板是用于画非圆曲线的工具。首先要定出曲线上足够数量的点,徒手将各点连成曲线,然后选用曲线板上与所画曲线吻合的一段,沿着曲线板边缘将该段曲线画出,然后依次连续画出其他各段。注意前后两段应有一小段重合,曲线才显得圆滑,如图1-6所示。

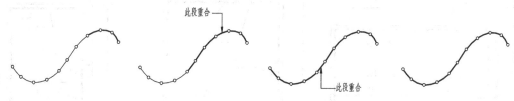

图1-6 用曲线板画曲线

9. 其 他

绘图时常用的其他用品还有图纸、小刀、橡皮、擦线板、胶带纸、细砂纸、排笔、专业模板、数字模板和字母模板等。

1.2 制图的基本规格

为了使房屋建筑制图规格基本统一,图面清晰简明,保证图面质量,符合设计、施工、存档的要求,以适应新时期工程建设的需要。由建设部会同有关部门共同对原六项标准进行了修订,并于2002年3月1日起实施。实施后的六项标准分别是:《房屋建筑制图统一标准》(GB/T 50001—2001)、《总图制图标准》(GB/T 50103—2001)、《建筑制图标准》(GB/T 50104—2001)、《建筑结构制图标准》(GB/T 50105—2001)、《给水排水制图标准》(GB/T 50106—2001)和《暖通空调制图标准》(GB/T 50114—2001)。标准的基本内容包括对图幅、字体、图线、比例、尺寸标注、专用符号、代号、图例、图样画法及专用表格等项目的规定,这些都是建筑工程制图必须统一的内容。

1.2.1 图纸幅面

图纸幅面是指图纸本身的大小规格。图框是图纸上所供绘图范围的边线。图纸幅面及图框尺寸,应符合表1-1的规定及图1-7的格式。

表1-1 幅面及图框尺寸 单位:mm

尺寸代号	幅面代号				
	A0	A1	A2	A3	A4
$b×l$	841×1 189	594×841	420×594	297×420	210×297
c	10			5	
a	25				

A0～A3图纸宜采用横式(以图纸短边作垂直边),必要时也可采用竖式(以图纸短边作水平边),如图1-7所示。一个工程设计中,每个专业所使用的图纸,不宜多于两种幅面(不含目录及表格所采用的A4幅面)。需要微缩复制的图纸,其一个边上应附有一段精确米制尺度,四个边上均应附有对中标志,对中标志应画在图纸各边长的中点处,线宽应为0.35 mm,线长从纸边界开始至伸入图框内约5 mm。

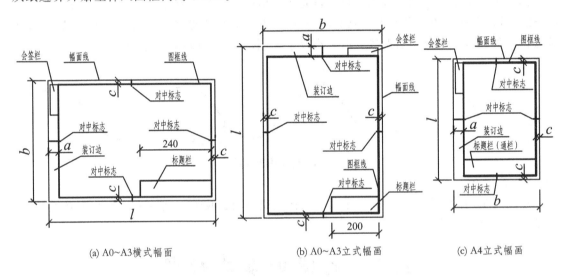

图1-7 图纸幅面

图纸的短边一般不应加长,长边可加长,但应符合表1-2的规定,有特殊需要的图纸可采用841 mm×891 mm与1 189 mm×1 261 mm的幅面。

表1-2 图纸长边加长尺寸 单位:mm

幅面代号	长边尺寸	长边加长后尺寸
A0	1 189	1 486,1 635,1 783,1 932,2 080,2 230,2 378
A1	841	1 051,1 261,1 471,1 682,1 892,2 102
A2	594	743,891,1 041,1 189,1 338,1 486,1 635,1 783,1 932,2 080
A3	420	630,841,1 051,1 261,1 471,1 682,1 892

1.2.2 图纸标题栏及会签栏

图纸标题栏用于填写工程名称、图名、图号以及设计人、制图人、审批人的签名和日期等，简称图标。图纸标题栏长边的长度应为240(200)mm，短边的长度，宜采用30(40、50)mm，如图1-8(a)所示。

会签栏应按图1-8(b)的格式绘制，其尺寸应为100 mm×20 mm，栏内应填写会签人员所代表的专业、姓名、日期。一个会签栏不够时，可另加一个，两个会签栏应并列，不需会签的图纸可不设会签栏。

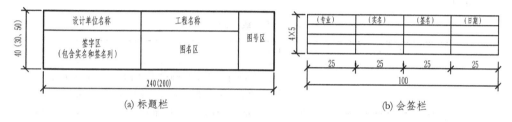

图1-8 标题栏和会签栏

在学习阶段，标题栏可采取图1-9的具体格式，不设会签栏。图框线、标题栏线和会签栏线的宽度，应按表1-3选用。

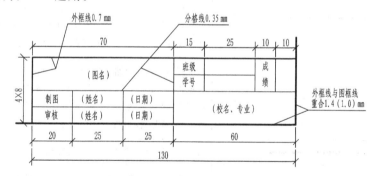

图1-9 学习阶段的标题栏

表1-3 图框线、标题栏线和会签栏线的宽度　　　　单位：mm

幅面代号	图框线	标题栏外框线	标题栏分格线及会签栏线
A0、A1	1.4	0.7	0.35
A2、A3、A4	1.0	0.7	0.35

1.2.3 图　线

在图纸上绘制的线条称为图线。工程图中的内容，必须采用不同的线型和线宽来表示。每个图样，应根据复杂程度与比例大小，先选定基本线宽b，再选用表1-4中相应的线宽组。应当注意：需要微缩的图纸，不宜采用0.18 mm及更细的线宽；在同一张图纸内，各不同线宽中的细线，可统一采用较细的线宽组的细线；同一张图纸内相同比例的各图样，应选用相同的线宽组。

表 1-4　线宽组　　　　　　　　　　　　　单位：mm

线宽比	线宽组					
b	2.0	1.4	1.0	0.7	0.5	0.35
$0.5b$	1.0	0.7	0.5	0.35	0.25	0.18
$0.25b$	0.5	0.35	0.25	0.18	—	—

建筑工程中,常用的几种图线的名称、线型、线宽和一般用途见表 1-5。图线在工程中的实际应用如图 1-10 所示。

表 1-5　线　型

名称	线型	线宽	一般用途
粗实线	————	b	主要可见轮廓线;平剖面图中被剖切的主要建筑构造(包括构配件)的轮廓线;建筑立面图或室内立面图的外轮廓线;详图中主要部分的断面轮廓线和外轮廓线;平、立、剖面图的剖切符号;总平面图中新建建筑物±0.00 高度的可见轮廓线;新建的铁路及管线;图名下横线
中粗实线	————	$0.5b$	建筑平、立、剖面图中一般构配件的轮廓线;平、剖面图中次要断面的轮廓线;总平面图中新建构筑物、道路、桥涵、围墙等设施的可见轮廓线;场地、区域分界线、用地红线、建筑红线、河道蓝线;新建建筑物±0.00 高度以外的可见轮廓线;尺寸起止符号
细实线	————	$0.25b$	总平面图中新建道路路肩、人行道、排水沟、树丛、草地、花坛等可见轮廓线;原有建筑物、构筑物、铁路、道路、桥涵、围墙的可见轮廓线;坐标网线、图例线、索引符号、尺寸线、尺寸界线、引出线、标高符号、较小图形的中心线等
粗虚线	----	b	新建建筑物、构筑物的不可见轮廓线
中粗虚线	----	$0.5b$	一般不可见轮廓线;建筑构造及建筑构配件不可见轮廓线;总平面图计划扩建的建筑物、构筑物、道路、桥涵、围墙及其他设施的轮廓线;洪水淹没线、平面图中起重机(吊车)轮廓线
细虚线	----	$0.25b$	总平面图上原有建筑物、构筑物和道路、桥涵、围墙等设施的不可见轮廓线;图例线
粗单点长画线	—·—·—	b	起重机(吊车)轨道线;总平面图中露天矿开采边界线
中粗单点长画线	—·—·—	$0.5b$	土方填挖区的零点线
细单点长画线	—·—·—	$0.25b$	分水线、中心线、对称线、定位轴线
粗双点长画线	—··—··—	b	地下开采区塌落界线
细双点长画线	—··—··—	$0.25b$	假想轮廓线、成型前原始轮廓线
折断线	—/\—	$0.25b$	无须画全的断开界线
波浪线	～～～	$0.25b$	无须画全的断开界线;构造层次的断开界线

画线时,还应注意以下几点:

(1) 单点长画线或双点长画线的线段长度应保持一致,约等于 15～20 mm,线段的间隔宜相等,如图 1-11(a)所示。

(2) 虚线的线段和间隔应保持长短一致,线段长约 3～6 mm,间隔约为 0.5～1 mm,如图 1-11(b)所示。

(3) 单点长画线、双点长画线的两端是线段,而不是点,如图 1-11(a)所示。

(4) 虚线与虚线、点画线与点画线、虚线或点画线与其他图线交接时,应是线段交接,如图 1-11(c)所示。

(5) 虚线与实线交接,当虚线在实线的延长线上时,不得与实线连接,应留有一间距,如图 1-11(d)所示。

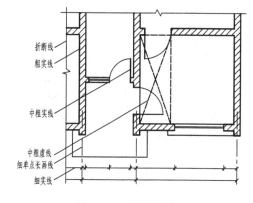

图 1-10 图线的应用

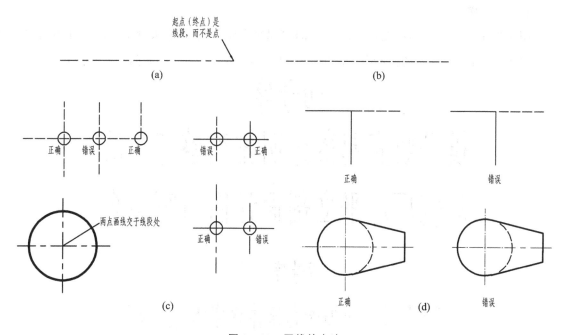

图 1-11 画线的方法

(6) 在较小的图形中绘制单点长画线及双点长画线有困难时,可用实线代替,如图 1-12 所示。

(7) 相互平行的图线,其间隙不宜小于其中的粗线宽度,且不宜小于 0.7 mm。

(8) 图线不得与文字、数字或符号重叠、混淆,不可避免时,应首先保证文字等的清晰。

(9) 折断线和波浪线应画出被断开的全部界线,折断线在两端分别应超出图形的轮廓线,而波浪线则应画至轮廓线为止,如图 1-13 所示。

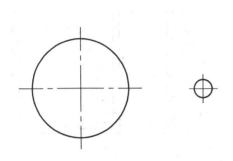
图1-12 大小圆中心线的画法

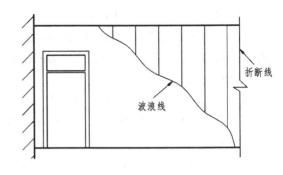
图1-13 折断线和波浪线

1.2.4 字体

图纸上所需书写的各种文字、数字、拉丁字母或其他符号等，均应用黑墨水书写，且要达到笔画清晰、字体端正、排列整齐，标点符号应清楚正确。

1. 汉字

图样及说明中的汉字，应遵守国务院公布的《汉字简化方案》和有关规定，书写成长仿宋体。长仿宋字体的字高与字宽的比例为$\sqrt{2}$，如图1-14所示。长仿宋字体高宽的关系见表1-6。

10号字

横平竖直起落分明排列整齐构思

建筑厂房平立剖面详图门窗阳台

7号字

工程图上应书写长仿宋体汉字体打好格子

楼梯一二三四五六七八九十制钢筋混凝土

5号字

大学院系专业班级材料预算招投标建设监理

尺寸大小空间绿化树木水体瀑数字严谨细致

图1-14 长仿宋字示例

表 1-6　长仿宋字体字高与字宽关系　　　单位：mm

字　高	20	14	10	7	5	3.5
字　宽	14	10	7	5	3.5	2.5

工程图上书写的长仿宋汉字，其高度应不小于 3.5 mm。在写字前，应先打格再书写。长仿宋字体的特点是：笔画横平竖直、起落分明、笔锋满格、字体结构匀称。书写时一定严格要求，认真书写。

2. 拉丁字母和数字

拉丁字母、阿拉伯数字或罗马数字同汉字并列书写时，它们的字高比汉字的字高宜小一号或两号，且不应小于 2.5 mm。

拉丁字母、阿拉伯数字或罗马数字都可以写成竖笔铅垂的直体字或竖笔与水平线成 75°的斜体字，如图 1-15 所示。小写的拉丁字母的高度应为大写字母高度 h 的 7/10，字母间距为 $2h/10$，上下行基准线间距最小为 $15h/10$。

ABCDEFGHIJ
KLMNOPQRS
TUVWXYZ
abcdefghijklm
nopqrstuvwxyz
1234567890
ABCabc1240 φ I V β

图 1-15　拉丁字母、数字示例

表示数量的数值，应用正体阿拉伯数字书写；各种计量单位凡前面有量值的，均应采用国家颁布的单位符号注写，例如三千五百毫米应写成 3 500 mm，三百五十二吨应写成 352 t 和五十千克每立方米应写成 50 kg/m³。

表示分数时，不得将数字与文字混合书写，例如：四分之三应写成 3/4，不得写成 4 分之 3，百分之三十五应写成 35%，不得写成百分之 35；表示比例数时，应采用数学符号，例如：一比二十应写成 1:20。

当注写的数字小于 1 时，必须写出个位的"0"，小数点应采用圆点，齐基准线书写，如 0.15、

0.004 等。

1.2.5 尺寸标注

建筑工程图中除了画出建筑物及其各部分的形状外,还必须准确、详尽和清晰地标注各部分实际尺寸,以确定其大小,作为施工的依据。

1. 尺寸的组成

图样上的尺寸,包括尺寸界线、尺寸线、尺寸起止符号和尺寸数字,如图 1-16 所示。尺寸界线应用细实线绘制,一般应与被注长度垂直,其一端应离开图样轮廓线不小于 2 mm,另一端宜超出尺寸线 2~3 mm,必要时,图样轮廓线可用做尺寸界线。尺寸线应用细实线绘制,应与被注长度平行。

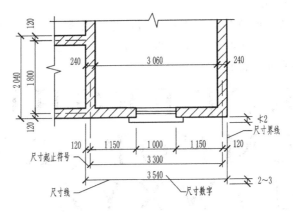

图 1-16 尺寸的组成

注意:图样本身的任何图线均不得用做尺寸线。尺寸起止符号一般用中粗斜短线绘制,其倾斜方向应与尺寸界线成顺时针 45°角,长度宜为 2~3 mm。

图样上的尺寸,应以尺寸数字为准,不得从图上直接量取。图样上的尺寸单位,除标高及总平面图以米为单位外,其他必须以毫米为单位,图上尺寸数字不再注写单位。尺寸数字应写在尺寸线的中部,在水平尺寸线上的应从左到右写在尺寸线上方,在铅直尺寸线上的,应从下到上写在尺寸线左方。

相互平行的尺寸线,应从被注写的图样轮廓线由近向远整齐排列,较小尺寸应离轮廓线较近,较大尺寸应离轮廓线较远;图样轮廓线以外的尺寸线,距图样最外轮廓之间的距离不宜小于 10 mm,平行排列的尺寸线之间的距离宜为 7~10 mm,并保持一致。总尺寸的尺寸界线应靠近所指部位,中间的分尺寸的尺寸界线可稍短,但其长度应相等。

2. 圆、圆弧、球的尺寸标注

圆和大于半圆的弧,一般标注直径,尺寸线通过圆心,用箭头作尺寸的起止符号,指向圆弧,并在直径数字前加注直径符号"φ"。较小圆的尺寸可以标注在圆外,如图 1-17 所示。

半圆和小于半圆的弧,一般标注半径;其尺寸线的一端从圆心开始,另一端用箭头指向圆弧,在半径数字前加注半径符号"R"。较小圆弧的半径数字,可引出标注,较大圆弧的尺寸线画成折线状,但必须对准圆心,如图 1-18 所示。

球的尺寸标注与圆的尺寸标注基本相同,只是在半径或直径符号(R 或 φ)前加注"S",如

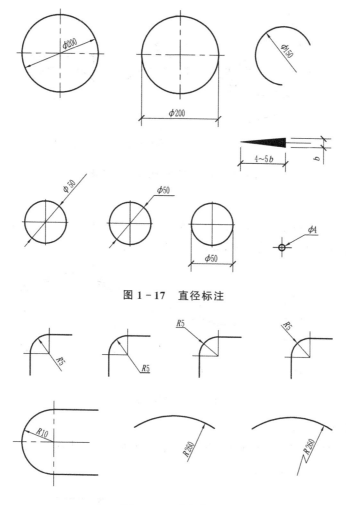

图 1-17 直径标注

图 1-18 半径标注

图 1-19 所示。

注意:直径尺寸还可标注在平行于任一直径的尺寸线上,此时须画出垂直于该直径的两条尺寸界线,且起止符号改用 45°中粗斜短线,如图 1-17 所示。

3. 角度、弧长、弦长的尺寸标注

角度的尺寸线,应以圆弧表示。该圆弧的圆心应是该角的顶点,角的两条边为尺寸界线,角度的起止符号应以箭头表示,如没有足够位置画箭头,可用小黑点代替。角度数字应水平书写,如图 1-20(a)所示。

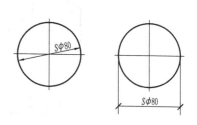

图 1-19 球径标注

弧长的尺寸线为与该圆弧同心的圆弧,尺寸界线应垂直于该圆弧的弦,起止符号应以箭头表示,弧长数字的上方应加注圆弧符号"⌒",如图 1-20(b)所示。

弦长的尺寸线应以平行于该弦的直线表示,尺寸界线应垂直于该弦,起止符号应以中粗斜短线表示,如图 1-20(c)所示。

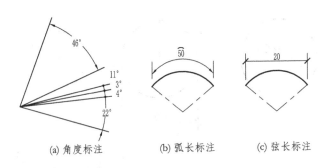

图 1-20 角度、弧长、弦长的尺寸标注

4. 坡度的尺寸标注

标注坡度时,在坡度数字下,应加注坡度符号,坡度符号的箭头(单面),一般应指向下坡方向。坡度也可用直角三角形形式标注,如图 1-21 所示。

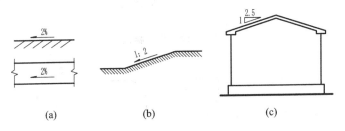

图 1-21 坡度标注

5. 尺寸的简化标注

(1) 杆件或管线的长度,在单线图(桁架简图、钢筋简图、管线简图)上,可直接将尺寸数字沿杆件或管线的一侧注写,如图 1-22 所示。

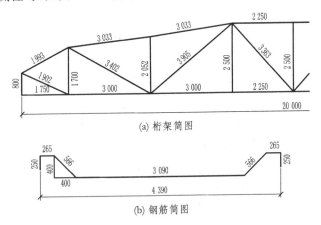

图 1-22 单线图的尺寸标注

(2) 连续排列的等长尺寸,可用"个数×等长尺寸=总长"的形式标注,如图 1-23 所示。构配件内的构造要素(孔、槽等)如相同,可仅标注其中一个要素的尺寸,如 $\phi 25$,并在前注明数量。

(3) 对称构配件如果采用对称省略画法,则该对称构配件的尺寸线应略超过对称中心(符

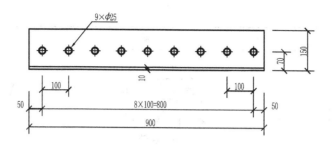

图 1-23 相同要素连续排列的尺寸标注

号),仅在尺寸线的一端画尺寸起止符号,尺寸数字按整体全尺寸注写,并且应注写在与对称中心(符号)对齐处,如图 1-22(a)中的尺寸 20 000。

(4) 数个构配件,如仅有某些尺寸不同,这些有变化的尺寸数字,可用拉丁字母注写在同一图样中,另列表格写明其具体尺寸,如图 1-24 所示。

注意:如果两个构配件有个别尺寸数字不同,可在同一图样中将其中一个构配件的不同尺寸数字注写在括号内,该构配件的名称也应注写在相应的括号内,如图 1-25 所示。

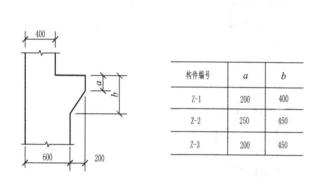

图 1-24 相似构配件尺寸表格式标注　　图 1-25 两个相似构配件的尺寸标注

标注尺寸还有一些其他的注意事项,如表 1-7 所列。

表 1-7 尺寸标注的其他注意事项

说　明	正　确	错　误
不能用尺寸线作为尺寸线		
轮廓线、中心线等可用做尺寸界线,但不能用做尺寸线		

续表 1-7

说　明	正　确	错　误
尺寸线倾斜时数字的方向应便于阅读，尽量避免在斜线范围内注写尺寸	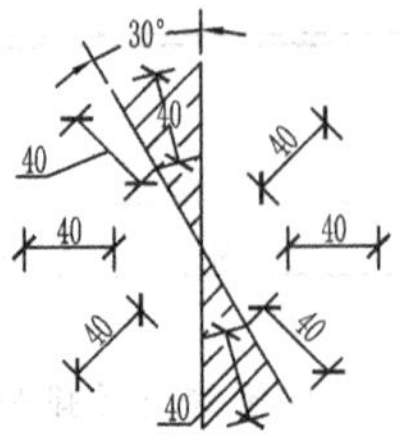	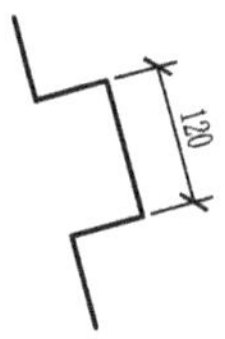
同一张图纸内尺寸数字应大小一致，两尺寸界线之间比较窄时，尺寸数字可注在尺寸界线外侧，或上下错开，或用引出线引出再标注	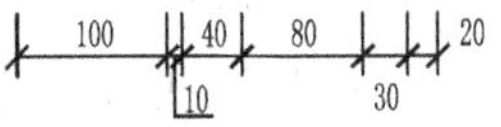	
任何图线与数字重叠时，应断开图线	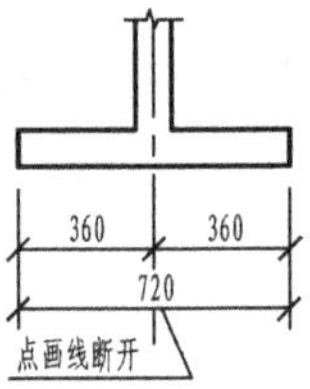	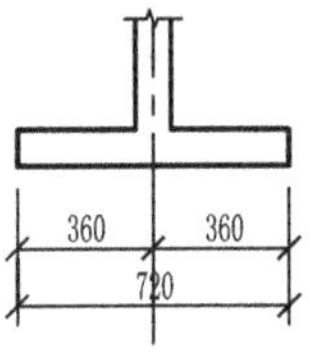
轴测图的尺寸应标注在各自所在的坐标面内，尺寸线应与被注长度平行，尺寸界线应平行于相应的轴测轴，尺寸数字的方向应平行于尺寸线，尺寸起止符号用小黑点	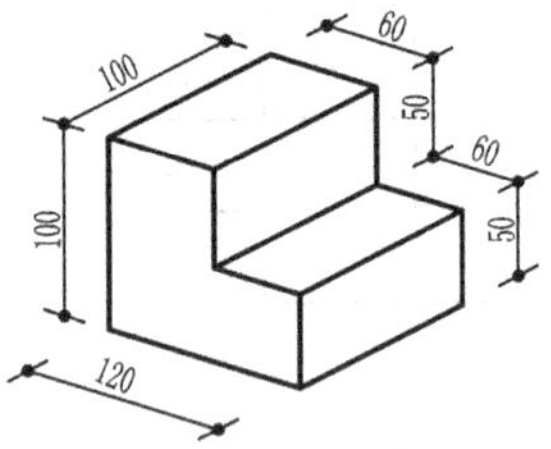	
尺寸数字不得贴靠在尺寸线或其他图线上，一般应离开约 0.5~1 mm		

1.2.6　图名和比例

按规定，在图样下边应用长仿宋字体写上图样名称和绘图比例。比例宜注写在图名的右侧，字的基准线应取平；比例的字高宜比图名字高小一号或二号，图名下应画一条粗横线，其粗度不应粗于本图纸所画图形中的粗实线，同一张图纸上的这种横线粗度应一致，其长度应与图名文字所占长度相同，如图 1-26 所示。

当一张图纸中的各图只用一种比例时，也可把该比例统一书写在图纸标题栏内。

图样的比例，应为图形与实物相对应的线性尺寸之比。比例的符号为"："；比例应以阿拉伯数字表示。比例的大小，是指其比值的大小，如 1∶50 大于 1∶100。相同的构造，用不同的比例所画出的图样大小是不一样的，如图 1-27 所示。

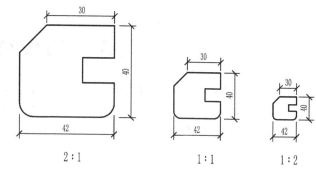

图 1-26 图名和比例　　　　　图 1-27 不同的比例图样

1.2.7 常用的建筑材料图例

建筑工程中常采用一些图例来表示建筑材料，表 1-8 选列了一些常用的建筑材料断面图例，其他的建筑材料图例见《房屋建筑制图统一标准》(GB/T 50001—2001)。

表 1-8 常用建筑材料图例

图　例	名称与说明	图　例	名称与说明
	自然土壤		多孔材料 包括水泥珍珠岩、沥青珍珠岩、泡沫混凝土、非承重加气混凝土、软木、蛭石制品等
	素土夯实		木材 横断面，左图为垫木、木砖或木龙骨
	左：砂、灰土　靠近轮廓线绘较密的点 右：粉刷材料，采用较稀的点		金属 1. 包括各种金属 2. 图形小时，可涂黑
	普通砖 1. 包括实心砖、多孔砖、砌块等砌体 2. 断面较窄、不易画出图例线时，可涂红		防水材料 构造层次多或比例大时，采用上面图例
	上：混凝土　下：钢筋混凝土 1. 本图例指能承重的混凝土及钢筋混凝土 2. 包括各种强度等级、骨料、添加剂的混凝土 3. 在剖面图上画出钢筋时，不画图例线 4. 断面图形小，不易画出图例线时，可涂黑		饰面砖 包括铺地砖、马赛克、陶瓷锦砖、人造大理石等
			石　材

1.3 几何作图

表示建筑物形状的图形是由各种几何图形组合而成的,只有熟练地掌握各种几何图形的作图原理和方法,才能更快更好地手工绘制各种建筑物的图形。下面介绍几种基本的几何作图。

1. 过三已知点作圆

(1) 已知点 A、B 和 C,如图 1-28(a)所示。

(2) 作图步骤:

① 连接 AB、AC(或 BC),分别作出它们的垂直平分线,交得点 O,如图 1-28(b)所示。

② 以点 O 为圆心,OA(或 OB 或 OC)为半径,作一圆,即为所求,如图 1-28(c)所示。

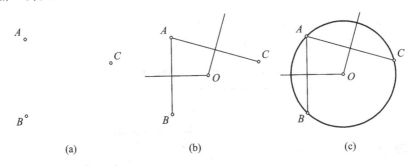

图 1-28 过已知三点作一圆

2. 作已知圆的内接正五角星

(1) 已知圆 O,如图 1-29(a)所示。

(2) 作图步骤:

① 求出半径 OF 的中点 G,以 G 为圆心,GA 为半径画弧,交水平直径于点 H,如图 1-29(b)所示。

② 以 AH 为截取长度,由点 A 开始将圆周截取为 5 等分,依次连接 AC、AD、BD、BE、CE,如图 1-29(c)所示。

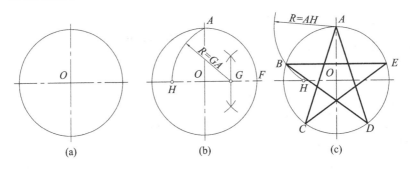

图 1-29 作圆 O 的内接正五角星

3. 作已知圆的内接正六边形

(1) 已知圆 O,如图 1-30(a)所示。

(2) 作图步骤：

以圆 O 半径 R 为截取长度，由 A 点（可以是圆周上的任一点）开始将圆周截取为六等分，顺次连接 A、B、C、D、E、F、A，即为所求，如图 1-30(b)所示。

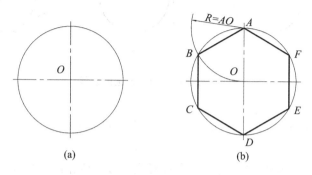

图 1-30 作圆 O 的内接正六边形

4. 作已知圆的内接正七边形（近似作法）

(1) 已知圆 O，如图 1-31(a)所示。

(2) 作图步骤：

① 将已知圆 O 的垂直直径 AN 7 等分，得等分点 1、2、3、4、5、6，如图 1-31(a)所示。

② 以 N 为圆心，NA 为半径作弧，与圆 O 水平中心线的延长线交得 M_1、M_2，如图 1-31(a)所示。

③ 过 M_1、M_2 分别向等分点 2、4、6 引直线，并延长到与圆周相交，得 B、C、D、G、F、E，如图 1-31(b)所示。

④ 由 A 点开始，顺次连接 A、B、C、D、E、F、G、A 即为所求，如图 1-31(b)所示。

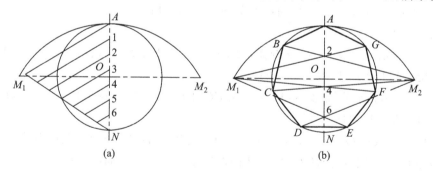

图 1-31 作圆 O 的内接正七边形

5. 过已知点作圆的切线

(1) 已知圆 O 以及圆外一点 A，如图 1-32(a)所示。

(2) 作图步骤：

① 连接 AO，作 AO 垂直平分线，得中点 N，如图 1-32(b)所示。

② 以 N 为圆心，$NA(NO)$ 为半径画圆，与已知圆 O 交于 B、C 两点，连接 AB、AC 即为所求，如图 1-32(c)所示。

6. 同心圆法作椭圆

(1) 已知椭圆的长轴 AB 和短轴 CD，如图 1-33(a)所示。

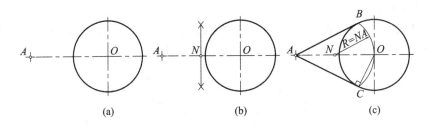

图 1-32 过已知点作圆的切线

(2) 作图步骤：

① 分别以 AB 和 CD 为直径作大小两圆，并将两圆周分为 12 等分（也可是其他若干等分），如图 1-33(b) 所示。

② 由大圆各等分点作竖直线，与由小圆各对应等分点所作的水平线相交，得椭圆上各点，用曲线板（或徒手）连接起来即为所求，如图 1-33(c) 所示。

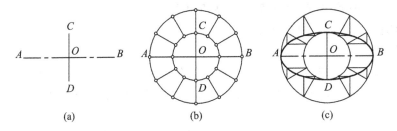

图 1-33 同心圆法作椭圆

7. 四心法作椭圆

(1) 已知椭圆的长轴 AB 和短轴 CD，如图 1-34(a) 所示。

(2) 作图步骤：

① 以 O 为圆心，OA 为半径，作圆弧，交 DC 延长线于点 E，连接 AC；以 C 为圆心，CE 为半径，画弧交 CA 于点 F，如图 1-34(b) 所示。

② 作 AF 的垂直平分线，交 AO 于 O_1，交 DO 于 O_2，在 OB 上截取 $OO_3=OO_1$，在 OC 上截取 $OO_4=OO_2$，如图 1-34(c) 所示。

③ 分别以 O_1、O_2、O_3、O_4 为圆心，O_1A、O_2C、O_3B、O_4D 为半径作圆弧，使各弧在 O_2O_1、O_2O_3、O_4O_1、O_4O_3 的延长线上的 G、J、H、I 四点处连接，如图 1-34(d) 所示。

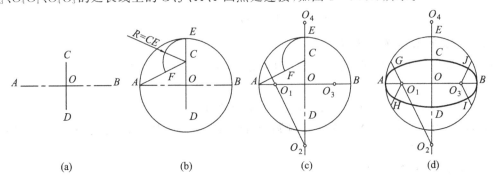

图 1-34 四心法作椭圆

8. 圆弧连接

在绘制建筑物的平面图形时,常遇到用已知半径的圆弧光滑地连接两条已知线段(直线或圆弧)的情况,其作图方法称为圆弧连接。圆弧连接要求在连接处要光滑,所以在连接处两线段要相切。作图的关键是要准确地求出连接圆弧圆心和连接点(切点)。作图步骤概括为3点:(1)求连接圆弧的圆心;(2)求连接点;(3)连接并擦去多余部分。

圆弧连接的基本作图如下:

(1) 作一圆弧连接一点与一直线

① 已知一点 A 和一直线 L,连接圆弧半径为 R,如图 1-35(a)所示。

② 作图步骤:

1) 以 A 为圆心, R 为半径画弧。作与直线 L 距离为 R 的平行线 L_1,与所作圆弧交于 O 点,如图 1-35(b)所示。

2) 过 O 作直线 L 的垂线,垂足为 B,如图 1-35(c)所示。

3) 以 O 为圆心, R 为半径画弧,使圆弧通过 A、B 两点,擦去多余部分即为所求,如图 1-35(d)所示。

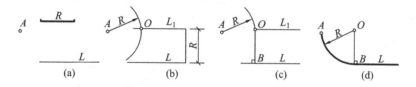

图 1-35 作一圆弧连接一点与一直线

(2) 作一圆弧连接两直线

① 已知两直线 L、M,连接圆弧半径为 R,如图 1-36(a)所示。

② 分别作与直线 L、M 距离为 R 的平行线 L_1、M_1,相交于 O 点,如图 1-36(b)所示。

③ 过 O 分别作直线 L、M 的垂线,垂足为 A、B,如图 1-36(c)所示。

④ 以 O 为圆心, R 为半径画弧,使圆弧通过 A、B 两点,擦去多余部分,完成作图,如图 1-36(d)所示。

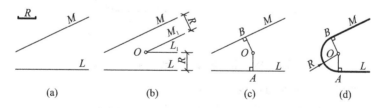

图 1-36 作一圆弧连接两直线

两直线 L、M,可以是正交,也可以是斜交,作图方法是一样的。

(3) 作圆弧连接一点与另一圆弧

① 已知一点 A 和一圆弧 O_1,连接圆弧半径为 R,如图 1-37(a)所示。

② 作图步骤:

1) 分别以 A、O_1 为圆心,以 R、$R+R_1$ 为半径画弧,相交于 O 点,如图 1-37(b)所示。

2) 连接 O_1、O,交已知圆弧于 B 点,如图 1-37(c)所示。

3) 以 O 为圆心，R 为半径画弧 O_1，使圆弧通过 A、B 两点，擦去多余部分，完成作图，如图 1-37(d)所示。

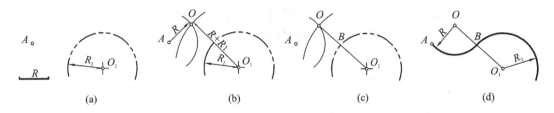

图 1-37　作圆弧连接一点与另一圆弧

(4) 作圆弧连接一直线与另一圆弧

① 已知一直线 L 和一圆弧 O_1，连接圆弧半径为 R，如图 1-38(a)所示。

② 作图步骤：

1) 作与直线 L 距离为 R 的平行线 L_1，以 O_1 为圆心，$R+R_1$ 为半径画弧，交 L_1 于 O 点，如图 1-38(b)所示。

2) 过 O 作直线 L 的垂线，垂足为 A；连接 OO_1，交已知圆弧于 B 点，如图 1-38(c)所示。

3) 以 O 为圆心，R 为半径画弧，使圆弧通过 A、B 两点，擦去多余部分，完成作图，如图 1-38(d)所示。

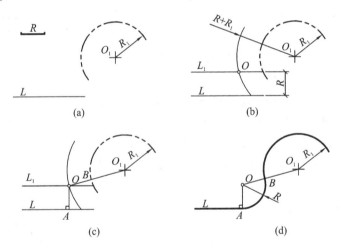

图 1-38　作圆弧连接一直线与另一圆弧

(5) 作圆弧与两已知圆弧外切连接

① 已知两圆弧 O_1、O_2，连接圆弧半径为 R，如图 1-39(a)所示。

② 作图步骤：

1) 分别以 O_1、O_2 为圆心，以 $R+R_1$、$R+R_2$ 为半径画弧，相交于 O 点，如图 1-39(b)所示。

2) 连接 OO_1，交圆弧 O_1 于 A 点；连接 OO_2，交圆弧 O_2 于 B 点，如图 1-39(c)所示。

3) 以 O 为圆心，R 为半径画弧，使圆弧通过 A、B 两点，擦去多余部分，完成作图，如图 1-39(d)所示。

(6) 作圆弧与两已知圆弧内切连接

① 已知两圆弧 O_1、O_2，连接圆弧半径为 R，如图 1-40(a)所示。

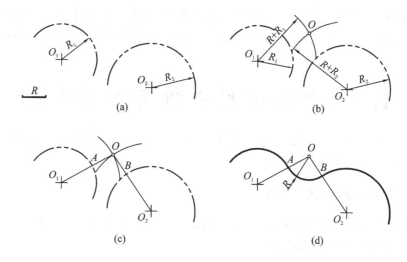

图 1-39 作圆弧与两已知圆弧外切连接

② 作图步骤：

1) 分别以 O_1、O_2 为圆心，以 $R-R_1$、$R-R_2$ 为半径画弧，相交于 O 点，如图 1-40(b)所示。

2) 连接 OO_1，交圆弧 O_1 于 A 点；连接 OO_2，交圆弧 O_2 于 B 点，如图 1-40(b)所示。

3) 以 O 为圆心，R 为半径画弧，使圆弧通过 A、B 两点，并擦去多余部分，完成作图，如图 1-40(c)所示。

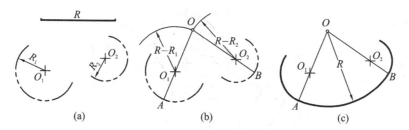

图 1-40 作圆弧与两已知圆弧内切连接

(7) 作圆弧与一已知圆弧内切连接，与另一圆弧外切连接

① 已知两圆弧 O_1、O_2，连接圆弧半径为 R，如图 1-41(a)所示。

② 作图步骤：

1) 分别以 O_1、O_2 为圆心，以 $R-R_1$、$R+R_2$ 为半径画弧，相交于 O 点，如图 1-41(b)所示。

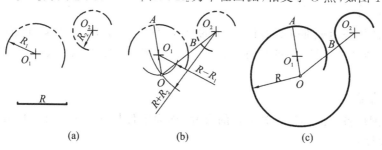

图 1-41 作圆弧与一已知圆弧内切连接，与另一已知圆弧外切连接

2) 连接 OO_1,交圆弧 O_1 于 A 点;连接 OO_2,交圆弧 O_2 于 B 点,如图 1-41(b)所示。

3) 以 O 为圆心,R 为半径画弧,使圆弧通过 A、B 点,擦去多余部分,完成作图,如图 1-41(c)所示。

1.4 平面图形分析及作图步骤

一般平面图形都是由若干线段(直线或曲线)连接而成。要正确绘制一个平面图形,必须对平面图形进行尺寸分析和线段分析。

1.4.1 平面图形的尺寸分析

尺寸按其在平面图形中所起的作用,可分为细部尺寸和定位尺寸。要确定平面图形中线段的相对位置,还要引入尺寸基准的概念。

1. 尺寸基准

确定尺寸位置的点、线、面称为尺寸基准,也就是注写尺寸的起点。对于平面图形,应分别按水平方向和竖直方向确定一个尺寸基准。尺寸基准往往可用对称图形的对称中心线、图形的底边和侧边、较大圆的中心线等。如在图 1-42 所示的平面图中,水平方向、竖直方向的尺寸基准分别取 $\phi12$ 圆的竖直中心线和水平中心线。

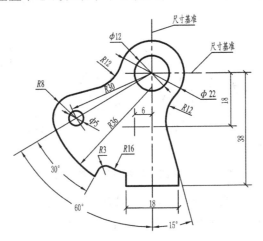

图 1-42 平面图形的尺寸分析

2. 细部尺寸

确定平面图形各组成部分的形状、大小的尺寸,称为细部尺寸。如确定直线的长度、角度的大小、圆弧的半径(直径)等的尺寸。图 1-42 中 $\phi5$、$\phi12$、18、$R3$、$R16$ 及 30°等都是细部尺寸。

3. 定位尺寸

确定平面图形各组成部分相对位置的尺寸,称为定位尺寸。如图 1-42 中 $R30$、6、18 及 60°等都是定位尺寸。

1.4.2 平面图形的线段分析

根据线段在图形中的细部尺寸和定位尺寸是否齐全,通常分成三类线段,即已知线段、中间线段和连接线段。

1. 已知线段

已知线段是根据给出的尺寸可直接画出的线段。如图1-43中最左侧一条长度为48 mm的边线,作图时先从水平方向尺寸基准向左量取 26 mm 画线,再自高度基准向上、向下分别截取 24 mm 即可。又如图中两个 $\phi 12$ 圆弧和 $\phi 30$ 圆弧等都是已知线段。

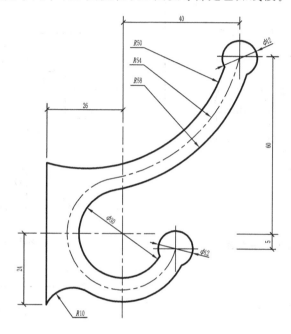

图 1-43 平面图形的线段分析

2. 中间线段

中间线段是指缺少一个尺寸,需要依据另一端相切或相接的条件才能画出的线段,如图1-43中的 $R10$ 圆弧、$R54$ 圆弧等。

3. 连接线段

连接线段是指缺少两个尺寸,完全依据两端相切或相接的条件才能画出的线段,如图1-43中 $R54$ 圆弧的外侧一条圆弧。

在绘制平面图形时,应先画已知线段,再画中间线段,最后画连接线段。

1.4.3 平面图形的作图步骤

(1) 选定比例,布置图面,使图形在图纸上位置适中。
(2) 画出基准线。
(3) 画出已知线段。
(4) 画出中间线段。
(5) 画出连接线段。

(6) 分别标注细部尺寸和定位尺寸。

【例1-1】 画出如图1-44所示的平面图形。

作图步骤如图1-45所示。

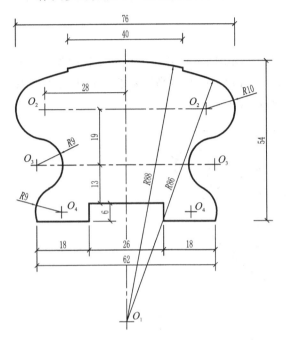

图1-44 楼梯扶手断面

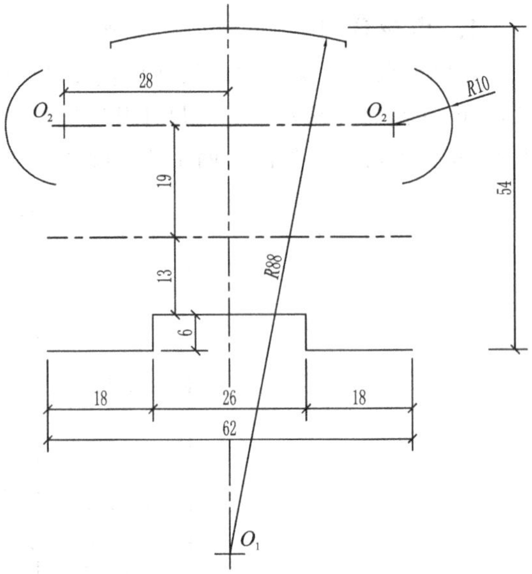

(a) 定对称中心线，O_1、O_2的定位线，绘制已知圆弧

图1-45(a)

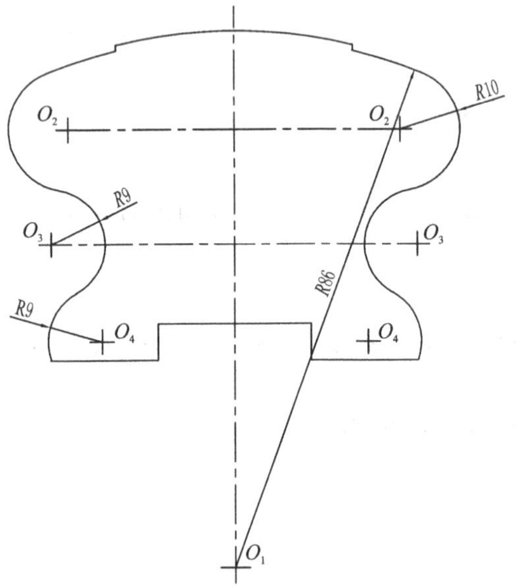

(b) 绘制中间线段和连接线段

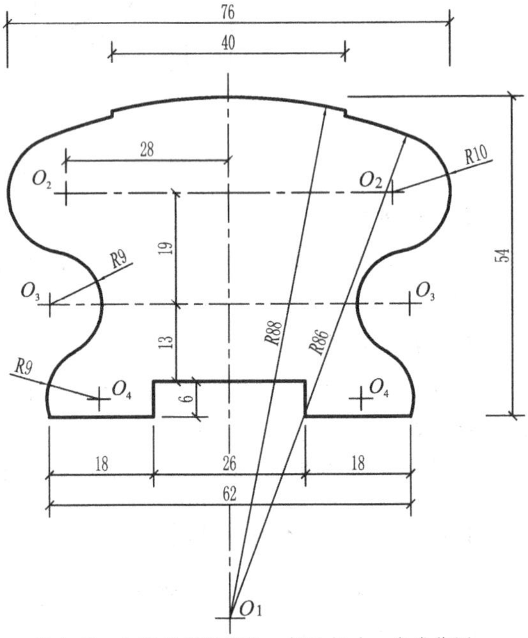

(c) 加粗、加深图形轮廓线，标注尺寸，完成作图

图1-45 楼梯扶手断面的作图

第 2 章 投影的基本知识

2.1 投影法概述

2.1.1 投影的形成

在一个三维空间里,一切形体(只研究物体所占空间的形状和大小,而不涉及物体的材料、重量及其他物理性质。把物体所占空间的立体图形,叫做**形体**)都有长度、宽度和高度(或厚度),如何才能在一张只有长度和宽度的图纸上,准确而全面地表达出形体的形状和大小呢?可以用投影的方法。那么,什么是投影呢?

在日常生活中,常看到物体被光照射后在某个平面上呈现影子的现象。如图 2-1(a)所示,取一个三棱台,放在灯光和地面之间,这个三棱台在地面上就会产生影子,但是这个影子只是一个灰黑的三角形,它只反映了三棱台底面的外形轮廓,至于三棱台顶面和三个侧面的轮廓均未反映出来。要想准确而全面地表达出三棱台的形状,就需对这种自然现象加以科学的抽象:光源发出的光线,假设能够透过形体而将各个顶点和各条侧棱都在地面上投下它们的影子,这些点和线的影将组成一个能够反映出形体形状的图形,如图 2-1(b)所示。这个图形通常称为形体的投影,光源 S 称为投影中心,影子投落的平面 P 称为投影面。连接投影中心与形体上的点的直线称为投影线。通过一点的投影线与投影面的交点就是该点在该投影面上的投影。作出形体的投影的方法,称为**投影法**。由此可见,投影线、被投影的物体和投影面是进行投影时必须具备的三个条件。

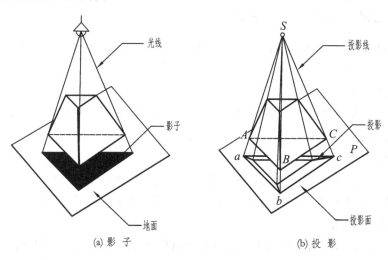

图 2-1 三棱台的影子和投影

2.1.2 投影法分类

投影法可分为中心投影法和平行投影法两大类。

1. 中心投影法

当投影中心距离投影面为有限远时,所有的投影线都汇交于一点,这种投影法称为中心投影法,如图 2-1(b)所示,用这种方法所得的投影称为**中心投影**。

2. 平行投影法

当投影中心距离投影面为无限远时,所有的投影线均可看作互相平行,这种投影法称为平行投影法(图 2-2)。根据投影线与投影面的倾角不同,平行投影法又分为斜投影法和正投影法两种。

(1) 斜投影法:当投影线倾斜于投影面时,称为斜投影法,如图 2-2(a)所示。用这种方法所得的投影称为**斜投影**。

(2) 正投影法:当投影线垂直于投影面时,称为正投影法,如图 2-2(b)所示。用这种方法所得的投影称为**正投影**。

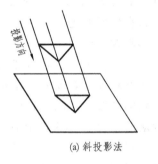 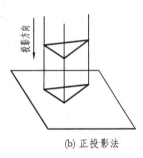

(a) 斜投影法　　　　　　　　　(b) 正投影法

图 2-2　平行投影法

2.1.3 工程中常用的几种投影图

表达工程物体时,由于表达目的和被表达对象特性的不同,往往需要采用不同的投影图。常用的投影图有 4 种:

1. 透视投影图

透视投影图简称为透视图,它是按中心投影法绘制的,如图 2-3 所示。这种图的优点是形象逼真,立体感强,其图样常用作建筑设计方案的比较、展览;缺点是绘图较繁,度量性差。

2. 轴测投影图

轴测投影图简称为轴测图,它是按平行投影法绘制的,如图 2-4 所示。这种图的优点是立体感较强;缺点是度量性不够理想,作图较麻烦,工程中常用作辅助图样。

3. 多面正投影图

用正投影法把物体向两个或两个以上互相垂直的投影面进行投影所得到的图样称为多面正投影图,简称为**正投影图**,如图 2-5 所示。这种图的优点是能准确地反映物体的形状和大小,作图方便、度量性好,在工程中应用最广;缺点是立体感差,需经过一定的训练才能看懂。

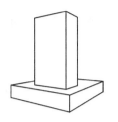
图 2-3 透视投影图

图 2-4 轴测投影图

4. 标高投影图

标高投影图是一种带有数字标记的单面正投影图,如图 2-6 所示。标高投影图常用来表达地面的形状。作图时用间隔相等的水平面截割地形面,其交线即为等高线,将不同高程的等高线投影在水平的投影面上,并标出各等高线的高程,即为标高投影图,从而表达出该处的地形情况。

大多数工程图是采用正投影法绘制的。正投影法是本课程研究的主要对象,以下各章所指的投影,如无特殊说明均指正投影。

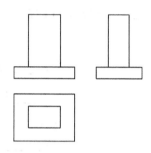
图 2-5 多面正投影图

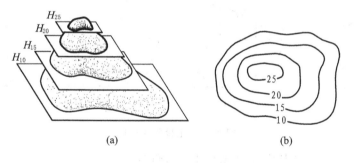
图 2-6 标高投影图

2.2 正投影的特征

1. 实形性

当直线线段或平面图形平行于投影面时,其投影反映实长或实形,如图 2-7(a)、(b)所示。

2. 积聚性

当直线或平面平行于投影线时(在正投影中垂直于投影面),其投影积聚为一点或一直线,如图 2-7(c)、(d)所示。

3. 类似性

当直线或平面倾斜于投影面时,其投影小于实长或不反映实形,但与原形类似,如图 2-7(e)、(f)所示。

4. 平行性

空间互相平行的两直线在同一投影面上的投影保持平行,如图 2-7(g)所示,$AB /\!/ CD$,则 $ab /\!/ cd$。

5. 从属性

若点在直线上,则点的投影必在直线的投影上,如图 2-7(e)中 C 点在 AB 上,C 点的投影 c 必在 AB 的投影 ab 上。

6. 定比性

直线上一点所分直线线段的长度之比等于它们的投影长度之比;两平行线段的长度之比等于它们没有积聚性的投影长度之比,如图 2-7(e)中 $AC:CB=ac:cb$,图(g)中 $AB:CD=ab:cd$。

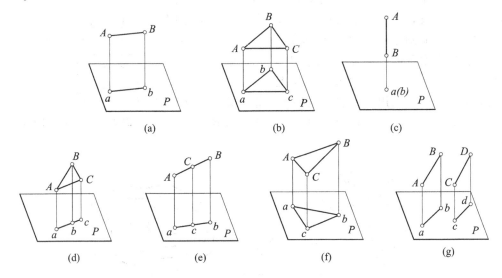

图 2-7 正投影的特性

以上性质,虽以正投影为例,其实适用于平行投影。

2.3 三面投影图

1. 物体的一面投影

如图 2-8 所示,在长方体的下面放一个水平投影面 H,简称 H 面。在水平投影面上的投影称**水平投影**,简称 H 投影。从图中可看出,长方体的 H 投影只反映长方体的长度和宽度,不能反映其高度,因此不能反映其形状。由此,可以得出结论,物体的一面投影不能确定物体的形状。

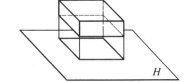

图 2-8 物体的一面投影

2. 物体的两面投影

如图 2-9 所示,在水平投影面 H 的基础上,建立一个与其垂直的正立投影面,简称 V 面。在正立投影面上的投影称**正面投影**,简称 V 投影。从图中可看出,H 投影反映长方体的上、下底面实形,V 投影反映长方体前、后侧面的实形,而长方体的左、右侧面并未反映出来。图 2-10 所示的三棱柱的 H 投影和 V 投影与长方体的 H 投影和 V 投影完全相同。根据两面投影无法确定所表达的形体是长方体还是三棱柱体，或者还是其他形状的物体。因此，可得出结论：物体的两面投影有时也不能惟一确定物体的形状。

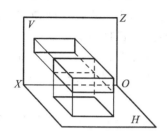

图 2-9 长方体的两面投影

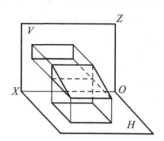

图 2-10 三棱柱的两面投影

3. 物体的三面投影

如图 2-11 所示，在 H、V 面的基础上再建立一个与 H、V 面都互相垂直的侧立投影面，简称 W 面。在侧立投影面上的投影称**侧面投影**，简称 W 投影。形体的 V、H、W 投影所确定的形状是惟一的。因此，可以得出结论：通常情况下，物体的三面投影，可以惟一确定物体的形状。

V 面、H 面和 W 面共同组成一个三面投影体系，三投影面两两相交的交线 OX、OY 和 OZ 称投影轴，三投影轴的交点 O 称为原点。

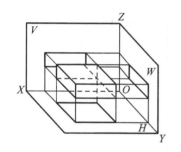

图 2-11 物体的三面投影

4. 投影面的展开

为使三个投影面处于同一个图纸平面上，需要把三个投影面展开。如图 2-12(a)所示，规定 V 面固定不动，H 面绕 OX 轴向下旋转 90°，W 面绕 OZ 轴向右旋转 90°，从而都与 V 面处在同一平面上。这时 OY 轴分为两条，一条随 H 面转到与 OZ 轴在同一铅直线上，标注为 OY_H；另一条随 W 面转到与 OX 轴在同一水平线上，标注为 OY_W，如图 2-12(b)所示。正面投影（V 投影）、水平投影（H 投影）和侧面投影（W 投影）组成的投影图，称为**三面投影图**。实际作图时，只需画出物体的三个投影而不需画投影面边框线，如图 2-12(c)所示。能熟练作图后，三条轴线亦可省去。

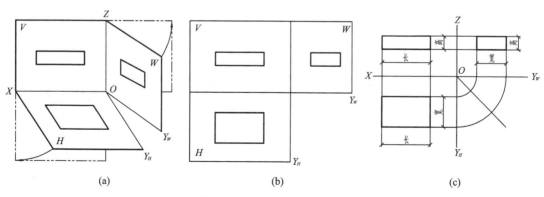

| (a) | (b) | (c) |

图 2-12 三面投影图的展开

5. 三面投影图的对应关系

（1）度量对应关系：三面投影图是在物体安放位置不变的情况下，从三个不同方向投影所得到的，它们共同表达同一物体。因此，它们之间存在着紧密的关系：V、H 两面投影都反映物体的长度；在画图时，正面投影和水平投影要左右对齐；V、W 两面投影都反映物体的高度；在画图时，正面投影和侧面投影要上下平齐；H、W 两面投影都反映物体的宽度，因此水平投影和侧面投影要宽度相等。总结起来，三面投影图的度量对应关系就是：长对正、高平齐、宽相等。这种关系称为三面投影图的投影规律，简称三等规律。应该指出：三等规律不仅适用于物体总的轮廓，也适用于物体的局部。

（2）位置对应关系：从图 2-13 中可以看出，物体的三面投影图与物体之间的位置对应关系应为：

① 正面投影反映物体的上、下、左、右的位置；
② 水平投影反映物体的前、后、左、右的位置；
③ 侧面投影反映物体的上、下、前、后的位置。

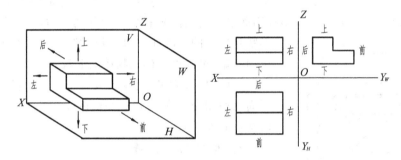

图 2-13 投影图和物体的位置对应关系

第3章 点、线、面的投影

任何形体的表面都可以看成是由点、线、面等几何元素所组成的。在点、线、面等几何元素中,点又是组成空间形体最基本的几何元素。因此,要研究形体的投影问题,首先要研究点的投影。

3.1 点的投影

3.1.1 点的一面投影

点的一面投影不能确定其在空间的位置,它至少需要两面投影。如图3-1所示,若投影方向确定后,A 点在 H 面上就有唯一确定的投影 a;反之,仅凭 B 点的水平投影 b,并不能确定 B 点的空间位置,故需要研究点的多面投影问题。

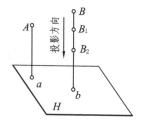

图3-1 点的一面投影

3.1.2 点的两面投影

1. 两面投影体系

如图3-2所示,取互相垂直的两个投影面 H 和 V,两者的交线为 OX 轴,在几何学中,平面是广阔无边的。使 V 面向下延伸,H 面向后延伸,则将空间划分为四个部分,称四个分角。在 V 之前 H 之上的称为第一分角;V 之后 H 之上的称为第二分角;V 之后 H 之下的称为第三分角;V 之前 H 之下的称为第四分角,则该体系称为两投影面体系。我国制图标准规定,画投影图时物体处于第一分角,所得的投影称为第一分角投影。

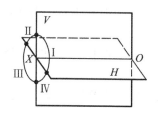

图3-2 两面投影体系

2. 点的两面投影及其投影规律

如图3-3(a)所示,空间点 A 在第Ⅰ分角内,由 A 点向 H 面作垂线,此垂线与 H 面的交点称为 A 点在 H 面上的投影,用 a 表示;由 A 点向 V 面作垂线,此垂线与 V 面的交点称为 A 点在 V 面上的投影,用 a' 表示。

规定:空间点用大写字母标记,如 A、B、C 等;H 面投影用相应的小写字母标记,如 a、b、c 等;V 面投影用相应的小写字母加一撇标记,如 a'、b'、c' 等。A 点的两个投影 a' 和 a 便可惟一确定空间点的位置。

由图3-3(a)可看出,由 Aa' 和 Aa 可以确定一个平面 Aaa_xa',且 Aaa_xa' 为一矩形,故得:$aa_x = Aa'$(A 点到 V 面的距离),$a'a_x = Aa$(A 点到 H 面的距离)。

同时,还可以看出:因 $Aa \perp H$ 面,$Aa' \perp V$ 面,故平面 $Aaa_xa' \perp H$ 面,$Aaa_xa' \perp V$ 面,则 $OX \perp a'a_x$,$OX \perp aa_x$。当两投影面体系按展开规律展开后,aa_x 与 OX 轴的垂直关系不变,故

$a'a_xa$ 为一垂直于 OX 轴的直线,见图 3-3(b)。

综上所述,可得点的两面投影规律如下:

(1) 一点的正面投影与水平投影的连线垂直于 OX 轴;

(2) 一点的正面投影到 OX 轴的距离等于该点到 H 面的距离,一点的水平投影到 OX 轴的距离等于该点到 V 面的距离。

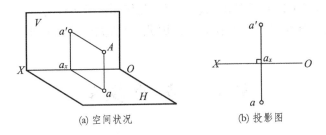

(a) 空间状况　　　　　(b) 投影图

图 3-3　点的两面投影及其投影规律

3.1.3　点的三面投影

1. 求点的三面投影

如图 3-4(a)所示,将空间点 A 放在如前所述的三投影面体系中,由 A 点分别向 H、V、W 面作垂线 Aa、Aa'、Aa'',垂足 a、a'、a''(读作 a 两撇),分别称为 A 点的水平投影、正面投影、侧面投影。将三面投影体系按投影面展开规律展开,便得到 A 点的三面投影图,因为投影面的大小不受限制,所以通常不必画出投影面的边框,如图 3-4(b)所示。

2. 点的三面投影规律

从图 3-4(a)可看出:$aa_x = Aa' = a''a_z$,即 A 点的水平投影 a 到 OX 轴的距离等于 A 点的侧面投影 a'' 到 OZ 轴的距离,都等于 A 点到 V 面的距离。在图 3-4(b)中,根据点的两面投影规律,$aa' \perp OX$ 轴,同理可得出 $a'a'' \perp OZ$ 轴。

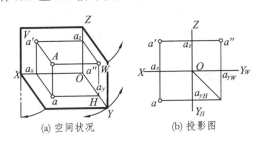

(a) 空间状况　　(b) 投影图

图 3-4　点的三面投影

综上所述,可得点的三面投影规律如下:

(1) 一点的水平投影与正面投影的连线垂直于 OX 轴;

(2) 一点的正面投影与侧面投影的连线垂直于 OZ 轴;

(3) 一点的水平投影到 OX 轴的距离等于该点的侧面投影到 OZ 轴的距离,都反映该点到 V 面的距离。

由上述规律可知,已知点的两个投影便可求出第三个投影。

【例 3-1】　如图 3-5(a)所示,已知点 A、B 的两面投影求作第三面投影。

3. 投影面上或投影轴上点的投影规律

在图 3-3 和 3-4 中,空间点是针对一般点而言的,也就是说空间点到三个投影面都有一定的距离。如果空间点处于特殊位置,比如点恰巧在投影面上或投影轴上,那么,这些点的投

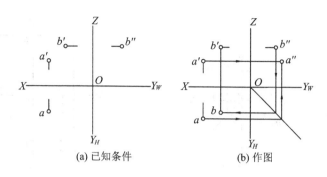

(a) 已知条件   (b) 作图

图 3-5 已知两面投影求第三面投影

影规律又如何呢？如图 3-6 所示。

（1）若点在投影面上，则点在该投影面上的投影与空间点重合，另两个投影均在投影轴上；

（2）若点在投影轴上，则点的两个投影与空间点重合，另一个投影在投影轴原点。

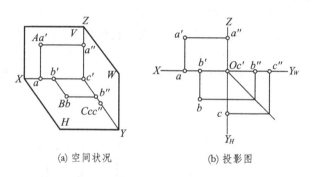

(a) 空间状况   (b) 投影图

图 3-6 投影面、投影轴上的点的投影

3.1.4 点的投影与坐标

空间点的位置除了用投影表示以外，还可以用坐标来表示。可以把投影面当作坐标面，把投影轴当作坐标轴，把投影原点当作坐标原点，则点到三个投影面的距离便可用点的三个坐标来表示，如图 3-7 所示，点的投影与坐标的关系如下：

A 点到 H 面的距离 $Aa = Oa_z = a'a_x = a''a_y = z$ 坐标；

A 点到 V 面的距离 $Aa' = Oa_y = aa_x = a''a_z = y$ 坐标；

A 点到 W 面的距离 $Aa'' = Oa_x = a'a_z = aa_y = x$ 坐标。

由此可见，已知点的三面投影就能确定该点的三个坐标；反之，已知点的三个坐标，就能确定该点的三面投影或空间点的位置。

【例 3-2】 如图 3-8 所示，已知点 $A(10,15,20)$，求作 A 点的三面投影图。

解：（1）自 O 点向左截取 $Oa_x = 10$，得 a_x；

（2）由 a_x 作 X 轴的垂线，向上截取 $a_xa' = 20$，得 a'，向下截取 $a_xa = 15$，得 a；

（3）根据 a' 和 a，按点的投影规律求出 a''。

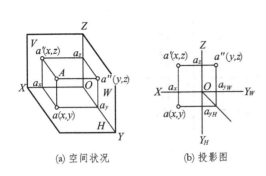
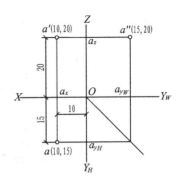

| (a) 空间状况 | (b) 投影图 |

图 3-7 点的投影与坐标

图 3-8 已知坐标求投影

3.1.5 两点的相对位置与重影点

1. 两点的相对位置

根据两点的投影，可判断两点的相对位置。如图 3-9 所示，从图(a)表示的上下、左右、前后位置对应关系可以看出：根据两点的三个投影判断其相对位置时，可由正面投影或侧面投影判断上下位置，由正面投影或水平投影判断左右位置，由水平投影或侧面投影判断前后位置。根据图(b)中 A、B 两点的投影，可判断出 A 点在 B 点的左、前、上方；反之，B 点在 A 点的右、后、下方。

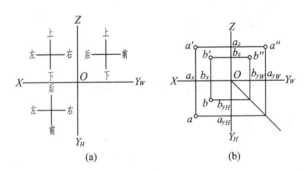

图 3-9 两点的相对位置

2. 重影点及可见性的判断

当空间两点位于某一投影面的同一条投影线上时，则此两点在该投影面上的投影重合，这两点称为对该投影面的重影点。如图 3-10(a)所示，A、C 两点处于对 V 面的同一条投影线上，它们的 V 面投影 a'、c' 重合，A、C 就称为对 V 面的重影点。同理，A、B 两点处于对 H 面的同一条投影线上，两点的 H 面投影 a、b 重合，A、B 就称为对 H 面的重影点。

当空间两点在某一投影面上的投影重合时，其中必有一点遮挡另一点，这就存在着可见性的问题。如图 3-10(b)所示，A 点和 C 点在 V 面上的投影重合为 $a'(c')$，A 点在前遮挡 C 点，其正面投影 a' 是可见的，而 C 点的正面投影 (c') 不可见，加括号表示(称前遮后，即前可见而后不可见)。同时，A 点在上遮挡 B 点，a 为可见，(b) 为不可见(称上遮下，即上可见，下不可见)。同理，也有左遮右的重影状况(左可见，右不可见)，如 A 点遮挡 D 点。

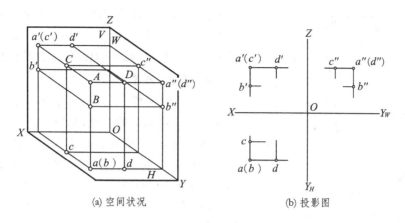

(a) 空间状况　　　　(b) 投影图

图 3-10　重影点的可见性

3.2　直线的投影

3.2.1　直线的投影

直线的投影一般情况下仍为直线,特殊情况下为点。

如图 3-11(a)所示,通过直线 AB(空间直线是无限长的,但对于直线段,一般都是用它的两端点表示)上各点向投影面作投影,各投影线在空间形成了一个平面,这个平面与投影面 H 的交线 ab 就是直线 AB 的 H 面投影。只有当直线垂直于投影面时,其投影才积聚成一点,如图 3-11(a)所示的直线 EF。

由于空间两个点可以确定一条直线,所以要绘制一条直线的三面投影图,只要将直线上两端点的各同面投影相连,便得直线的投影。如图 3-11(b)所示,要作出直线 AB 的三面投影,只要分别作出 A、B 两点的同面投影,然后将同面投影相连即得直线 AB 的三面投影 a″b″、a′b′、ab。

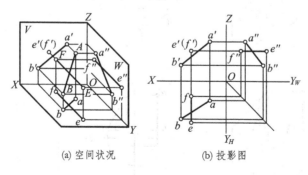

(a) 空间状况　　　　(b) 投影图

图 3-11　直线的投影

3.2.2　各类直线的投影特性

直线和它在投影面上的投影所夹锐角为直线对该投影面的夹角。规定:以 α、β、γ 分别表示直线对 H、V、W 面的夹角,如图 3-12 所示。

根据直线与投影面的相对位置的不同,直线可分为投影面平行线、投影面垂直线和一般位置直线,投影面平行线和投影面垂直线统称为特殊位置直线。

1. 投影面平行线

（1）空间位置：把只平行于某一个投影面,与其他两投影面都倾斜的直线,称为投影面平行线。平行于 H 面,与 V、W 面倾斜的直线称为**水平线**；平行于 V 面,与 H、W 面倾斜的直线称为**正平线**；平行于 W 面,与 H、V 面倾斜的直线称为**侧平线**。

（2）投影特性：根据投影面平行线的空间位置,可以得出其投影特性。水平线、正平线及侧平线的直

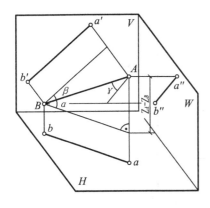

图 3-12　直线的倾角

观图、投影图及投影特性见表 3-1。

从表 3-1 可概括出投影面平行线的投影特性：

表 3-1　投影面平行线的投影特性

直线的位置	直 观 图	投 影 图	投 影 特 性
正平线			1. 正面投影 $a'b'$ 反映线段实长,它与 OX、OZ 轴的夹角为 α、γ 2. 水平投影 $ab//OX$ 轴 3. 侧面投影 $a''b''//OZ$ 轴
水平线			1. 水平投影 ab 反映线段实长,它与 OX 轴、OY_H 轴的夹角为 β、γ 2. 正面投影 $a'b'//OX$ 轴 3. 水平投影 $a''b''//OY_W$ 轴
侧平线			1. 侧面投影 $a''b''$ 反映线段实长,它与 OY_W、OZ 轴的夹角为 α、β 2. 正面投影 $a'b'//OZ$ 轴 3. 水平投影 $ab//OY_H$ 轴

投影面平行线在其所平行的投影面上的投影反映实长,并反映与另两投影面的夹角；在其他两投影面上的投影分别平行于该直线所平行的那个投影面的两条投影轴,且长度都小于其实长。

2. 投影面垂直线

(1) 空间位置:把垂直于某一个投影面,与其他两投影面都平行的直线,称为投影面垂直线。垂直于 V 面的直线称为**正垂线**;垂直于 H 面的直线称为**铅垂线**;垂直于 W 面的直线称为**侧垂线**。

(2) 投影特性:根据投影面垂直线的空间位置,可以得出其投影特性。正垂线、铅垂线、侧垂线的直观图、投影图及投影特性见表 3-2。

从表 3-2 可概括出投影面垂直线的投影特性:

表 3-2 投影面垂直线的投影特性

直线的位置	直 观 图	投 影 图	投 影 特 性
正垂线	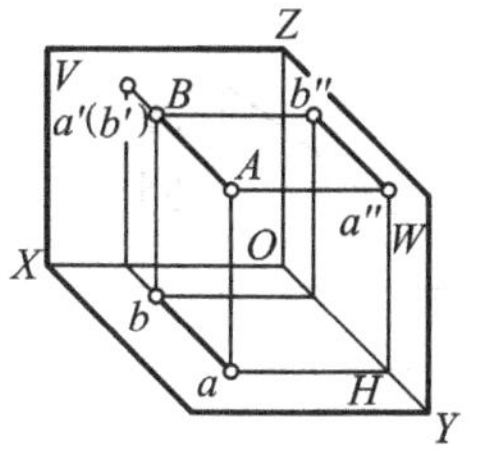	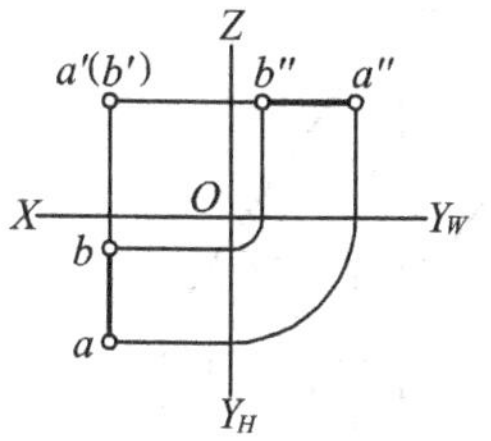	1. 正面投影 $a'(b')$ 积聚成一点 2. 水平投影 $ab \perp OX$ 轴,侧面投影 $a''b'' \perp OZ$ 轴,并且都反映线段实长
铅垂线	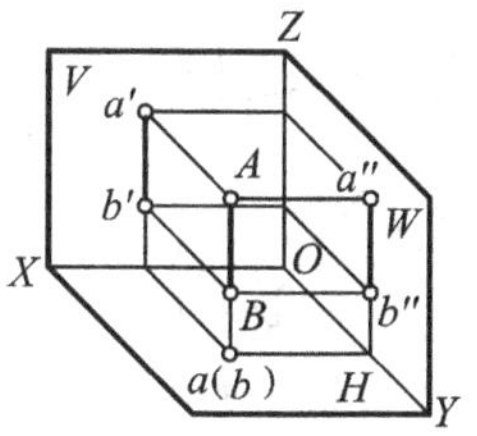	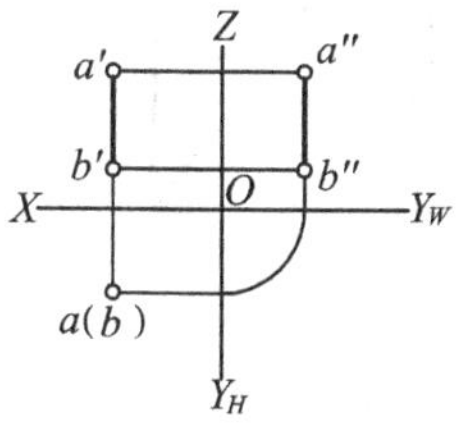	1. 水平投影 $a(b)$ 积聚成一点 2. 正面投影 $a'b' \perp OX$ 轴,侧面投影 $a''b'' \perp OY_W$ 轴,并且都反映线段实长
侧垂线	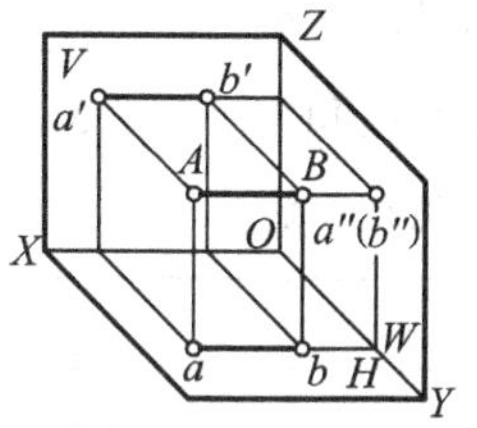	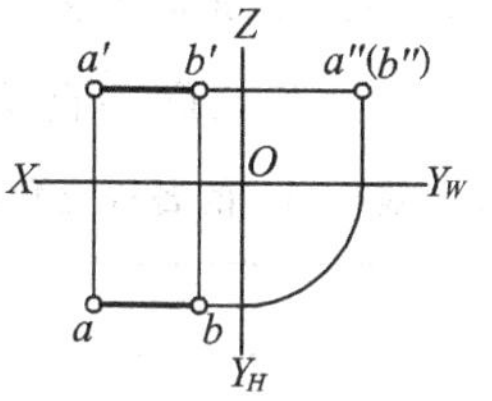	1. 侧面投影 $a''(b'')$ 积聚成一点 2. 正面投影 $a'b' \perp OZ$ 轴,水平投影 $ab \perp OY_H$ 轴,并且都反映线段实长

投影面垂直线在其所垂直的投影面上的投影积聚成一点;在其他两个投影面上的投影分别垂直于该直线所垂直的那个投影面的两条投影轴,并且都反映线段的实长。

3. 一般位置直线

(1) 空间位置:一般位置直线对三个投影面都处于倾斜位置。如图 3-12 所示,直线 AB 同时倾斜于 H、V、W 三个投影面,它与 H、V、W 面的倾角分别为 α、β 和 γ。

(2) 投影特性:根据一般位置直线的空间位置,可得其投影特性如下:

一般位置直线的三个投影均倾斜于投影轴,均不反映实长;三个投影与投影轴的夹角均不反映直线与投影面的夹角。

那么,如何求一般位置直线的实长或直线与投影面的夹角呢?下面将介绍求一般位置直线的实长及倾角的方法。

3.2.3 求一般位置直线的实长及倾角

在投影图中可以采用直角三角形法求线段的实长和倾角,即在投影、倾角、实长三者之间建立起直角三角形关系,从而在直角三角形中求出实长和倾角。

根据几何学原理可知:直线与其投影面的夹角就是直线与它在该投影面的投影所成的角。如图 3-13 所示,要求直线 AB 与 H 面的夹角 α 及实长,可以自 A 点引 $AB_1/\!/ab$,得直角三角形 AB_1B,其中 AB 是斜边,$\angle B_1AB$ 就是 α 角,直角边 $AB_1 = ab$,另一直角边 BB_1 等于 B 点的 Z 坐标与 A 点的 Z 坐标之差,即 $BB_1 = Z_B - Z_A = \Delta Z$。所以在投影图中就可根据线段的 H 投影 ab 及 Z 坐标差 ΔZ 作出与 $\triangle AB_1B$ 全等的一个直角三角形,从而求出 AB 与 H 面的夹角 α 及 AB 线段的实长,如图 3-13(b) 所示。

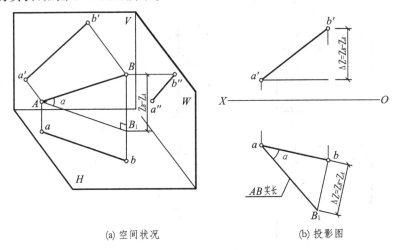

(a) 空间状况　　　　　　(b) 投影图

图 3-13 直角三角形法求线段实长及倾角 α

由此,总结出 AB 的投影、倾角与实长之间的直角三角形边角关系,如表 3-3 所列。

表 3-3 线段 AB 的各种直角三角形边角关系

倾角	α	β	γ
直角三角形边角关系	直角边:ΔZ、AB 实长、水平投影 ab	直角边:ΔY、AB 实长、正面投影 $a'b'$	直角边:ΔX、AB 实长、侧面投影 $a''b''$
	$\Delta Z = A$、B 两点的 Z 坐标差	$\Delta Y = A$、B 两点的 Y 坐标差	$\Delta X = A$、B 两点的 X 坐标差

从表 3-3 可以看出,构成各直角三角形共有 4 个要素,即:(1)某投影的长度;(2)坐标差;(3)实长;(4)对投影面的倾角。在这 4 个要素中,只要知道其中任意两个要素,就可求出其他两个要素。并且还能够知道:不论用哪个直角三角形,所作出的直角三角形的斜边一定是线段的实长,斜边与投影的夹角就是该线段与相应的投影面的倾角。

利用直角三角形关系图解关于直线段投影、倾角、实长问题的方法称为**直角三角形法**。在图解过程中,若不影响图形清晰时,直角三角形可直接画在投影图上,也可画在图纸的任何空白地方。

【例 3-3】 如图 3-14(a)所示,已知直线 AB 的水平投影 ab 和 A 点的正面投影 a',并知 AB 对 H 面的倾角 $\alpha = 30°$,B 点高于 A 点,求 AB 的正面投影 $a'b'$。

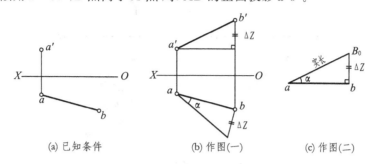

图 3-14 利用直角三角形法求 $a'b'$

在构成直角三角形 4 个要素中,已知其中两要素,即水平投影 ab 及倾角 $\alpha = 30°$,可直接作出直角三角形,从而求出 b'。

作图步骤如下:

(1) 在图纸的空白地方,如图 3-14(c)所示,以 ab 为一直角边,过 a 作 30° 的斜线,此斜线与过 b 点的垂线交于 B_0 点,bB_0 为另一直角边 ΔZ。

(2) 利用 bB_0 即可确定 b',如图 3-14(b)所示。

此题也可将直角三角形直接画在投影图上,以便节约时间与图纸,如图 3-14(b)所示。

3.2.4 直线上点的投影特性

1. 点的从属性

直线上点的投影,必然在直线的同面投影上,如图 3-15 中的 K 点。

2. 点的定比性

直线上的点,分线段之比等于其投影之比,如图 3-15 中的 $AK:KB = ak:kb = a'k':k'b' = a''k'':k''b''$。

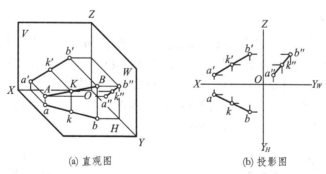

图 3-15 直线上点的投影特性

【例 3-4】 见图 3-16(a),已知直线 AB 上有一点 C,C 点把直线分为两段,$AC:CB = 3:2$,试作点 C 的投影。

根据直线上的点的定比性,作图步骤如图 3-16(b)所示:

(1) 由点 a 作任意直线,在其上量取 5 个单位长度得 B_0,在 aB_0 上取 C_0,使 $aC_0:C_0B_0 = 3:2$;

(2) 连接 B_0 和 b,过 C_0 作 bB_0 的平行线交 ab 于 c;

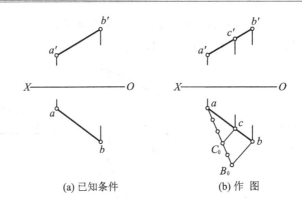

(a) 已知条件　　(b) 作　图

图 3-16　点的定比性应用

(3) 由 c 作投影连线与 $a'b'$ 交于 c'。

3.2.5　两直线的相对位置

两直线间的相对位置关系有以下几种情况：平行、相交、交叉、垂直（相交或交叉的特殊情况），图 3-17 所示的是三种相对位置的两直线在水平面上的投影情况。

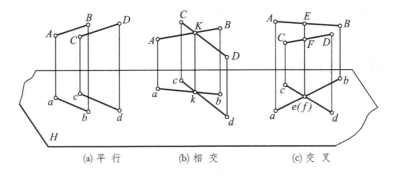

(a) 平　行　　(b) 相　交　　(c) 交　叉

图 3-17　两直线的相对位置

1. 两直线平行

若空间两直线平行，则它们的同面投影必然互相平行，如图 3-17(a) 和 3-18 所示。

反过来，若两直线的同面投影互相平行，则此两直线在空间也一定互相平行。但当两直线均为某投影面平行线时，则需要观察两直线在该投影面上的投影才能确定它们在空间是否平行，仅用另外两个同面投影互相平行不能直接确定两直线是否平行。如图 3-19 中通过侧面投影可以看出 AB、CD 两直线在空间不平行。

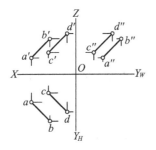

图 3-18　两直线平行

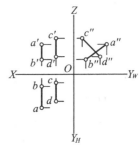

图 3-19　两直线不平行

2. 两直线相交

若空间两直线相交,则它们的同面投影也必然相交,并且交点的投影符合点的投影规律,如图 3-17(b)和 3-20 所示。

3. 两直线交叉

空间两条既不平行也不相交的直线,称为交叉直线,其投影不满足平行和相交两直线的投影特点。

若空间两直线交叉,则它们的同面投影可能有一个或两个平行,但不会三个同面投影都平行;它们的同面投影可能有一个、两个或三个相交,但交点不符合点的投影规律(交点的连线不垂直于投影轴)。

交叉两直线同面投影的交点是两直线对该投影面的重影点的投影,对重影点须判别可见性。重影点的可见性可根据重影点的其他投影按照前遮后、上遮下、左遮右的原则来判断。如图 3-17(c)和 3-21 所示,AB 与 CD 的 H 投影 ab、cd 的交点为 CD 上的 E 点和 AB 上的 F 点在 H 面上的重影,从 V 面投影看,E 点在上,F 点在下,所以 e 为可见,f 为不可见。同理,AB 与 CD 的 V 投影 $a'b'$、$c'd'$ 的交点为 AB 上的 M 点与 CD 上 N 点在 V 面上的重影,从 H 面投影看,M 点在前,N 点在后,所以 m' 点可见,n' 点不可见。

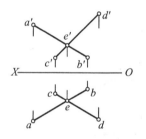

图 3-20 两直线相交

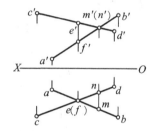

图 3-21 两直线交叉

4. 两直线垂直

两直线垂直包括相交垂直和交叉垂直,是相交和交叉两直线的特殊情况。

两直线垂直,其夹角的投影有以下 3 种情况:

(1) 当两直线都平行于某一投影面时,其夹角的投影反映直角实形;

(2) 当两直线都不平行于某一投影面时,其夹角的投影不反映直角实形;

(3) 当两直线中有一条直线平行于某一投影面时,其夹角在该投影面上的投影仍然反映直角实形。这一投影特性称为直角投影定理。图 3-22 是对该定理的证明:设直线 $AB \perp BC$,且 $AB /\!/ H$ 面,BC 倾斜于 H 面。由于 $AB \perp BC$,$AB \perp Bb$,所以 $AB \perp$ 平面 $BCcb$,又 $AB /\!/ ab$,故 $ab \perp$ 平面 $BCcb$,因而 $ab \perp bc$。

【例 3-5】 如图 3-23 所示,求点 C 到正平线 AB 的距离。

一点到一直线的距离,即由该点到该直线所引的垂线的长度,因此该题应分两步进行:一是过已知点 C 向正平线 AB 引垂线,二是求垂线的实长。作图过程如下:

(1) 过 c' 作 $c'd' \perp a'b'$;

(2) 由 d' 求出 d;

(3) 连 cd,则直线 $CD \perp AB$;

(4) 用直角三角形法求 CD 的实长，cD_0 即为所求 C 点到正平线 AB 的距离。

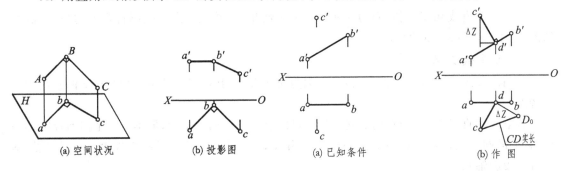

图 3-22　直角投影定理

图 3-23　求一点到正平线的距离

3.3　平面的投影

3.3.1　平面的表示法

1. 用几何元素表示

根据初等几何学所述，平面的表示有以下几种方法，如图 3-24 所示。

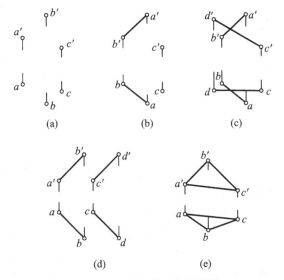

图 3-24　几何元素表示平面

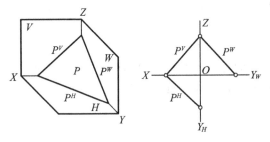

图 3-25　迹线表示平面

图(a)不在同一直线上的三点；图(b)一直线和直线外一点；图(c)两相交直线；图(d)两平行直线；图(e)任意平面图形(如三角形、圆等)。

2. 用迹线表示

平面与投影面的交线，称为平面的迹线；用迹线表示的平面称为**迹线平面**，如图 3-25

所示。平面与 V 面、H 面、W 面的交线分别称为正面迹线(V 面迹线)、水平面迹线(H 面迹线)、侧面迹线(W 面迹线),迹线的符号分别用 P^V、P^H、P^W 表示。

3.3.2 各种位置平面的投影特性

根据平面与投影面相对位置的不同,平面可分为投影面平行面、投影面垂直面和一般位置平面。投影面平行面和投影面垂直面统称特殊位置平面。

1. 投影面平行面

(1) 空间位置:把平行于某一个投影面,与其他两个投影面都垂直的平面,称为投影面平行面。平行于 H 面,与 V、W 面垂直的平面称为**水平面**;平行于 V 面,与 H、W 面垂直的平面称为**正平面**;平行于 W 面,与 H、V 面垂直的平面称为**侧平面**。

(2) 投影特性:根据投影面平行面的空间位置,可以得出其投影特性。各种投影面平行面的直观图、投影图及投影特性见表 3-4。

表 3-4 投影面平行面的投影特性

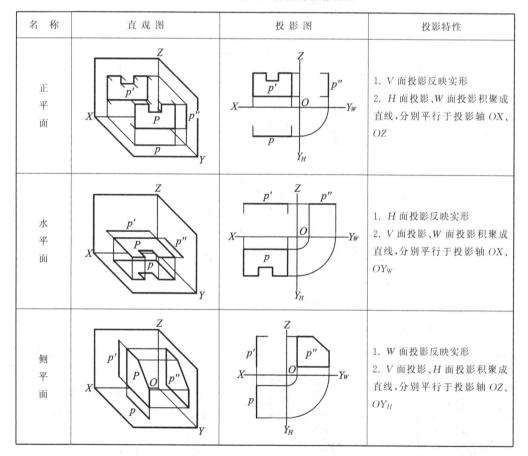

从表 3-4 可概括出投影面平行面的投影特性:

投影面平行面在它所平行的投影面上的投影反映实形;在其他两个投影面上的投影,分别积聚成直线,并且分别平行于该平面所平行的那个投影面的两条投影轴。

2. 投影面垂直面

(1) 空间位置：把垂直于某一个投影面，与其他两个投影面都倾斜的平面，称为投影面垂直面。垂直于 H 面，与 V、W 面倾斜的平面称为**铅垂面**；垂直于 V 面，与 H、W 面倾斜的平面称为**正垂面**；垂直于 W 面，与 H、V 面倾斜的平面称为**侧垂面**。

(2) 投影特性：各种投影面垂直面的直观图、投影图及投影特性见表 3-5。

表 3-5　投影面垂直面的投影特性

名　称	直观图	投影图	投影特性
正垂面			1. V 面投影积聚成一直线，并反映与 H、W 面的倾角 α、γ 2. 其他两投影为面积缩小的类似形
铅垂面			1. H 面投影积聚成一直线，并反映与 V、W 面的倾角 β、γ 2. 其他两投影为面积缩小的类似形
侧垂面			1. W 面投影积聚成一直线，并反映与 H、V 面倾角 α、β 2. 其他两投影为面积缩小的类似形

从表 3-5 可概括出投影面垂直面的投影特性：

投影面垂直面在它所垂直的投影面上的投影积聚成直线，它与投影轴的夹角，分别反映该平面对其他两投影面的夹角；在其他两投影面上的投影为面积缩小的类似形。

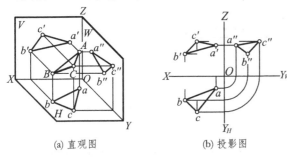

(a) 直观图　　(b) 投影图

图 3-26　一般位置平面

3. 一般位置平面

(1) 空间位置：平面与三投影面均倾斜。

(2) 投影特性：从图 3-26 中，可概括出一般位置平面的三个投影均不反映实形(均是类似形)。

3.3.3 平面上的直线和点

1. 平面上的直线

直线在平面上的几何条件是:直线通过平面上的两点,或通过平面上一点且平行于平面上的一直线,如图 3-27(a)、(b)所示。

2. 平面上的点

点在平面上的几何条件是:点在平面上的一条直线上。因此,要在平面上取点必须先在平面上取线,然后再在此线上取点,即:点在线上,线在面上,那么点一定在面上,如图 3-27(c)所示。

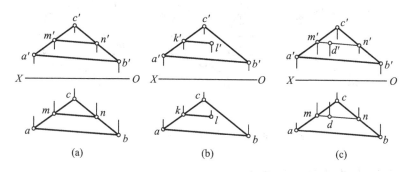

图 3-27 平面上的直线和点

【例 3-6】 如图 3-28 所示,已知平面 ABC 及 K 点的两面投影,试判断 $K(k'k)$ 点是否在平面 ABC 上。

判断点是否属于平面的依据是它是否属于平面上的一条直线。因此,过 K 点的一个投影作属于平面 ABC 的辅助直线 Ⅰ Ⅱ($1'2'$,12),再检验 K 点的另一投影是否在 Ⅰ Ⅱ 直线上。由作图可知,K 点不在该平面上。

3. 特殊位置平面上的直线和点

因为特殊位置的平面在它所垂直的投影面上的投影积聚成直线,所以特殊位置平面上的点、直线和平面图形,在该平面所垂直的投影面上的投影,都位于这个平面的有积聚性的同面投影或迹线上,如图 3-29 所示。

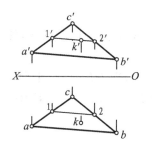

图 3-28 判断点是否在平面上

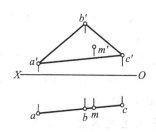

图 3-29 投影面垂直面上的点

4. 包含点或直线作特殊位置平面

包含点或直线作特殊位置平面时,必须利用特殊位置平面的积聚性去作图,即所作平面必须有一投影与点或直线的某一投影重合。

【例 3-7】 如图 3-30 所示,已知点 A、B 和直线 CD 的两面投影,试过点 A 作一正平面;过点 B 作一正垂面,使 $α=45°$;过直线 CD 作一铅垂面。

根据特殊位置平面的投影特性可知:过 A 点所作的正平面,其水平投影一定与 a 重合,正面投影可包含 a' 作任一平面图形;同理,可作包含点 B 的正垂面和包含 CD 直线的铅垂面,如图 3-30(b)所示。图 3-30(c)为所求平面的迹线表示法。

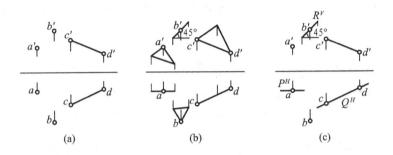

图 3-30 过点或直线作特殊位置平面

3.3.4 平面上的特殊位置直线

平面上的特殊位置直线包括投影面平行线和最大斜度线。

1. 平面上的投影面平行线

平面上的投影面平行线有三种:平面上的水平线、平面上的正平线和平面上的侧平线。平面上的投影面平行线必须符合两个条件:既在平面上,又符合投影面平行线的投影特性。

【例 3-8】 如图 3-31 所示,△ABC 为一般位置平面,试在此平面上作一条正平线及一条水平线。

过△ABC 上一已知点 $C(c', c)$ 作正平线 CE。因正平线的水平投影平行于 OX 轴,所以过 c 作 $ce // OX$ 轴,与 ba 交于点 e,由 e 作出 e',连接 $c'e'$ 即得 CE 的正面投影。同理在△ABC 内作水平线 BD,根据水平线的投影特性,过 b' 作 $b'd' // OX$ 轴,交 $a'c'$ 于 d',由 d' 求出 d,连接 bd 即得 BD 的水平投影 bd。

【例 3-9】 如图 3-32 所示,已知平面 ABC 的两面投影,在其上取一点 K,使点 K 在 H 面之上 10 mm,V 面之前 15 mm。

平面上距 H 面为 10 mm 的点的轨迹为平面内的水平线,即 DE 直线;平面内距 V 面为 15 mm 的点的轨迹为平面内的正平线,即 FG 直线。直线 DE 与 FG 的交点,即为所求点 K,作图过程如图 3-32 所示。

2. 平面上的最大斜度线

平面上对投影面所成倾角最大的直线称为平面上的最大斜度线,它必然垂直于这个平面上平行于该投影面的所有直线(包括该平面与该投影面的交线——迹线),它与该投影面的夹角就是这个平面与该投影面的夹角。

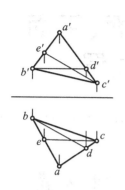

图 3-31 作平面上的投影面平行线

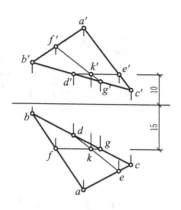

图 3-32 在平面上求一定点 K

平面上的最大斜度线中有三种：对 H 面的最大斜度线、对 V 面的最大斜度线和对 W 面的最大斜度线。

如图 3-33(a)所示，平面 P 上的直线 AC，是平面 P 上对 H 面倾角最大的直线，它垂直于水平线 AB 和 H 面迹线 P^H，AC 对 H 面的倾角 α 就是平面 P 对 H 面的倾角。设平面 P 上过点 A 有另一根任意直线 AD，它对 H 面的倾角为 δ。不难看出，在直角三角形 ACa 和 ADa 中，Aa=Aa，AD>AC，所以∠δ<∠α，证明 AC 对 H 面的倾角比面上任何直线的倾角都大，它代表平面 P 对 H 面的倾角。

要作△ABC 对 H 面的最大斜度线，如图 3-33(b)所示，可先作△ABC 上的水平线 CD，再作垂直于 CD 的直线 AE，AE 即为所求。同时，平面上对 V 面的最大斜度线，必然垂直于该面上的任一正平线。如图 3-33(c)所示，AG 垂直于正平线 CF，AG 即为面上对 V 面的最大斜度线。对 H 面的最大斜度线 AE 与 H 面的倾角 α 及对 V 面的最大斜度线 AG 与 V 面的倾角 β 可用直角三角形法作出。α、β 分别为平面与 H 面的倾角和与 V 面的倾角。

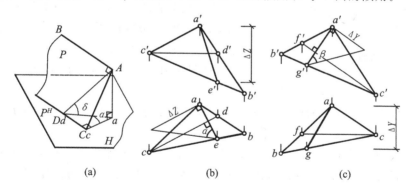

图 3-33 平面上的最大斜度线

第 4 章 直线与平面、平面与平面的相对位置

直线与平面、平面与平面的相对位置,有平行、相交和垂直三种情况(实际只有两种,垂直是相交的特例)。

4.1 直线与平面的相对位置

4.1.1 直线与平面平行

1. 直线与平面相平行的几何条件

直线与平面相平行的几何条件是:直线平行于平面上的某一直线。利用这个几何条件可以进行直线与平面平行的检验和作图。如图 4-1 中,$ab \parallel cf$,$a'b' \parallel c'f'$,故 $AB \parallel CF$,又 CF 位于 $\triangle CDE$ 上,因而直线 AB 与 $\triangle CDE$ 互相平行。

【例 4-1】 如图 4-2(a)所示,已知直线 AB、$\triangle CDE$ 和点 P 的两面投影,要求:(1) 检验直线 AB 是否与 $\triangle CDE$ 互相平行?(2) 过点 P 作一水平线平行于 $\triangle CDE$。

解:

(1) 检验直线 AB 是否与 $\triangle CDE$ 平行,只需要在 $\triangle CDE$ 平面上,检验能否作出一条平行于 AB 的直线即可。检验过程如图 4-2(b)所示:

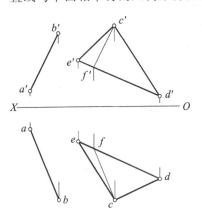

图 4-1 直线与平面平行

① 过 d' 作 $d'f' \parallel a'b'$,与 $c'e'$ 交得 f'。过 f' 作 OX 轴的垂线,与 ce 交得 f,连接 d 与 f。

② 检验 df 是否与 ab 平行:由于图中的检验结果是不平行的,说明在 $\triangle CDE$ 平面上不可能作出平行于 AB 的直线,故 AB 不平行于 $\triangle CDE$。

(2) 水平线的平行线仍然是一水平线,所以过点 P 作一水平线与 $\triangle CDE$ 相平行,只需在 $\triangle CDE$ 平面内作出一任意水平线,过点 P 作出该水平线的平行线即可。作图过程如图 4-2(b)所示:

① 过 c' 作 $c'g' \parallel OX$ 轴,与 $d'e'$ 交得 g';过 g' 作 OX 轴的垂线,与 de 交得 g,连接 cg。

② 过 p' 作 $l' \parallel c'g'$,过 p 作 $l \parallel cg$,l、l' 即为所求水平线的两面投影。

2. 特殊位置的平面与直线平行

当平面为特殊位置时,则直线与平面的平行关系,可直接在平面有积聚性的投影中反映出来。如图 4-3 所示,设空间有一直线 AB 平行于铅垂面 P,由于过 AB 的铅垂投射面与平面 P

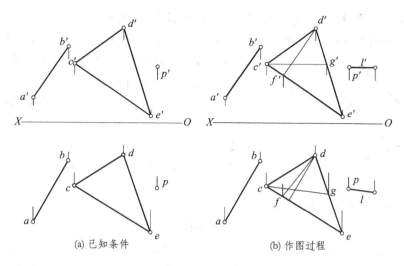

图 4-2 直线和平面平行的检验和作图

平行,故它们与 H 面交成的 H 面投影 ab 和 P^H 相平行,即 $ab/\!/P^H$。若直线也与 H 面垂直,则直线肯定与平面 P 平行,这时,直线和平面 P 都具有积聚性。

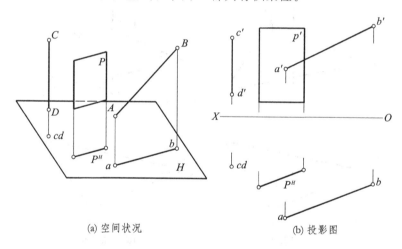

图 4-3 特殊位置的平面与直线平行

由此可推导出,当平面垂直于投影面时,直线与平面相平行的投影特性为:在平面有积聚性的投影面上,直线的投影与平面的积聚投影平行,或者直线的投影也有积聚性。

4.1.2 直线与平面相交

直线与平面相交于一点,该点称为交点。直线与平面的相交问题,主要是求交点和判别可见性的问题。

直线与平面的交点,既在直线上,又在平面上,是直线和平面的公有点;交点又位于平面上通过该交点的直线上。如图 4-4 所示,直线 AB 穿过平面 △CDE,必与 △CDE 有一交点 K;交点 K 一定位于平面内通过交点 K 的某一直线 ⅠⅡ 上。

1. 直线与平面中至少有一个元素垂直于投影面时相交

直线与平面相交,只要其中有一个元素垂直于投影面,就可直接用投影的积聚性求作交点。在直线与平面都没有积聚性的同面投影处,可由交叉线重影点来确定或由投影图直接看出直线投影的可见性(前者称为**重影点法**,后者称为**直接观察法**),而交点的投影就是可见和不可见的分界点。

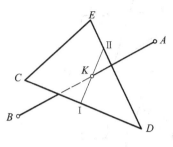

图 4-4 直线与平面的相交

【例 4-2】 如图 4-5(a)所示,求作铅垂线 MN 与一般位置的 △ABC 平面的交点 K,并表明投影的可见性。

分　析:

因铅垂线 MN 在 H 面上的投影有积聚性, MN 上各点的 H 面投影都积聚在 MN 的积聚投影 mn 上,故 MN 与△ABC 的交点 K 的 H 面投影 k 必定积聚在 mn 上;又因为 K 点也位于△ABC 平面上, K 点必在平面内过 K 点的任一直线 Ⅰ Ⅱ 上,所以可利用辅助线法求出 K 点的 V 面投影 k'。作图过程如图 4-5(b)所示。

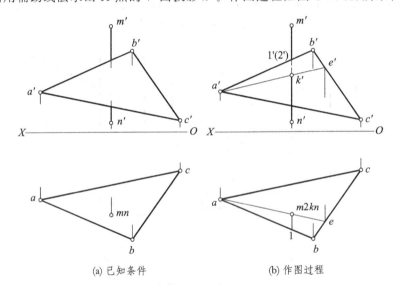

(a) 已知条件　　　　　(b) 作图过程

图 4-5 投影面垂直线与一般位置平面相交

解:

(1) 在 mn 处标出交点 K 点的 H 面投影 k,连接 a 和 k,延长 ak,与 bc 交得 e。

(2) 由 e 作 OX 轴的垂线,与 $b'c'$ 交得 e',连 a' 和 e', $a'e'$ 与 $m'n'$ 交得 k',即为交点 K 的 V 面投影。

(3) 在 $m'n'$ 与 $a'b'$ 的交点处,标注出 MN 与 AB 对 V 面的重影点 Ⅰ 与 Ⅱ 的 V 面投影 $1'(2')$,由 $1'(2')$ 作 OX 轴的垂线,与 ab 交得 1,与 mn 交得 2;经观察,点 Ⅰ 位于点 Ⅱ 的前方,于是 $a'b'$ 上的 $1'$ 可见, $m'n'$ 上的 $2'$ 不可见,从而 $2'k'$ 画成虚线,以 k' 为分界点, $m'n'$ 的另一段必为可见,画成粗实线。

为了表明投影的可见性,一般在投影图中,可见线段的投影画成粗实线,不可见线段的投影画成中虚线(也可画成细虚线或不画出),作图过程中产生的线段的投影或其他图线,都画成细实线。

【例 4-3】 如图 4-6(a)所示,求作一般位置直线 MN 与铅垂的△ABC 的交点 K,并表明投影的可见性。

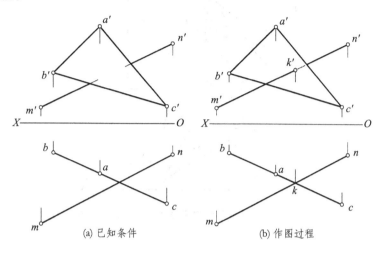

图 4-6 投影面垂直面与一般位置直线相交

分　析：

因△ABC 平面在 H 面上的投影有积聚性,△ABC 上各点的 H 面投影都积聚在△ABC 的积聚投影 bac 上,故 MN 与△ABC 的交点 K 的 H 面投影 k 必定积聚在 bac 上,又因为 K 点也位于直线 MN 上,所以就可在 mn 与 bac 的相交处作出 k,再由 k 作 OX 轴的垂线,与 m'n'交得 k'。作图过程如图 4-6(b)所示。

解：

(1) 在 mn 与 bac 的相交处,标注出交点 K 的 H 面投影 k,由 k 作 OX 轴的垂线,与 m'n'交得点 K 的 V 面投影 k'。

(2) 在 H 面投影中可直接看出直线 MN：交点 K 左侧的一段,位于△ABC 之前,故 mk 为可见,画成粗实线,另一段则不可见,画成虚线。

2. 直线与平面都不垂直于投影面时相交

如图 4-7 所示,有一直线 MN 和一般位置平面△ABC,为求直线 MN 和平面△ABC 的交点,可先在平面 ABC 上求一条直线ⅠⅡ,使该直线的 H 面投影与 MN 的 H 面投影重合,然后求出直线ⅠⅡ的 V 面投影 1'2',1'2'与 m'n'的交点 k'即为所求。这种求直线与平面的交点的方法,称为辅助直线法。

【例 4-4】 如图 4-8(a)所示,求作直线 MN 和平面△ABC 的交点 K,并判别投影的可见性。

解：

(1) 在 H 面投影图中标出直线 MN 与△ABC 的两边 AB、AC 的重影点 1、2。

(2) 由重影点 1、2 作 OX 轴的垂线分别与 a'b'和 a'c'交得 1'、2',连接 1'2',与 m'n'交得 k'。

(3) 由 k'作 OX 轴的垂线,与 mn 交得 k,即为所求。

(4) 判别可见性：直线 MN 穿过△ABC 之后,必有一段被平面遮挡而看不见,为此可以利用[例 4-2]的方法进行判别,即过 m'n'和 a'c'的交点作 OX 轴的垂线,与 ac 交得 4,与 mn 交

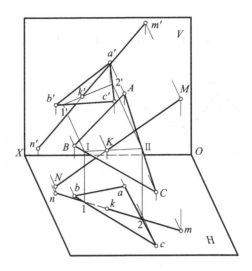

图 4-7 直线与平面都不垂直于投影面时相交

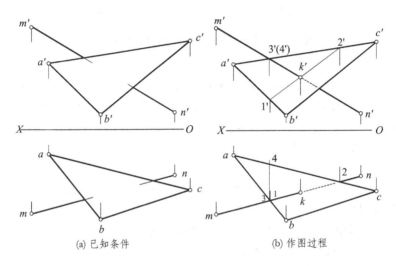

(a) 已知条件　　　　　　(b) 作图过程

图 4-8 一般位置的直线与平面的交点作图

得 3;由于 3 位于 4 之前,故可判断:在 V 面投影图中,直线 MN 上的一段 $3'k'$ 位于平面 △ABC 前面而可见,画成粗实线,另一段必为不可见,画成虚线。同理可判别:在 H 面投影图中 $1k$ 可见,$k2$ 不可见。作图过程如图 4-8(b) 所示。

4.1.3 直线与平面垂直

直线与平面垂直的几何条件是:直线只要垂直于该平面上的任意两条相交直线,而不管该直线是否通过两条相交直线的交点,则直线与平面必相互垂直。如图 4-9 所示,直线 AH 垂直于平面 BCDE 上相交两直线 ⅠⅡ 和 ⅢⅣ,所以 AH 垂直于平面 BCDE。

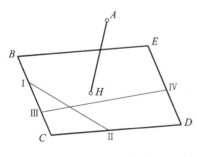

图 4-9 直线与平面垂直

1. 一般位置的直线与平面垂直

在前面的学习中已经知道,两直线垂直,当其中一条直线为投影面的平行线时,则两直线在该投影面上的投影仍相互垂直。因此,在投影图上作平面的垂线时,可首先作出平面上的一条正平线和一条水平线作为平面上的相交二直线,再作垂线。此时所作垂线与正平线所夹的直角,其 V 面投影仍是直角,垂线与水平线所夹的直角,其 H 面投影也是直角。

【例 4-5】 如图 4-10(a)所示,已知空间一点 M 和平面 ABCD 的两面投影,求作过 M 点与平面 ABCD 相垂直的垂线 MN 的投影(MN 可为任意长度)。

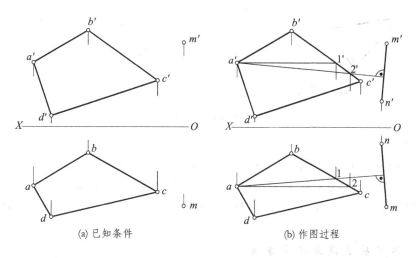

(a) 已知条件　　(b) 作图过程

图 4-10　一般位置的直线与平面垂直

解：

(1) 过 a' 作 $a'1'$ // OX 轴,与 $b'c'$ 交得 $1'$,过 $1'$ 作 OX 轴的垂线,与 bc 交得 1,连接 $a1$ 并延长 $a1$,过 m 作 $a1$ 的垂线。

(2) 过 a 作 $a2$ // OX 轴,交 bc 得 2,过 2 作 OX 轴垂线,交 $b'c'$ 得 $2'$。

(3) 连 $a'2'$ 并延长 $a'2'$,过 m' 作 $a'2'$ 的垂线 $m'n'$。

(4) 过 n' 作 OX 轴的垂线,得 n 点,将 $m'n'$ 和 mn 画成粗实线。$m'n'$、mn 即为所求垂线 MN 的投影。作图过程如图 4-10(b)所示。

本题只是要求作出一任意长度的垂线 MN,故在取 N 点的投影时,可在两面投影中的垂线上任意定出点 N,只是要求点 N 的两面投影符合投影规律而已。

反之,利用该几何条件可以判断空间一直线是否与平面垂直。

【例 4-6】 如图 4-11(a)所示,已知一直线 MN 和平面△ABC 的两面投影,试判断 MN 是否与平面△ABC 垂直。

解：

若直线 MN 与平面△ABC 垂直,则 MN 必与△ABC 平面上的任一直线垂直,为此可在△ABC 平面上求作两条相交的水平线和正平线,检验是否与 MN 垂直即可。作图过程如图 4-11(b)所示：

(1) 过 a' 作 $a'1'$ // OX 轴,交 $b'c'$ 得 $1'$,过 $1'$ 作 OX 轴的垂线,与 bc 交得 1,连接 $a1$,并延长 $a1$。

(2) 判断 $a1$ 是否与 mn 垂直。本题中 $a1$ 显然不与 mn 垂直,因此可判断直线 MN 不垂直

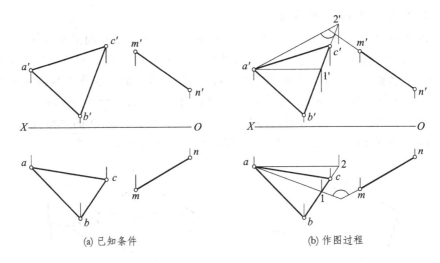

(a) 已知条件 (b) 作图过程

图 4-11 直线与平面垂直的检验

于平面 △ABC。

如果在作图过程中 $a1 \perp mn$，还不能判定 MN 垂直于平面 △ABC，必须再过点 A 在平面 △ABC 上求作一条正平线 AⅡ，检验是否与 MN 垂直。若 $a'2' \perp m'n'$，则判定直线 MN 垂直于平面 △ABC；若 $a'2'$ 不与 $m'n'$ 垂直，则判定直线 MN 不垂直于平面 △ABC。检验过程如图 4-11(b) 所示。

2. 特殊位置的直线与平面垂直

特殊位置的直线与平面相垂直，只有图 4-12 所示的两种情况。

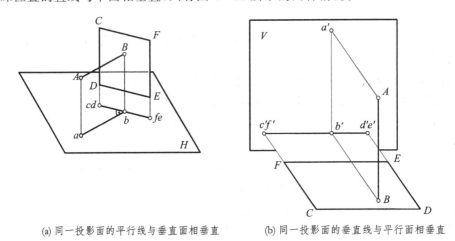

(a) 同一投影面的平行线与垂直面相垂直 (b) 同一投影面的垂直线与平行面相垂直

图 4-12 特殊位置的直线与平面垂直的投影特性

图 4-12(a) 是同一投影面的平行线与垂直面相垂直的情况，图中 AB 是水平线，CDEF 是铅垂面。由立体几何可推知：与水平线相垂直的平面，一定是铅垂面；与铅垂面相垂直的直线，一定是水平线；而且水平线的 H 面投影，一定垂直于铅垂面的有积聚性的 H 面投影，即图中 $ab \perp cdef$。同理，正平线与正垂面相垂直，侧平线与侧垂面相垂直，也都属于这种情况。

综合上段所述，可以得出结论：与投影面平行线相垂直的平面，一定是该投影面的垂直面；

与投影面垂直面相垂直的直线,一定是该投影面的平行线;投影面平行线在所平行的投影面上的投影,必垂直于该投影面垂直面的有积聚性的同面投影。

图 4-12(b)是同一投影面的垂直线与平行面相垂直的情况,图中 AB 是铅垂线,$CDEF$ 是水平面。由立体几何可推知:与铅垂线相垂直的平面,一定是水平面;与水平面相垂直的直线,一定是铅垂线;而且铅垂线的 V 面投影,一定垂直于水平面的有积聚性的 V 面投影,即图中 $a'b' \perp c'd'e'f'$。同理,正垂线与正平面相垂直,侧垂线与侧平面相垂直,也都属于这种情况。

综上所述,可以得出结论:与投影面垂直线相垂直的平面,一定是该投影面的平行面;与投影面平行面相垂直的直线,一定是该投影面的垂直线;投影面垂直线的投影必定与平面的有积聚性的同面投影相垂直。

【例 4-7】 如图 4-13(a)所示,求作 A 点到 $\triangle BCD$ 平面的垂线 AE 和垂足 E,并确定 A 点与 $\triangle BCD$ 平面间的真实距离。

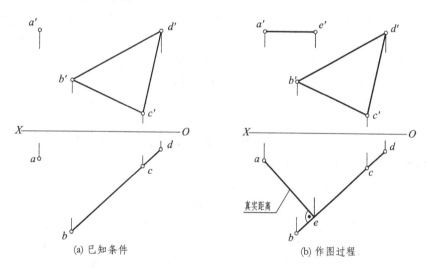

(a) 已知条件　　　　　　　　(b) 作图过程

图 4-13　过 A 点作 $\triangle BCD$ 平面的垂线和垂足,并确定它们之间的真实距离

解:

因为 $\triangle BCD$ 平面是铅垂面,所以 AE 一定是水平线,且 $ae \perp bdc$,垂足 E 的 H 面投影 e 就是 ae 与 bdc 的交点,由 e、ae 即可作出 e'、$a'e'$,又因为 AE 为水平线,所以 ae 即为所求的真实距离。作图过程如图 4-13(b)所示。

(1) 过 a 作 $ae \perp bdc$,交 bdc 于点 e。
(2) 过 a' 作 OX 轴的平行线 $a'e'$,过 e 作 OX 轴的垂线,与 $a'e'$ 交得 e'。
(3) 连接 $a'e'$,ae、$a'e'$ 即为所求的垂线 AE 的两面投影,e、e' 即为所求的垂足的两面投影。
(4) ae 即为 A 点到 $\triangle BCD$ 平面的真实距离。

本题中 A 点到平面 $\triangle BCD$ 的垂足 E 点的 V 面投影虽位于 $\triangle b'c'd'$ 之外,但 E 点仍是位于平面 $\triangle BCD$ 上的点,读者可以想象将平面 $\triangle BCD$ 无限扩展,E 点必定位于平面上。

4.2 平面与平面的相对位置

4.2.1 平面与平面平行

1. 两平面相平行的几何条件

两平面相平行的几何条件是：如果一平面上的一对相交直线，分别与另一平面上的一对相交直线互相平行，则两平面互相平行。利用这个几何条件可以进行平面与平面平行的检验和作图。如图 4-14 所示，$pq/\!/ad$，$pr/\!/ae$，$p'q'/\!/a'd'$，$p'r'/\!/a'e'$，故 $PQ/\!/AD$，$PR/\!/AE$，又 AD 与 AE 为位于△ABC 上的相交二直线，因而由直线 PQ 和 PR 相交而形成的平面 PQR 与△ABC 互相平行。

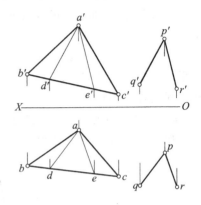

图 4-14 平面与平面平行

【例 4-8】 如图 4-15(a)所示，已知两平面△ABC 和△DEF 以及点 P 的两面投影，要求：(1)检验两平面△ABC 和△DEF 是否互相平行？(2)过点 P 作一平面平行于△DEF。

解：

(1) 检验两平面平行，只要在一平面上作出两相交直线，检验是否与另一平面上的相交直线平行即可，作图过程如图 4-15(b)所示：

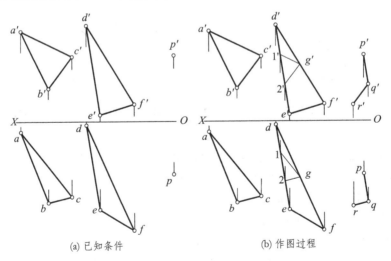

图 4-15 平面与平面平行的检验和作图

① 在△DEF 的 DF 边上找一点 G，标出其两面投影 g、g'。
② 过 g' 作 $g'1'/\!/a'c'$，与 $d'e'$ 交得 $1'$。
③ 过 g' 作 $g'2'/\!/b'c'$，与 $d'e'$ 交得 $2'$。
④ 过 $1'$、$2'$ 分别作 OX 轴的垂线，与 de 交得 1、2，连接 $g1$ 和 $g2$。
⑤ 检验 $g2$ 是否平行于 bc，$g1$ 是否平行于 ac。本题经检验 $g2/\!/bc$，$g1/\!/ac$，即 $GⅡ/\!/BC$，

G Ⅰ∥AC,故△ABC∥△DEF。

若检验结果为 g2 不平行于 bc 或 g1 不平行于 ac,即可判断△ABC 与△DEF 一定不平行。

(2) 过点 P 作一平面与△DEF 相平行,只要过点 P 作出两条与△DEF 平行的相交直线即可。作图过程如图 4-15(b)所示:

① 过 p' 作 $p'r'\∥d'f'$,$p'q'\∥d'e'$。
② 过 p 作 $pr\∥df$,$pq\∥de$。
③ 因两条相交直线即可确定一个平面,故 pqr 和 $p'q'r'$ 即为所求平面的两面投影。

2. 特殊位置的两平面平行

在特殊情况下,当两平面都是同一投影面的垂直面时,则两平面的平行关系,可直接在两平行平面有积聚性的投影中反映出来,即两平面的有积聚性的同面投影互相平行。如图 4-16 所示,设 H 垂直面 P 和 Q 互相平行,故它们的 H 面投影 $P^H\∥Q^H$;反之,因积聚投影 $P^H\∥Q^H$,由之所作的 H 面垂直面 P 和 Q 亦必互相平行。

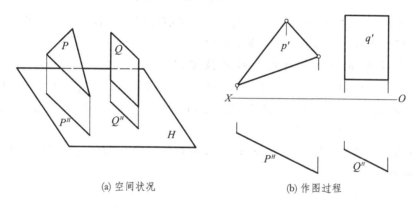

(a) 空间状况　　　　　　　(b) 作图过程

图 4-16　特殊位置的两平面平行

4.2.2　平面与平面相交

两平面相交于一条直线,该线称为交线。平面与平面相交的问题,主要是求交线和判别可见性的问题。

两平面的交线是两平面所公有的直线,一般通过求出交线的两端点来连得交线。交线求出后,在判别投影可见性时必须注意:可见性是相对的,有遮挡,就有被遮挡;可见性只存在于两平面图形投影重叠部分,对两平面图形投影不重叠部分不需判别,都是可见的。

1. 两特殊位置平面相交

垂直于同一个投影面的两个平面的交线,必为该投影面的垂直线,两平面的积聚投影的交点就是该垂直线的积聚投影。如图 4-17(a)所示,平面 P 与平面 Q 都垂直于投影面 H,则两平面 P 和 Q 的交线 MN 必垂直于投影面 H,而且 P 和 Q 的 H 面投影 P^H 和 Q^H 的交点必为 MN 的积聚投影 mn。

【例 4-9】　求作图 4-17(b)两投影面垂直面 P 和△ABC 的交点 MN,并表明可见性。

解:
(1) 在 abc 与 P^H 的交点处标出 mn,即为交线 MN 的 H 面投影。
(2) 过 mn 作 OX 轴的垂线,得交点 m'、n',连接 $m'n'$,即为所求交线 MN 的 V 面投影。

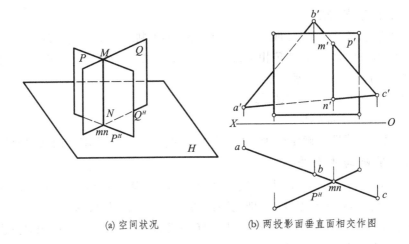

(a) 空间状况 (b) 两投影面垂直面相交作图

图 4-17 两投影面垂直面相交

(3) 判别可见性：在 mn 的左方，P^H 位于 abmn 之前，故在 V 面投影中，p' 在 $m'n'$ 左侧为可见，右侧与△ABC 重叠的部分必为不可见，作图结果如图 4-17(b) 所示。

2. 两个平面中有一个平面处于特殊位置时相交

两平面相交，只要其中有一个平面对投影面处于特殊位置，就可直接用投影的积聚性求作交线。在两平面都没有积聚性的同面投影重合处，可由投影图直接看出投影的可见性，而交线的投影就是可见和不可见的分界线。

【例 4-10】 如图 4-18(a) 所示，求作一般位置的平面△ABC 与正垂面△DEF 的交线 MN，并表明可见性。

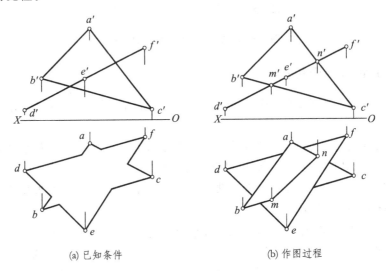

(a) 已知条件 (b) 作图过程

图 4-18 一般位置平面与投影面垂直面相交

解：

(1) 在 $b'c'$、$a'c'$ 与有积聚性的同面投影 $d'e'f'$ 的交点处，分别标出 m'、n'，由 m'、n' 分别作 OX 轴的垂线，与 bc 交得 m，与 ac 交得 n。

(2) 连接 mn，即为所求交线 MN 的 H 面投影；MN 的 V 面投影，积聚在 $d'e'f'$ 上。

(3) 判别可见性：在 V 面投影中可直接看出，$a'b'm'n'$ 位于 $\triangle d'e'f'$ 的上方，故应可见；$c'm'n'$ 位于 $\triangle d'e'f'$ 的下方，故在 H 面投影中与 $\triangle def$ 的重合部分不可见。

(4) 在已知投影图上画出适当的线型(本题及下面其他题目将不再画出虚线，亦可表示不可见)，作图过程如图 4-18(b)所示。

【例 4-11】 如图 4-19(a)所示，求作一般位置的平面 $\triangle EFG$ 与以 C 为圆心的正平圆的交线 MN，并表明可见性。

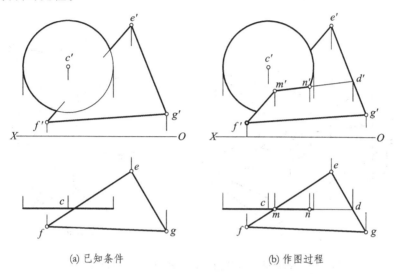

(a) 已知条件　　　　　　　(b) 作图过程

图 4-19　一般位置平面与投影面平行面相交

分　析：

两平面的交线是两平面的公有线，因正平圆的 H 面投影具有积聚性，故交线 MN 的 H 面投影必积聚在正平圆的 H 面投影上。由图可知，正平圆的 H 面投影与 ef 的交点，即为交线 mn 的一个端点 m，要求另一端点 N 的投影，可延长正平圆的 H 面投影，与 eg 交得 d，然后作出 d'，连接 $m'd'$，与正平圆的 V 面投影交于 n' 点，再求出 n，即为所求。作图过程如图 4-19(b)所示。

解：

(1) 在 ef 与正平圆的积聚投影相交处，标注出 m，过 m 作 OX 轴的垂线，与 $e'f'$ 交得 m'。

(2) 延长正平圆的 H 面投影与 eg 交得 d，过 d 作 OX 轴的垂线，与 $e'g'$ 交得 d'。

(3) 连接 $m'd'$，与正平圆的 V 面投影交于 n'，连接 $m'n'$。

(4) 过 n' 作 OX 轴的垂线，与正平圆的 H 面投影交得 n，mn、$m'n'$ 即为所求交线 MN 的两面投影。

(5) 判别可见性：从 H 面投影图和 V 面投影图可直接看出，在交线 MN 的左下方，则 $\triangle EFG$ 在前，圆在后，故 $\triangle EFG$ 与圆重叠的部分可见，画成粗实线；在交线 MN 的右上方，则圆在前，$\triangle EFG$ 在后，故 $\triangle EFG$ 与圆重叠的部分不可见。

[例 4-10]中的两个平面，其中一个平面图形完全穿过另一个平面图形，交线 MN 的两个端点 M、N 落在同一平面 $\triangle ABC$ 的两条边 BC 和 AC 上，这种情况称为全交；[例 4-11]中的两个平面，彼此都只有一部分相交，交线 MN 的两个端点 M、N 分别落在平面 $\triangle EFG$ 的 EF 边和圆平面的轮廓线上，这种情况称为半交。

特殊位置平面与一般位置平面的相交,可以用来求一般位置直线与一般位置平面的交点,如图4-20所示,直线 DE 和△ABC 均为一般位置,直线 DE 与△ABC 相交,必有一个交点 K,现设交点 K 已求出,则过交点 K 在△ABC 上可作出无数条直线,其中每一条直线(如ⅠⅡ线)与 DE 相交可组成一个平面,这样可作无数个平面。其中必有一个平面是铅垂面或正垂面或侧垂面。所作平面称为过 DE 直线的辅助平面 P,ⅠⅡ线即为 P 面与△ABC 的交线,ⅠⅡ线与 DE 的交点也就是直线 DE 与△ABC 的交点。这种求直线与平面的交点的方法,称为辅助垂直面法。

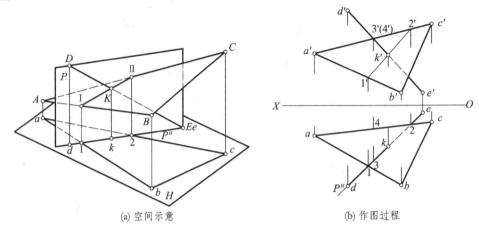

图 4-20 利用辅助垂直面法求一般位置直线与平面的交点

作图过程如下:
(1) 过 DE 作铅垂面 P:在投影图上将 de 标记为 P^H。
(2) 求 P 与△ABC 的交线ⅠⅡ:P^H 与 ab 交于1,与 ac 交于2,线12即为交线的 H 面投影,由线12求出其 V 面投影 $1'2'$。
(3) 求直线 DE 与交线ⅠⅡ的交点:$1'2'$ 与 $d'e'$ 相交于 k',由 k' 在 de 上求出 k,k、k' 即为所求交点 K 的两面投影。
(4) 判别可见性,作图结果如图4-20(b)所示。

可以看出,辅助垂直面法的作图过程完全相同于[例4-4]中的辅助直线法,仅是设想的不同而已。

3. 两个一般位置平面相交

求两个一般位置平面的交线,实质上是分别求某一平面内的两条边线或某条边线与另一平面的两个交点,连接这两个交点即是两平面的交线。由于两平面的投影都没有积聚性,在解题前,可先观察出投影图上没有重叠的平面图形边线,它们不可能与另一平面有实际的交点,故不必求取这种边线对另一平面的交点,如图4-21(a)中边线 AC、DG、EF。这种方法称为线面交点观察法。

【例4-12】 如图4-21(a)所示,求作平面△ABC 与四边形 DEFG 的交线 MN 的两面投影,并表明可见性。

解:
(1) 经反复观察和试求,确定四边形 DEFG 的两边 ED、FG 与△ABC 平面的交点即为所

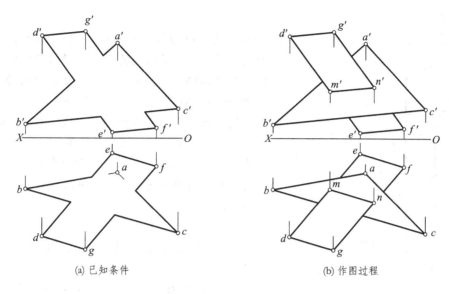

(a) 已知条件 (b) 作图过程

图 4-21 两个一般位置平面相交的求解

求交线 MN 的两端点。

（2）利用辅助直线法分别求出边线 ED 与△ABC 交点的投影 m、m'，边线 FG 与△ABC 交点的投影 n、n'。

（3）连接 mn 和 $m'n'$，即为所求。

（4）判别可见性：可利用［例 4-2］的判别方法来判别出两平面重影部分的可见性，结果如图 4-21(b)所示。

实际上两平面相交时，每一平面上的每一边对另一平面都会有交点，因此从理论上说，作图时可选择任一边对另一平面求交点，求得两个交点 K、L，连接 K、L，可求得交线的方向，然后取其在两面投影重叠部分内的一段即可得 MN。只是若 K、L 落在图形外较远处，作图就不是很方便了。

【例 4-13】 如图 4-22(a)所示，求作△ABC 和△DEF 的交线 MN，并表明可见性。

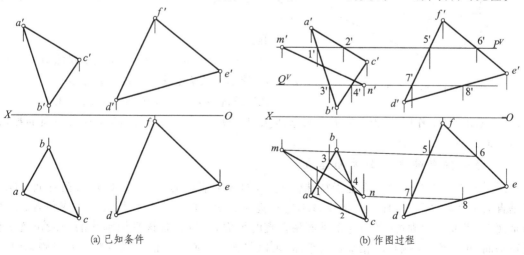

(a) 已知条件 (b) 作图过程

图 4-22 两个一般位置平面相交的求解

分　析：

经观察可发现，两个平面△ABC和△DEF的所有边线在投影图中均不可能与另一平面有实际的交点，线面交点观察法在本题中已不宜应用。为此，可取两个投影面平行面P和Q作为辅助平面，利用三面共点原理（如图4-23所示），分别求出它们与两个已知平面的辅助交线ⅠⅡ、ⅢⅣ、ⅤⅥ、ⅦⅧ，每个辅助平面上的两条辅助交线的交点，即为所求交线MN上的一点，连接两个交点，即为所求交线，这种方法称为辅助平行面法。作图过程如图4-22(b)所示。

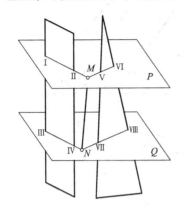

图4-23　辅助平行面法求交线空间示意图

解：

(1) 作一水平面P，截△ABC和△DEF得交线ⅠⅡ和ⅤⅥ。

(2) 由12和56的交点定出m，过m作OX轴的垂线，与P^V交得m'。

(3) 作一水平面Q，得另一交点$N(n,n')$。

(4) 连接$m'n'$和mn，即为所求交线的投影。

4.2.3　平面与平面垂直

1. 两平面垂直的几何条件

两平面垂直的几何条件是：如果一个平面包含另一个平面的一条垂线，则两个平面就相互垂直。如图4-24所示，直线AD⊥平面P，AD又是△ABC平面上的一条直线，故ABC⊥平面P。

【例4-14】　如图4-25(a)所示，已知平面△ABC和点P的两面投影，求作过点P且与△ABC相垂直的平面的两面投影。作图过程如图4-25(b)所示。

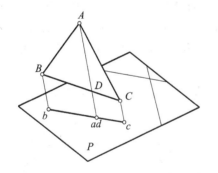

图4-24　平面与平面垂直

解：

(1) 过点P利用［例4-5］的方法作出一条△ABC的垂直线PQ，标注出p'、p、q'、q。

(2) 任选一点r'、r，连接$p'r'$、$q'r'$和pr、qr，因PQ⊥△ABC，又由作图知，PQ位于平面△PQR上，故△$p'q'r'$、△pqr即为所求平面的投影，作图结果如图4-25(b)所示。

2. 特殊位置的平面与平面垂直

两平面中至少有一个平面处于特殊位置时，如4.1节中的图4-12(a)，与铅垂面CDEF相垂直的平面，一定包含任一水平线AB，它可能包含AB的各个一般位置平面或包含AB的铅垂面、水平面。同理可推知：与正垂面相垂直的平面，可以包含该平面垂线的一般位置平面或正垂面、正平面；与侧垂面相垂直的平面，可以包含该平面垂线的一般位置平面或侧垂面、侧平面。

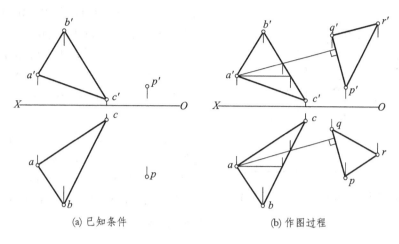

(a) 已知条件　　　　　(b) 作图过程

图 4-25　过点 P 作 △ABC 的垂直面

又如 4.1 节中的图 4-12(b) 所示，与水平面 CDEF 相垂直的平面，一定包含任一铅垂线 AB，它可以包含 AB 的铅垂面、正平面或侧平面。同理可推知：与正平面相垂直的平面，可以是包含该平面垂线的正垂面、水平面或侧平面；与侧平面相垂直的平面，可以是包含该平面垂线的侧垂面、水平面或正平面。

综合上述，可得出以下结论：

(1) 与某一投影面垂直面相垂直的平面，一定包含该投影面垂直面的垂线，可以是一般位置平面，也可以是这个投影面的垂直面或平行面。

(2) 与某一投影面平行面相垂直的平面，一定是这个投影面的垂直面，也可以是其他两个投影面的平行面。

【例 4-15】　如图 4-26(a) 所示，已知 A 点和直线 MN 的投影，以及正垂面 P 的 V 面投影 P^V，试过点 A 作一平面，使该平面与直线 MN 相平行，与平面 P 相垂直。

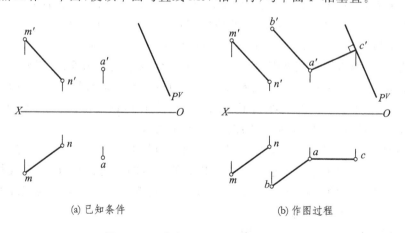

(a) 已知条件　　　　　(b) 作图过程

图 4-26　特殊位置的平面与平面垂直

解：

按直线与平面相平行以及两平面相垂直的几何条件，只要过 A 点作任意长度的直线 AB∥MN，作任意长度的直线 AC⊥平面 P，则相交两直线 AB 和 AC 确定的平面，即为所求。

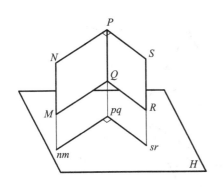

图 4-27　垂直于同一投影面的两平面相垂直

由于平面 P 是正垂面,所以 AC 必为正平线。作图过程如图 4-26(b)所示:

(1) 作 $a'b'//m'n'$,作 $ab//mn$。

(2) 作 $a'c' \perp P^V$,作 $ac//OX$ 轴。

(3) AB 和 AC 所确定的平面 ABC,即为所求。

当两个平面都是同一投影面的垂直面时,它们有积聚性的同面投影也互相垂直。如图 4-27 所示,两个矩形铅垂面 $PQMN$ 和 $PQRS$ 互相垂直,它们的有积聚性的 H 面投影 $pqmn \perp pqrs$。

4.3　点、直线和平面的综合解题

空间的几何问题一般分为三类:第一类是根据几何形体的一些已知投影,需要在满足某些几何条件的情况下,利用几何原理和投影特性,作出几何形体本身或另外几何形体的投影(例如,已知两平面的投影,求作交线的投影等),称为**定位问题**;第二类是解决几何形体本身或相互间的形状、大小、角度和距离等问题(例如求夹角的实大),称为**量度问题**;第三类是定位和量度的综合问题。

点、直线、平面的综合性应用题,就是指比较复杂的点、直线、平面的空间几何问题,需要同时满足几个要求,并要求用几个基本作图方法才能解决的问题。

点、直线、平面的综合解题常有以下几种具体类型。

(1) 从属问题:直线上点;平面上点和直线。

(2) 相交问题:两直线交点;直线与平面的交点;两平面交线;三平面的交点。

(3) 直线和平面本身的量度问题:直线段的实长;平面图形的实形。

(4) 平行问题:两直线互相平行;直线与平面互相平行;两平面互相平行。

(5) 垂直问题:两直线互相垂直(相交或交叉);直线与平面互相垂直;两平面互相垂直。

(6) 距离问题:点线距(距离投影、实长、垂足);点面距(距离投影、实长、垂足);交叉线公垂线(公垂线的投影和实长);平行线间距;两平行平面的间距;平行的直线与平面间距离等。

(7) 角度问题:线面夹角;两面夹角;两直线夹角(相交或交叉)等。

(8) 轨迹问题:作与已知点为定距离的轨迹;作与已知直线为定距离的轨迹;作与已知面为定距离的轨迹;过一已知点且与已知一直线相交的直线的轨迹;与一已知直线相交,且与另一已知直线平行的直线的轨迹;与一已知直线相交,且垂直于一已知平面的直线的轨迹;与一般位置直线两端点等距离点的轨迹等。

求解点、直线、平面综合题的一般步骤如下:

① 看清题意,明确要求　根据题目和已给的投影图,明确已知条件是什么,需要求解什么,应利用哪些原理、方法、几何特征与投影特性的关系以及如何去利用这些关系。

② 空间分析,完善思路　把问题拿到空间里解决,在纸上画出空间示意草图或想象出已知条件在空间中的状态,加以分析,完善解题的思路。当遇到三个以上几何元素的相互关系问

题时,宜先两两解决,再综合解决。

③ **分清步骤,作投影图** 确定先作什么,后作什么,然后利用各种基本作图方法逐步作出投影图,直至完成解答。

④ **认真检查,确保准确** 对照题目和已知条件进行复核和校对,必要时可通过逆向思维去分析、检查,直至确定解题无误。

【例 4-16】 如图 4-28(a)所示,已知点 A 和直线 BC 的两面投影,求点 A 与直线 BC 间的真实距离。

分 析:

求点 A 到直线 BC 的真实距离,只要作出点 A 到直线 BC 的垂线 AF,然后求出点 A 与垂足 F 的真实距离即可。为此可以先过 A 点作一平面与直线 BC 垂直,求出平面与直线 BC 的交点 F,连接 AF,则 AF 一定垂直于 BC,最后用直角三角形法求出 AF 的真实长度。作图过程如图 4-28(b)所示。

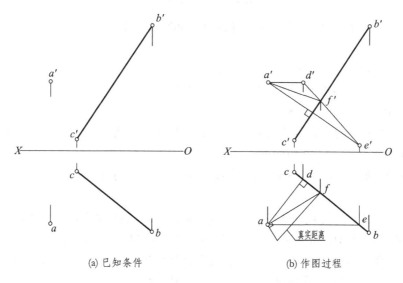

(a) 已知条件　　　　　(b) 作图过程

图 4-28 解综合题

解:

(1) 过 a 作 $ad \perp bc$,与 bc 交得 d,过 d 作 OX 轴的垂线,交过 a' 且与 OX 轴平行的直线于 d'。

(2) 过 a 作 $ae /\!/ OX$ 轴,与 bc 交得 e,过 e 作 OX 轴的垂线,交过 a' 且与 $b'c'$ 垂直的直线于 e',连接 $d'e'$。

(3) 求出直线 BC 与平面 $\triangle ADE$ 的交点 F 的两面投影 f、f',连接 af、$a'f'$。

(4) 因所作的 $\triangle ADE \perp BC$,又 AF 在 $\triangle ADE$ 上,故 $AF \perp BC$,F 为垂足。

(5) 利用直角三角形法求出 AF 的真实长度,标注在投影图上。

【例 4-17】 如图 4-29(a)所示,求作一直线 MN 与两交叉直线 AB 和 CD 相交,且与另一直线 EF 平行。

分 析:

过直线 AB,若作出一个平面与 EF 平行,在这个平面上可以有无数条直线与 EF 平行,且与 AB 相交。要满足所求直线与直线 CD 也相交,只需求出直线 CD 与所作平面的交点 M,过

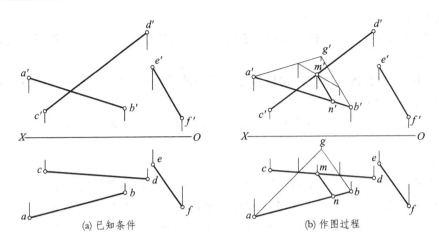

图 4-29 解综合题

M 作 $MN/\!/EF$,与 AB 交于 N 点即可。作图过程如图 4-29(b)所示。

解:

(1) 过 b' 作 $b'g'/\!/e'f'$,过 b 作 $bg/\!/ef$。

(2) 求出直线 CD 与平面 ABG 的交点 M 的投影 m、m'。

(3) 过 m' 作 $m'n'/\!/e'f'$,与 $a'b'$ 交得 n'。

(4) 过 m 作 $mn/\!/ef$,与 ab 交得 n 或过 n' 作 OX 轴的垂线,与 ab 交得 n,结果是一样的。

(5) 完成作图,mn、$m'n'$ 即为所求。

【例 4-18】 如图 4-30(b)所示,求直线 AB 和 $\triangle CDE$ 间夹角的实大。

分　析:

如图 4-30(a)所示,过点 A 作 $AK \perp P$ 面,垂足为 K,连接 BK,则 $\angle ABK$ 即为直线 AB 与平面 P 的夹角,$\angle BAK$ 则等于 $90°-\angle ABK$。由此,本题要求直线 AB 与 $\triangle CDE$ 间的夹角,可先过 A 点作平面 $\triangle CDE$ 的垂线,在垂线上合理位置取一点 F,连接 BF,求 $\triangle ABF$ 的实形即可反映出夹角的实大。作图过程如图 4-30(c)所示。

解:

(1) 过 c' 作 $c'1'/\!/OX$ 轴,与 $d'e'$ 交得 $1'$,过 $1'$ 作 OX 轴的垂线,与 de 交得 1,连接 $c1$ 并延长 $c1$,过 a 作 $c1$ 的垂线 ah。

(2) 过 c 作 $c2/\!/OX$ 轴,与 de 交得 2,过 2 作 OX 轴的垂线,与 $d'e'$ 交得 $2'$,连接 $c'2'$ 并延长 $c'2'$,过 a' 作 $c'2'$ 的垂线 $a'g'$。

(3) 过 b 作 $bf/\!/OX$ 轴,与 ah 交得 f,过 f 作 OX 轴的垂线,与 $a'g'$ 交得 f'。

(4) 利用直角三角形法求出 $\triangle ABF$ 的实形,其中 BF 为正平线,$b'f'$ 即为其实长。

(5) 定出 $\angle b'A_0f'=90°-\beta$,由此可定出直线 AB 与 $\triangle CDE$ 间夹角的实大 β。

【例 4-19】 如图 4-31(a)所示,已知矩形 $ABCD$ 的一边 AB 的两面投影,并已知另一边 AD 的 H 面投影。试完成此矩形的两面投影。

分　析:

只需作出 $a'd'$,即可利用矩形的对边平行的特性来完成作图。

由于 $AD \perp AB$,为此过 A 点先作一平面与 AB 垂直,则 AD 必位于此平面上,然后求出

第 4 章 直线与平面、平面与平面的相对位置

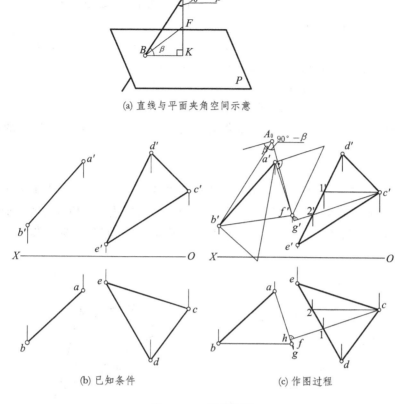

图 4-30 解综合题

AD 即可。作图过程如图 4-31(b)所示：

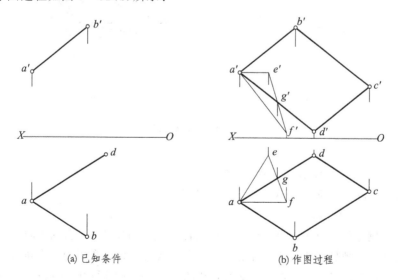

图 4-31 解综合题

解：

（1）过 a 作 $ae \perp ab$，过 a' 作 $a'e' // OX$ 轴。

(2) 过 a' 作 $a'f' \perp a'b'$，过 a 作 $af // OX$ 轴。

(3) 连接 ef、$e'f'$，且 ef 与 ad 交于 g，过 g 作 OX 轴的垂线，交 $e'f'$ 于 g'。因此，g、g' 就是 AD 直线上一点的两面投影。

(4) 连接 $a'g'$，并延长 $a'g'$，过 d 作 OX 轴的垂线，交 $a'g'$ 的延长线于 d'。

(5) 过 d 作 $dc // ab$，过 b 作 $bc // ad$，dc 与 bc 交于 c。

(6) 过 d' 作 $d'c' // a'b'$，过 b' 作 $b'c' // a'd'$，$d'c'$ 与 $b'c'$ 交于 c'。

(7) $abcd$ 和 $a'b'c'd'$ 即为所求矩形的两面投影。

【例 4-20】 如图 4-32(a)所示，求作底边为 AB，顶点落在直线 DE 上的等腰三角形 ABC 的两面投影。

分　析：

△ABC 为等腰三角形，顶点 C 与底边中点的连线必垂直于底边，如果不考虑顶点落在直线 DE 上，这样的直线在空间中有无数条，从而形成一个与底边 AB 相垂直的平面。只要确定出这个平面，然后求出直线 DE 与该平面的交点 C，连接 AC、BC 即可完成作图。作图过程如图 4-32(b)所示。

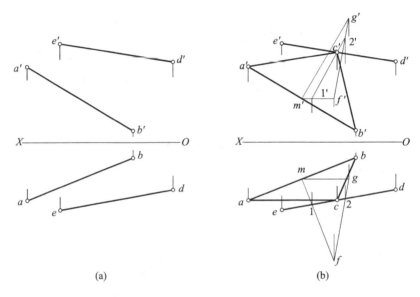

图 4-32　解综合题

解：

(1) 过底边 AB 中点 M 作一平面 $MFG \perp AB$。

(2) 求直线 ED 与平面△MFG 交点，得顶点 C。

(3) 连接 AC、BC 即为所求。

在以上几个例题的求解中可以发现，解决点、直线、平面的定位问题，利用轨迹求解是非常方便的。所谓轨迹就是满足某些几何条件的一些点和直线的综合。常用的基本轨迹有以下几个：

(1) 过一已知点与一已知直线相交的直线的轨迹，是一个通过已知点和已知直线的平面。

(2) 过一已知点且平行于一已知平面的直线的轨迹，是一个通过已知点且平行于已知平面的平面。

(3) 过一已知点(交叉)垂直于一已知直线的直线轨迹，是一个通过已知点且垂直于已知直线的平面。

（4）与一已知直线相交，且与另一已知直线平行的直线的轨迹，是一个通过所相交的直线且平行于所平行的直线的平面。

（5）与一已知直线相交，且垂直于一已知平面的直线的轨迹，是一个通过已知直线且垂直于已知平面的平面。

（6）与一已知点成一定距离的点的轨迹，是一个以已知点为球心，以该距离为半径的球面。

（7）与一已知直线成一定距离的点的轨迹，是一个以该直线为轴线，以该距离为回转半径的圆柱面。

（8）与一已知面成一定距离的点的轨迹，是已知平面的平行面，且两平面的距离等于已知距离。

（9）与一般位置直线两端点成等距离的点的轨迹，是一个通过该直线的中点且与该直线相垂直的平面。

【例 4-21】 如图 4-33(b)所示，已知两直线 AB、CD 投影，求它们的公垂线 KL，并求最短距离。

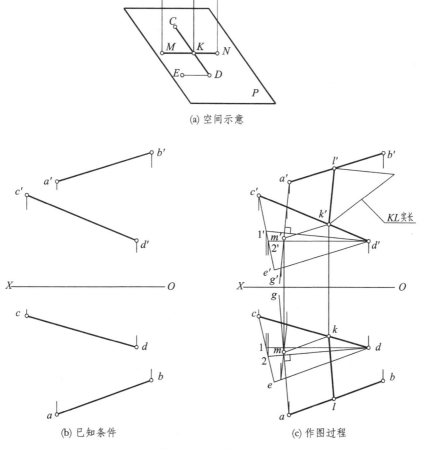

图 4-33 解综合题

分　析：

如图 4-33(a)所示，假设 KL 已经作出，它与 AB、CD 两直线均成正交，所以能够过 CD 线作出一个平面 P 垂直于 KL 直线。因为 $AB \perp KL$，而 $KL \perp P$，所以 $AB /\!/ P$。于是为了要作出 KL 线的位置，应作出 AB 在 P 面上的投影 MN。MN 与 CD 的交点为 K，过点 K 向 AB 或 P 面作垂线，交 AB 于点 L，KL 即为所求。作图过程如图 4-33(c)所示。

解：

(1) 过 d' 作 $d'e' /\!/ a'b'$，过 d 作 $de /\!/ ab$，故 $\triangle CDE /\!/ AB$。

(2) 过点 D 在 $\triangle CDE$ 平面内作一正平线 $D\mathrm{I}$ 和一水平线 $D\mathrm{II}$。

(3) 过 a' 作 $d'1'$ 的垂线，过 a 作 $d2$ 的垂线，得 $\triangle CDE$ 的垂线 $AG(ag, a'g')$。

(4) 求直线 AG 与 $\triangle CDE$ 的交点 $M(m, m')$。

(5) 过 m 作 $mk /\!/ ab$，过 m' 作 $m'k' /\!/ a'b'$，MK 与 CD 交于 K。

(6) 过 k' 作 $k'l' /\!/ m'a'$，与 $a'b'$ 交得 l'，过 k 作 $kl /\!/ ma$，与 ab 交得 l，kl、$k'l'$ 即为公垂线 KL 的投影。

(7) 利用直角三角形法求出 KL 的真实长度，标在投影图上。

第 5 章 换 面 法

5.1 换面法的基本概念

在投影图上解决有关空间几何元素定位问题(如交点、交线)和度量问题(如实形、距离、角度)时发现,当空间的直线和平面对投影面处于平行或垂直的特殊位置时,问题非常容易解决。但是,若直线和平面对投影面处于一般位置时,问题就难以解决了。如果能把直线和平面从一般位置变换成特殊位置,那么问题的解决就会变得快速而准确。换面法正是研究如何改变空间几何元素对投影面的相对位置,以达到简化解题的目的。

空间几何元素保持不动,设立新的投影面来代替旧的投影面,使空间几何元素对新的投影面的相对位置处于有利于解题的特殊位置,这种方法称为换面法。

5.2 点的投影变换

5.2.1 新投影面体系的建立

如图 5-1 所示一铅垂面 △ABC,在 V 面和 H 面的投影体系(以后简称 V/H 体系)中的两个投影都不反映实形。为使新的投影反映实形,取一个平行于 △ABC 且垂直于 H 面的面 V_1,来代替 V 面,则新的 V_1 面和不变的 H 面构成一个新的投影面体系 V_1/H。

△ABC 在新的 V_1 面上的投影 △$a_1'b_1'c_1'$ 就反映实形。

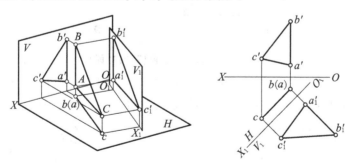

图 5-1 新投影面体系的建立

V_1 面称为**新投影面**,H 面称为**不变投影面**,V 面称为**旧投影面**;O_1X_1 轴称为**新投影轴**,OX 轴称为**旧投影轴**;相应地把 V_1 面上的投影 △$a_1'b_1'c_1'$ 称为**新投影**,H 面上的投影 △abc 称为**不变投影**,V 面上的投影 △$a'b'c'$ 称为**旧投影**。

新投影面的建立必须符合以下两个条件:
(1) 新投影面必须垂直于一个不变投影面(正投影原理的需要)。
(2) 新投影面必须和空间几何元素处于有利于解题的位置。

5.2.2 点的投影变换规律

点是最基本的几何元素,因此,在变换投影面时,首先要了解点的投影变换规律。

1. 点的一次变换

(1) 变换 V 面:如图 5-2 所示,点 A 在 V/H 体系中的正面投影为 a',水平投影为 a。现在保留 H 面不变,取一铅垂面 $V_1(V_1 \perp H)$,使之形成新的两投影面体系 V_1/H。O_1X_1 轴为新投影轴,过 A 点向 V_1 面作垂线,垂线与 V_1 面的交点 a_1' 即为 A 点在 V_1 面上的新投影。

因为新旧两投影体系具有同一个水平面 H,因此说点 A 到 H 面的距离(即 z 坐标)在新旧体系中都是相同的,即 $a'a_x = Aa = a_1'a_{x1}$。当 V_1 面绕 O_1X_1 轴旋转到与 H 面重合时,根据点的投影规律可知,A 点的两投影 a 和 a_1' 的连线 aa_1' 应垂直于 O_1X_1 轴。

根据以上分析,可以得出点的投影变换规律:

① 点的新投影和不变投影的连线垂直于新投影轴;
② 点的新投影到新投影轴的距离等于被替换的旧投影到旧投影轴的距离。

图 5-2(b)表示了将 V/H 体系中的旧投影(a')变换成 V_1/H 体系的新投影(a_1')的作图过程。首先按要求画出新投影轴 O_1X_1,新投影轴确定了新投影面在投影体系中的位置。然后过点 a 作 $aa_1' \perp O_1X_1$,在垂直线上截取 $a_1'a_{x1} = a'a_x$,则 a_1' 即为所求的新投影。

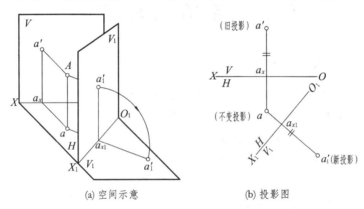

图 5-2 点的一次变换(变换 V 面)

(2) 变换 H 面:图 5-3 表示了变换水平面 H 的作图过程。取正垂面 H_1 来代替 H 面,H_1 面和 V 面构成新投影体系 V/H_1,新旧两体系具有同一个 V 面,因此 $a_1a_{x1} = Aa' = aa_x$。图

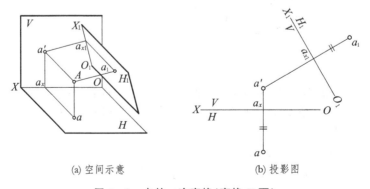

图 5-3 点的一次变换(变换 H 面)

5-3(b)表示在投影图上,由 a、a' 求作 a_1 的过程,首先作出新投影轴 O_1X_1,然后过 a' 作 $a'a_{x1}\perp O_1X_1$,在垂线上截取 $a_1a_{x1}=aa_x$,则 a_1 即为所求的新投影。

2. 点的二次变换

在运用换面法去解决实际问题时,变换一次投影面,有时不足以解决问题,而必须变换两次或更多次。所谓两次变换,实质上就是进行两次"一次变换",其原理及作图方法和一次变换完全相同,如图5-4所示。

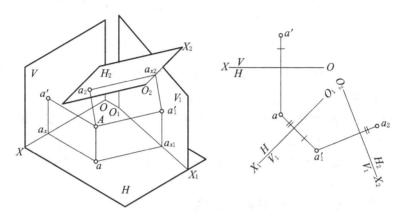

图 5-4 点的二次变换

必须指出:在更换多次投影面时,新投影面的选择除必须符合前述的两个条件外,还必须在一个投影面更换完以后,在新的两面体系中交替地再更换另一个,即 $V/H\to V_1/H\to V_1/H_2\to V_3/H_2\to\cdots$ 或者是 $V/H\to V/H_1\to V_2/H_1\to V_2/H_3\to\cdots$

5.3 直线的投影变换

空间直线的投影可由直线上的两点的同面投影来确定,因而直线的投影变换即为直线上两点的投影变换。

5.3.1 直线的一次变换

1. 一般位置直线变换成投影面平行线

通过一次换面可将一般位置直线变换成投影面平行线,从而解决求一般位置直线的实长及对某一投影面的倾角问题。

要将一般位置直线变换为投影面平行线,只要作一个新的投影面使其平行于已知直线,且垂直于一个原有的投影面即可。此时直线在新投影体系中成为新投影面的平行线,根据投影面平行线的投影特性,新投影轴应平行于已知直线的那个原投影。

如图5-5(a)所示,为使直线 AB 在 V_1/H 体系中成为 V_1 面的平行线,可设立一个与 AB 平行且垂直于 H 面的 V_1 面,替换 V 面,新投影轴 O_1X_1 平行于原有的 H 投影 ab,作图过程如图5-5(b)所示。

(1) 在适当位置作新投影轴 $O_1X_1/\!/ab$,并标注 V_1/H;
(2) 按照点的投影变换规律,分别求出 AB 线段两端点的新投影 a_1' 和 b_1';

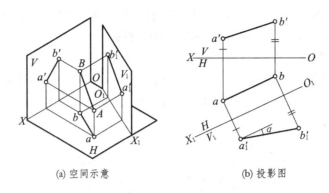

图 5-5 将一般位置直线变换成投影面平行线

（3）连接 $a_1'b_1'$，即为直线 AB 在 V_1 面上的投影。

根据投影面平行线的投影特性可知，AB 的新投影 $a_1'b_1'$ 反映 AB 线段的实长，$a_1'b_1'$ 与 O_1X_1 轴的夹角反映 AB 对 H 面的倾角 α。

假如不更换 V 面，而更换 H 面，同样可以把 AB 变成新投影面的平行线，并得到 AB 的实长及其对 V 面的倾角 β（读者可自行作图）。

2. 投影面平行线变换成投影面垂直线

通过一次换面可将投影面平行线变换成投影面垂直线，从而解决点到投影面平行线的距离和两条平行的投影面平行线的距离等问题。

要将投影面平行线变换为投影面垂直线，只要作一个新的投影面使其垂直于已知直线，且垂直于一个原有的投影面即可。此时，投影面平行线在新投影体系中成为新投影面的垂直线，其新投影积聚为一点，因此投影轴 O_1X_1 应垂直于投影面平行线中反映实长的投影。

如图 5-6（a）所示，在 V/H 体系中，有正平线 AB，因为与 AB 垂直的平面必然垂直于 V 面，故可用 H_1 面来替换 H 面，使 AB 成为 V/H_1 中的 H_1 面垂直线。在 V/H_1 中，按照 H_1 面垂直线的投影特性，新投影轴 O_1X_1 应垂直于 $a'b'$，作图过程如图 5-6（b）所示。

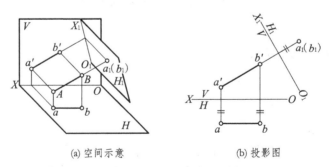

图 5-6 将投影面平行线变换为投影面垂直线

（1）在适当位置作新投影轴 $O_1X_1 \perp a'b'$，并标注 V/H_1；

（2）按照点的投影变换规律，求得 A、B 两点的积聚投影 $a_1(b_1)$，AB 即为 V/H_1 体系中 H_1 面的垂直线。

同理，通过一次换面，也可将水平线变换成 V_1 面垂直线（读者可自行作图）。

5.3.2 直线的两次变换

通过两次换面,可将一般位置直线变换成投影面垂直线,从而解决点到一般位置直线的距离及两平行的一般位置直线间的距离等。

把一般位置直线变为投影面的垂直线,显然,一次换面是不能完成的。因为若选新投影面垂直于已知直线,则新投影面也必定是一般位置平面,它和原投影体系中的两投影面均不垂直,不能构成新的投影面体系。如果所给直线为投影面平行线,要变为投影面垂直线,则经一次换面就可以了。

我们也知道,一般位置直线经过一次换面可变换成投影面平行线。因此,要把一般位置直线变成投影面垂直线,可分两步:首先把一般位置直线变为投影面平行线,然后再变成投影面垂直线,如图5-7所示。

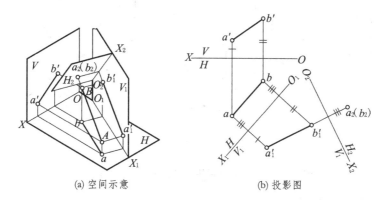

图 5-7 一般位置直线变为投影面垂直线

首先在 V/H 体系中,用平行于 AB 的 V_1 面替换 V 面,AB 成为 V_1/H 体系中 V_1 面的平行线;再在 V_1/H 体系中,用垂直于 AB 的 H_2 面替换 H 面,使 AB 成为 V_1/H_2 体系中 H_2 面的垂直线。在进行第二次变换时,V_1/H 已成为旧投影体系,新投影面 H_2 垂直于不变投影面 V_1。在这里 O_1X_1 为旧投影轴,O_2X_2 为新投影轴。

(1) 在适当位置作新投影轴 $O_1X_1 // ab$,然后按点的投影变换规律求出直线的 V_1 投影 $a_1'b_1'$;在 V_1/H 中,$AB//V_1$,$a_1'b_1'$ 反映 AB 线段的实长及其对 H 面的倾角 α。

(2) 在适当位置作新投影轴 $O_2X_2 \perp a_1'b_1'$,再根据投影变换规律求出积聚投影 $a_2(b_2)$。

以上是先变换 V 面后变换 H 面,将 AB 直线变成垂直线的,也可根据具体要求先换 H 面后换 V 面,作法与上述类同。

5.4 平面的投影变换

5.4.1 平面的一次变换

1. 一般位置平面变换成投影面垂直面

通过一次换面可将一般位置平面变换成投影面垂直面,从而解决平面对投影面的倾角、点到平面的距离、两平行平面间的距离、直线与一般面的交点和两平面交线等问题。

根据初等几何原理可知，要将一般位置平面变换成投影面垂直面，只需将平面上的某一直线变成投影面的垂直线即可。但如果在平面上取一条一般位置直线要变成投影面垂直线，必须经过两次换面，而如果在平面上取一条投影面平行线，要变成投影面垂直线只需一次换面。因此，要把一般位置平面变成投影面的垂直面，可分两步进行，先在一般位置平面上取一条投影面平行线，然后再经一次换面将投影面平行线变成投影面垂直线。

如图 5-8(a)所示，△ABC 在 V/H 体系中是一般位置平面，为了把它变成投影面垂直面，先在△ABC 上作一水平线 AD，然后作新投影面 V_1 垂直于 AD，此时△ABC 在 V_1/H 体系中就变成 V_1 面的垂直面了。

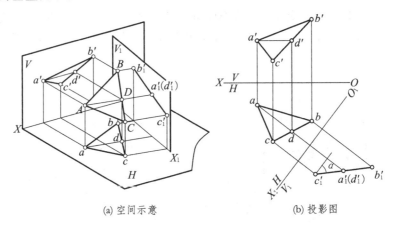

(a) 空间示意　　　　　(b) 投影图

图 5-8　将一般位置平面变成投影面的垂直面

作图过程如图 5-8(b)所示：

(1) 在△ABC 上取一条水平线 AD($a'd'$, ad)；
(2) 在适当位置作新投影轴 O_1X_1，垂直于 ad；
(3) 按点的投影变换规律，求出各点的新投影 $a_1'b_1'c_1'$，则 $a_1'b_1'c_1'$ 必然积聚成一条直线；并且 $a_1'b_1'c_1'$ 与 O_1X_1 轴的夹角即为△ABC 与 H 面的夹角 α。

若要求作△ABC 与 V 面的倾角 β，应在△ABC 上取一条正平线，将这条正平线变成新投影面 H_1 面的垂直线，△ABC 就变成新投影面 H_1 面的垂直面了，积聚投影 $a_1b_1c_1$ 与 O_1X_1 轴的夹角即反映△ABC 与 V 面的倾角 β。

2. 投影面垂直面变换为投影面平行面

通过一次换面可将投影面垂直面变换为投影面平行面，从而解决求投影面垂直面的实形问题。

要将投影面垂直面变换为投影面平行面，应设立一个与已知平面平行，且与 V/H 投影体系中某一投影面垂直的新投影面。根据前面 3.3 节中所学过的投影面平行面的投影特点可知，新投影轴应平行于平面有积聚性的投影。

将正垂面△ABC 变换为投影面平行面的作图过程如图 5-9 所示。

(1) 作 O_1X_1 // $a'b'c'$；
(2) 在新投影面上求出 A、B、C 三点的新投影 a_1、b_1、c_1，得△$a_1b_1c_1$；因此，△$a_1b_1c_1$ 即为△ABC 的实形。

若要求作处于铅垂位置的平面图形的实形，应使新投影面 V_1 平行于该平面，新投影轴平行于平面有积聚性的投影。此时,平面在 V_1 面上的投影反映实形。

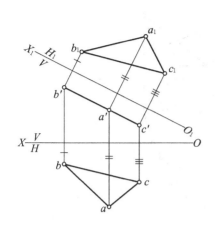

图 5-9 将投影面垂直面变为投影面平行面

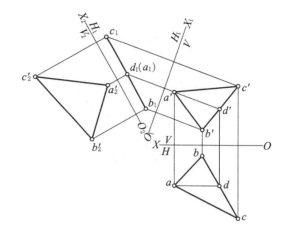

图 5-10 将一般位置平面变为投影面平行面

5.4.2 平面的二次变换

通过二次换面可将一般位置平面变换为投影面平行面,从而解决求一般位置平面的实形问题。

要将一般位置平面变换为投影面平行面,显然一次换面是不行的。因为若选新投影面平行于一般位置平面,则新投影面也必然是一般位置平面,它与原体系中的两投影面均不垂直,不能构成新的投影面体系。若想达到上述目的应先将一般位置平面变换成投影面垂直面,再将投影面垂直面变换成投影面平行面。

如图 5-10 所示:要求一般位置平面 $\triangle ABC$ 的实形,可先将 V/H 中的一般位置平面 $\triangle ABC$ 变成 H_1/V 的 H_1 面垂直面,再将 H_1 垂直面变成 V_2/H_1 中的 V_2 面的平行面,因此,$\triangle a_2'b_2'c_2'$ 即为 $\triangle ABC$ 的实形。

(1) 先在 V/H 中作 $\triangle ABC$ 上的正平线 AD 的两面投影 $a'd'$ 和 ad;
(2) 作 $O_1X_1 \perp a'd'$ 求出点 A、B、C 的 H_1 面投影 a_1、b_1、c_1;
(3) 作 $O_2X_2 // a_1b_1c_1$,在 V_2 面上作出 $\triangle a_2'b_2'c_2'$,即为 $\triangle ABC$ 的实形。

当然也可在 $\triangle ABC$ 上取水平线,先将 $\triangle ABC$ 变成 V_1/H 中的 V_1 面垂直面,再将其变成 V_1/H_2 中的 H_2 面的平行面,在 H_2 面上作出 $\triangle a_2b_2c_2$ 即为 $\triangle ABC$ 的实形。

5.5 换面法解题举例

用换面法可以较为方便地解决空间几何元素间的定位问题和度量问题。

5.5.1 定位问题

【例 5-1】 如图 5-11(a)所示,求直线 EF 与 $\triangle ABC$ 的交点。

因 $\triangle ABC$ 和直线 EF 均为一般位置,所以它们的交点不能直接作出。但当平面为投影面垂直面时,利用积聚性可直接求出直线与平面的交点。因此,可采用换面法将 $\triangle ABC$ 变换为

投影面垂直面,就可求出直线 EF 与△ABC 的交点。作图步骤如下:

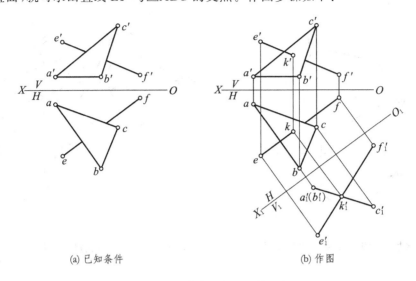

(a) 已知条件　　　　　　(b) 作图

图 5-11　求直线与平面的交点

(1) 作新投影轴 $O_1X_1 \perp ab$。因 AB 为平面上的水平线,故△ABC 变换为新投影面体系 V_1/H 中 V_1 面的垂直面;

(2) 在 V_1 面上作出直线 EF 和平面△ABC 的新投影 $e_1'f_1'$ 和 $a_1'b_1'c_1'$,其交点 k_1' 为所求交点 K 的新投影;

(3) 由 k_1' 返回作图得交点 K 的 H、V 投影 k 和 k',返回时 $k_1'k \perp O_1X_1$,$kk' \perp OX$;

(4) 判断直线 EF 的可见性,完成解题。

【例 5-2】　如图 5-12(a)所示,已知线段 AB∥CD,且相距为 10 mm,求 $c'd'$。

由于 AB∥CD,它们的间距 L 能在垂直于两直线的新投影面上的投影反映出来。因此,要把 AB、CD 变换为新投影面的垂直线,而 AB、CD 为一般位置直线,故需经过两次变换。

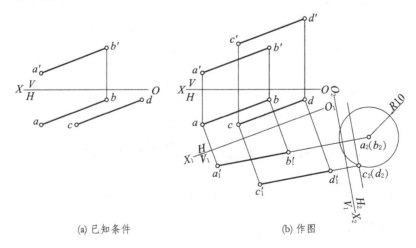

(a) 已知条件　　　　　　(b) 作图

图 5-12　求 CD 的正面投影 $c'd'$

作图步骤如下:

(1) 作 $O_1X_1 \parallel ab$,在 V_1 面上作出 $a_1'b_1'$,$a_1'b_1'=AB$。

(2) 作 $O_2X_2 \perp a_1'b_1'$，在 H_2 面上作出 $a_2(b_2)$（积聚成一点），此时 CD 在 H_2 面上的投影也为一点，且到 $a_2(b_2)$ 的距离为 L(10 mm)。

(3) 以 $a_2(b_2)$ 为圆心，以 L(10 mm) 为半径画圆弧，则 $c_2(d_2)$ 点必在这个圆弧上。

(4) 根据投影变换规律，CD 线的 H 投影 cd 到 O_1X_1 轴的距离等于 CD 线在 H_2 面上的投影 $c_2(d_2)$ 到 O_2X_2 轴的距离。因此在 H_2 面上作 O_2X_2 轴的平行线，距离为 cd 到 O_1X_1 轴的距离，该线与圆弧的交点 $c_2(d_2)$ 即为 CD 线的投影。显然有两解。

(5) 过 $c_2(d_2)$ 作 O_2X_2 轴的垂线，过 c、d 分别作 O_1X_1 轴的垂线，交于 c_1'、d_1'；再根据点的投影变换规律，画出 $c'd'$ 即为所求。

5.5.2 度量问题

【例 5-3】 如图 5-13(a) 所示，求 $\triangle ABC$ 和 ABD 之间的夹角。

当两三角形平面同时垂直于某一投影面时，则它们在该投影面上的投影直接反映两平面夹角的实形，如图 5-13(b) 所示。要把两三角形平面同时变成投影面垂直面，只要把它们的交线 AB 变成投影面的垂直线即可。但根据已知条件，交线 AB 为一般位置直线，若变为投影面垂直线则需要换两次投影面，即先变为投影面平行线，再变为投影面垂直线。

作图步骤如图 5-13(c) 所示：

(1) 作 O_1X_1 轴 $//ab$，使交线 AB 在 V_1/H 体系中变为 V_1 面的平行线；

(2) 作 O_2X_2 轴 $\perp a_1'b_1'$，使交线 AB 在 V_1/H_2 体系中变为 H_2 面的垂直线。这时两三角形在 H_2 面上的投影积聚为两相交直线 $a_2(b_2)c_2$ 和 $a_2(b_2)d_2$，则 $\angle c_2a_2d_2$ 即为两面夹角 θ。

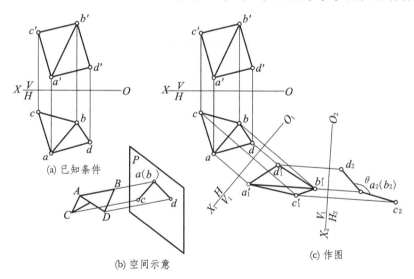

图 5-13 求两平面夹角

【例 5-4】 如图 5-14(a) 所示，求交叉二直线 AB 和 CD 之间的最短距离，并定出其公垂线的位置。

两交叉直线的最短距离，就是它们公垂线的长度，如果将两交叉直线之一变换成投影面垂直线，则公垂线必成为新投影面的平行线，其新投影就能反映距离的实长，且与另一直线在新投影面上的投影垂直，如图 5-14(b) 所示。

作图步骤如图 5-14(c)所示：

(1) 作 O_1X_1 轴 $/\!/ cd$，使 CD 变为新投影面 V_1 面的平行线，作出新投影 $a_1'b_1'$，$c_1'd_1'$；

(2) 作 O_2X_2 轴 $\perp c_1'd_1'$，使 CD 变为新投影面 H_2 面的垂直线，作出新投影 a_2b_2，$c_2(d_2)$；

(3) 过 $c_2(d_2)$ 作 $e_2f_2 \perp a_2b_2$，e_2f_2 即为公垂线 EF 的实长；

(4) 按投影变换规律，将 e_2f_2 返回即可作出公垂线的 H、V 投影 ef 和 $e'f'$，其中 $e_1'f_1' /\!/ O_2X_2$。

对于点到直线、点到平面、平行两直线、平行两平面及平行的直线与平面间的距离问题，均可仿照上述方法，使二者之一的直线或平面变换成投影面的垂直线或垂直面，这样，所求距离的实长就在所垂直的投影面上反映出来。

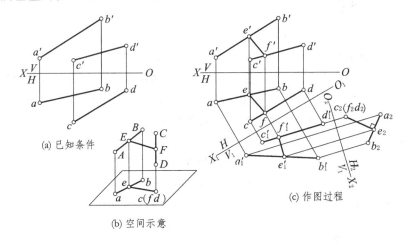

(a) 已知条件
(b) 空间示意
(c) 作图过程

图 5-14 交叉二直线间的距离

第 6 章 曲线与曲面

在建筑实践中,经常会遇到各种各样的曲线与曲面,如图 6-1 所示。有必要对一些常用曲线和曲面的形成规律、图示特点及其画法等进行学习。

图 6-1 曲线与曲面在建筑中的应用(中国铁道博物馆)

6.1 曲 线

6.1.1 曲线的形成、分类及其投影特性

1. 曲线的形成与分类

曲线可以看作是一个点作不断改变方向运动的轨迹。按点的运动有无规则,曲线可分为规则曲线和不规则曲线。若曲线上所有的点均位于同一平面上,则此曲线称为平面曲线,如圆、椭圆、双曲线和抛物线等。若曲线上任意 4 个连续的点不在同一平面上,则此曲线称为空间曲线,最常见的空间曲线是圆柱螺旋线。本章仅讨论一些有规则的平面曲线和空间曲线。

2. 曲线的投影特性

(1) 平面曲线的投影特性

① 一般情况下,平面曲线的投影仍为曲线。因为曲线投影时形成一投射曲面,如图 6-2(a)所示,它与投影面的交线即为曲线的投影。

② 与平面的投影特性一样,当平面曲线所在的平面垂直于某一投影面时,其投影积聚成一直线;当平行于某一投影面时,其投影反映实形,如图 6-2(b)、(c)所示。

(2) 空间曲线的投影特性

空间曲线的各个投影都是曲线,不可能积聚成直线或反映实形,如图 6-3(a)、(b)所示为一空间曲线的立体图和投影图。画其投影图时,可在曲线上选取若干点,求出各点的投影,用曲线板顺次光滑连接,即为所求。此外还应将两曲线的重影点 K、I(k'、$1'$)及某些特殊点,如起点、终点和最左点 $M(m'、m)$ 等标出。

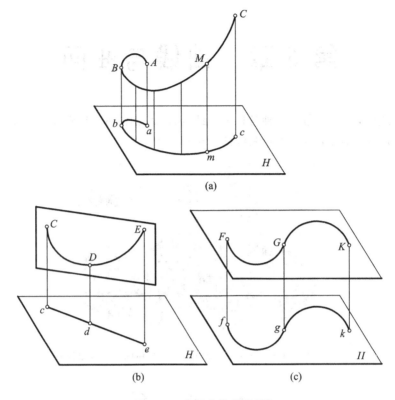

图 6-2 平面曲线的投影

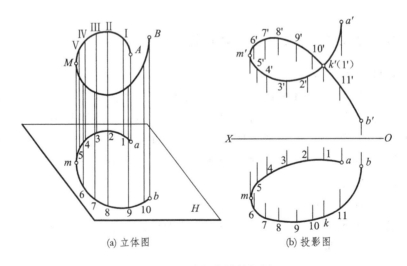

(a) 立体图 (b) 投影图

图 6-3 空间曲线的投影

6.1.2 圆的投影

圆的投影有三种情况：

当圆所在平面平行于投影面时，在该投影面上的投影反映实形，是一同样大小的圆。

当圆所在平面垂直于投影面时，它的投影成一直线段，长度等于圆的直径。

当圆所在平面倾斜于投影面时，它的投影成一椭圆。

【例 6-1】 如图 6-4 所示,已知正垂面 P 对 H 面倾角为 $\alpha=45°$,其上有一半径为 R 的圆,圆心的两投影为 o 和 o',求作该圆的两投影。

解：

(1) 位于正垂面上的圆,它的 V 面投影是一直线段,长度等于 $2R$。可过点 o' 作 P^V,使 $\alpha=45°$,并截取 $c'o'=o'd'=R$。

(2) 圆的 H 投影是一椭圆,直径 $AB/\!/H$,即 AB 为圆的所有直径中向 H 面作投影时惟一保持长度不缩短的直径,亦即椭圆上最长的直径。与 AB 垂直的直径 CD 是属于平面 P 对 H 面的最大斜度线,$cd=CD\cos\alpha$。圆的其他直径与 H 面的夹角都小于 α,cd 为椭圆上最短的直径。由于 $AB\perp CD$,且 $AB/\!/H$,按直角投影定理,$ab\perp cd$。互相垂直的椭圆直径 ab 及 cd 正是椭圆的长轴与短轴。

(3) 作出长、短轴后,可按几何作图法画出椭圆;亦可利用辅助投影(换面法)画出圆的实形,求出圆上对称点 Ⅰ、Ⅱ、Ⅲ、Ⅳ等的 H 投影 1、2、3、4,然后连成椭圆,如图 6-4 所示。

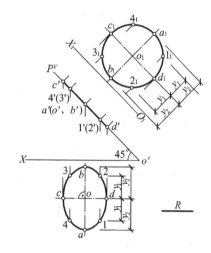

图 6-4　作圆的两投影

6.1.3 圆柱螺旋线

1. 圆柱螺旋线的形成

当一个动点 M 沿着一直线等速移动,而该直线同时绕与它平行的一轴线 O 等速旋转时,动点的轨迹就是一根圆柱螺旋线(图 6-5)。直线旋转时形成一圆柱面,圆柱螺旋线是该圆柱面上的一根曲线。当直线旋转一周,回到原来位置时动点移动到位置 M_1,点 M 在该直线上移动的距离 MM_1,称为螺旋线的螺距,以 P 标记。

2. 圆柱螺旋线的分类

螺旋线按动点移动方向的不同分为右螺旋线和左螺旋线。

右螺旋线——螺旋线的可见部分自左向右上升,如图 6-6(a)所示,右螺旋线上动点运动的规律可由右手法则来记:用右手握拳,动点沿着弯曲的四指向指尖方向转动的同时,沿着拇指的方向上升。

左螺旋线——螺旋线的可见部分自右向左上升,图 6-6(b)的左螺旋线动点的运动方向与左手手指方向相对应。

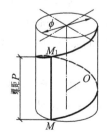

图 6-5　圆柱螺旋线的形成

 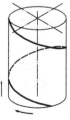

(a) 右螺旋线　　(b) 左螺旋线

图 6-6　圆柱螺旋线

3. 圆柱螺旋线的作图方法

圆柱的直径 ϕ、螺旋线的螺距 P、动点的移动方向是确定圆柱螺旋线的三个基本要素。若已知圆柱螺旋线的三个基本要素，就能确定该圆柱螺旋线的形状。

【例 6 - 2】 已知圆柱的直径 ϕ、螺距 P，如图 6 - 7(a)所示，求作右螺旋线及左螺旋线。

解：

（1）将 H 投影圆周分为若干等分（如 12 等分），把螺距 P 也分为同样等分，如图 6 - 7(b)所示；

（2）从 H 投影的圆周上各分点引连线到 V 投影，与螺距相应分点所引的水平线相交，得螺旋线上各点的 V 投影 $0'、1'、2'、\cdots、11'、12'$。将这点用圆滑曲线连接起来，便是螺旋线的 V 投影。这是一根正弦曲线。在圆柱后面部分的一段螺旋线，因不可见而用虚线画出。圆柱螺旋线的水平投影，落在圆周上，如图 6 - 7(c)所示；

（3）上面所作螺旋线，如图 6 - 7(c)所示为右螺旋线，图 6 - 7(d)所示为左螺旋线。

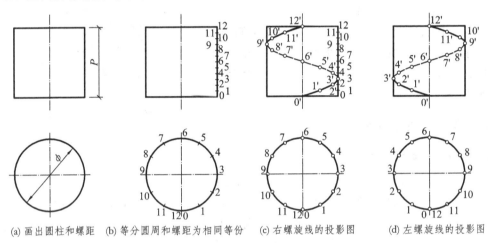

(a) 画出圆柱和螺距　(b) 等分圆周和螺距为相同等份　(c) 右螺旋线的投影图　(d) 左螺旋线的投影图

图 6 - 7　作螺旋线投影图

6.2　曲面概述

6.2.1　曲面的形成

曲面是由直线或曲线在一定约束条件下运动而形成的。这条运动的直线或曲线，称为曲面的母线。母线运动时所受的约束，称为运动的约束条件。由于母线的不同，或约束条件的不同，便形成不同的曲面。由直母线 AB 绕与它平行的轴线 O 旋转而形成圆柱面，如图 6 - 8(a)所示；由直母线 SA 绕与它相交于点 S 的轴线 O 旋转形成圆锥面，如图 6 - 8(b)所示；由圆母线 M 绕它的直径 O 旋转而形成圆球面，如图 6 - 8(c)所示。

当母线运动到曲面上任一位置时，称为曲面的素线。如图 6 - 8(a)所示，当母线 AB 运动到 CD 位置时，CD 就是圆柱面上的一条素线。这样一来，曲面也可认为是由许许多多按一定条件而紧靠着的素线所组成。

在约束条件中，把约束母线运动的直线或曲线称为导线，而把约束母线运动状态的平面称为导平面,如图 6-9 中的轴线 O 和平面 P。

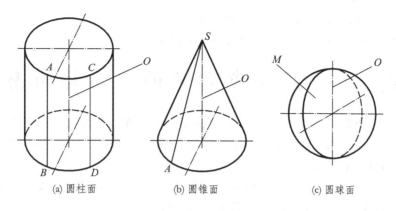

(a) 圆柱面　　　(b) 圆锥面　　　(c) 圆球面

图 6-8　曲面的形成

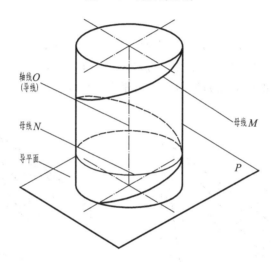

图 6-9　圆柱面的另一些形成方法

6.2.2　曲面的分类

1. 根据母线运动方式分类

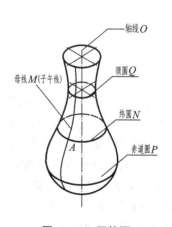

(1) 回转面:这类曲面是由母线绕一轴线旋转而形成。母线绕轴线旋转时,母线上任一点(如图 6-10 中点 A)的运动轨迹都是一个垂直于回转轴的圆,该圆称为回转面的纬圆。曲面上比它相邻两侧的纬圆都大的纬圆,称为曲面的赤道圆。曲面上比它相邻两侧的纬圆都小的纬圆,称为曲面的颈圆。过轴线的平面与回转面的交线,称为子午线,它可以作为该回转面的母线。

(2) 非回转面:这类曲面是由母线根据其他约束条件运动而形成。

图 6-10　回转面

2. 根据母线的形状分类

(1) 直纹曲面：由直母线运动而形成的曲面。

(2) 非直纹曲面：只能由曲母线运动而形成的曲面。

6.3 建筑物中常见的非回转曲面

在建筑物中常见的非回转曲面是由直母线运动而形成的直纹曲面。直纹曲面可分为：

可展直纹曲面——曲面上相邻的两素线是相交或平行的共面直线。这种曲面可以展开，常见的可展直纹曲面有锥面和柱面。

不可展直纹曲面（又叫扭面）——曲面上相邻两素线是交叉的异面直线。这种曲面只能近似地展开，常见的扭面有双曲抛物面、锥状面和柱状面。

6.3.1 锥面

直母线 M 沿着一曲导线 L 移动，并始终通过一定点 S，由此形成的曲面称为锥面。如图 6-11(a)所示，定点 S 称为锥顶。曲导线 L 可以是平面曲线，也可以是空间曲线；可以是闭合的，也可以是不闭合的。锥面上相邻的两素线是相交二直线。

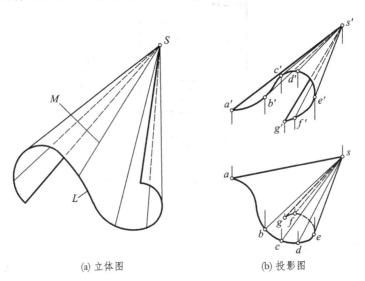

(a) 立体图　　(b) 投影图

图 6-11　锥面及其投影

画锥面的投影图，必须画出锥顶 S 和曲导线 L 的投影，并画出一定数量的素线的投影，其中包括不闭合锥面的起始、终止素线（如 SA、SG），各投影的轮廓素线（如 V 投影轮廓素线 SC、SE，H 投影轮廓 SE）等。作图结果如图 6-11(b)所示。

各锥面是以垂直于轴线的截面（正截面）与锥面的交线（正截交线）形状来命名。图 6-12(a)为正圆锥面，图(b)为椭圆锥面，图(c)中曲面圆的正截交线也是一个椭圆，因此是一个椭圆锥面，但它的曲导线是圆，轴线倾斜于圆所在的平面，所以通常称为斜圆锥面。以平行于锥底的平面截该曲面时，截交线是一个圆。

厂矿所用上方下圆的下料斗变截面部分，就是由平面和斜圆锥面所组成，图 6-13(a)，

(b)是建筑上应用锥面的实例。

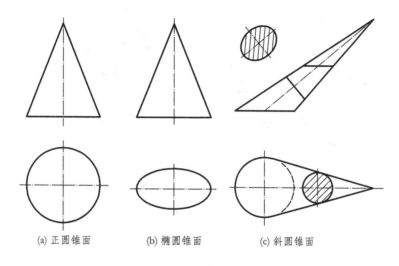

图 6-12　各种锥面

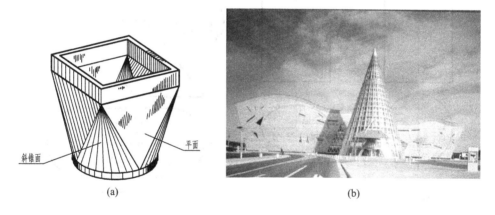

图 6-13　锥面的应用

6.3.2　柱　面

直母线 M 沿着曲导线 L 移动，并始终平行于一直导线 K 时，所形成的曲面称为柱面，如图 6-14(a)所示。画柱面的投影图时，也必须画出曲导线 L、直导线 K 和一系列素线的投影，如图 6-14(b)所示。柱面上相邻的两素线是平行直线。

柱面也是以它的正截交线的形状来命名的。如图 6-15(a)为正圆柱面，图(b)为椭圆柱面，图(c)也是一个椭圆柱面（其正截交线是椭圆），但它是以底圆为曲导线，母线与底圆倾斜，所以通常称为斜圆柱面。以平行于柱底的平面截该曲面时，截交线是一个圆。

近年来建筑物的造型显得活泼，富于变化。不少高层建筑主楼部分的墙面，设计成不同形式的柱面，如图 6-16 所示。

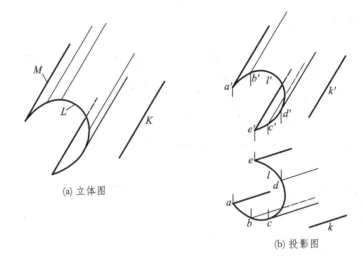

(a) 立体图

(b) 投影图

图 6-14 柱面及其投影

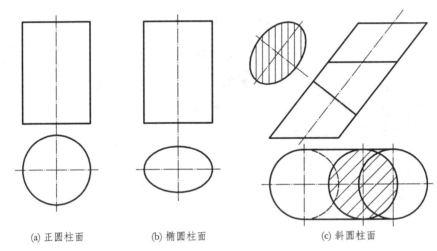

(a) 正圆柱面   (b) 椭圆柱面   (c) 斜圆柱面

图 6-15 各种柱面

(a)

(b)

图 6-16 柱面的应用

6.3.3 双曲抛物面

双曲抛物面是由直母线沿着两交叉直导线移动,并始终平行于一个导平面而形成,如图 6-17 所示。双曲抛物面的相邻两素线是交叉二直线。如果给出两交叉直导线 AB、CD 和导平面 P(见图 6-18(a)),只要画出一系列素线的投影,便可完成该双曲抛物面的投影图。

作图步骤如下:

(1) 分直导线 AB 为若干等分,如 6 等分,得各等分点的 H 投影 a、1、2、3、4、5、b 和 V 投影 a'、$1'$、$2'$、$3'$、$4'$、$5'$、b';

(2) 由于各素线平行于导平面 P,因此素线的 H 面投影都平行于 P^H。例如作过分点 II

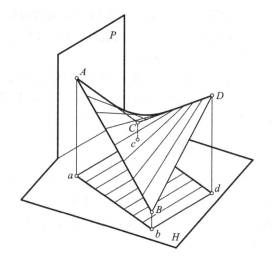

图 6-17 双曲抛物面

的素线 II II$_1$ 时先作 $22_1 /\!/ P^H$,求出 $c'd'$ 上的对应点 $2_1'$ 后,即可画出该素线的 V 面投影 $2'2_1'$,过程如图 6-18(b)所示;

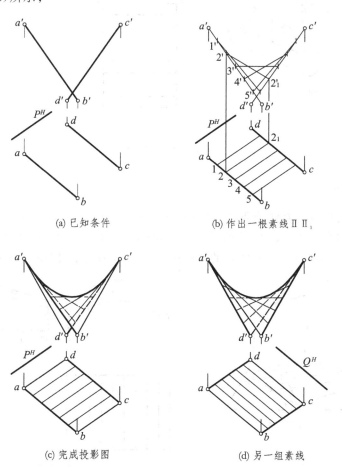

(a) 已知条件　　　　　　(b) 作出一根素线 II II$_1$

(c) 完成投影图　　　　　　(d) 另一组素线

图 6-18 双曲抛物面的画法

(3) 同法作出过各等分点的素线的两面投影；

(4) 在 V 面投影中，用光滑曲线作出与各素线 V 投影相切的包络线。这是一条抛物线，结果如图 6-18(c)所示。

如果以原素线 AD 和 BC 作为导线，原导线 AB 或 CD 作为母线，以平行于 AB 和 CD 的平面 Q 作为导平面，也可形成同一个双曲抛物面，如图 6-18(d)所示。因此，同一个双曲抛物面可有两组素线，各有不同的导线和导平面。同组素线互不相交，但每一素线与另一组所有素线都相交。

6.3.4 锥状面

锥状面是由直母线沿着一条直导线和一条曲导线移动，并始终平行于一个导平面而形成。如图 6-19(a)所示，锥状面的直母线 AC 沿着直导线 CD 和曲导线 AB 移动，并始终平行于铅垂的导平面 P。当导平面 P 平行于 V 面时，该锥面的投影如图 6-19(b)所示（图中没有画出导平面 P）。

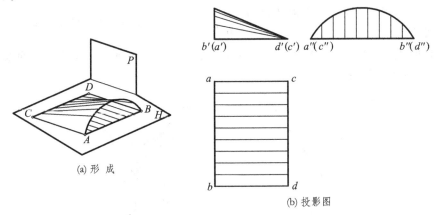

图 6-19 锥状面

6.3.5 柱状面

柱状面是由直母线沿着两条曲导线移动，并始终平行于一个导平面而形成。如图 6-20(a)所示，柱状面的直母线 AC，沿着曲导线 AB 和 CD 移动，并始终平行于铅垂的导平面 P。当导平面 P 平行于 W 面时，该柱状面的投影如图 6-20(b)所示（图中没有画出导平面 P）。

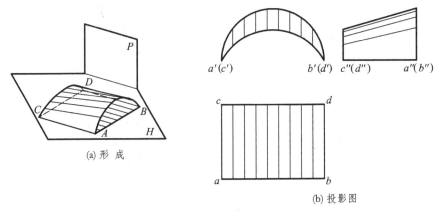

图 6-20 柱状面

6.4 螺旋面

螺旋面是锥状面的特例。它的曲导线是一条圆柱螺旋线，而直导线是该螺旋线的轴线。当直母线运动时，一端沿着曲导线，另一端沿着直导线移动，但始终平行于与轴线垂直的一个导平面，如图 6-21 所示。

若已知圆柱螺旋线及其轴 O 的两投影，由图 6-22(a)可作出圆柱螺旋面的投影图，作图过程如图 6-22(b)所示。因螺旋线的轴 $O \perp H$ 投影面，故螺旋面的素线平行于 H 投影面。

(1) 素线的 V 投影是过螺旋线上各分点的 V 投影引到轴线的水平线；

(2) 素线的 H 投影是过螺旋线上的相应的各分点的 H 投影引向圆心的直线，即得螺旋面的两投影。

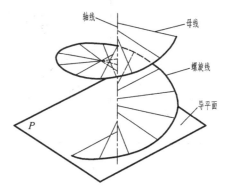

图 6-21 平螺旋面

如果螺旋面被一个同轴的小圆柱面所截，如图 6-22(c)所示。小圆柱面与螺旋面的所有素线相交，交线是一条与螺旋曲导线有相等螺距的螺旋线。该螺旋面是柱状面的特例。

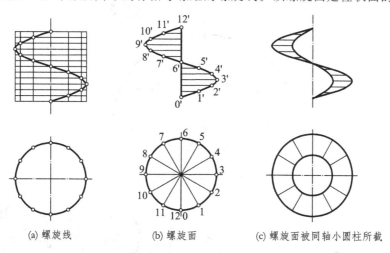

(a) 螺旋线　　(b) 螺旋面　　(c) 螺旋面被同轴小圆柱所截

图 6-22 螺旋面

【例 6-3】 完成图 6-23 楼梯扶手弯头的 V 投影。

解：

(1) 从所给投影图可看出，弯头是由一矩形截面 $ABCD$ 绕轴线 O 作螺旋运动而形成。运动后，截面的 AD 和 BC 边形成内、外圆柱面的一部分，而 AB 和 CD 边则分别形成螺旋面。

(2) 根据螺旋面的画法把半圆分成六等分，作出 AB 线形成的螺旋面。

(3) 同法作出 CD 线形成的螺旋面，判别可见性，完成 V 投影。作图过程如图 6-23(b)、(c)所示。

螺旋面在工程上应用最广的是螺旋楼梯，如图 6-24 所示。

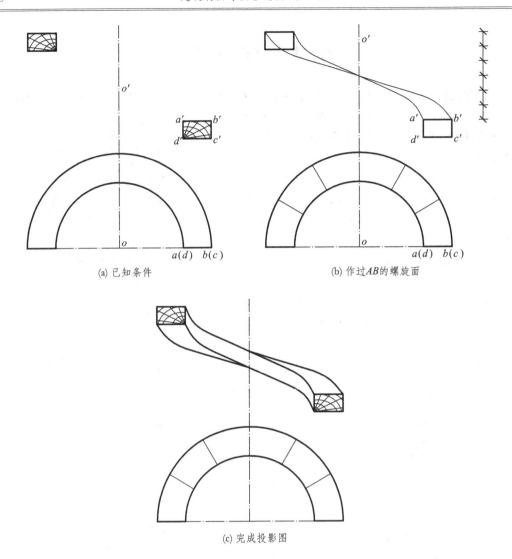

(a) 已知条件

(b) 作过AB的螺旋面

(c) 完成投影图

图 6-23 螺旋楼梯扶手

(a)

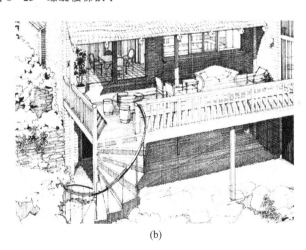

(b)

图 6-24 螺旋楼梯

【例6-4】 已知楼梯内外圆柱面的两投影、沿楼梯走一圈的高度 h、踏步数（12）以及每一踏步的高度 a_2a_3（$h/12$），楼板厚度 a_1a_2（$h/12$）比按正常计算的厚度要大，如图 6-25（a）、（b）所示，求作螺旋楼梯的投影图。

解：
（1）根据已知条件完成螺旋面的两投影，如图 6-25（c）所示。

从图 6-25（b）可知：楼梯的踏面是水平的，其 H 投影反映实形；踢面是铅垂面，其 H 投影均积聚为直线。图（c）中扇形面 1、2、3、…、12 为踏面的 H 投影，直线 11_1、22_1、…、1212_1 为踢面的 H 投影，楼梯内、外侧面的 H 投影积聚为内、外两圆周。因此，图 6-25（c）中的 H 投影即为所求螺旋楼梯的 H 投影。以下主要求作其 V 投影。

（2）在 V 投影中，过各分点 $0_1'$、$0'$、$1_1'$、$1'$、…、$12_1'$、$12'$ 向上引垂线，使其长度等于 $h/12$（踢面高度），如图 6-25（d）所示。

（3）过各垂线顶点，引可见的水平线，得可见踢面的 V 投影，如图 6-25（e）所示。

（4）过各分点向下引垂线（因 $0'0_1'$ 在地面内，不须再向下引垂线），使其长度等于 $h/12$（楼梯厚）。然后，用光滑曲线连各垂线端点，如图 6-25（f）所示。

（5）擦去看不见（虚线）的线及不存在（点画线）的线，即得螺旋楼梯的 V 投影，如图 6-25（g）所示。

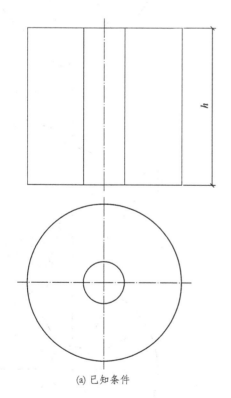

(a) 已知条件

(b) 踏步结构

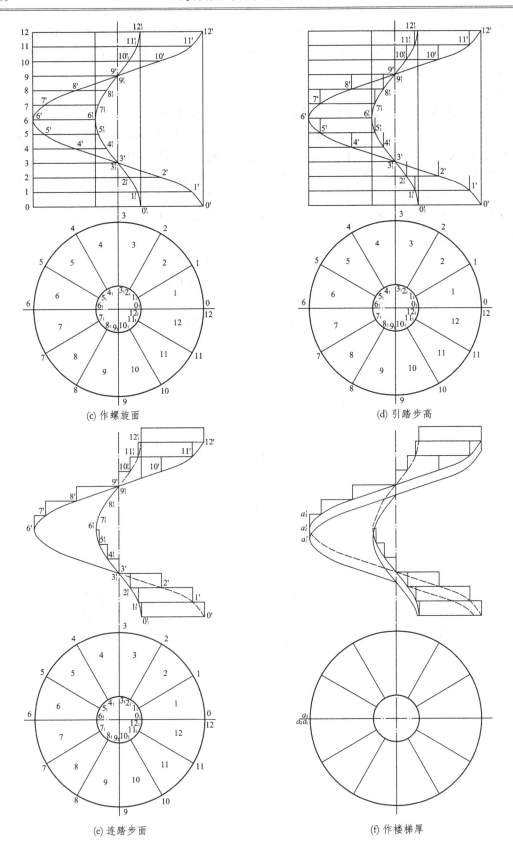

(c) 作螺旋面　　(d) 引踏步高

(e) 连踏步面　　(f) 作楼梯厚

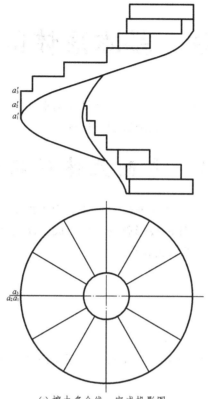

(g) 擦去多余线，完成投影图

图 6-25 螺旋楼梯作图

第7章 基本形体的投影

建筑形体是由柱、锥、球等基本形体构成。常见的基本形体可分两大类：一类是平面立体，如棱柱、棱锥；一类是曲面立体，如圆柱、圆锥和圆球等。

7.1 平面立体的投影

平面立体是由若干个平面围成的多面体。立体表面上的面面相交的交线称为**棱线**，棱线与棱线的交点称为**顶点**。平面立体的投影就是作出组成立体表面的各平面和棱线的投影。可见的棱线画成实线，不可见的棱线画成虚线。

7.1.1 棱柱

1. 棱柱的投影

现以图 7-1 三棱柱为例：

(1) 形体分析　三棱柱是由两个端面和三个侧面所组成。两个端面为三角形，三个侧面为矩形，三条棱线相互平行。

(2) 投影分析

① 安放位置　两个端面的三角形均为侧平面，底面为水平面，前、后侧面均为侧垂面，三条棱线均为侧垂线。

② 画投影图　画出两个端面的三面投影：其 W 投影重合，反映三角形实形，是三棱柱的特征投影。它们的 H 投影和 V 投影均积聚为直线。

画出各棱线的三面投影：W 投影积聚为三角形的三个顶点，其 H 投影和 V 投影均反映实长。

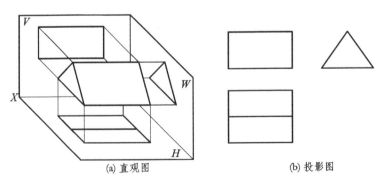

(a) 直观图　　　　(b) 投影图

图 7-1　三棱柱的投影

2. 棱柱表面取点、取线

由于组成棱柱的各表面都是平面，因此，在平面立体表面上取点、取线的问题，实质上就是在平面上取点、取线的问题，可利用前述在平面上取点、取线的方法求得。解题时应首先确定所给点、线在哪个表面上，再根据表面所处的空间位置利用投影的积聚性或辅助线作图。对于表面上的点和线，还要考虑它们的可见性。判别立体表面上点和线可见与否的原则是：如果点、线所在表面的投影可见，那么点、线的同面投影可见，即只有位于可见表面上的点、线才是可见的，否则不可见。

【例 7-1】 如图 7-2 所示，已知正三棱柱表面上点 M、N 的 V 面投影 m'、(n') 及 K 点的 H 投影 k，求 M、N、K 点的其余两投影。

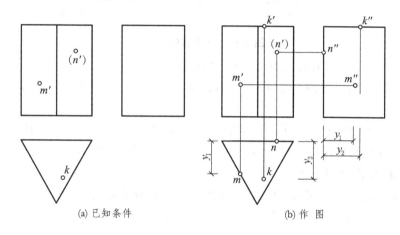

(a) 已知条件　　　　(b) 作 图

图 7-2　三棱柱表面上取点

解：

（1）分析　三棱柱的三个侧面均为铅垂面，H 投影有积聚性，根据 m'、(n') 判断 M 点和 N 点分别位于三棱柱的左前侧面和后侧面上，其 H 投影必在该两侧面的积聚投影上。根据 K 点的 H 投影 k 可判断 K 点位于三棱柱的顶面上，而三棱柱的顶面为水平面，其 V 投影和 W 投影均积聚为直线段，因此 k' 和 k'' 也必然位于其顶面的积聚投影上。

（2）作图

① 分别过 m'、(n') 向下引垂线交积聚投影于 m、n 点。
② 根据已知点的两面投影求第三投影的方法（二补三）求得 m''、n'' 点。
③ 过 K 点的 H 投影 k 向上引垂线交顶面的积聚投影于 k' 点。
④ 根据 k、k'（二补三）求得 k'' 点。
⑤ 判别可见性：因 M 点在左前侧面，则 m'' 可见；而 N 点的 H 投影、W 投影及 K 点的 V 投影、W 投影均在积聚投影上，所以均可见。

7.1.2　棱　锥

1. 棱锥的投影

现以图 7-3 正三棱锥为例：

（1）形体分析

三棱锥是由一个底面和三个侧面所组成。底面及侧面均为三角形。三条棱线交于一个顶点。

（2）投影分析

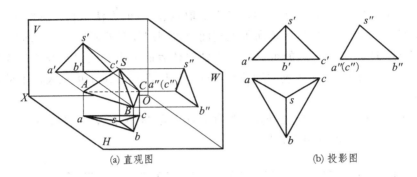

图 7-3 三棱锥的投影

① 安放位置　三棱锥的底面为水平面,侧面△SAC 为侧垂面。

② 画投影图　画出底面△ABC 的三面投影:H 投影反映实形,V、W 投影均积聚为直线段。

画出顶点 S 的三面投影,将顶点 S 和底面△ABC 的三个顶点 A、B、C 的同面投影两两连线,即得三条棱线的投影,三条棱线围成三个侧面,完成三棱锥的投影。

2. 棱锥表面上取点、线

【例 7-2】　如图 7-4 所示,已知四棱锥的三面投影及表面上点 M 的一个投影(m')和折线段 EFG 的 V 面投影 $e'f'g'$,试求出点与线段的其他投影。

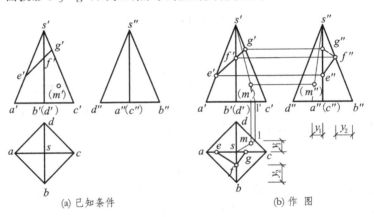

图 7-4 四棱锥表面取点、线

解:

(1) 分　析

四棱锥的底面为水平面,四个侧面均与三投影面倾斜,M 点的 V 投影(m')为不可见,所以 M 必在右后侧面△SCD 上。折线段 EFG 的 V 投影 $e'f'g'$为可见,所以折线段 EFG 必在前两侧面△SAB 和△SBC 上。

(2) 作　图

① 求点 m、m''　由于点 M 所在的侧面△SCD 为一般面,因此先过(m')作一辅助直线 S1 的 V 投影 $s'1'$,求其 H 投影 $s1$ 和 W 投影 $s''1''$,再根据从属关系求出 m、m''。由于右后侧面△SCD 的 W 投影不可见,因此 m''不可见。

② 求 efg 和 $e''f''g''$　E、F、G 三点分别位于 SA、SB、SC 三条棱线上,根据从属关系求得

e、f、g 和 e''、f''、g''。连接 ef、fg、$e''f''$、$f''g''$，即得折线段 EFG 的 H 投影和 W 投影。由于 FG 所在的侧面 $\triangle SBC$ 的 W 投影不可见，因此 $f''g''$ 不可见。

7.2 曲面立体的投影

常见的曲面立体是回转体，主要有圆柱体、圆锥体和圆球体等。曲面立体是由曲面或曲面与平面围合而成的。

在投影面上表示回转体就是把组成回转体的曲面或曲面与平面表示出来，然后判别其可见性。曲面上可见与不可见的分界线称为回转面对该投影面的转向轮廓线。因为转向轮廓线是对某一投影面而言，所以，它们的其他投影不应画出。

曲面立体表面上取点、线，与在平面上取点、线的原理一样，应本着"点在线上，线在面上"的原则。此时的"线"可能是直线，也可能是纬圆。在曲面立体表面上取线（直线、曲线），应先取该曲面上能确定此线的一系列的点，求出它们的投影，然后将其连接并判别可见性。

7.2.1 圆柱体

1. 圆柱体的形成

如图 7-5(a)所示，圆柱体由圆柱面、顶面、底面围成。圆柱面是由直线绕与其平行的轴线旋转一周形成的。因此圆柱也可看作是由无数条相互平行且长度相等的素线所围成的。

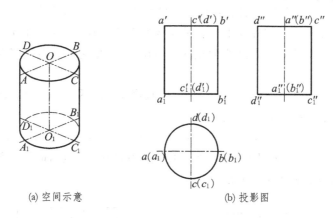

(a) 空间示意   (b) 投影图

图 7-5 圆柱体的投影

2. 圆柱体的投影

(1) 分析

圆柱轴线垂直于 H 面，底面、顶面为水平面，底面、顶面的水平投影反映圆的实形，其他投影积聚为直线段。

(2) 画投影图

① 用点画线画出圆柱体的轴线、中心线；

② 画出顶面、底面圆的三面投影；

③ 画转向轮廓线的三面投影 该圆柱面对正面的转向轮廓线（正视转向轮廓线）为 AA_1 和 BB_1，其侧面投影与轴线重合，对侧面的转向轮廓线（侧视转向轮廓线）为 DD_1 和 CC_1，其正

面投影与轴线重合。

应注意圆柱体的 H 投影圆是整个圆柱面积聚成的圆周,圆柱面上所有的点和线的 H 投影都重合在该圆周上。

圆柱体的三面投影特征为一个圆对应两个矩形。

3. 圆柱表面上取点、取线

在圆柱体表面上取点,可直接利用圆柱投影的积聚性作图。

【例 7-3】 如图 7-6 所示,已知圆柱面上的点 M、N 的正面投影,求其另两个投影。

解:

(1) 分　析

M 点的正面投影 m' 可见,又在点画线的左面,由此判断 M 点在左前半圆柱面上。侧面投影可见。N 点的正面投影 (n') 不可见,又在点画线的右面,由此判断 N 点在右后半圆柱面上,侧面投影不可见。

(2) 作　图

① 求 m、m''　过 m' 向下作垂线交于圆周上一点为 m,根据 y_1 坐标求出 m'';

② 求 n、n''　作法与 M 点相同。

【例 7-4】 如图 7-7 所示,已知圆柱面上的 AB 线段的正面投影 $a'b'$,求其另两个投影。

解:

(1) 分　析

圆柱面上的线除了素线外均为曲线,由此判断线段 AB 是圆柱面上的一段曲线。又因 $a'b'$ 可见,因此曲线 AB 位于前半圆柱面上。表示曲线的方法是画出曲线上的诸如端点、转向轮廓线上的点、分界点等特殊位置点及适当数量的一般位置点,把它们光滑连接即可。

(2) 作　图

① 求端点 A、B 的投影　利用积聚性求得 H 投影 a、b,再根据 y 坐标求得 a''、b'';

② 求侧视转向轮廓线上的点 C 的投影 c、c'';

③ 求适当数量的中间点　在 $a'b'$ 上取 d'、e',然后求出 H 投影 d、e 和 W 投影 d''、e'';

④ 判别可见性并连线　C 点为侧面投影可见与不可见分界点,曲线的侧面投影 $c''e''b''$ 为不可见,画成虚线;$a''d''c''$ 为可见,画成实线。

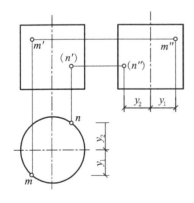

图 7-6　圆柱表面上取点

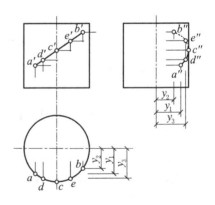

图 7-7　圆柱表面上取线

7.2.2 圆锥体

1. 圆锥体的形成

圆锥体是由圆锥面和底面围合而成。圆锥面可看作一直母线绕与其相交的轴线旋转而成。因此圆锥体可看作是由无数条交于顶点的素线所围成,也可看作是由无数个平行于底面的纬圆所组成。

2. 圆锥体的投影

(1) 形体分析

图 7-8 所示的圆锥轴线垂直于 H 面,底面为水平面,H 投影反映底面圆的实形,其他两投影均积聚为直线段。

(2) 画投影图

① 用点画线画出圆锥体各投影轴线、中心线;

② 画出底面圆的三面投影;

③ 画出锥顶 S 的三面投影;

④ 画出各转向轮廓线的投影,即正视转向轮廓线的 V 投影 $s'a'$、$s'b'$,侧视转向轮廓线的 W 投影为 $s''c''$、$s''d''$。

圆锥面的三个投影都没有积聚性。圆锥面三面投影的特征为一个圆对应两个三角形。

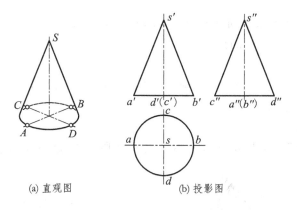

(a) 直观图   (b) 投影图

图 7-8 圆锥体的投影

3. 圆锥体表面上取点、取线

由于圆锥面的三个投影都没有积聚性,求表面上的点时,需采用辅助线法。为了作图方便,在曲面上作的辅助线应尽可能的是直线(素线)或平行于投影面的圆(纬圆)。因此在圆锥面上取点的方法有两种:素线法和纬圆法。

【例 7-5】 如图 7-9 所示,已知圆锥面上点 M 的正面投影 m',求 m、m''。

方法一:素线法

解:

(1) 分 析

如图 7-9(a)所示,M 点在圆锥面上,一定在圆锥面的一条素线上,故过锥顶 S 和点 M 作一素线 ST,求出素线 ST 的各投影,根据点线的从属关系,即可求出 m、m''。

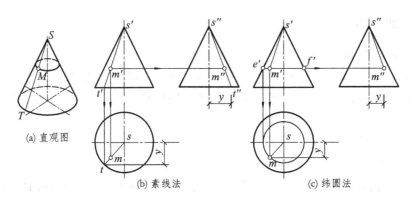

图 7-9 圆锥面上取点

(2) 作　图

① 在图 7-9(b)中连接 $s'm'$ 并延长交底圆于 t'，在 H 投影上求出 t 点，根据 t、t' 求出 t''，连接 st、$s''t''$ 即为素线 ST 的 H 投影和 W 投影。

② 根据点线的从属关系求出 m、m''。

方法二：纬圆法

解：

(1) 分　析

过点 M 作一平行于圆锥底面的纬圆。该纬圆的水平投影为圆，正面投影、侧面投影为一直线。M 点的投影一定在该圆的投影上。

(2) 作　图

① 在图 7-9(c)中，过 m' 作与圆锥轴线垂直的线 $e'f'$，它的 H 投影为一直径等于 $e'f'$，圆心为 S 的圆，m 点必在此圆周上。

② 由 m'、m 求出 m''。

【例 7-6】　如图 7-10 所示，已知圆锥面上的线段 AB 的正面投影，求其另两投影。

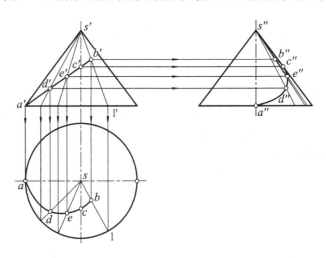

图 7-10　圆锥面上取线

解：

求圆锥面上线段的投影的方法是求出线段上端点、轮廓线上的点、分界点等特殊位置点及适当数量的一般点,依次光滑连接各点的同面投影即可。

作图步骤如下：

(1) 求线段端点 A、B 的投影　a、a'' 在投影图上可直接求出,B 点的投影可用素线法(素线为 $SⅠ$)；

(2) 求侧视转向轮廓线上的 C 点的投影 c、c''；

(3) 选取一般点 D、E,用素线法求出 d、d''、e、e''；

(4) 判别可见性　由正面投影可知,曲线 BC 位于右半锥面上,其侧面投影不可见,画成虚线。

7.2.3　圆球体

1. 圆球体的形成

圆球体是由圆球面围合而成,圆球面可看作是由半圆绕其直径旋转一周而形成的。

2. 圆球体的投影

(1) 形体分析

以图 7-11 为例,圆球的三个投影均为大小相等的圆,其直径等于圆球的直径。正面投影圆是前后半球的分界圆,也是球面上最大的正平圆；水平投影圆是上下半球的分界圆,也是球面上最大的水平圆；侧面投影圆是左右半球的分界圆,也是球面上最大的侧平圆。三投影图中的三个圆分别是球面对 V 面、H 面、W 面的转向轮廓线。

(2) 画投影图

① 确定球心位置,并用点画线画出它们的对称中心线；各中心线分别是转向轮廓线投影的位置；

② 分别画出球面上对三个投影面的转向轮廓线圆的投影。

圆球面的投影特征为三个直径相等的圆。

3. 圆球面上取点、取线

球面的三个投影均无积聚性。为作图方便,球面上取点常用纬圆法。

圆球面是比较特殊的回转面,它的特殊性在于过球心的任意一直径都可作为回转轴,过表面上一点,可作属于球面上的无数个纬圆。为作图方便,选用平行于投影面的纬圆作辅助纬圆,即过球面上一点可作正平纬圆、水平纬圆或侧平纬圆。

如图 7-11(b)所示,已知属于球面上的点 M 的正面投影 m',求其另两投影。

根据 m' 的位置和可见性,可判断 M 点在上半球的右前部,因此 M 点的水平投影 m 可见,侧面投影 m'' 不可见。作图时可过 m' 作一水平纬圆,作出水平纬圆的 H、W 投影,从而求得 m、m''。当然,也可采用过 m' 作正平纬圆或侧平纬圆来解决,这里不再详述。

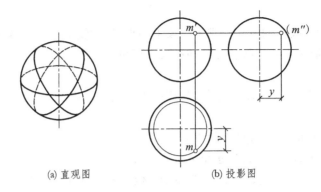

(a) 直观图　　　　　(b) 投影图

图 7 - 11　圆球体的投影及圆球面上取点

第8章 立体的截交线与相贯线

8.1 概 述

在组合形体和建筑形体的表面上,经常出现一些交线。这些交线有些是由平面与立体相交而产生,有些则是由两立体相交而产生。平面与立体相交,可视为立体被平面所截。截割立体的平面称为**截平面**;截平面与立体表面的交线称为**截交线**;由截交线所围成的平面图形称为**截面**(断面),如图 8-1 所示。

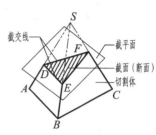

图 8-1 平面与立体表面相交

根据截平面的位置和立体形状的不同,所得截交线的形状也不同,但任何截交线都具有以下基本性质:

(1) 封闭性 立体是由它的表面围合而成的完整体,所以,立体表面上的截交线总是封闭的平面图形。

(2) 共有性(双重性) 截交线既属于截平面,又属于立体的表面,所以,截交线是截平面与立体表面的共有线。组成截交线的每一个点,都是立体表面与截平面的共有点。因此,求截交线,实质上就是求截平面与立体表面共有点的问题。

本章就平面与立体相交分别从平面与平面立体相交、平面与曲面立体相交两个方面介绍截交线的求法。

两立体相交又称两立体相贯,两相交的立体称为相贯体,相贯体表面的交线称为**相贯线**。本章分别从两平面体相贯、平面体与曲面体相贯、两曲面体相贯三个方面介绍相贯线的求法。

8.2 平面与平面立体相交

1. 截交线的形状分析

平面截割平面体所得的截交线,是由直线段组成的封闭的平面多边形。平面多边形的每一个顶点是平面体的棱线与截平面的交点,每一条边是平面体的表面与截平面的交线。

2. 求截交线的方法

通过对平面体截交线的形状分析,可得出求截交线的方法。求截交线的方法通常有两种:

(1) 交点法 求出平面体的棱线与截平面的交点,再把同一侧面上的点相连,即得截交线。

(2) 交线法 直接求平面体的表面与截平面的交线。

3. 求截交线的步骤

(1) 分析截平面和立体以及它们与投影面的相对位置,确定截交线的形状,找出截交线的积聚投影。

(2) 求棱线与截平面的交点。

(3) 连接各交点时应注意过一个点只能连两条线,且必须同一表面上的两点才能相连。
(4) 判别可见性,即可见表面上的交线可见,否则不可见;不可见的交线用虚线表示。

【例 8-1】 如图 8-2 所示,求四棱锥被正垂面 P 截割后,截交线的投影。

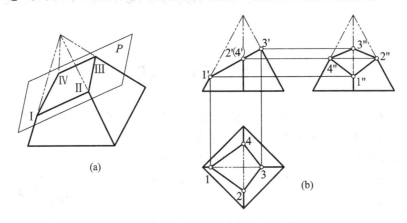

图 8-2 平面截割四棱锥

(1) 分 析

由图(a)可见,截平面 P 与四棱锥的四个侧面都相交,所以截交线为四边形。四边形的四个顶点是四棱锥的四条棱线与截平面的交点。由于截平面 P 为正垂面,故截交线的 V 面投影积聚为直线,可直接确定,然后再由 V 投影求出 H 和 W 投影。

(2) 作 图

① 如图 8-2(b)所示,根据截交线投影的积聚性,在 V 面投影中直接求出截平面 P 与四棱锥四条棱线交点的 V 投影 $1'$、$2'$、$3'$ 和 $4'$。

② 根据从属性,在四棱锥各条棱线的 H、W 投影上,求出交点的相应投影 1、2、3、4 和 $1''$、$2''$、$3''$ 和 $4''$。

③ 将各点的同面投影依次相连(注意同一侧面上的两点才能相连),即得截交线的各投影。由于四棱锥去掉了被截平面切去的部分,所以截交线的三个投影均为可见。

【例 8-2】 如图 8-3(a)所示,已知正四棱锥及其上缺口的 V 投影,求 H 和 W 投影。

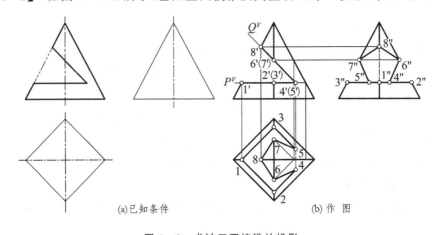

图 8-3 求缺口四棱锥的投影

解：

从给出的 V 投影可知，四棱锥的缺口是由水平面 P 和正垂面 Q 截割四棱锥而形成的。只要分别求出 P 平面和 Q 平面与四棱锥的截交线 Ⅰ、Ⅱ、Ⅲ、Ⅳ、Ⅴ 和 Ⅳ、Ⅴ、Ⅵ、Ⅶ、Ⅷ，以及 P、Q 两平面的交线 ⅣⅤ 即可。具体作图过程在此不再详述。

8.3 平面与曲面立体相交

8.3.1 求平面与曲面体截交线的方法和步骤

1. 截交线的形状分析

平面与曲面立体相交，其截交线一般为封闭的平面曲线，特殊情况为直线与曲线组成或完全由直线组成。其形状取决于曲面体的几何特征，以及截平面与曲面体的相对位置。截交线是截平面与曲面立体表面的共有线，求截交线时只需求出若干共有点，然后按顺序光滑连接成封闭的平面图形即可。因此，求曲面体的截交线实质上就是在曲面体表面上取点。

2. 求截交线的方法

截交线的任一点都可看作是曲面体（回转体）表面上的某一条线（素线或纬圆）与截平面的交点。因此只要在曲面上适当地作出一系列的素线或纬圆，并求出它们与截平面的交点即可。交点分为特殊点和一般点，作图时应先作出特殊点。特殊点能确定截交线的形状和范围，如最高、最低点，最前、最后点，最左、最右点等。这些点一般都在转向轮廓线上，是向某个投影面投影时可见性的分界点。为能较准确地作出截交线的投影，还应在特殊点之间作出一定数量的一般点。

3. 求截交线的一般步骤

(1) 分析截平面与曲面体的相对位置及投影特点，明确截交线的形状，看截交线的投影有无积聚性；

(2) 求截交线上的特殊点和一般点：特殊点的投影一般可直接定出；一般点通常用素线法或纬圆法求得；

(3) 顺次将各点光滑连接，并判别其可见性。

8.3.2 平面截切圆柱

平面截切圆柱时，根据截平面与圆柱轴线的相对位置的不同，截交线有三种不同的形状，见表 8-1。

表 8-1 平面与圆柱相交

图 型	截平面与轴线平行	截平面与轴线垂直	截平面与轴线倾斜
立体图	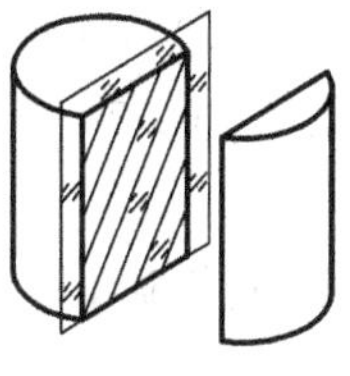	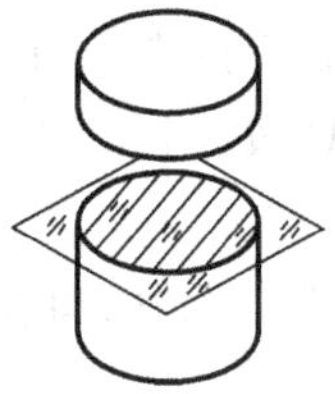	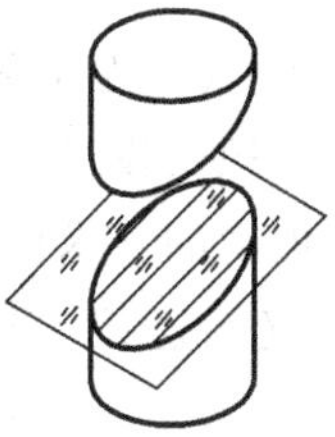

续表 8 - 1

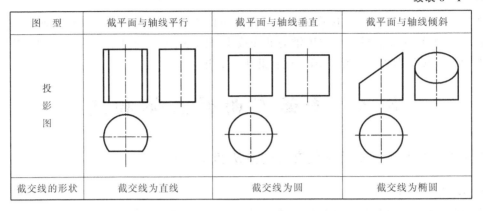

【例 8 - 3】 如图 8 - 4 所示,求正垂面 P 截切圆柱所得的截交线的投影。

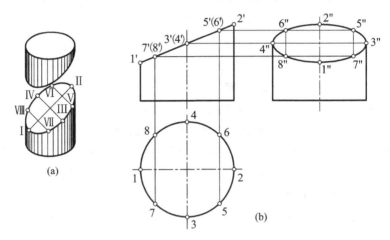

图 8 - 4 平面截切圆柱

(1) 分　析

正垂面 P 倾斜于圆柱轴线,截交线的形状为椭圆。平面 P 垂直于 V 面,所以截交线的 V 投影和平面 P 的 V 投影重合,积聚为一段直线。由于圆柱面的水平投影具有积聚性,所以截交线的水平投影也有积聚性,与圆柱面 H 投影的圆周重合。截交线的侧面投影仍是一个椭圆,须作图求出。

(2) 作　图

① 求特殊点　要确定椭圆的形状,须找出椭圆的长轴和短轴。如图 8 - 4 所示,椭圆短轴为ⅠⅡ,长轴为ⅢⅣ,其投影分别为 $1'2'$、$3'(4')$。并且Ⅰ、Ⅱ、Ⅲ、Ⅳ分别为椭圆投影的最低、最高、最前、最后点,由 V 投影 $1'$、$2'$、$3'$、$4'$ 可直接求出 H 投影 1、2、3、4 和 W 投影 $1''$、$2''$、$3''$ 和 $4''$。

② 求一般点　为作图方便,在 V 投影上对称性地取 $5'(6')$、$7'(8')$ 点,而 H 投影 5、6、7、8 一定在柱面的积聚投影上,由 H、V 投影再求出其 W 投影 $5''$、$6''$、$7''$、$8''$。取点的多少一般可根据作图准确程度的要求而定。

③ 依次光滑连接 $1''8''4''6''2''5''3''7''1''$ 即得截交线的侧面投影,将不到位的轮廓线延长到 $3''$ 和 $4''$。

8.3.3 平面截切圆锥

平面截切圆锥时,根据截平面与圆锥相对位置的不同,其截交线有五种不同的情况,见表 8-2。

表 8-2 平面与圆锥相交

图 型	截平面垂直于轴线	截平面倾斜于轴线	截平面平行于一条素线	截平面平行于轴线(平行于二条素线)	截平面通过锥顶
立体图					
投影图					
截交线的形状	截交线为圆	截交线为椭圆	截交线为抛物线	截交线为双曲线	截交线为两素线

【例 8-4】 如图 8-5 所示,求平面 P 截切圆锥所得的截交线的投影。

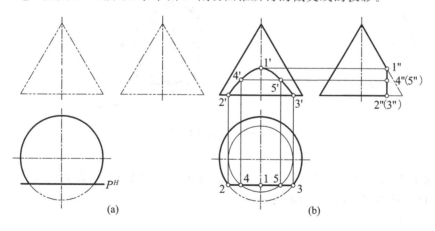

图 8-5 平面截切圆锥

(1) 分 析

由图 8-5 可看出:截平面 P 为平行于圆锥轴线的正平面;截切圆锥所得的截交线为双曲线;双曲线的 H、W 投影与正平面 P 的 H、W 积聚投影重合为一段直线;双曲线的 V 投影反映实形。

(2) 作　图

① 求特殊点　确定双曲线形状的点是双曲线的顶点和端点。从 W 投影上直接找出顶点 Ⅰ 和端点 Ⅱ、Ⅲ 的 W 投影 $1''$ 和 $2''(3'')$，从 H 投影上直接找出相应的 H 投影 1、2、3，然后由 H、W 投影求得 $1'、2'、3'$，同时 Ⅰ 点也是双曲线上的最高点，Ⅱ 点和 Ⅲ 点是双曲线上的最低点。

② 求一般点　从 W 投影上直接取 $4''(5'')$，用纬圆法求得其相应的 H 投影 4、5 和 V 投影 $4'$ 和 $5'$。

③ 依次光滑连接 $2'4'1'5'3'$ 各点，即得截交线的 V 面投影，反映双曲线实形。

8.3.4　平面截切圆球

平面与球面相交，不管截平面的位置如何，其截交线均为圆。而截交线的投影可分为三种情况：

(1) 当截平面平行于投影面时，截交线在该投影面上的投影反映圆的实形，其余投影积聚为直线。

(2) 当截平面垂直于投影面时，截交线在该投影面上具有积聚性，其他两投影为椭圆。

(3) 截平面为一般位置时，截交线的三个投影都是椭圆。

【例 8-5】　如图 8-6 所示，求正垂面截切圆球所得截交线的投影。

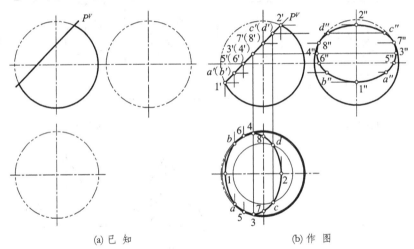

(a) 已　知　　　　　(b) 作　图

图 8-6　平面截切圆球

(1) 分　析

正垂面 P 截切圆球所得截交线为圆，因为截平面垂直于 V 面，所以截交线的 V 面投影积聚为直线，H 投影和 W 投影均为椭圆。

(2) 作　图

① 特殊点　椭圆短轴的端点为 Ⅰ、Ⅱ，并且 Ⅰ、Ⅱ 分别为最低点、最高点，均在球的轮廓线上。根据 V 投影 $1'、2'$ 可定出 H、W 投影 1、2 和 $1''、2''$。在 $1'2'$ 的中点取 $3'(4')$，用纬圆法求出 3 4 和 $3''4''$，3 4 和 $3''4''$ 分别为 H、W 投影椭圆的长轴，Ⅲ 点和 Ⅳ 点是截交线上的最前、最后点。另外，P 平面与球面水平投影转向轮廓线相交于 $5'(6')$ 点，可直接求出 H 投影 5、6 点，并由此求出其 W 投影 $5''、6''$。P 平面与球面侧面投影转向轮廓线相交于 $7'(8')$，可直接求出 W 投影 $7''、8''$，并由此求出其 H 投影的 7、8 点。

② 求一般点 可在截交线的 V 投影 $1'2'$ 上插入适当数量的一般点,用纬圆法求出其他两投影(在此不再详细作图,读者可自行试作)。

③ 光滑连接各点的 H 投影和 W 投影,即得截交线的投影。

8.4 两平面立体相交

两平面立体相交,又称两平面立体相贯。如图 8-7 所示,一个立体全部贯穿另一个立体的相贯称为全贯,当两个立体相互贯穿时,称为互贯。

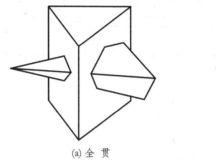
(a) 全贯

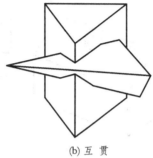
(b) 互贯

图 8-7 两立体相贯

8.4.1 相贯线的特点

两立体相贯,其相贯线是两立体表面的共有线,相贯线上的点为两立体表面的共有点。两平面体相贯时,相贯线为封闭的空间折线或平面折线,每一段折线都是两平面立体某两侧面的交线,每一个转折点为一平面体的某棱线与另一平面体某侧面的交点(贯穿点)。因此,求两平面立体相贯线,实质上就是求直线与平面的交点或求两平面交线的问题。

8.4.2 求相贯线的方法

1. 交点法

依次检查两平面体的各棱线与另一平面体的侧面是否相交,然后求出两平面体各棱线与另一平面体某侧面的交点,即相贯点,依次连接各相贯点,即得相贯线。

2. 交线法

直接求出两平面体某侧面的交线,即相贯线段。依次检查两平面体上各相交的侧面,求出相交的两侧面的交线(一般可利用积聚投影求交线,参考前面两平面相交求交线的方法),即为相贯线。

8.4.3 求相贯线的步骤

(1) 分析两立体表面特征及与投影面的相对位置,确定相贯线的形状及特点,观察相贯线的投影有无积聚性;

(2) 求一平面体的棱线与另一平面体侧面的交点(贯穿点);

(3) 连接各交点。连接时必须注意:

① 同时位于两立体同一侧面上的相邻两点才能相连。

② 相贯的两立体应视为一个整体,而一个立体位于另一立体内部的部分不必画出(即:同一棱线上的两点不能相连)。

(4) 判别可见性。每条相贯线段,只有当其所在的两立体的两个侧面同时可见时,它才是可见的;否则,若其中的一个侧面不可见,或两个侧面均不可见时,则该相贯线段不可见;

(5) 将相贯的各棱线延长至相贯点,完成两相贯体的投影。

【例 8-6】 如图 8-8 所示,求作烟囱与屋面的相贯线。

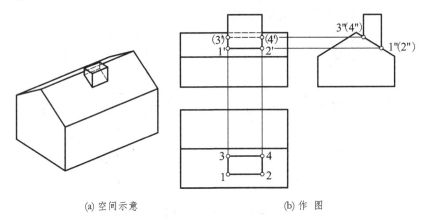

(a) 空间示意　　　　　　　(b) 作　图

图 8-8　烟囱与屋面相贯

(1) 分　析

此烟囱与屋面相贯,可以看作是垂直于 H 面的四棱柱与垂直于 W 面的五棱柱相贯。从图中可看出,烟囱四棱柱的四个侧面只相贯于房屋五棱柱的前上侧面,所以其相贯线为封闭的平面折线,即平面四边形。由于烟囱四棱柱垂直于 H 面,所以相贯线的 H 投影有积聚性,与四棱柱的 H 投影重合,房屋五棱柱垂直于 W 面,相贯线的 W 投影有积聚性,与前屋面的一段积聚投影重合。由相贯线的 H、W 投影可求出其 V 投影。

(2) 作　图

分别在 H、W 投影上直接求出烟囱四棱柱四条棱线与房屋五棱柱前上侧面的四个交点的 H 投影 1、2、3、4 和 $1''、2''、3''、4''$,然后由 H、W 投影求出相应的 V 投影 $1'、2'、3'、4'$,然后连接各点,其中 $3'4'$ 位于四棱柱的后侧面上,因此不可见,画成虚线。最后将四棱柱的棱线延长至贯穿点,即得两相贯体的完整投影,如图 8-8(b)所示。

【例 8-7】 如图 8-9 所示求作两三棱柱的相贯线。

(1) 分　析

图中三棱柱 ABC 和三棱柱 EFG 是互贯,相贯线为一组空间折线。三棱柱 ABC 各个侧面垂直于 W 面,侧面投影有积聚性,相贯线的侧面投影与其重合。三棱柱 EFG 各个侧面都垂直于 H 面,水平投影有积聚性,相贯线的水平投影与其重合。这样相贯线的水平投影与侧面投影都可直接求得,只须作图求其正面投影。

(2) 作　图

① 求三棱柱 ABC 的棱线 A 与三棱柱 EFG 的侧面 EF、FG 的贯穿点 Ⅰ、Ⅱ。在 H 投影上找到 1、2,从而求出 $1'、2'$;

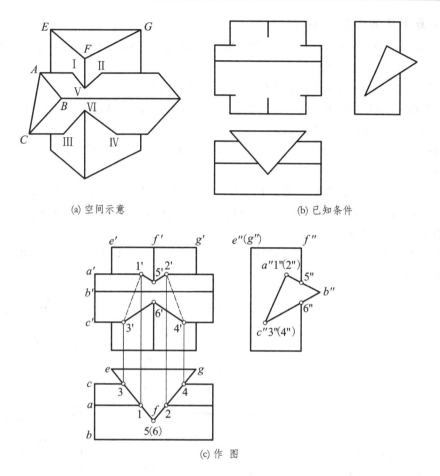

图 8-9 两三棱柱相贯

② 求三棱柱 ABC 的棱线 C 与三棱柱 EFG 的侧面 EF、FG 的贯穿点Ⅲ、Ⅳ。在 H 投影上找到 3、4，从而求出 3′、4′；

③ 求三棱柱 EFG 的棱线 F 与三棱柱 ABC 的侧面 AB、BC 的贯穿点Ⅴ、Ⅵ。在 W 投影上找到 5″、6″，从而求出 5′、6′；

④ 判别可见性并连线。根据"同时位于两形体同一侧面上的两点才能相连"的原则，在 V 投影上连成 1′3′6′4′2′5′1′相贯线。在 V 投影上，三棱柱 ABC 的 AB、BC 侧面和三棱柱 EFG 的 EF、FG 侧面均可见，根据"同时位于两形体都可见的侧面上的交线才是可见的"的原则判断：1′5′、2′5′、3′6′、4′6′可见，1′3′、2′4′不可见。

8.4.4 同坡屋顶

1. 基本概念

在坡屋面中，如果每个屋面对水平面的倾角相同，而且房屋四周的屋檐高度相同，那么，由这种屋面构成的屋顶称同坡屋顶，如图 8-10 所示。

同坡屋面相交，可看作是特殊形式的平面立体相贯。在同坡屋顶中，要根据屋檐的 H 面投影和屋面的倾角，求作屋面交线的三面投影。

2. 屋面交线的投影特性

（1）屋檐平行的两屋面必交成水平的屋脊线，称平脊，它的 H 投影必平行于屋檐的 H 投影，且与两屋檐的 H 投影等距。

（2）屋檐相交的两屋面，必相交成倾斜的屋脊线或天沟线，称斜脊或天沟。其 H 投影为两屋檐 H 投影夹角的平分线。当两檐口线相交成直角时，两坡屋面的交线（斜脊或天沟）在 H 面上的投影，与檐口线的投影成 $45°$ 角。

（3）屋顶上如有两条屋面交线交于一点，至少还有第三条交线通过该交点。这个点就是三个相邻屋面的公有点。

如图 8-10 所示，坡面 Ⅰ 和坡面 Ⅱ 相交于 AC，坡面 Ⅱ 和坡面 Ⅲ 相交于 AE，而 AC 和 AE 又相交于点 A，则点 A 为三个坡面 Ⅰ、Ⅱ、Ⅲ 的共有点，点 A 必在坡面 Ⅰ、Ⅲ 的交线 AB 上，或者说，坡面 Ⅰ、Ⅲ 的交线必通过点 A。

【例 8-8】 已知同坡屋顶四周屋檐的 H 面投影，各屋面的倾角为 $45°$，试作出该同坡屋顶的 H 面投影和 V 面投影（图 8-11）。

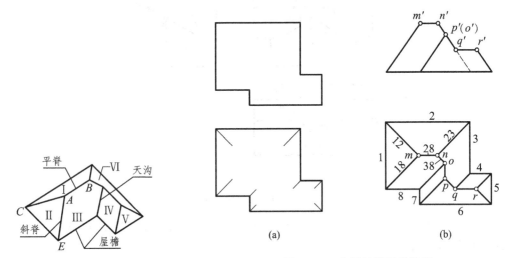

图 8-10 同坡屋顶

图 8-11 作同坡屋顶的投影

解：

根据屋面交线的投影特性，为使作图较有规律，采用屋面编号法求作 H 面投影，步骤如下：

（1）H 投影中，以屋檐编号，表示屋面编号，如 1、2、…、8。作出各相交屋檐的角平分线，并用相关屋面的编号表示，如 1、2 两相交屋面的角平分线用 12 表示。

（2）由左端开始，12、18 两角平分线，交于 m 点，则必有第三条屋面交线通过该点，去掉 12、18 两交线中相同的屋面 1，则第三条交线为 28。由于 2、8 两屋面的屋檐平行，故它们的交线 28 为平脊，且其投影平行 2、8 两屋檐，并与之距离相等。由 28 交线继续进行，首先与之相交的是 23 角平分线（2、3 屋面交线），28、23 交于 n 点，则必有第三条交线通过该点，由 28、23 去掉相同的 2，得第三条屋面交线为 38，3、8 两屋面相交，则它们的交线 38 为斜脊，其 H 面投影在它们的角平分线上。如此进行下去，直到每一个屋面成为一个闭合的多边形为止，至此完成整个屋顶的 H 面投影。

对于屋顶的 V 面投影,可根据屋面的倾角,从垂直 V 面的屋面着手(因为垂直 V 面的屋面在 V 面的投影积聚成一条直线,并反映倾角),并注意平脊在 V 面的投影一定是水平线,斜脊的投影是倾斜的线,V 面的投影见图 8-11(b)。

8.5 平面立体和曲面立体相交

平面立体与曲面立体相交,相贯线一般情况下为若干段平面曲线所组成。特殊情况下,如平面体的表面与曲面体的底面或顶面相交或恰巧交于曲面体的直素线时,相贯线有直线部分。每一段平面曲线或直线均是平面体上各侧面截切曲面体所得的截交线,每一段曲线或直线的转折点,均是平面体上的棱线与曲面体表面的贯穿点。因此,求平面立体和曲面立体的相贯线可归结为求平面立体的侧面与曲面体的截交线,或求平面体的棱线与曲面体表面的贯穿点。

求相贯线的投影时,特别要注意一些控制相贯线投影形状的特殊点,如最上、最下、最左、最右、最前、最后点及可见与不可见的分界点等,以便较为准确地画出相贯线的投影形状。然后在特殊点之间插入适当数量的一般点,以便于曲线的光滑连接。连接时应注意,只有在平面立体上处于同一侧面,并在曲面立体上又相邻的相贯点,才能相连。

【例 8-9】 如图 8-12(a)所示,求四棱柱与圆锥的相贯线。

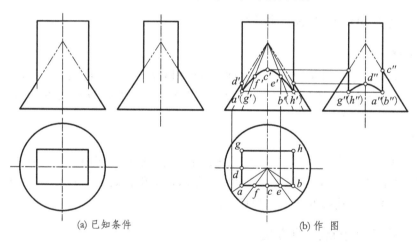

(a) 已知条件　　　　(b) 作　图

图 8-12　四棱柱与圆锥相贯

解：

(1) 分　析

四棱柱与圆锥相贯,其相贯线是四棱柱四个侧面截切圆锥所得的截交线,由于截交线为四段双曲线,四段双曲线的转折点,就是四棱柱的四条棱线与圆锥表面的贯穿点。由于四棱柱四个侧面垂直于 H 面,所以相贯线的 H 投影与四棱柱的 H 投影重合,只须作图求相贯线的 V、W 投影。从图 8-13 可看出,相贯线前后、左右对称,作图时,只须作出四棱柱的前侧面、左侧面与圆锥的截交线的投影即可,并且 V、W 投影均反映双曲线实形。

(2) 作　图

① 根据三等规律画出四棱柱和圆锥的 W 面投影　由于相贯体是一个实心的整体,在相贯体内部对实际上不存在的圆锥 W 投影轮廓线及未确定长度的四棱柱的棱线的投影,暂时画

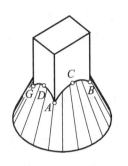

图 8-13 四棱柱与圆锥的相贯线

成用细双点画线表示的假想投影线或细实线。

② 求特殊点　先求相贯线的转折点，即四条双曲线的连接点 A、B、G、H，也是双曲线的最低点。可根据已知的 H 投影，用素线法求出 V、W 投影。再求前面和左面双曲线的最高点 C、D。

③ 同样用素线法求出两对称的一般点 E、F 的 V 投影 e'、f'。

④ 连点　V 投影连接 $a' \rightarrow f' \rightarrow c' \rightarrow e' \rightarrow b'$，$W$ 投影连接 $a'' \rightarrow d'' \rightarrow g''$。

⑤ 判别可见性　相贯线的 V、W 投影都可见，相贯线的后面和右面部分的投影，与前面和左面部分重合。

⑥ 补全相贯体的 V、W 投影　圆锥的最左、最右素线，最前、最后素线均应画到与四棱柱的贯穿点为止。四棱柱四条棱线的 V、W 投影，也均应画到与圆锥面的贯穿点为止。

8.6　两曲面立体相交

8.6.1　两曲面体相贯线的性质

1. 封闭性

两曲面体的相贯线一般是封闭的空间曲线，特殊情况下为平面曲线或直线段（当两同轴回转体相贯时，相贯线是垂直于轴线的平面纬圆；当两个轴线平行的圆柱相贯时，其相贯线为直线——圆柱面上的素线）。

2. 共有性

相贯线是两曲面体表面的共有线，相贯线上每一点都是相交两曲面体表面的共有点。

根据相贯线的性质可知，求相贯线实质上就是求两曲面体表面的共有点（在曲面体表面上取点），将这些点光滑地连接起来即得相贯线。

8.6.2　求相贯线常用的方法

（1）利用积聚性求相贯线（也称表面取点法）。

（2）辅助平面法（三面共点原理）。

后面将对这两种方法逐一介绍。至于用哪种方法求相贯线，要看两相贯体的几何性质、相对位置及投影特点而定。但不论采用哪种方法，均应按以下作图步骤求出相贯线。

8.6.3　求相贯线的步骤

（1）分析两曲面体的形状、相对位置及相贯线的空间形状，然后分析相贯线的投影有无积聚性。

（2）作特殊点

① 相贯线上的对称点（相贯线具有对称面时）；

② 曲面体转向轮廓线上的点；

③ 极限位置点,即最高、最低、最前、最后、最左及最右点。

求出相贯线上的特殊点,便于确定相贯线的范围和变化趋势。

(3) 作一般点 为比较准确地作图,需要在特殊点之间插入若干个一般点。

(4) 判别可见性 相贯线上的点只有同时位于两个曲面体的可见表面上时,其投影才是可见的。

(5) 光滑连接 光滑连接时,只有相邻两素线上的点才能相连,连接要光滑,同时注意轮廓线要到位。

(6) 补全相贯体的投影。

下面我们通过例题对求相贯线的方法和步骤作具体介绍。

8.6.4 举 例

1. 利用积聚性求相贯线(表面取点法)

当两个圆柱正交且轴线分别垂直于投影面时,则圆柱面在该投影上的投影积聚为圆,相贯线的投影重合在圆上,由此可利用已知点的两个投影求第三投影的方法求出相贯线的投影。

【例 8-10】 如图 8-14 所示,求作轴线垂直相交的两圆柱的相贯线。

(1) 分析 小圆柱与大圆柱的轴线正交,相贯线是前、后、左、右对称的一条封闭的空间曲线。根据两圆柱轴线的位置,大圆柱面的侧面投影及小圆柱面的水平投影具有积聚性。因此,相贯线的水平投影和小圆柱面的水平投影重合,是一个圆;相贯线的侧面投影和大圆柱的侧面投影重合,是一段圆弧。因此,通过分析可以知道要求的只是相贯线的正面投影。

(2) 求特殊点 由于已知相贯线的水平投影和侧面投影,故可直接求出相贯线上的特殊点。由 W 投影和 H 投影可看出,相贯线的最高点为 Ⅰ、Ⅲ,Ⅰ、Ⅲ 同时也是最左、最右点;最低点为 Ⅱ、Ⅳ,Ⅱ、Ⅳ,同时也是最前、最后点。由 $1''、3''、2''、4''$ 可直接求出 H 投影 $1、3、2、4$;再求出 V 投影 $1'、3'、2'、4'$。

(3) 求一般点 由于相贯线水平投影为已知,所以可直接取 $a、b、c、d$ 四点,求出它们的侧面投影 $a''(b'')、c''(d'')$,再由水平、侧面投影求出正面投影 $a'(c')、b'(d')$。

(4) 判别可见性,光滑连接各点 相贯线前后对称,后半部与前半部重合,只画前半部相贯线的投影即可,依次光滑连接 $1'、a'、2'、b'、3'$ 各点,即为所求。

2. 用辅助平面法求相贯线

辅助平面法就是用辅助平面同时截切相贯的两曲面体,在两曲面体表面得到两条截交线,这两条截交线的交点即为相贯线上的点。这些点既在两形体表面上,又在辅助平面上。因此,辅助平面法就是利用三面共点的原理,用若干个辅助平面求出相贯线上的一系列共有点。

(1) 为了作图简便,选择辅助平面的原则是:

① 所选择的辅助平面与两曲面体的截交线投影最简单,如直线或圆。通常选特殊位置平面作为辅助平面。

② 辅助平面应位于两曲面体相交的区域内,否则得不到共有点。

(2) 用辅助平面法求相贯线的作图步骤如下:

① 选择恰当的辅助平面。

② 求辅助平面与两曲面体表面的截交线。

③ 求两截交线的交点(即为相贯线上的点)。

【例 8-11】 求图 8-15 中圆柱与圆锥的相贯线。

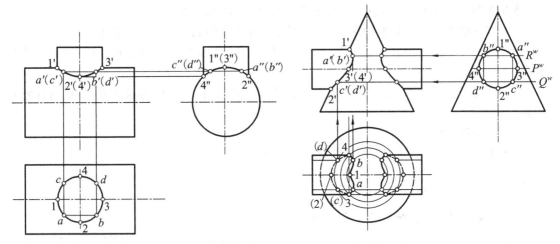

图 8-14 正交两圆柱相贯　　　　图 8-15 圆柱与圆锥相贯

解：

(1) 分　析

① 相贯线的空间形状：圆柱与圆锥轴线正交，并为全贯，因此相贯线为闭合的空间曲线且前后对称。

② 相贯线的投影：圆柱轴线垂直于侧面，圆柱的侧面投影积聚为圆，相贯线的侧面投影与圆重合，圆锥的三个投影都无积聚性，所以需求相贯线的正面投影及水平投影。

(2) 求特殊点　由相贯线的 W 投影可直接找出相贯线上的最高点 Ⅰ、最低点 Ⅱ，同时 Ⅰ、Ⅱ 点也是圆柱正视转向轮廓线上的点，也是圆锥最左轮廓线上的点。Ⅰ、Ⅱ 两点的正面投影 $1'$、$2'$也可直接求出，然后求出水平投影 1、2。

由相贯线的 W 投影可直接确定相贯线上的最前、最后点 Ⅲ、Ⅳ 的 W 投影 $3''$、$4''$，同时 Ⅲ、Ⅳ 点也是圆柱水平转向轮廓线上的点。作辅助水平面 P，它与圆柱交于两水平轮廓线，与圆锥交于一水平纬圆，两者的交点即为 Ⅲ、Ⅳ 两点。3、4 为其水平投影，根据 3、4 及 $3''$、$4''$求出 $3'(4')$。

(3) 求一般点　在点 Ⅰ 和点 Ⅲ、Ⅳ 之间适当位置，作辅助水平面 R，平面 R 与圆锥面交于一水平纬圆，与圆柱面交于两条素线，这两条截交线的交点 A、B 两点，即为相贯线上的点。为作图方便，我们再作一辅助平面 Q 为平面 R 的对称面，平面 Q 与圆锥面交于另一水平纬圆，与圆柱面交于两条素线（与平面 R 与圆柱面相交的两条素线完全相同，所以不用另外作图），这两条截交线的交点 C、D 两点，即为相贯线上的一般点。

(4) 判别可见性，光滑连接　圆柱面与圆锥面具有公共对称面，相贯线正面投影前后对称，故前后曲线重合，用实线画出。圆锥面的水平投影可见，圆柱面上半部水平投影可见，按可见性原则可知，属于圆柱面上半部的相贯线可见，3-2-4 不可见，画成虚线。

(5) 补全相贯体的投影　将圆柱面的水平转向轮廓线延长至 3、4 点，另外圆锥面有部分底圆被圆柱面遮挡，因此其 H 投影也应画成虚线。

8.6.5　相贯线的特殊情况

两曲面体（回转体）相交，其相贯线一般为空间曲线，但在特殊情况下，也可能是平面曲线或直线。

如图 8-16 所示,当两个回转体具有公共轴线时,相贯线为圆,该圆的正面投影为一直线段,水平投影为圆的实形。

如图 8-17 所示,当两圆柱轴线平行时,相贯线为直线。

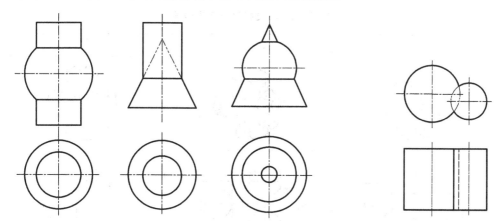

图 8-16 回转体同轴相交的相贯线　　　　图 8-17 轴线平行的圆柱的相贯线

如图 8-18 所示,当两圆柱、圆柱与圆锥轴线正交,并公切于一圆球时,相贯线为椭圆,该椭圆的正面投影为一直线段。

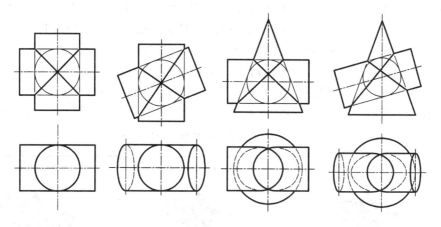

图 8-18 公切于同一个球面的圆柱、圆锥的相贯线

8.6.6 圆柱、圆锥相贯线的变化规律

圆柱、圆锥相贯时,其相贯线空间形状和投影形状的变化,取决于其尺寸大小的变化和相对位置的变化。

下面分别以圆柱与圆柱相贯、圆柱与圆锥相贯为例说明尺寸变化和相对位置变化对相贯线的影响。

1. 尺寸大小变化对相贯线形状的影响

(1) 两圆柱轴线正交。见表 8-3 所示,当小圆柱穿过大圆柱时,在非积聚性投影上,其相贯线的弯曲趋势总是向大圆柱里弯曲,表中当$d_1<d_2$时,相贯线为左右两条封闭的空间曲线。随着小圆柱直径的不断增大,相贯线的弯曲程度越来越大,当两圆柱直径相等,$d_1=d_2$时,则相贯线从两条空间曲线变成两条平面曲线——椭圆,其正面投影为两条相交直线,水平投影和侧面投影均积聚为圆。

表 8-3 两圆柱相交相贯线变化情况

图 型	$d_1<d_2$	$d_1=d_2$	$d_1>d_2$
立体图			
投影图	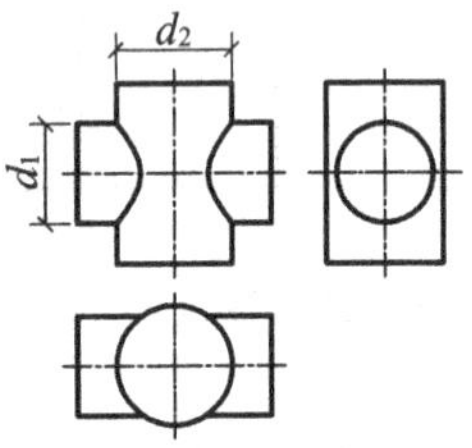	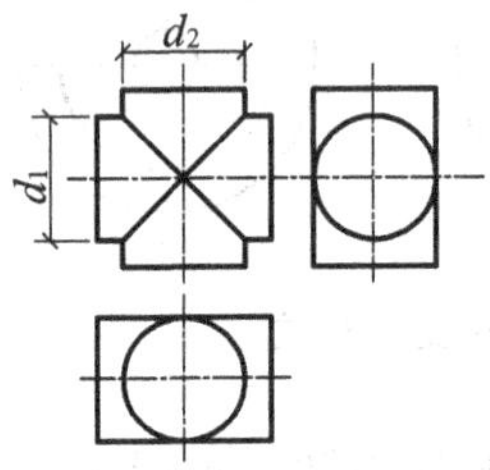	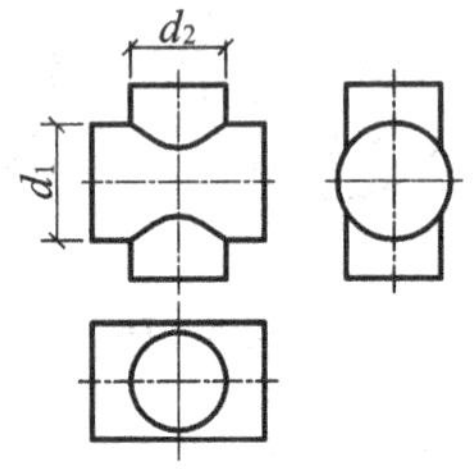

（2）圆柱与圆锥轴线正交。当圆锥的大小和其轴线的相对位置不变,而圆柱的直径变化时,相贯线的变化情况见表 8-4。当小圆柱穿过大圆锥时,在非积聚性投影上,相贯线的弯曲趋势总是向大圆锥里弯曲,相贯线为左右两条封闭的空间曲线。随着小圆柱直径的增大,相贯线的弯曲程度越来越小,当圆柱与圆锥直径相等,即圆柱与圆锥公切于球面时,相贯线从两条空间曲线变成平面曲线——椭圆,其正面投影为两相交直线,水平投影和侧面投影均积聚为椭圆和圆。当圆柱直径再继续增大,圆锥穿过圆柱时,相贯线为上下两条封闭的空间曲线。

表 8-4 圆柱与圆锥相交相贯线的三种情况

图 型	圆柱穿过圆锥	圆柱与圆锥公切于一球	圆锥穿过圆柱
立体图			
投影图	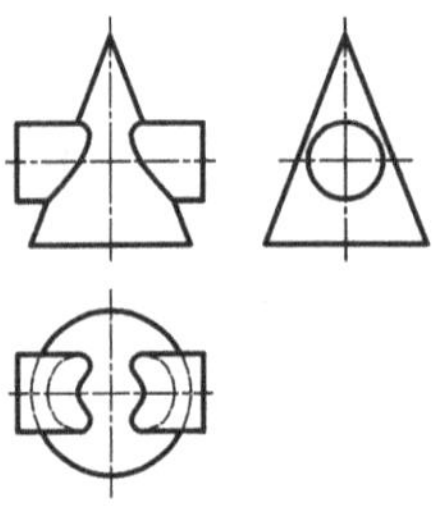	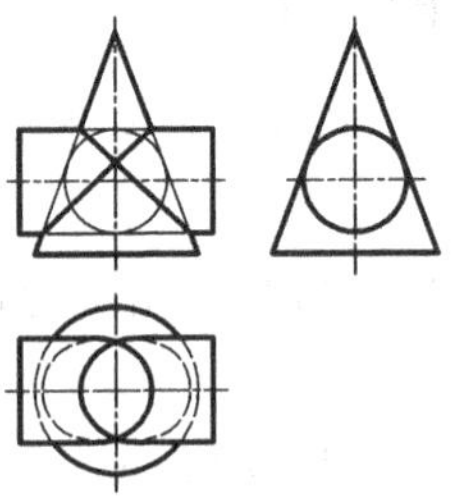	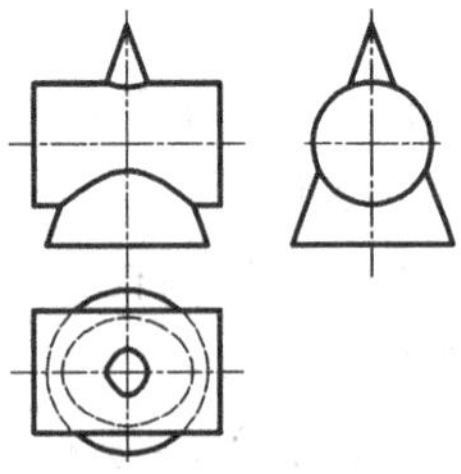

2. 相对位置变化对相贯线的影响

两相交圆柱直径不变,改变其轴线的相对位置,则相贯线也随之变化。

图 8-19 所示给出了两相交圆柱,其轴线成交叉垂直,两圆柱轴线的距离变化时,其相贯线的变化情况。图(a)为直立圆柱全部贯穿水平圆柱,相贯线为上、下两条空间曲线。图(b)为直立圆柱与水平圆柱互贯,相贯线为一条空间曲线。图(c)为上述两种情况的极限位置,相贯线由两条变为一条空间曲线,并相交于切点。

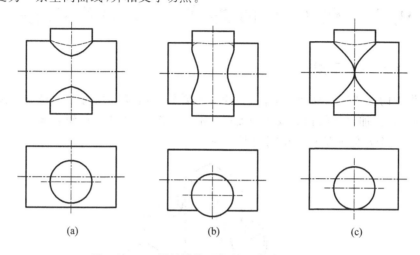

图 8-19 两圆柱轴线垂直交叉时相贯线的变化

第9章 组合体的投影图

9.1 组合体的形成和投影图画法

9.1.1 组合体的形成

工程建设中的一些比较复杂的形体,一般都可看作是由基本几何体(如棱柱、棱锥、圆柱、圆锥及球等)通过叠加、切割、相交或相切而形成的。如图9-1所示的组合体是由6个形体叠加而成的,2、4两个形体又是经过切割而形成的。

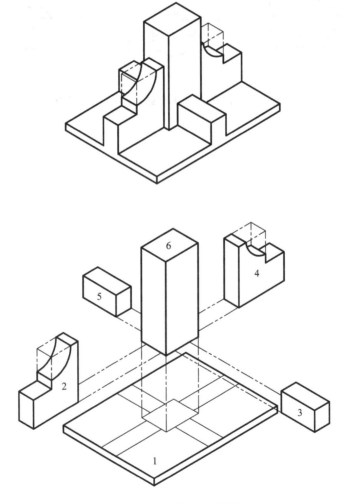

图 9-1 组合体的形成分析

9.1.2 组合体的投影图画法

将复杂组合体看作由若干比较简单的形体经叠加或切割所形成的分析方法,称为**形体分析法**。在画组合体的投影图时,应首先进行形体分析,确定组合体的组成部分,并分析它们之间的结合形式和相对位置,然后画投影图。

组合体的投影数量,可根据组合的复杂程度和表达要清楚、完整的要求来选择确定。可采用单面投影、两面投影、三面投影,甚至更多的投影。图 9-2 所示的几个不同形体,其形体特征由 V 面投影和 H 面投影就可以完全确定,所以不须再画出 W 面投影。

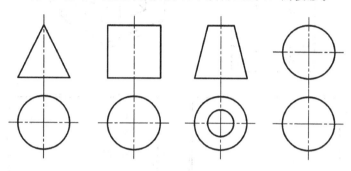

图 9-2 简单形体的两面投影

图 9-3 所示的几个不同的形体,它们的 V 面投影、H 面投影完全相同,这时就不容易判断出该形体的特征,必须再画出它们的 W 面投影才便于阅读。

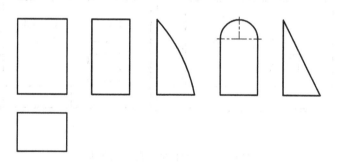

图 9-3 简单形体的三面投影

现以图 9-4(a)所示的组合体为例,说明组合体的投影图画法。

(1) 选择图幅和比例。根据组合体形体大小和注写尺寸所占的位置,选择适宜的图幅和画图比例。

(2) 选择正立面投影图。选择时通常将这个组合体所表达的建筑形体安置在其自然位置,即工作位置。然后选择正立面图的投影方向,一般用垂直于该组合体的正面方向,所选择的组合体正面,必须以能反映出该组合体的各部分形状特征及其相互之间的相对位置。

(3) 布置投影图。先画出图框线和标题栏,明确图纸上画图的范围,然后大致安排三个投影的位置,如图 9-4(b)所示。

(4) 画投影图底稿。根据形体分析的结果,依次画出组合体各组成部分的投影,不可见的轮廓线画成虚线,如图 9-4(c)、(d)所示。

(5) 加深图线。经检查无误后，按各类线型要求，用铅笔或绘图墨水笔加深图线，完成全图，如图 9-4(e)所示。

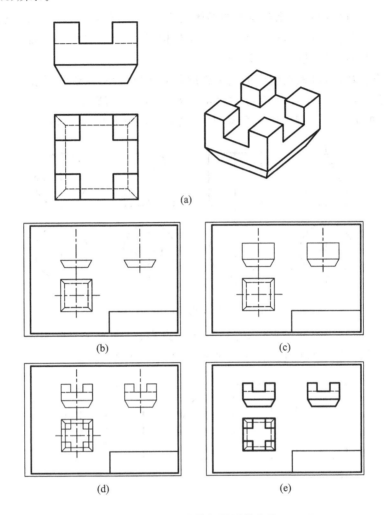

图 9-4 画组合体投影图的步骤

组合体的投影图应尺寸标注齐全，布置均匀合理，投影关系正确，图面清洁整齐，线型粗细分明和字体端正无误。

形成组合体的各基本形体之间的表面结合有三种方式：平齐、相切、相交。在画投影图时，应注意这三种结合方式，正确处理两结合表面的结合部位。

平齐是指两基本形体的表面位于同一平面上，两表面没有转折和间隔，所以两表面间不画线，见图 9-5(a)。相切分为平面与曲面相切和曲面与曲面相切，不论哪一种，都是两表面的光滑过渡，不应画线。两基本形体的表面相交，在相交处必然产生交线，它是两基本形体表面的分界线，必须画出交线的投影，如图 9-5(a)、(b)所示。

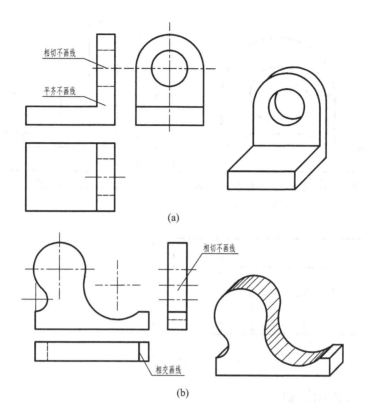

图 9-5 组合体两结合表面的结合处理

9.2 组合体的尺寸标注

组合体的投影图,虽然已经清楚地表达出组合体的形状特征和各组成部分的相对位置关系,但不能反映组合体的大小。因此,组合体的尺寸标注成为确定组合体的真实大小及各组成部分的相对位置的重要依据。

9.2.1 尺寸的种类

(1) 细部尺寸 细部尺寸是确定组合体及各组成部分大小和形状的尺寸。如图 9-6 中组合体的细部尺寸包括半圆柱的厚 12,半径 $R24$;圆柱孔的半径 $R12$;底板宽 40,长 88,高 10;底板前部突出形体的 22 和 16 等。

(2) 定位尺寸 定位尺寸是确定组合体各组成部分之间的相对位置关系的尺寸。如图 9-6 中确定圆柱孔轴线高度的 22,确定底板前部突出形体的 20 等。有些定位尺寸如 22、20 等,也可作为细部尺寸使用。

(3) 总尺寸 总尺寸是确定组合体总长、总宽、总高的尺寸。如图 9-6 中的 88 是总长尺寸,40 是总宽尺寸,56 是总高尺寸。

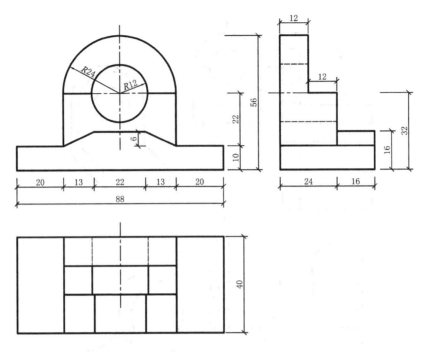

图 9-6 组合体的尺寸分析

9.2.2 尺寸的配置要求

确定了应该标注的尺寸之后,还要考虑尺寸如何配置,才能达到清晰、整齐的要求。除遵照"国标"的有关规定之外,还要注意以下几方面:

(1) 尺寸标注要齐全,不得遗漏,不要到施工时再进行计算和度量。

(2) 同一基本形体的细部尺寸、定位尺寸,应尽量注写在反映该形体特征的投影图中,并把长、宽、高三个方向的细部尺寸、定位尺寸、总尺寸组合起来,排成几行(一般最多不超过3行)。

(3) 标注定位尺寸时,对圆形要定圆心的位置,多边形要定边的位置。如图9-6中的32是定半圆柱孔的轴线位置,2个20是定底板前部突出形体的位置。

(4) 尺寸尽量注写在图形轮廓线之外,但某些细部尺寸可注写在图形之内。两投影图相关的尺寸,应尽量注在两投影图之间,以便于阅读。

(5) 每一方向的细部尺寸的总和应等于该方向的总尺寸。

9.2.3 组合体尺寸标注的步骤

现以图9-7所示的组合体为例,说明组合体尺寸标注的步骤。

1. 标注各个基本形体的细部尺寸

如图9-8所示,首先标注中柱的细部尺寸:长度方向26,宽度方向20,高度方向65;再标注左、右两肋板的细部尺寸:圆柱面半径R16,高度方向22、20,长度方向15、22,宽度方向12;然后标注前、后两四棱柱的细部尺寸,高度方向15,长度方向12,宽度方向31。

2. 标注定位尺寸

由于该组合体是左、右对称,前、后对称的形体,所以中柱的定位尺寸是50和37,左右两

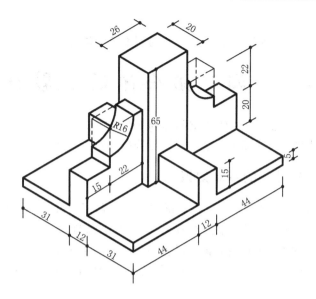

图 9-7　组合体的立体图

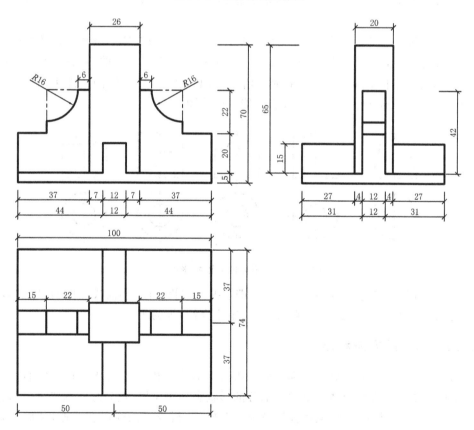

图 9-8　组合体的尺寸标注

肋板、前后两四棱柱的定位尺寸分别是 44 和 31；左右两肋板上的 1/4 圆柱面的圆心的定位尺寸是 42 和 15。

3. 标注总尺寸

组合体的总长和总宽即为底板的长度 100 与宽度 74,总高尺寸为 70。

9.3 阅读组合体的投影图

根据组合体的投影图想象出物体的空间形状和结构。这一过程就是读图。在读图时,常以形体分析法为主,当图形较复杂时,也常用线面分析法帮助读图。

9.3.1 读图所应具备的基本知识

(1) 熟练掌握三面投影的规律,即"长对正、高平齐、宽相等"的三等规律。掌握组合体上、下、左、右、前、后各个方向在投影图中的对应关系:如 V 投影能反映上、下、左、右的关系;H 投影能反映前、后、左、右的关系;W 投影能反映前、后、上、下的关系。

(2) 熟练掌握各种位置直线、曲线、平面、曲面的投影特性,确定它在空间的位置和形状,进而确定物体的空间形状。

(3) 熟练掌握基本形体的投影特性,能够根据它们的投影图,快速想象出基本几何体的形状。

(4) 熟练掌握尺寸的标注方法,能用尺寸配合图形,分析组合体的空间形状及大小。

(5) 掌握将各投影图结合起来分析的方法。如图 9-9 六个形体的两面投影图,如果只根据 H 投影图,是不能将形体的空间形状判断清楚的,必须结合 V 投影图才能正确读图。又如图 9-3 所示,必须结合 H、V、W 三面投影才能正确读图。

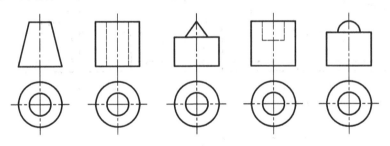

图 9-9 由形体的两面投影读图

(6) 熟练掌握建筑形体的各种表达方法,即掌握基本投影图、多面投影图、辅助投影图、剖面图(将在 12.2 节中介绍)、断面图(将在 12.3 节中介绍)等的表达方法。

9.3.2 读图的方法和步骤

读图的方法,主要是形体分析法和线面分析法。形体分析法是以基本几何体的投影特征为基础,在投影图上分析组合体各个组成部分的形状和相对位置,然后综合起来确定组合体的整体形状。线面分析法是以线、面的投影特征为基础,分析投影的线段和线框,从而明确该部分的形状。此外,还可利用所标注的尺寸来读图,必要时也可借助轴测图(第 11 章介绍)来完成。

读图的步骤,一般是先要抓住最能反映形状特征的一个投影,结合其他投影,作概略分析,然后再细致分析;先进行形体分析,后进行线面分析;先外部分析,后内部分析;先整体分析,后局部分析,再由局部到整体,最后综合起来想象出该组合体的整体形象。

【例 9-1】 运用形体分析法想象出图 9-10 中的组合体的整体形状。

1. 作初步分析

从三个投影可以确定该形体是平面立体,并由五部分叠加组成。

2. 形体分析

(1) 将 H 投影中的五个线框 1、2、3、4、5,看作是组成该形体的五个基本形体 I、II、III、IV、V 的 H 投影。其中 2 线框又包含了 3 个线框,1 线框的 V 投影不可见,4 线框的 W 投影不可见,如图 9-10 所示。

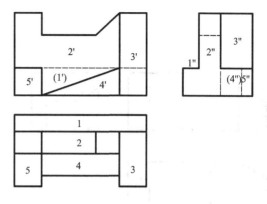

图 9-10 组合体的投影图

(2) 根据各线框的三面投影,想象出各组成部分的形状,如图 9-11 所示。

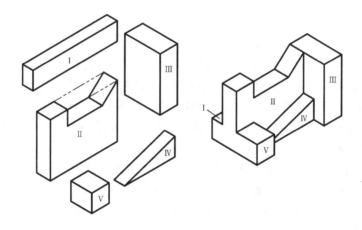

图 9-11 组合体的形体分析

由 1、(1′)、1″三个投影可想象出第 I 部分形体为一四棱柱,位于后方。

由 2、2′、2″三个投影可想象出第 II 部分形体为一四棱柱,上部挖去一四棱柱。

由 3、3′、3″三个投影可想象出第 III 部分形体为一四棱柱。

由 4、4′、(4″)三个投影可想象出第 IV 部分形体为一三棱柱。

由 5、5′、5″三个投影可想象出第 V 部分形体也为一四棱柱。

(3) 将各部分形体按图 9-10 组合成一整体,从而想象出组合体的整体形状。

【例 9-2】 运用线面分析法想象出图 9-12 中组合体的整体形状。

运用线面分析法的关键在于弄清投影图中的图线和线框的含义,投影图中的图线可以表示两个面的交线或曲面投影的转向轮廓线或投影有积聚性的面;投影图中的线框可以表示一个面或一个体或一个孔或一个槽,如图 9-13 所示。

1. 作初步分析

从三个投影可以确定该形体是平面立体,并由一个基本几何体切割而成。

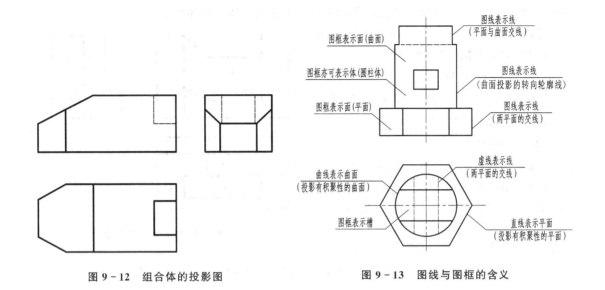

图 9-12 组合体的投影图   图 9-13 图线与图框的含义

2. 线面分析

（1）将该组合体的 V 投影画出线框 $b'(c')$、$d'(f')$、$i'(h')$，根据"长对正"原则，在 H 投影中找不到 $b'(c')$ 的对应类似形；根据"无类似形必积聚"原则，找到对应的积聚投影 b、c；根据"高平齐"原则，在 W 投影图中找到 $b'(c')$ 的对应类似形 b''、c''，可以看出 B、C 为铅垂面；同理可找出 $d'(f')$ 的其他两投影 d、f 和 d''、f''，D、F 为正平面；找出 $i'(h')$ 的其他两投影 i、h 和 i''、h''，I、H 为正平面，如图 9-14(a) 所示。

（2）将该组合体的 H 投影中画出线框 a、e、(l)、k，分别找到对应的其他两投影，A 为正垂面，E、K、L 分别为上、中、下三个水平面，如图 9-14(b) 所示。

（3）将该组合体的 W 投影画出线框 (j'')、(g'')、m''，分别找到对应的其他两投影，J、G、M 均为侧平面，如图 9-14(c) 所示。

（4）将各线框综合，想象出组合体的整体形状，如图 9-14(d) 所示。

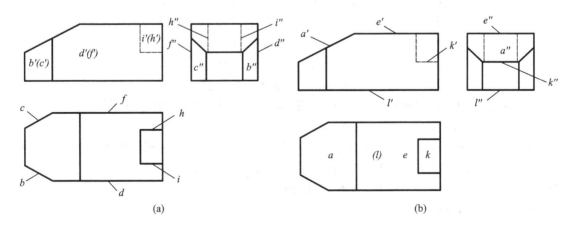

(a)   (b)

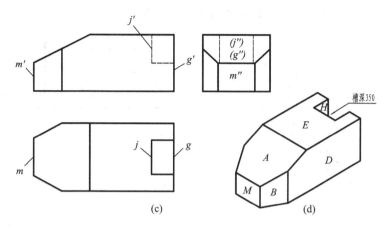

图 9-14 组合体的线面分析

9.3.3 根据两投影图补画第三投影

根据已知两投影图,想出形体的空间形状,再由想象中的空间形状画出其第三投影。这种训练是培养读图能力、检验读图效果的一种重要手段,也是培养空间分析问题和解决问题能力的一种重要方法。

由两投影补画第三投影的步骤为:

(1) 通过粗略读图,想象出形体的大致形状。

(2) 运用形体分析法或线面分析法,想象出各部分的确切形状,根据"长对正、高平齐、宽相等"原则补画出各部分的第三投影。

(3) 整理投影,加深图线。

【例 9-3】 如图 9-15 所示,已知组合体的 V 投影和 W 投影,补画 H 投影。

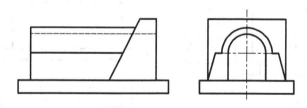

图 9-15 已知组合体的 V、W 投影

图 9-15 所示的组合体,可以看作是由 5 部分组成。下部结构是一四棱柱底板Ⅰ,底板上右侧是一四棱柱Ⅱ,底板上部为两个相同的四棱柱Ⅲ和Ⅳ,之上还有一个带圆柱孔的半圆柱体Ⅴ,如图 9-16(a)所示。

解:

(1) 画出底板Ⅰ的 H 投影,为一矩形,如图 9-16(b)所示。

(2) 画底板上右侧四棱柱Ⅱ的 H 投影,如图 9-16(c)所示。

(3) 画底板上两相同的四棱柱Ⅲ和Ⅳ的 H 投影,求出Ⅲ和Ⅳ与Ⅱ的表面交线,如图 9-16(d)所示。

(4) 画带圆柱孔的半圆柱体Ⅴ的 H 投影,求出Ⅴ与Ⅱ的表面交线,如图 9-16(e)所示。

（5）检查图稿，加深图线，完成作图，如图 9-16(f)所示。

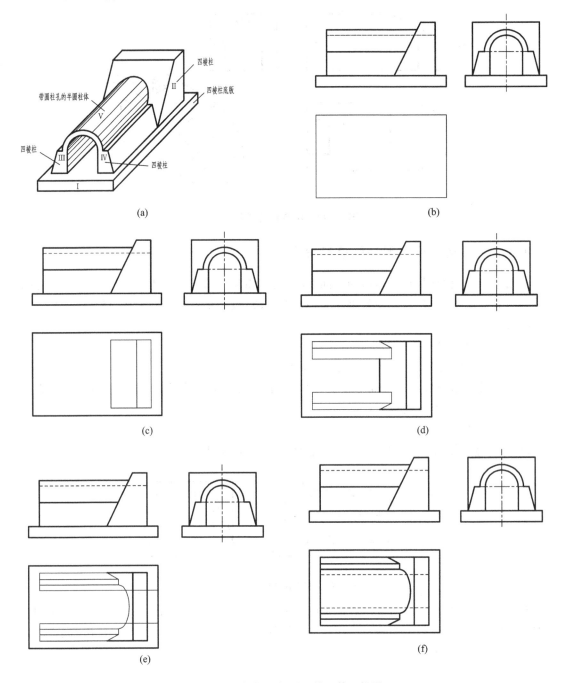

图 9-16 根据两投影图补画第三投影

第 10 章 标高投影

建筑物是建筑在地面上或地下的,地面的形状对建筑群的布置,房屋的施工,设备的安装等都有很大的影响。因此,在建筑总平面图中,除绘有建筑物外形轮廓图、绿化、道路、构筑物、河流、池塘等外,一般还绘有地形图。为此产生了一种新的图示方法,称为**标高投影法**。标高投影法是一种单面的直角投影,在形体的水平投影上,以数字标注出各处的高度来表达形体形状的一种方法。标高投影法广泛用于工业、桥梁、道路、规划等各种制图中。

10.1 点和直线的标高投影

10.1.1 点的标高投影

设立水平投影面 H 为基准面,H 面的标高为零,H 面以上为正,以下为负。如图 10-1(a)所示,设点 A 位于已知水平面 H 的上方 4 个单位,点 B 位于水平面 H 的上方 6 个单位,点 C 位于 H 的下方 3 个单位,点 D 位于水平面 H 上。画 A、B、C、D 四点的标高投影时,只需在该四点水平投影 a、b、c、d 右下角注写相应的高度值是 4、6、-3、0(高度值数字应比点的水平投影字母小 2 号),这时,4、6、-3、0 等高度值,称为各点的标高。

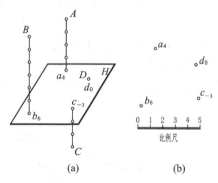

图 10-1 点的标高投影

为了实际应用方便,选择基准面时,应使各点的标高都是正的。在标高投影图中,要充分确定形体的空间形状和位置,还必须附有比例尺及其长度单位,如图 10-1(b)中的标有数字的直线即为"比例尺"。由于常用的标高单位为米(m),所以图上的比例尺一般省略单位米(m)。结合到地形测量,以青岛市外黄海海平面作为零标高的基准面,所以得到的标高称为**绝对标高**(又称绝对方程)。

10.1.2 直线的标高投影

1. 直线的标高投影表示法

(1) 用直线的两端点的标高投影来表示。如图 10-2(a)为一般位置直线 AB 和铅垂线 CD 的立体图,A 点标高为 5 单位,B 点标高为 1 单位,连接 a_5 与 b_1,即为直线 AB 的标高投影 a_5b_1;C 点标高为 7 单位,D 点标高为 3 单位,CD 投影积聚为一点,c_7d_3 即为直线 CD 的标高投影。

(2) 用直线上一个点的标高投影并加注直线的坡度和指向箭头来表示。箭头表示该直线由高指向低,坡度用 $i=1,2,\cdots$ 表示,如图 10-2 所示直线 EF 的标高投影。

(3) 用直线上整数标高的点来表示。如图 10-2 所示的直线 GH 的标高投影。

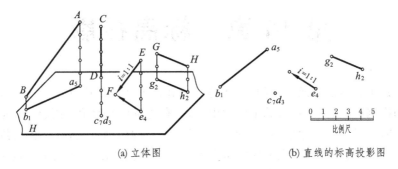

(a) 立体图 　　(b) 直线的标高投影图

图 10-2　直线的标高投影

2. 直线的实长和倾角

在标高投影中求一般位置直线 AB 的实长以及它与基准面的倾角，可用直角三角形法或换面法。

(1) 直角三角形法：如图 10-3(a) 所示，以线段的水平投影 a_6b_2 为一直角三角形的直角边，另一直角边是两端点距基准面的高度差，作图时，高度差与水平投影应采用同一比例尺，其斜边 AB 即为实长，AB 与 a_6b_2 的夹角即为直线 AB 与基准面的倾角。

(2) 换面法：过 AB 作一与基准面 H 相垂直的垂直面 V_1，将 V_1 面绕它与 H 面的交线 a_6b_2 旋转，使之与 H 面重合。作图时，只要分别过 a_6 和 b_2 引线垂直于 a_6b_2，并在所引垂直线上，按比例分别截取相应的标高数 6 和 2，得点 A 和 B。AB 的长度，就是所求实长，AB 与 a_6b_2 间的夹角 α，就是所求的倾角，如图 10-3(b) 所示。

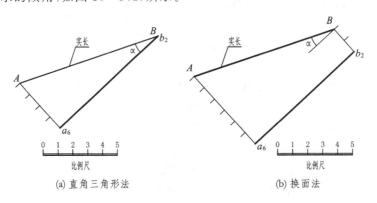

(a) 直角三角形法 　　(b) 换面法

图 10-3　求直线 AB 的实长与倾角

3. 直线的刻度、坡度和间距

(1) 直线的刻度：直线的刻度就是在直线的标高投影上，标出整数标高的点。求作直线的刻度时，仍采用换面法，按图 10-4 所示的方法作图。图中，已知直线的标高投影 $a_{2.8}b_{6.7}$，则在任意位置处，作一组与 $a_{2.8}b_{6.7}$ 平行的等距直线，并把最靠近 $a_{2.8}b_{6.7}$ 的一根平行线作为标高等于 2 的整数标高线，其余顺次为标高等于 3、4、5、6 的整数标高线。自点 $a_{2.8}$ 和 $b_{6.7}$ 作垂直于 $a_{2.8}b_{6.7}$ 的直线，在所作直线上按比例插值定出 A、B 点，连接 AB，它与整数标高线的交点Ⅲ、Ⅳ、Ⅴ、Ⅵ，就是 AB 上的整数标高点。过这些点再向 $a_{2.8}b_{6.7}$ 作垂线，得垂足 3、4、5、6，即为

$a_{2.8}b_{6.7}$ 的刻度。可以看出，这些刻度之间的距离是相等的。

(2) 直线的坡度 i 和间距 l：直线的坡度，就是当直线上两点的水平距离为一单位时的高度差。直线的间距，就是当高度差为一单位时的水平距离。见图 10-5，已知直线 AB 的标高投影 a_1b_5，它的长度，即 AB 的水平距离为 L，AB 两点间的高度差为 I，AB 与 H 面的夹角为 α，则直线的坡度 i、间距 l 和倾角 α 之间存在以下关系式

$$\text{坡度 } i = I/L = \tan\alpha, \qquad \text{间距 } l = L/I = \cot\alpha$$

由此可见，坡度与间距互为倒数，即 $i=1/l$。坡度 i 越大，间距 l 越小；反之坡度越小，间距越大。

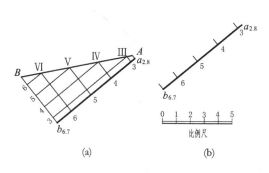

图 10-4 直线的刻度

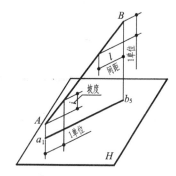

图 10-5 直线的坡度和间距

【例 10-1】 如图 10-6(a)所示，已知直线 AB 的标高投影 $a_{15}b_6$，求 AB 的坡度 i、间距 l 和直线 AB 上点 C 的标高。

解：

本题可按图 10-4 的图解方法求解，下面只介绍数解法。

求直线 AB 的坡度 i：按比例尺量得 $a_{15}b_6 = L_{AB} = 12$，经计算 $I_{AB} = 15 - 6 = 9$，则

$$i = \frac{I_{AB}}{L_{AB}} = \frac{9}{12} = \frac{3}{4}$$

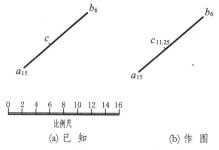

图 10-6 求直线 AB 的坡度 i、间距 l 和点 C 的标高

求直线的间距 l：$l = \dfrac{1}{i} = \dfrac{4}{3}$。

求点 C 的标高：按比例量得 $L_{AC} = 5$，则由 $i = \dfrac{I_{AC}}{L_{AC}}$ 得：$I_{AC} = i \times L_{AC} = \dfrac{3}{4} \times 5 = 3.75$，故点 C 的标高应为 $15 - 3.75 = 11.25$。

4. 两直线的相对位置

在标高投影中判断两直线的相对位置，可用换面法解决。如图 10-7 所示，直线 AB 与 EF 的标高投影互相平行，其辅助投影亦保持平行，上升或下降方向一致，且坡度或间距相等，由此可判断 AB 与 EF 在空间中互相平行，否则不平行。又如直线 EF 与 CD 的标高投影，其辅助投影保持垂直，则判断 EF 与 CD 在空间中互相垂直，否则不垂直。在判断中，须注意所引的整数标高线，必须按比例尺画出。

如两直线 AB 和 CD 的标高投影相交，经计算知两直线交点处的标高相同，如图 10-8 所

示,则两直线相交,否则两直线交叉。

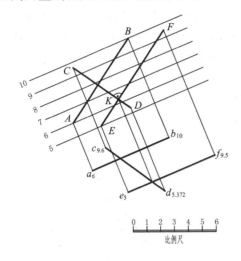

图 10-7 两直线的平行与垂直

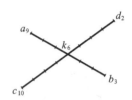

图 10-8 两直线的相交

10.2 平面的标高投影

10.2.1 平面标高投影的表示方法

平面的标高投影,可以用不同在一直线上的三个点、一直线和线外一点、两相交直线或两平行直线等的标高投影来表示。在标高投影中,经常采用下列简化的特殊表示法,如图 10-9 所示。

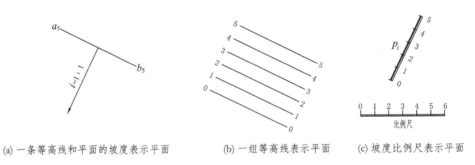

(a) 一条等高线和平面的坡度表示平面　　(b) 一组等高线表示平面　　(c) 坡度比例尺表示平面

图 10-9 平面标高投影的表示方法

10.2.2 平面的坡度、间距和坡度比例尺

如图 10-10 所示,P 平面 $ABCD$ 与 H 面交于 CD,用 P^H 表示,EF 为平面 P 对 H 面的最大斜度线,α 为平面 P 对 H 面的倾角。如用高差为一单位的水平面截割 P 面,可得一组水平线Ⅰ-Ⅰ、Ⅱ-Ⅱ、Ⅲ-Ⅲ,它们的水平投影为 1-1、2-2、3-3,由于在每一条水平线上的各点标高相同,故称**等高线**,平面 P 上的等高线都平行于平面 P 的 H 面迹线 P^H,各等高线间的

间距相等,称为**平面的间距**。

平面 P 对 H 面的最大斜度线的间距与平面 P 的间距相等。在标高投影中,把画有刻度的 P 面对 H 面的最大斜度线 EF 的 H 投影标注为 p_i,称为平面 P 的**坡度比例尺**。如图 10-9(c) 所示,坡度比例尺垂直于平面的等高线,它的间距等于平面的间距。根据平面的坡度比例尺,可作出平面的等高线,如图 10-11(a) 所示。

平面上最大斜度线与它的 H 投影之间的夹角 α,就是平面对 H 面的倾角。如果给出 p_i 和比例尺,就可以用图 10-11(b) 的方法求出倾角 α。具体是,先按比例尺作出一组平行于 p_i 的

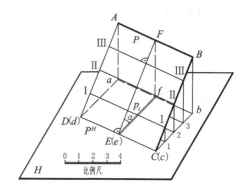

图 10-10 平面的标高投影

整数标高线,然后在相应的标高线上定出两点 A 和 B,连接 AB,AB 与 p_i 的夹角就是平面 P 的倾角。

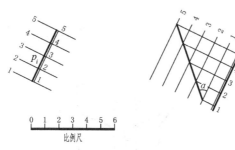

(a) 由坡度比例尺作等高线　　(b) 由坡度比例尺求出倾角

图 10-11 坡度比例尺的应用

【例 10-2】 如图 10-12 所示,已知一平面 Q 的标高投影 $\triangle a_2 b_7 c_5$,试求平面 Q 的坡度比例尺 q_i 和平面的倾角 α。

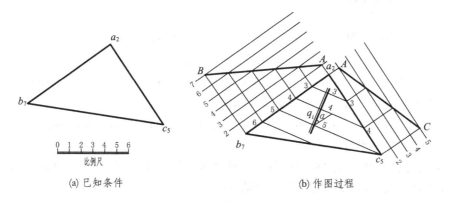

(a) 已知条件　　(b) 作图过程

图 10-12 作平面 Q 的坡度比例尺

分析:平面的坡度比例尺,就是平面上带有刻度的对 H 面的最大斜度线的标高投影,必垂直于平面上的一组水平线,只要先作出平面的等高线,就可画出 q_i。

作图过程(图 10-12(b)):

(1) 用换面法求出 AB 和 AC 两邻边同一标高的刻度点,并对两边上相同的刻度点相连,得一组等高线。

(2) 作出等高线的垂线,作出 q_i。

(3) 以坡度比例尺上的间距为一直角边,以比例尺上一单位长度为另一直角边,斜边与坡度比例尺间的夹角,即为平面的倾角 α。

10.2.3 两平面的相对位置

两平面可能平行或相交。

若两平面 P 和 Q 平行,则它们的坡度比例尺 p_i 和 q_i 平行,间距相等,而且标高数字增大或减小的方向一致,如图 10-13 所示。

若两平面相交,仍用作水平辅助面的方法求它们的交线。在标高投影中所作的水平辅助面的标高最好是整数,如图 10-14(a)所示。这时,所作辅助平面与已知平面的交线,分别是两已知平面上相同整数标高的等高线,它们必然相交于一点。作出两个辅助平面,必得两个交点,连接起来,即得交线。

这种求两平面交线的方法,对求两曲面的交线也是适用的。即:两曲面上相同标高等高线的交点连线,就是两曲面的交线。

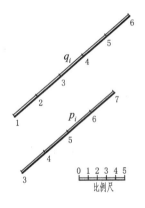

图 10-13 两平面平行

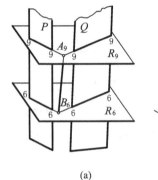

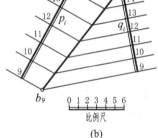

图 10-14 两平面相交

具体作图如图 10-14(b)所示,只要在坡度比例尺 p_i 和 q_i 上各作出两条相同标高的等高线,它们的交点 a_{15} 和 b_9 的连线,即为交线的标高投影。

【例 10-3】 如图 10-15 所示,已知地面上梯形平台的标高为 5 m,设地面是标高为零的水平面,试作出此梯形平台边坡的标高投影。

此题的关键在于求出各边坡面的间距。只要求出各边坡面的间距,就可确定各边坡的等高线、相邻边坡的交线,以及各边坡与地面的交线。

(1) 求各边坡面的间距(用图解法):以比例尺上的单位长度作为坐标网格,在此坐标网格上绘出各边坡的坡度线 i_1、i_2、i_3、i_4,各坡度线与高度为一单位时水平线分别相交于一点,各交点与竖直轴的距离即为相应各边坡面的间距 l_1、l_2、l_3、l_4,如图 10-15 所示。

(2) 作各边坡等高线、各坡面交线、边坡面与地面交线:以 l_1、l_2、l_3、l_4 为间距,作各边坡面

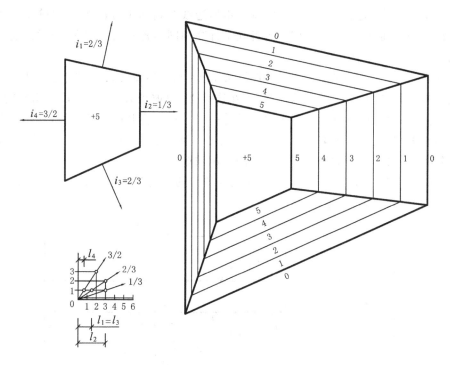

图 10-15 梯形平台的标高投影

的等高线 4—4、3—3、2—2、1—1、0—0。相邻两边坡面同标高等高线的交点的连线,即为各边坡面的交线。标高为零的四条等高线,即为各边坡面与地面的交线。

图 10-16 是带有斜坡道的一座平台的标高投影。其中,地面为倾斜的平面,由等高线表示;平台顶是一个标高为 40 m 的水平矩形平面;前方斜坡道由其等高线 34 至 39 表示;平台四周有边坡,由于平台的右前方高于地面,故边坡为填方;平台的左后方低于地面,故边坡为挖

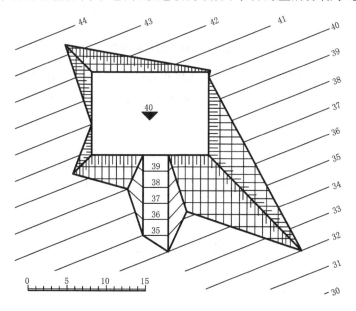

图 10-16 平台的标高投影

方。填挖方的分界点,是标为 40 的平台顶的矩形边线与地面上标高为 40 的等高线的交点。图中还作出了边坡面间的交线,它们均为各面上标高相同的各等高线的交点连线,地面与相邻两坡面的三条交线必交于一点。

设填方坡度为 2/3,挖方坡度为 1,可用图解法作出平台的标高投影(作图方法同[例 10-3])。

在完成后的图形中,为了加强明显性,可在边坡上,由坡顶开始,画上长短相间的细线,称为示坡线。其方向平行于坡度线,即垂直于其等高线。短线应开始于坡顶线,其间距宜小于坡面上等高线距离,长度一般可取 4~8 mm。长线可画到对边,也可只画比短线长一倍左右,当边坡范围较大时,可仅在一侧或两侧局部地画出示坡线。

【例 10-4】 如图 10-17(a)所示,已知两堤顶面的标高及各边坡的坡度,求两堤之间、边坡之间、边坡与地面(标高为零)的交线。

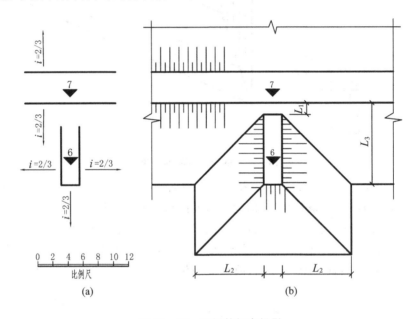

图 10-17 两堤的标高投影

本题用数解法求解比较简单,只要求得各堤顶边线到边坡面与地面交线之间的水平投影长度 L_1、L_2 和 L_3,即可作出各边坡上标高为零的等高线,从而求得各边坡与地面的交线和相邻边坡的交线。

由 $i=\dfrac{I}{L}$ 得 $L=\dfrac{I}{i}$,故

$$L_1 = I_1 \cdot \frac{1}{i} = (7-6) \times \frac{1}{2/3} = 1.5$$

$$L_2 = I_2 \cdot \frac{1}{i} = 6 \times \frac{1}{2/3} = 9, \qquad L_3 = I_3 \cdot \frac{1}{i} = 7 \times \frac{1}{2/3} = 10.5$$

根据 L_1、L_2、L_3 作出各交线,作图结果如图 10-17(b)所示。

10.3 曲线、曲面和曲面体的标高投影

10.3.1 曲 线

曲线的标高投影,由曲线上一系列点的标高投影来表示,如图 10-18(a)所示。呈水平位置的曲线,即为等高线,一般只标注一个标高,如图 10-18(b)所示。

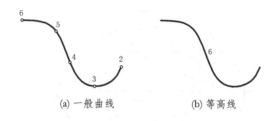

(a) 一般曲线　　　　(b) 等高线

图 10-18 曲线的标高投影

10.3.2 曲 面

曲面的标高投影,由曲面上一组等高线表示。这组等高线,相当于一组水平面与曲面的交线。

图 10-19 表示正圆锥面和斜圆锥面的标高投影。它们的锥顶标高都是 5,都是假设用一系列整数标高的水平面切割锥面,画出所有截交线的 H 投影,并注上相应的标高数字。图 10-19(a)是正圆锥面的标高投影,各等高线是同心圆。图 10-19(b)是斜圆锥面的标高投影,各等高线是异心圆。

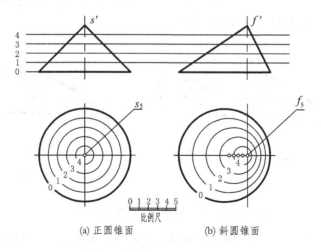

(a) 正圆锥面　　　　(b) 斜圆锥面

图 10-19 锥面的标高投影

10.3.3 地形图

山地一般为不规则曲面,其标高投影以一系列整数标高的等高线表示。在等高线上标

注相应的标高数值,如图 10-20 就是一个山地的标高投影图,称为**地形图**。看地形图时,要注意根据等高线的间距想象地势的陡峭或平顺程度,根据标高的顺序想象地势的升高或下降方向。

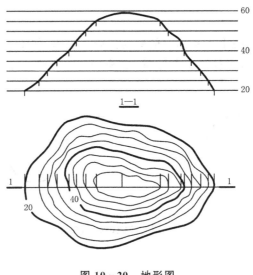

图 10-20 地形图

10.3.4 同坡曲面

曲面上各处的坡度相同时,各等高线的间距相同,该曲面称为同坡曲面。正圆锥面、弯的路堤或路堑的边坡面,都是同坡面。

如图 10-21 所示,设通过一条曲线 $a_0b_1c_2d_3e_4$,在右前方有一个坡度为 1/2 的同坡曲面,它可以看作是以曲线上多点为顶点的、坡度相同的各正圆锥面的包络面,因而同坡曲面的各等高线相切于各正圆锥面上标高相同的等高线。

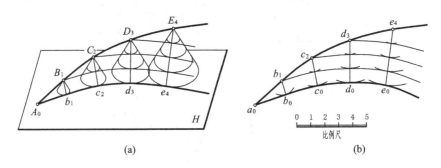

图 10-21 同坡曲面的标高投影

图 10-22 是需要用一斜弯路面连接标高为 0 的地面和标高为 4 的平路面。斜弯路面的边坡坡度为 1/1,平台路面的边坡坡度为 3/2。路面的中心线是一根正圆柱螺旋线,弯曲半径是 l_0f,弯曲角为 $\angle l_0fl_4=90°$,路面宽度为 6 单位,作图方法如图 10-23 所示。

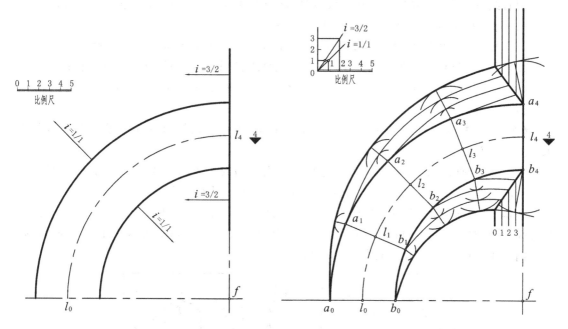

图 10-22 已知斜弯路面与平台路面的边界线

图 10-23 斜弯路面标高投影的作图方法

10.4 相交问题的工程实例

【例 10-5】 如图 10-24 所示,已知一直线两端的标高投影为 a_{23}、b_{26},求直线穿过山坡的位置。

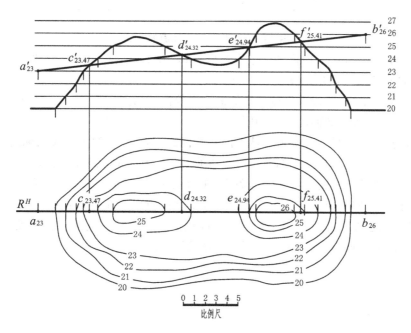

图 10-24 求直线与山坡的交点

把直线 AB 看作是铁路线的中心线,则所求交点就是隧道的进出口,作图过程如下:

(1) 过 AB 作铅垂辅助面 R,$a_{23}b_{26}$ 即为 R^H;

(2) 求 R 面与山地的截交线,即断面轮廓线,并求出 AB 在断面图中的位置;

(3) 求 AB 与断面轮廓线的交点,得交点 C、D、E、F,即为铁路线穿坡点的位置;

(4) 过 C、D、E、F 向下作垂线,与 H 投影中 $a_{23}b_{26}$ 相交,得交点的标高投影,$c_{23.47}$、$d_{24.32}$、$e_{24.94}$、$f_{25.41}$ 即为所求。

【例 10-6】 如图 10-25(a)所示,已知平面由直线等高线给出,地面由曲线等高线给出,求平面与地面的交线。

求平面与地面的交线,实质就是求平面与曲面体的截交线的问题。平面与地面的同标高等高线的交点,就是所求截交线上的点,顺次连接这些点,便得交点。

在作图中,标高为 27 的等高线不相交,也就是说,平面的最大标高不大于 27 m。为了连接标高为 26 的两个交点,可先作 ab 的断面图,由断面图中 AB 与 CD 的交点 E 确定 e,即为所求两面交线的转向点,作图过程如图 10-25(b)所示。

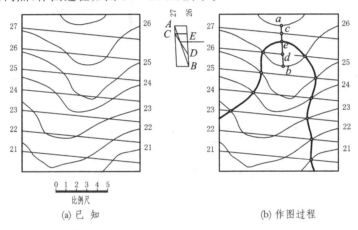

(a) 已 知   (b) 作图过程

图 10-25 作平面与地面的交线

【例 10-7】 图 10-26 中已知一平直路段,标高为 25,通过一山谷,路段南北两侧边坡的坡度为 3/2,试求边坡与山地的交线。

南北边坡都是平面,路段边界就是边坡的一根等高线(标高是 25)。本题实质是求平面与山地的交线,作法与求两曲面的交线相同。

作图时,先求边坡的间距,作出边坡上的整数标高等高线,并注上相应的标高,它们都与标高为 25 的路段边线平行,且间距相等。再求边坡与山地相同标高等高线的交点,一般都有两个交点。最后将所求得的交点按标高的顺序(递增或递减)连接起来。连交线时,要注意北坡标高为 29 的两点之间的交线连法。这一段曲线上转向点 a 至山地等高线 29 和 30 的距离之比,应等于此点至边坡上标高为 29 和 30 两等高线的距离之比。同法求出南坡上的点 b。最后在边坡线上画上示坡线,如图 10-27 所示,完成作图。

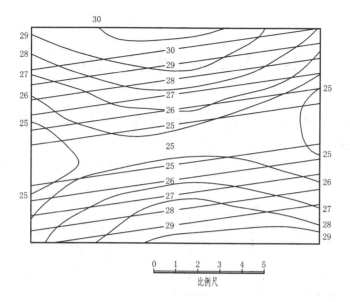

图 10-26 已知路段及山地的标高投影

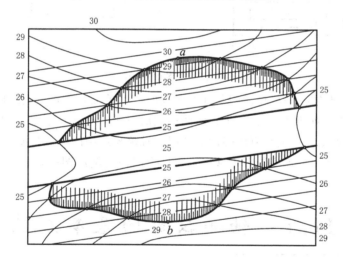

图 10-27 求路段两侧边坡与山地的交线

第 11 章 轴测投影

形体的正投影图能够完整、准确地表示形体的形状和大小,作图也比较简便。但是,它也有缺点,人们不能仅凭某一面投影图就判别出物体的长、宽、高三个方向的尺度和形状,如图 11-1 所示,必须对照几面投影图并运用正投影原理进行阅读,才能想象出物体的形状。

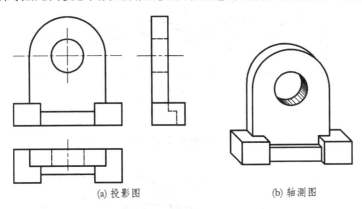

(a) 投影图　　　　　　　(b) 轴测图

图 11-1　投影图与轴测图

轴测投影图是形体在平行投影的条件下形成的一种单面投影图,但由于投影方向不平行于任一坐标轴和坐标面,所以能在一个投影图中同时反映出物体的长、宽、高和不平行于投影方向的平面,因而轴测投影图具有较强的立体感。轴测投影图的缺点是度量性不够理想,有遮挡,作图也较麻烦。因此,工程制图中常将轴测投影图作为辅助图样,用以帮助人们阅读正投影图。

11.1　轴测投影的基本知识

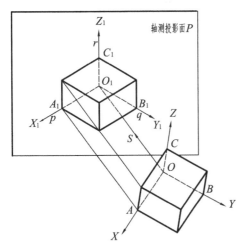

图 11-2　轴测投影的形成

11.1.1　轴测投影的形成

根据平行投影的原理,把形体连同确定其空间位置的三条坐标轴 OX、OY、OZ 一起,沿着不平行于这三条坐标轴和由这三条坐标轴组成的坐标面的方向 S,投影到新投影面 P 上,所得到的投影称为**轴测投影**,如图 11-2 所示。

11.1.2　轴测投影的有关术语

在轴测投影中,投影面 P 称为轴测投影面;三条坐标轴 OX、OY、OZ 的轴测投影

O_1X_1、O_1Y_1、O_1Z_1 称为**轴测轴**,画图时,规定把 O_1Z_1 轴画成竖直方向,如图 11-2 所示;轴测轴之间的夹角,即 $\angle X_1O_1Z_1$、$\angle X_1O_1Y_1$、$\angle Y_1O_1Z_1$ 称为**轴间角**;轴测轴上某段与它在空间直角坐标轴上的实长之比,即 $p(O_1A_1/OA)$、$q(O_1B_1/OB)$、$r(O_1C_1/OC)$ 称为**轴向变形系数**。

11.1.3 轴测投影的特点

由于轴测投影是根据平行投影的原理作出的,所以必然具有平行投影的以下特点:

(1) 直线的轴测投影一般为直线,特殊时为点。

(2) 空间互相平行的直线,它们的轴测投影仍然互相平行。因此,形体上平行于三个坐标轴的线段,在轴测投影上,都分别平行于相应的轴测轴。

(3) 空间互相平行两线段的长度之比,等于其轴测投影的长度之比。因此,形体上平行于坐标轴的线段的轴测投影与线段实长之比,等于相应的轴向变形系数。

(4) 曲线的轴测投影一般是曲线;曲线切线的投影仍是该曲线的轴测投影的切线。

在画轴测投影之前,必须先确定轴间角以及轴向变形系数,才能确定和量出形体上平行于三条坐标轴的线段在轴测投影上的方向和长度。因此,画轴测投影时,只能沿着平行于轴测轴的方向和按轴向变形系数的大小来确定形体的长、宽、高三个方向的线段。而形体上不平行于坐标轴的线段的轴测投影长度有变化,不能直接量取,只能先定出该线段两端点的轴测投影位置后再连线得到该线段的轴测投影。

【**例 11-1**】 已知 $\angle X_1O_1Z_1 = \angle X_1O_1Y_1 = \angle Y_1O_1Z_1 = 120°$,$p=q=r=1$,由此作出图 11-3(a)给定的直线 AB 的轴测投影。

作图步骤(见图 11-3(b)):

(1) 作出竖直的 O_1Z_1 轴,根据 $\angle X_1O_1Z_1 = \angle X_1O_1Y_1 = \angle Y_1O_1Z_1 = 120°$,作出 O_1Y_1、O_1X_1 轴。

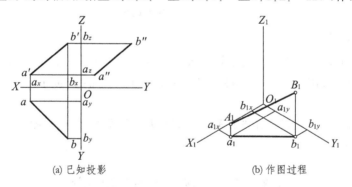

(a) 已知投影   (b) 作图过程

图 11-3 作直线 AB 的轴测投影

(2) 在 O_1X_1 轴上截取一点 a_{1x},使 $a_{1x}O_1 = a_xO = X_A$;过 a_{1x} 作 $a_{1x}a_1 // O_1Y_1$,并截取 $a_{1x}a_1 = a_yO = Y_A$,得点 a_1;过点 a_1 作铅垂线 $a_1A_1 // O_1Z_1$,截取 $a_1A_1 = a_zO = Z_A$,得点 A_1。

(3) 在 O_1X_1 轴上截取一点 b_{1x},使 $b_{1x}O_1 = b_xO = X_B$;过 b_{1x} 作 $b_{1x}b_1 // O_1Y_1$,并截取 $b_{1x}b_1 = b_yO = Y_B$,得点 b_1;过点 b_1 作铅垂线并截取 $b_1B_1 = b_zO = Z_B$,得点 B_1。

(4) 连接 A_1、B_1 即为所求直线 AB 的轴测投影,图中的 a_1b_1 为直线 AB 的水平投影 ab 的轴测投影,称为直线 AB 的水平面次投影。

11.1.4 轴测投影的分类

轴测投影按照投影方向与轴测投影面的相对位置可分为两类：

1. 正轴测投影

正轴测投影的投影方向 S_1 垂直于轴测投影面 P，如图 11-4 所示。根据轴向变形系数的不同，具体又分为正等测（$p=q=r$），正二测（$p=q\neq r$ 或 $p=r\neq q$ 或 $p\neq q=r$）和正三测（$p\neq q\neq r$）。

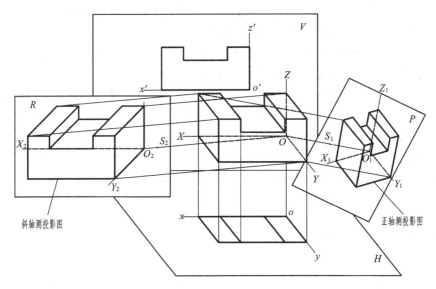

图 11-4 轴测投影的分类

2. 斜轴测投影

斜轴测投影的投影方向 S_2 倾斜于轴测投影面 R，如图 11-4 所示。根据轴向变形系数的不同，具体又分为斜等测（$p=q=r$），斜二测（$p=q\neq r$ 或 $p\neq q=r$ 或 $p=r\neq q$）和斜三测（$p\neq q\neq r$）。

上述类型中，由于三测投影作图比较烦琐，所以很少采用，只在等测和二测投影无法更好表达形体时才选用。

11.2 正轴测投影

11.2.1 正等测投影

前面已经知道，根据 $p=q=r$ 所作出的正轴测投影，称为**正等测投影**。正等测的轴间角 $\angle X_1O_1Z_1=\angle X_1O_1Y_1=\angle Y_1O_1Z_1=120°$，轴向变形系数 $p=q=r\approx 0.82$，习惯上简化为 1，即 $p=q=r=1$，在作图时可以直接按形体的实际尺寸截取。这种简化的轴向变形系数的轴测投影，通常称为**轴测图**。此时画出来的图形比实际的轴测投影放大了 1.22 倍，如图 11-5 所示。

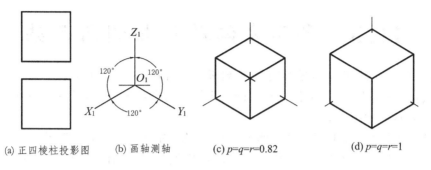

图 11-5 正等测投影图

11.2.2 正二测投影

正二测投影一般取 $p=r=2q=0.94$,习惯上简化为 $p=r=2q=1$。三个轴间角中有两个相等,即 $\angle X_1O_1Y_1=\angle Y_1O_1Z_1=131°25'$($O_1Y_1$ 轴与水平方向夹角为 $41°25'$),$\angle X_1O_1Z_1=97°10'$(O_1X_1 轴与水平方向关系为 $7°10'$)。作轴测轴时可用比值 $1/8(\approx\tan 7°10')$ 确定 O_1X_1 轴,用比值 $7/8(\approx\tan 41°25')$ 确定 O_1Y_1 轴,如图 11-6(b) 所示。

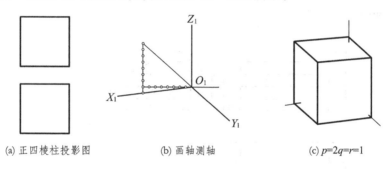

图 11-6 正二测投影图

11.2.3 正三测投影

正三测投影的轴向变形系数 $p=0.871,q=0.961,r=0.554$,习惯上简化为 $p=0.9,q=1,r=0.6$。轴间角 $\angle X_1O_1Y_1=99°05',\angle X_1O_1Z_1=145°15',\angle Y_1O_1Z_1=115°40'$,如图 11-7 所示。

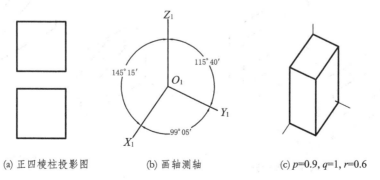

图 11-7 正三测投影图

11.3 平面立体的正轴测图画法

根据形体的正投影图画其轴测图时,一般采用下面的基本作图步骤:

(1)阅读正投影图,进行形体分析并确定形体上的直角坐标轴的位置。坐标原点一般设在形体的角点或对称中心上。

(2)选择正轴测图的种类与合适的投影方向,确定轴测轴及轴向变形系数。

(3)根据形体特征选择合适的作图方法。常用的作图方法有:坐标法、装箱法、叠砌法、切割法、端面法、网格法和包络线法等。

(4)画底稿。

(5)检查底稿后,加深图线。为保持图形的清晰性,轴测图中的不可见轮廓线(虚线)均不画。

11.3.1 平面立体的正轴测图画法举例

【例 11-2】 如图 11-8(a)所示为已知台阶正投影图,求作它的正等测图。

作图步骤如图 11-8 所示:

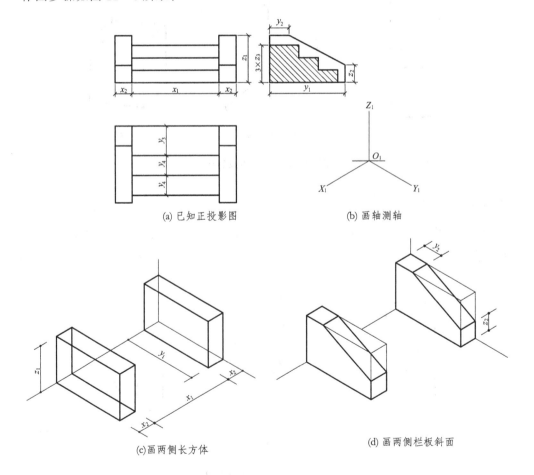

(a) 已知正投影图 (b) 画轴测轴

(c) 画两侧长方体 (d) 画两侧栏板斜面

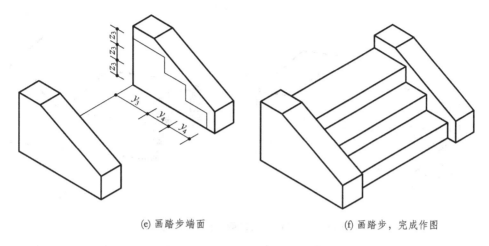

(e) 画踏步端面　　　　　　　　(f) 画踏步，完成作图

图 11-8　台阶的正等测图画法（装箱法）

【例 11-3】 如图 11-9(a)所示为已知形体的正投影图，求作它的正二测图。作图步骤如图 11-9 所示：

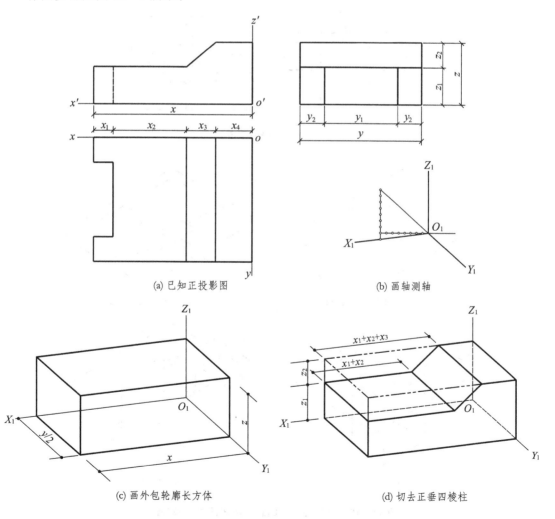

(a) 已知正投影图　　　　　　　　(b) 画轴测轴

(c) 画外包轮廓长方体　　　　　　(d) 切去正垂四棱柱

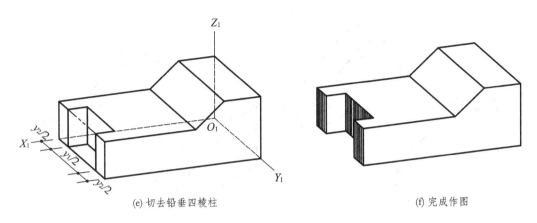

(e) 切去铅垂四棱柱　　　(f) 完成作图

图 11-9　形体的正二测图画法（切割法）

【例 11-4】　如图 11-10(a)所示为已知梁板柱节点的正投影图,求作它的正等测图。

分析:为表达清楚组成梁板柱节点的各基本形体的相互构造关系,应画仰视轴测图,即从上向下截取高度方向尺寸,作图步骤如图 11-10 所示。

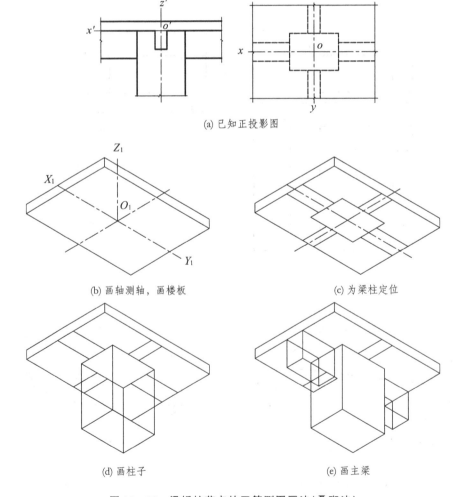

(a) 已知正投影图

(b) 画轴测轴,画楼板　　　(c) 为梁柱定位

(d) 画柱子　　　(e) 画主梁

图 11-10　梁板柱节点的正等测图画法（叠砌法）

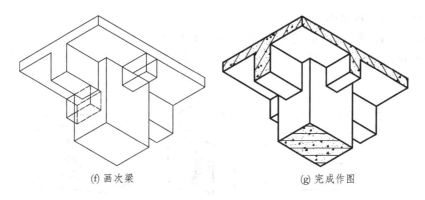

图 11-10 梁板柱节点的正等测图画法(叠砌法)

【例 11-5】 如图 11-11(a)所示为已知杯形基础的正投影图,求作它的正轴测图。

作图步骤如图 11-11 所示:

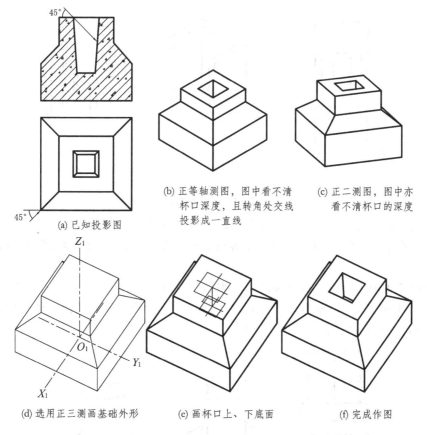

图 11-11 杯形基础正轴测图

11.3.2 画平面立体正轴测图的注意事项

正轴测图类型的选择直接影响到轴测图的效果。选择时,一般先考虑作图比较简便的正等测图。如果直观性不好,立体感不强,再考虑用正二测图,最后再考虑采用正三测图。必要时可以选用带剖切的轴测图画法。

为使轴测图的直观性好，表达清楚，应注意以下几点：

（1）要避免被遮挡。轴测图上，要尽可能将隐蔽部分表达清楚，要能看通或看到其底面，如图 11-12 所示。

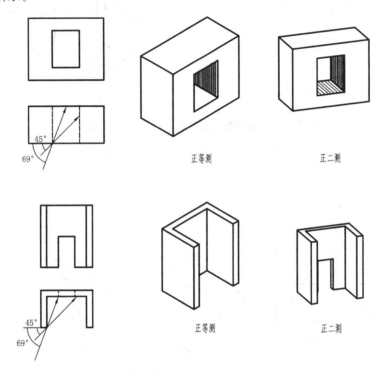

图 11-12　避免被遮挡

（2）要避免转角处交线投影成一直线。如图 11-11(b)所示的基础的转角处交线，位于与 V 面成 45°倾斜的铅垂面上，这个平面与正等测的投影方向平行，在正等测图中必然投影成一直线。

（3）要避免轴测投影成左右对称图形。如图 11-11(b)的基础和图 11-13 的组合体。由于正等测图左右对称，所以显得呆板且直观性不好。这一要求只对平面立体适用，而对于圆柱、圆锥和圆球等对称的曲面体，则不适用。

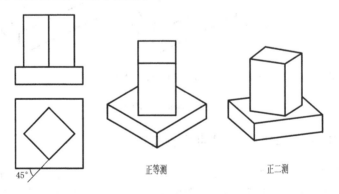

图 11-13　避免轴测投影成左右对称图形

（4）要避免有侧面的投影积聚为直线。如图 11-14 所示。

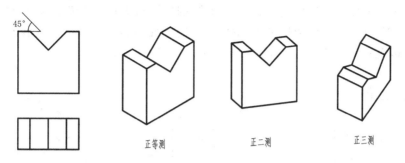

图 11-14 避免有侧面的投影积聚为直线

（5）要注意轴测投影方向 S 的指向选择。每一类轴测投影的投影方向的指向有四种情况，如图 11-15 所示。

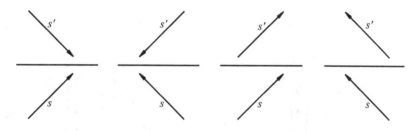

图 11-15 轴测图的四种投影方向的指向

在四种不同的指向下，形体的轴测图会产生不同的效果。如图 11-16(b)、(c)得到的是俯视轴测图，适用于上小下大的形体；图 11-16(d)、(e)得到的是仰视轴测图，适用于上大下小的形体，本节[例 11-4]就是采用了仰视轴测图的画法。

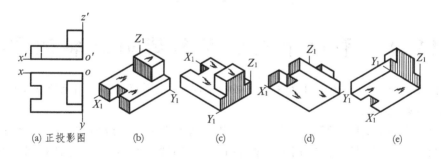

图 11-16 形体的四种轴测图

（6）要注意表达清楚形体的内部构造。有些形体，内部构造比较复杂，不论选用哪种轴测图的类型，都不能清晰、详尽地表达清楚形体内部构造的形状、大小等。如[例 11-5]中的杯形基础，所选择的正三测轴测图虽然已看到了杯口的深度，但对杯口的形状仍是表达不清晰。此时，可以选择剖切轴测图来进行表达，把形体剖切开，如图 11-17 所示。

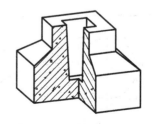

图 11-17 剖切轴测图的作图结果

【例 11-6】 如图 11-18 所示为已知形体的正投影图,求作它的正轴测图。

分析:该形体显然具有比较复杂的内部构造,因此轴测图的类型选用剖切轴测图。形体被剖切去的那一部分的大小,应依据第 12 章所叙述的剖面图的种类确定。该形体属左右、前后均对称形体,因此将该形体剖去 1/4。作图步骤如图 11-18 所示。

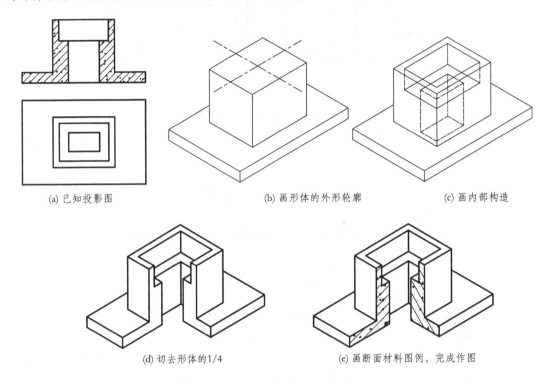

图 11-18 剖切轴测图的画法

11.4 平行于坐标面的圆的正轴测图

在平行投影中,当圆所在的平面平行于投影面时,其投影仍是圆。当圆所在平面倾斜于投影面时,其投影是椭圆。

许多建筑形体上的圆和圆弧,多数平行于某一基本投影面,与轴测投影面却不平行,所以这些圆或圆弧的正等测图都是椭圆。常用四心法(四段圆弧连接的近似椭圆)画出,如图 11-19 所示。

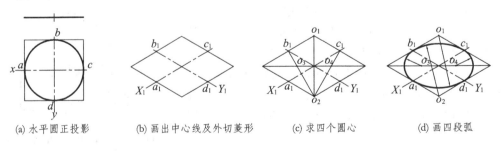

图 11-19 水平圆的正等测图近似画法

图 11-19 介绍了水平圆的正等测图的近似画法,可用同样的方法作出正平圆和侧平圆的正等测图,如图 11-20 所示。

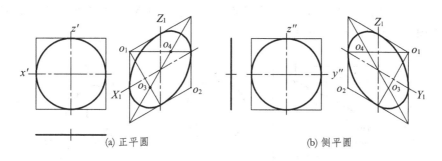

图 11-20 正平圆和侧平圆的正等测图

圆的轴测投影还可用八点法绘出。这种方法适用于任一类型的轴测投影作图。下面介绍其作图原理:图 11-21(a)所示的圆 o,作出该圆的外切正方形 $lmnp$ 的轴测投影 $l_1m_1n_1p_1$,圆 o 的一对相互垂直的直径 ab 和 cd,在轴测投影中不再相互垂直,如图 11-21(b)这一对直径称为椭圆的共轭直径。e、f、g、h 是位于外切正方形 $lmnp$ 对角线上的点,只要在平行四边形 $l_1m_1n_1p_1$ 对角线上确定 e_1、f_1、g_1、h_1,则可通过连接 a_1、b_1、c_1、d_1、e_1、f_1、g_1、h_1 八个点,准确地画出椭圆。

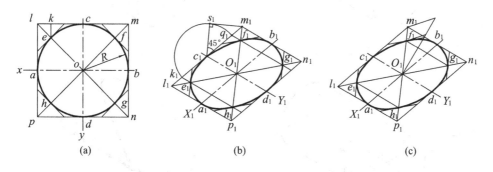

图 11-21 用八点法画水平圆的正轴测图

图 11-21(a)中,$\triangle ocl$ 是一等腰直角三角形,$oe=oc=cl$,而 $ol=\sqrt{2}R$,作 $ek/\!/cd$,则 $ck:cl=oe:ol=1:\sqrt{2}$。根据平行投影的定比性,轴测投影中的 $c_1k_1:c_1l_1=o_1e_1:o_1l_1=1:\sqrt{2}$。所以,只要按比例求出点 e_1、f_1、g_1、h_1 即可,图 11-21(b)、(c)是求 e_1、f_1、g_1、h_1 四点的一般作图方法。

11.5 曲面立体的正轴测图画法

【例 11-7】 如图 11-22(a)所示,已知带斜截面圆柱的正投影图,求作它的正等测图。

分析:该圆柱带斜截面,作图时应先画出未截之前的圆柱,然后再画斜截面。由于斜截面的轮廓线是非圆曲线,所以应用坐标法求出截面轮廓上一系列的点,用圆滑曲线依次连接各点即可。

作图步骤如图 11-22 所示：

(1) 利用四心法画出圆柱左端面的正等测图，如图 11-22(b)所示。

(2) 沿 O_1X_1 方向向右后量取 x，画右端面，作平行于 O_1X_1 轴的直线与两端面相切，得圆柱的正等测图，如图 11-22(c)所示。

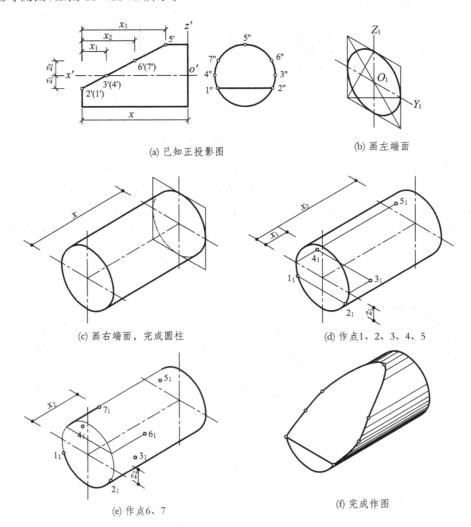

图 11-22 带斜截面圆柱的正等测图

(3) 用坐标法作出斜截面轮廓上的 1、2、3、4、5 点，如图 11-22(d)所示。在左端面上沿 O_1Z_1 轴自 O_1 向下量取 z_1，作平行于 O_1Y_1 轴的直线交椭圆于 1_1、2_1。分别过左端面的中心线与椭圆的交点作平行于 O_1X_1 轴的直线，并在直线上截取 x_1 和 x_3，得 3_1、4_1、5_1。

(4) 用坐标法作出斜截面轮廓上的 6、7 点，如图 11-22(e)所示。在左端面上沿 O_1Z_1 轴自 O_1 向上量取 z_2，作平行于 O_1Y_1 轴的直线与椭圆相交，过交点分别作平行于 O_1X_1 轴的直线，并在直线上截取 x_2，得 6_1、7_1。

(5) 用直线连接 1_1、2_1，用圆滑曲线依次连接 2_1、3_1、6_1、5_1、7_1、4_1、1_1，即为所求，如图 11-22(f)所示。

【例 11-8】 如图 11-23(a)为已知支架的正投影图,求作它的正二测图。

分析:支架是由竖板、底板和加劲板组成的。竖板顶部是圆柱面,底部两侧面与圆柱面相切,中间有一圆柱孔。底板是一长方形板,已知加劲板是一三棱柱,作图时可分别采用叠砌法和切割法作图。

作图步骤如下:

(1) 根据支架正投影图,画出竖板、底板、加劲板的主要轮廓。确定竖板后孔口的圆心 B_1,由 B_1 定出前孔口的圆心 A_1,画出竖板圆柱面的正二测近似椭圆,如图 11-23(b)所示。

(2) 画出底板、竖板上的圆柱孔的正二测近似椭圆,如图 11-23(c)所示。

(3) 整理图样,完成作图,如图 11-23(d)所示。

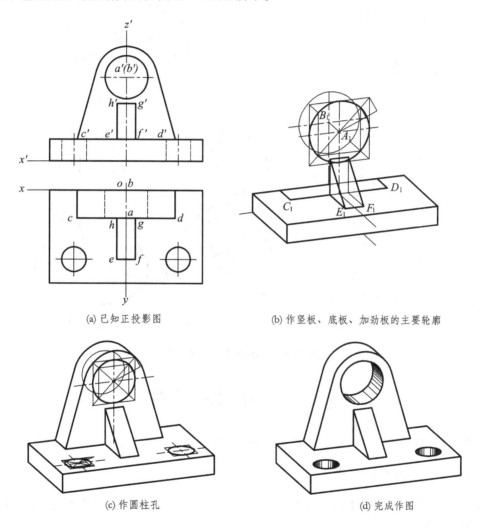

(a) 已知正投影图　　　(b) 作竖板、底板、加劲板的主要轮廓

(c) 作圆柱孔　　　(d) 完成作图

图 11-23　支架的正二测图

【例 11-9】 如图 11-24(a)为已知形体的正投影图,求作它的正等测图。

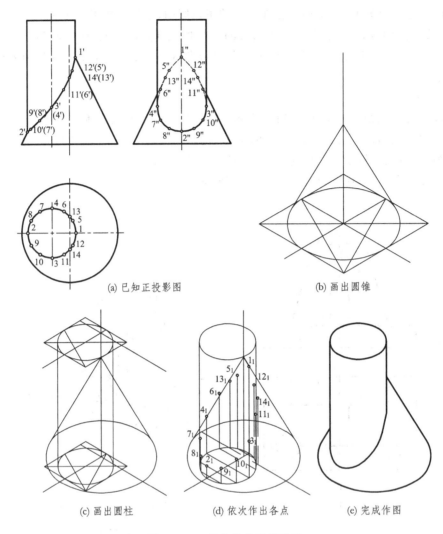

图 11-24 组合体的正等测图

11.6 斜轴测图

当投影方向倾斜于轴测投影面时所得的投影,称为斜轴测投影。

11.6.1 正面斜轴测图

如图 11-4 所示,当轴测投影面 R 与正立面(V 面)平行或重合时,所得到的斜轴测投影称为正面斜轴测投影。

无论投影方向如何选择,平行于轴测投影面的平面图形,其正面斜轴测图反映实形,即 $\angle X_1 O_1 Z_1 = 90°$,$p = r = 1$。$O_1 Y_1$ 轴的变形系数与轴间角之间无依从关系,可任意选择。通常选择 $O_1 Y_1$ 轴与水平方向成 $45°$,$q = 0.5$ 作图较为方便、美观,如图 11-25 所示,一般适用于正立面形状较为复杂的形体。

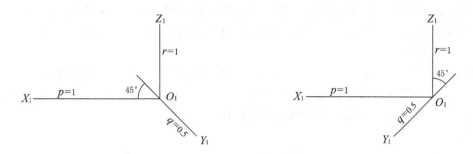

图 11-25　正面斜轴测投影常用轴测轴及轴向变形系数

11.6.2　水平面斜轴测图

如图 11-26 所示,当轴测投影面 P 与水平面(H 面)平行或重合时,所得到的斜轴测投影称为水平面斜轴测投影。

无论投影方向如何选择,平行于轴测投影面的平面图形,其水平面斜轴测图反映实形,即 $\angle X_1 O_1 Y_1 = 90°$,$\angle X_1 O_1 Z_1 = 135°$,$\angle Y_1 O_1 Z_1 = 135°$,$r = 1$ 或 0.5,如图 11-26 所示。

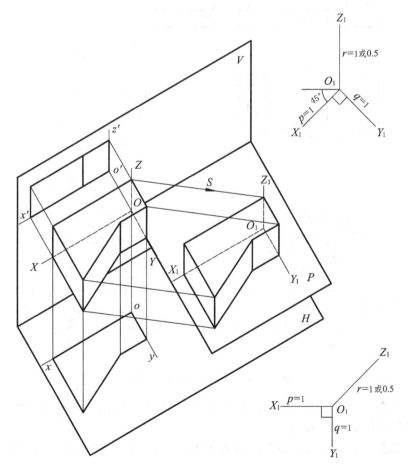

图 11-26　水平面斜轴测投影常用轴测轴及轴向变形系数

水平面斜轴测图,适宜用来绘制一幢房屋建筑的水平剖面或一个区域的总平面,它可以反映房屋内部布置,或一个区域中各建筑物、道路、设施等的平面位置及相互关系,以及建筑物和设施等的实际高度。

【例 11-10】 如图 11-27(a)为已知涵洞管节的正投影图,求作它的斜轴测图。

分析:该涵洞管节的正立面为主要特征面,选择这个正立面平行于轴测投影面,使该立面的投影反映实形,所以应选择绘制正面斜轴测投影图。

作图步骤如下:

(1) 确定轴测轴,确定前立面的轴测投影图,如图 11-27(b)所示。
(2) 沿 O_1Y_1 方向截取原正投影坐标体系长度的 1/2,画出另一端面,如图 11-27(c)所示。
(3) 完成作图,如图 11-27(d)所示。

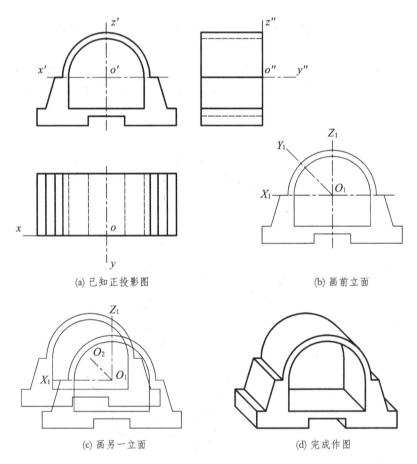

图 11-27 涵洞管节的斜轴测图

【例 11-11】 如图 11-28(a)为已知某房屋的底层平面图,求作底层水平面斜轴测图。

作图步骤如图 11-28 所示。

【例 11-12】 如图 11-29(a)为已知某道路交叉口平面图,作该道路交叉口的水平面斜轴测图。

作图步骤如图 11-29 所示。

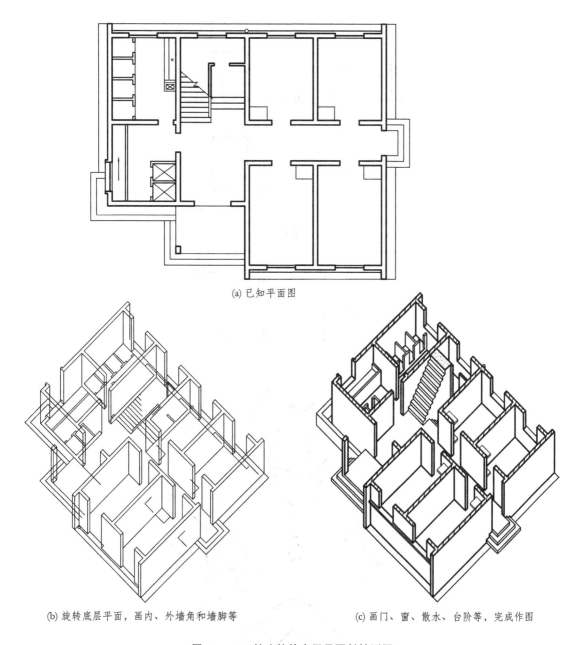

(a) 已知平面图

(b) 旋转底层平面，画内、外墙角和墙脚等　　　(c) 画门、窗、散水、台阶等，完成作图

图 11-28　某建筑的底层平面斜轴测图

斜轴测投影适用于某个表面形状复杂或曲线较多的形体，应用时，一般选取与复杂面平行的平面作为轴测投影面。

【例 11-13】　如图 11-30(a)为已知组合体的正投影图，求作它的斜轴测图。

作图步骤如图 11-30 所示。

图 11-31 是建筑上应用水平面斜轴测的实例。

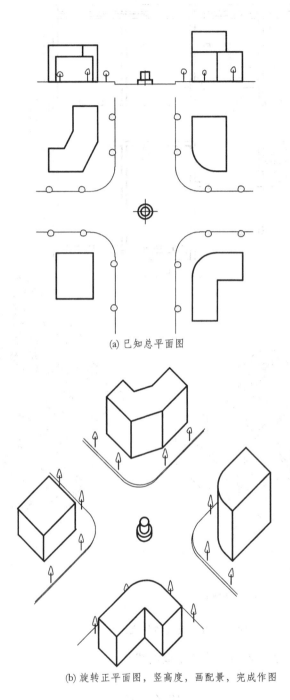

(a) 已知总平面图

(b) 旋转正平面图,竖高度,画配景,完成作图

图 11-29 某道路交叉口的水平斜轴测图

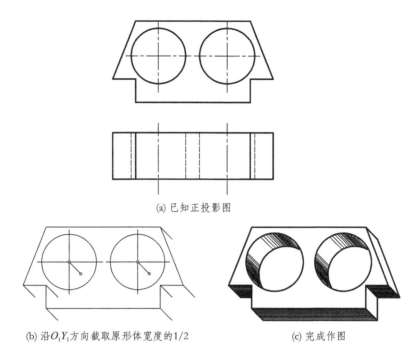

(a) 已知正投影图

(b) 沿O_1Y_1方向截取原形体宽度的1/2

(c) 完成作图

图 11-30 斜轴测图

图 11-31 某建筑物水平面斜测轴的实例

中 篇
专 业 制 图

- 房屋建筑的图样画法
- 建筑施工图
- 房屋结构图
- 室内装修施工图

第 12 章 房屋建筑的图样画法

在实际工程中,由于功能上的需要,建筑形体一般具有比较复杂的内、外部形状和构造。《房屋建筑制图统一标准》中规定:房屋建筑的视图,应按正投影法并用第一角画法绘制;对某些工程构造,当用第一角画法绘制不宜表达时,可用其他方法绘制。

12.1 投影法

12.1.1 第一角画法

本书自第 3 章开始,介绍和使用了三面正投影图,即对空间几何元素分别从上向下、从前向后、从左向右进行投影而得到的投影图。对于复杂的建筑形体,还必须通过从下向上、从后向前、从右向左进行投影,才能详细了解形体的各个表面。这样对建筑形体进行投影而得到的 6 个投影图,就称为建筑形体的**基本视图**。图 12-1 是建筑形体基本视图的产生过程。

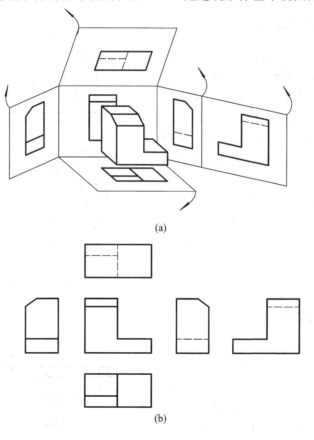

图 12-1 建筑形体的基本视图

当六个视图位于同一张图纸上，并按图 12-1(b)所示位置排列时，可以省略各视图的名称。但是大多数情况下，较多复杂的建筑形体的视图是根据图纸的大小和空间等因素排列的。因此，必须对每个视图注写图名，图名宜标注在视图的下方或一侧，并在图名下方绘制一条粗横线，其长度以图名所占长度为准，如图 12-2 所示。当使用详图符号作为图名时，符号下方不画粗横线(参见本书第 13 章)。

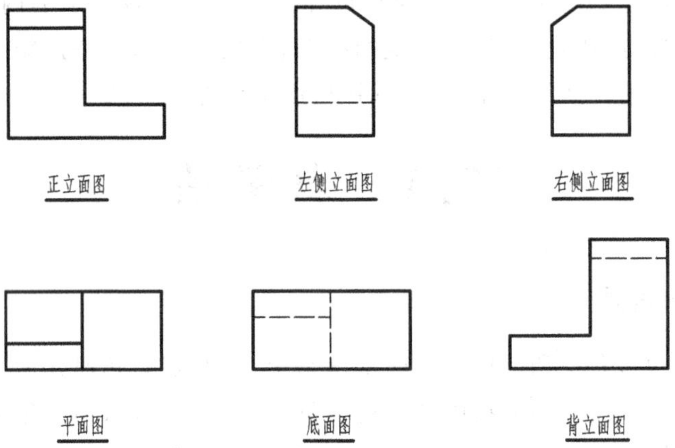

正立面图　　左侧立面图　　右侧立面图

平面图　　底面图　　背立面图

图 12-2　建筑形体基本视图的排列与图名

12.1.2　局部投影法

将建筑形体的某一局部向基本投影面投影，所得到的视图称为**局部视图**。如图 12-3 所示，正立面图和平面图已把形体的主要形状表达清楚了，只是左部的开口形状表达不清，这时不需要再画出形体的完整左侧立面图，故可采用局部投影法，只画出形体左部开口部分的左侧立面图。

画局部视图时，局部视图的范围一般用波浪线(也可用断开线)表示，并在原基本视图上用箭头指明投影方向，用大写拉丁字母编号，在所得的局部投影图下方注写"×向"，如图 12-3 所示。

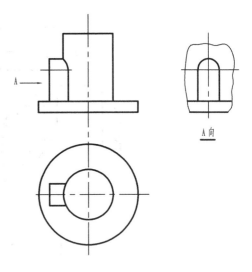

图 12-3　局部投影法

12.1.3　斜投影法

当形体的某一局部表面倾斜于基本投影面时，这部分在基本投影面上的投影就不反映实形。为了得到反映实形的投影，可采用画法几何中的换面法，设置一个平行于形体倾斜部分的表面的新投影面，将倾斜部分的表面向新投影面投影，如图 12-4 所示，这样的投影图称为**斜视图**。

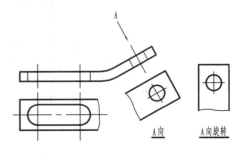

图 12-4　斜投影法

斜视图的标注与局部视图相同。可以将斜投影图旋转至"正"位,以便于阅读,但应在斜投影图名后加注"旋转"二字,如"A 向旋转"。

12.1.4 展开投影法

建(构)筑物的某些部分,如果与投影面不平行(如圆形、折线形及曲线形等),在画立面图时,可以将该部分展至与基本投影面平行的位置后,再以正投影法绘制,并应在图名后注写"展开"字样,如图 12 - 5 所示。

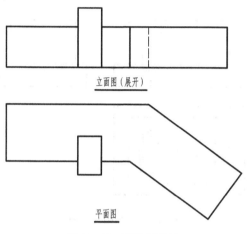

图 12 - 5 展开投影法

12.1.5 镜像投影法

当某些工程构造在采用第一角画法制图不易清楚表达时,如图 12 - 6(a)所示的梁、板、柱构造节点,其平面图会出现太多虚线,给看图带来不便,如图 12 - 6(b)上图所示。如果假想将一镜面放在物体的下面来替代水平投影面,在镜面中反射得到的视图,称为**镜像视图**,如图 12 - 6(b)下图所示。镜像投影应在图名后加注"镜像"二字,或按图 12 - 6(c)画出镜像视图识别符号。在房屋建筑中,常用镜像视图来表达室内顶棚的装修等构造。

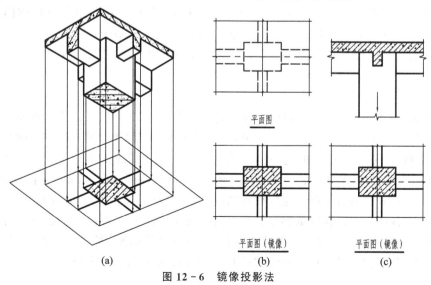

图 12 - 6 镜像投影法

12.2 剖面图

对于内部构造比较复杂的建筑形体(见图 12-7),如果采用第一角画法来绘制形体正投影图,内部不可见的形体轮廓线须用虚线画出。如一幢房屋,内部有各种房间、走道、楼梯、门窗、梁、柱等,如果都用虚线表示这些看不见的部分,必然形成图面虚实线交错,混淆不清,不利于标注尺寸,也不方便读图和施工。

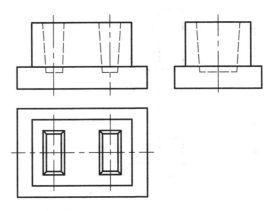

图 12-7 基础投影图

12.2.1 剖面图的产生

假想用一剖切平面将形体剖开,让它的内部构造显露出来,使形体不可见的部分变成了可见,然后用实线画出这些内部构造的投影图,称为**剖面图**。

图 12-8(a)是假想用一个通过如图 12-7 所示基础的前后对称平面的剖切平面 P 将基础剖开,然后移走剖切平面及其前面的半个基础,将留下的半个基础,向与剖切平面 P 所平行的投影面 V 投影,所得的投影图,称为**正立剖面图**或 V **向剖面图**。现比较图 12-7 的 V 投影和图 12-8(a)的正立剖面图,可看出在剖面图中基础内部的形状、大小和构造,例如杯口的深度和杯底的长度都表示清楚了。同样,如图 12-8(b)所示,可以用一个通过基础的左右对称平面的剖切平面 Q 将基础剖开,移走剖切平面及其左面的半个基础,将留下的半个基础,向与剖切平面 Q 所平行的投影面 W 投影,所得的投影图,称为**侧立剖面图**或 W **向剖面图**。

12.2.2 剖面图的画法

由于剖切是假想的,所以只有在画剖面图时,才假想将形体切去一部分。在画另一个投影时,则应按完整的形体画出。如图 12-9 所示,在画 V 向剖面图时,虽然已将基础剖去了前半部分,但是在画 W 向剖面图时,则仍按完整的基础剖开,H 投影也应按完整的基础画出。

从图 12-8 可看出,形体被剖开之后,都有一个截口,即截交线围成的平面图形,称为**断面**。在剖面图中,要在断面上画出建筑材料图例,以区分断面(剖到的)和非断面(未剖到,但能看到的)部分。各种建筑材料图例必须遵照"国标"规定的画法。图 12-8 和 12-9 的断面上,所画的是钢筋混凝土图例。在不指明建筑材料时,可以用等间距、同方向的 45°细斜线来表示断面。当两个相同图例连接时,图例线宜错开,或倾斜方面相反,如图 12-10 所示。

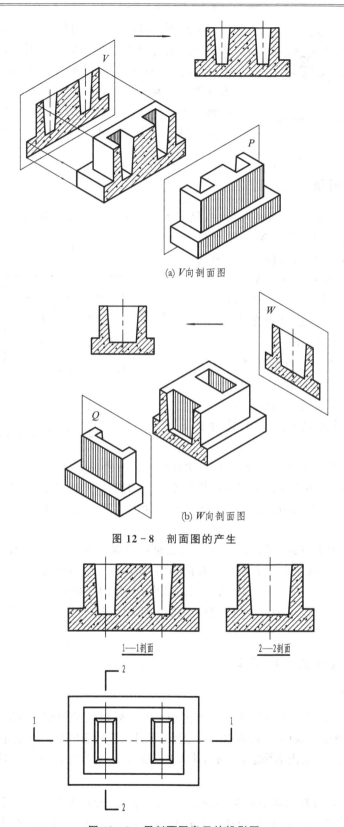

(a) V向剖面图

(b) W向剖面图

图 12-8 剖面图的产生

1—1剖面　　2—2剖面

图 12-9 用剖面图表示的投影图

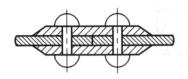

图 12-10　相邻构件图例线画法

画剖面图时,一般都使剖切平面平行于基本投影面,从而使断面的投影反映实形。同时,应使剖切平面通过形体上的孔、洞、槽等隐蔽形体的中心线,将形体内部表示清楚。剖面图除应画出剖切面切到部分的图形外,还应画出沿投射方向看到的部分,被剖切面切到部分的轮廓线用粗实线绘制,剖切面没有切到,但沿投射方向可以看到的部分,用中粗实线绘制。

12.2.3　剖面图的标注

根据需要画出的剖面图,要进行标注(见图 12-11),以便读图。标注时应注意以下几点:

(1) 剖切平面一般垂直于某一基本投影面(大多是投影面平行面),在它所垂直的投影面上的投影会积聚成一直线。画剖面图时,用两小段粗实线来表示,称为剖切位置线,用来表示剖切平面的剖切位置。剖切位置线的长度为 6~10 mm。

(2) 为表明剖切后剩下的形体的投影方向,在画剖面图时,必须在剖切位置线的两端同侧各画一段与之垂直的粗实线,长度为 4~6 mm,用来表示投影的方向,称为剖视方向线。

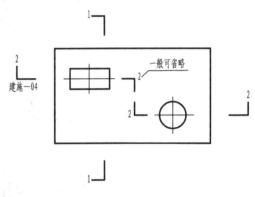

图 12-11　剖面图的标注

(3) 建筑形体需 2 次剖切时,要对每一次剖切进行编号,一般用阿拉伯数字,按由左至右、由下至上的顺序编排,并注写在剖视方向线的端部。如剖切位置线需转折时,在转折处一般不再加注编号。但是,如果剖切位置线在转折处与其他图线发生混淆,则应在转角的外侧加注与该符号相同的编号。

(4) 在剖面图的下方或一侧,写上与该图相对应的剖切符号的编号,作为该图的图名,如"1-1"、"2-2"、…,并在图名下方画一等长的粗实线,如图 12-9 所示。

(5) 剖面图如与被剖切图样不在同一张图纸内,可在剖切位置线的另一侧注明其所在图纸的图纸编号,如图 12-11 中 2-2 剖切位置线下侧注写的"建施-04",即表示 2-2 剖面图在"建施"第 4 号图纸上。

12.2.4　剖面图的几种类型

1. 全剖面图

如图 12-12 所示,用一个剖切平面将形体全部剖开后得到的剖面图,称为**全剖面图**。全剖面图一般用于不对称的建筑形体,或者内部构造复杂但外形比较简单对称的建筑形体。如图12-13 所示的房屋,为了表示它的内部构造,可画出其水平剖面图(平面图)、正立面图和侧立剖面图。

2. 半剖面图

当建筑形体是左右对称或前后对称,而外形又比较复杂时,可以选择两个相互垂直的剖切面剖切,其中的一个剖切面必须与形体的对称平面重合,另一剖切面通过形体内部构造比较复

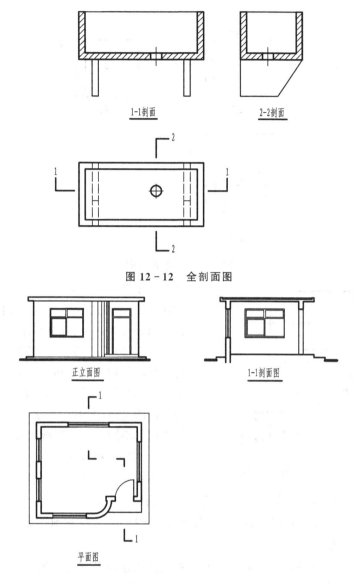

图 12 – 13　房屋的剖面图

杂或典型的部位,这种剖面图称为**半剖面图**。如图 12 – 14 所示的形体,其 V、W 投影分别是半个外形正投影图和半个剖面图拼成的图形,以同时表示形体的外形和内部构造。

在半剖面图中,剖面图和投影图之间,规定用形体的对称中心线(细单点长画线)为分界线,如图 12 – 14 所示,剖切平面相交产生的交线不画。当对称中心线为铅直线时,剖面图画在投影图右侧;当对称中心线为水平线时,剖面图画在投影图下方。若剖切平面与建筑形体的对称平面重合,且半剖面图又处于基本投影图的位置时,可不予标注,如图 12 – 14 中的 V、W 剖面图均未作标注。但当剖切平面不与建筑形体的对称平面重合时,应按规定标注,如图12 – 14 中的 1 – 1 剖面图。

3. 阶梯剖面图

如果一个剖切平面不能将形体上需要表达的内部构造一齐剖开时,可以将剖切平面转折成

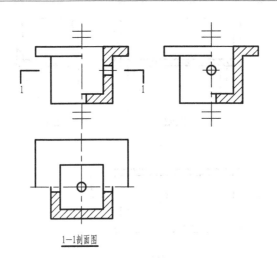

图 12-14 半剖面图

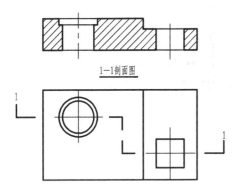

图 12-15 阶梯剖面图剖切凹槽和通孔

两个互相平行的平面,将形体沿着需要表达的地方剖开,然后画出剖面图,称为**阶梯剖面图**。如图 12-13 所示的房屋,如果只用一个平行于 W 面的剖切平面,则无法同时剖切前墙的门和后墙的窗,这时可将剖切平面转折一次,就能将这两者同时剖开。同半剖面图一样,在转折处不应画出两剖切平面的交线,图 12-15 是采用阶梯剖面表达组合体内部不同深度的凹槽和通孔的例子。

4. 旋转剖面图

当建筑形体是带孔的回转体时,需用两个相交的剖切平面剖切,剖开后将倾斜于基本投影面的剖切平面,连同断面一起旋转到与基本投影面平行的位置后,再向基本投影面投影,所得到的剖面图,称为**旋转剖面图**,如图 12-16 所示。

5. 局部剖面图

当建筑形体的外形比较复杂,完全剖开后就无法表示清楚它的外形。这时,可以保留原投影图的大部分,而只将形体的某一局部剖切开,所得到的剖面图,称为**局部剖面图**。如图 12-17 所示的杯形基础投影图,为了表示基础内部钢筋的布置,在不影响外形表达的情况下,将杯形基础水平投影的一个角画成剖面图。按"国标"规定,投影图与局部剖面之间,画上波浪线作为分界线。《建筑结构制图标准》规定,断面上已画出钢筋的布置不必再画钢筋混凝土的材料图例。

图 12-18 是表示用分层局部剖面图,来反映楼面各层所用的材料和构造的做法。这种剖面图多用于表达楼面、地面、屋面和墙面等的构造。

当形体的图形对称线与轮廓线重合时,不宜采用半剖面图,通常采用局部剖面图。如图 12-19(a)中形体应少剖一些,保留与对称线重合的外部轮廓线;图(b)中形体应多剖一些,显示与对称线重合的内部轮廓线;图(c)中形体上部多剖,下部少剖,从而使得与对称线重合的内外轮廓线均可表达出来。

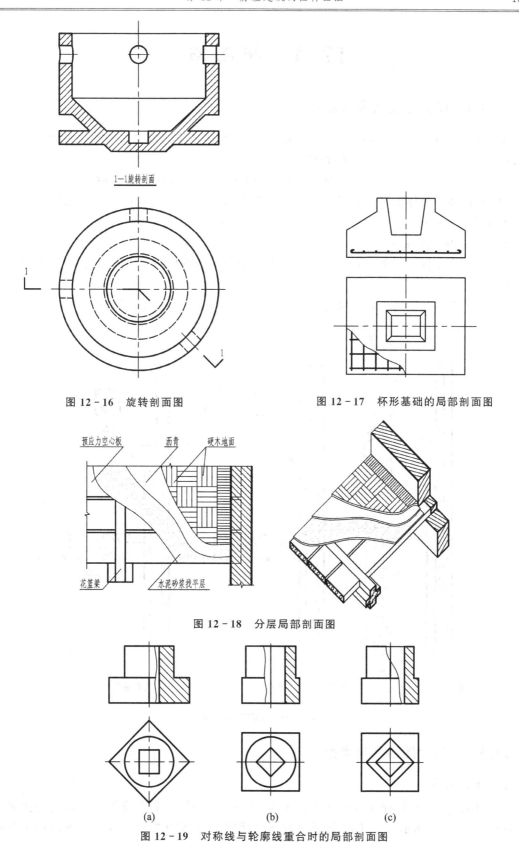

图 12-16 旋转剖面图

图 12-17 杯形基础的局部剖面图

图 12-18 分层局部剖面图

图 12-19 对称线与轮廓线重合时的局部剖面图

12.3 断面图

12.3.1 断面图的概念与画法

用一个剖切平面将形体剖开之后,形体产生一个断面。如果只把这个断面投影到与它平行的投影面上,所得的投影,称为**断面图**。

断面图也是用来表示形体的内部形状的。断面图的画法与剖面图的画法有以下区别:

(1)断面图是形体被剖开后产生的断面的投影,如图 12-20(d)所示,它是面的投影;剖面图是形体被剖开后产生的断面连同剩余形体的投影,如图 12-20(c)所示,它是体的投影。剖面图必然包含断面图在内。

(2)断面图不标注剖视方向线,只将编号写在剖切位置线的一侧,编号所在的一侧即为该断面的投影方向。

(3)剖面图中的剖切平面可以转折一次,断面图中的剖切平面不能转折。

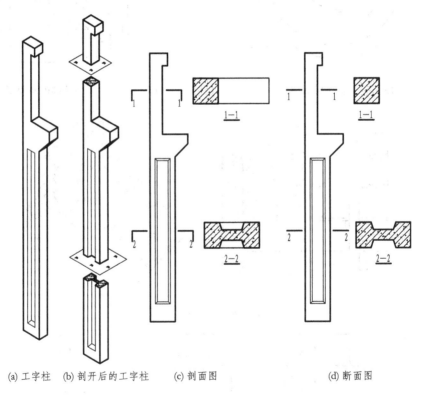

(a) 工字柱　(b) 剖开后的工字柱　(c) 剖面图　　　　　(d) 断面图

图 12-20　断面图的画法

12.3.2 断面图的几种类型

1. 移出断面

一个形体有多个断面图时,可以整齐地排列在投影图的四周,并可以采用较大的比例画出,如图 12-20(d)所示,这种断面图称为**移出断面图**,简称**移出断面**。移出断面适用于断面变化较多的构件,主要是在钢筋混凝土屋架、钢结构及吊车梁中应用较多。

2. 重合断面

断面图直接画在投影图轮廓线内,即将断面先按形成基本投影图的方向旋转 90°,再重合到基本投影图上,如图 12-21 所示,这种断面图称为**重合断面图**,简称**重合断面**。重合断面的轮廓线应用细实线画出,以表示与建筑形体的投影轮廓线的区别。

重合断面常用来表示整体墙面的装饰、屋面形状与坡度等。当重合断面不画成封闭图形时,应沿断面的轮廓线画出一部分剖面线,如图 12-22 所示。

3. 中断断面

将杆件的断面图画在杆件投影图的中断处,如图 12-23 所示,这种断面图称为**中断断面图**,简称**中断断面**。中断断面常用来表示较长而横断面形状不发生变化的杆件,如型钢;中断断面不加任何说明。

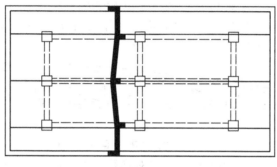

图 12-21 重合断面

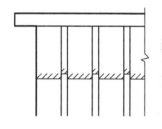

图 12-22 表示房屋凹凸装饰的重合断面　　　　图 12-23 中断断面

12.4 简化画法

采用简化画法,可适当提高绘图效率,节省图纸。《房屋建筑制图统一标准》(GB/T 50001—2001)规定了以下几种简化画法。

12.4.1 对称视图的画法

构配件的视图有 1 条对称线,可只画该视图的一半;其视图有 2 条对称线,可只画该视图的 1/4,并画出对称符号,如图 12-24 所示。对称符号由对称线和两端的两对平行线组成,平行线用细实线绘制,长为 6~10 mm,每对平行线的间距宜为 2~3 mm,对称线垂直平分于两对平行线,两端超出平行线宜为 2~3 mm。

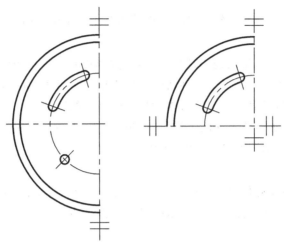

图 12-24 对称画法(画出对称符号)

对称的构件画一半时,可以稍稍超出对称线之外,然后加上用细实线画出折断线或波浪线,此时不宜画对称符号,如图 12-25(a)、(b)所示。

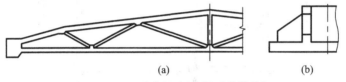

图 12-25 对称画法(不画对称符号)

对称的构件须画剖面图或断面图时,可以对称符号为界,一半画视图(外形图),一半画剖面图或断面图,此时须加对称符号,如图 12-26 所示。

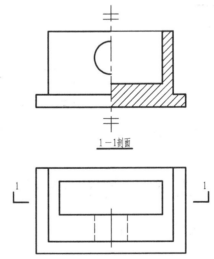

图 12-26 对称画法(带剖面图,画出对称符号)

12.4.2 相同构造要素的画法

构配件内多个完全相同而连续排列的构造要素,可仅在两端或适当位置画出其完整形状,其余部分以中心线或中心线交点表示,如图 12-27(a)、(b)、(c)所示。如相同构造要素少于中心线交点,则其余部分应在相同构造要素位置的中心线交点处用小圆点表示,如图 12-27(d)所示。

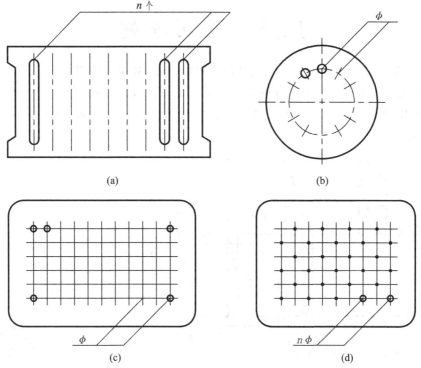

图 12-27 相同要素简化画法

12.4.3 较长构件的画法

较长的构件,如沿长度方向的形状相同或按一定规律变化,可断开省略绘制,断开处应以折断线表示,如图 12-28 所示。当在用折断省略画法所画出的较长构件的图形上标注尺寸时,尺寸数值应标注构件的全部长度。

12.4.4 构配件局部不同的画法

一个构配件如与另一个构配件仅部分不同,该构配件可只画不同部分,但应在两个构配件的相同部分与不同部分的分界线处,分别绘制连接符号,两个连接符号应对准在同一线上,如图 12-29 所示。

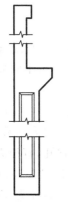

图 12-28 折断简化画法

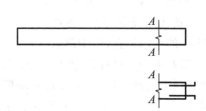

图 12-29 构件局部不同的简化画法

12.5 应用举例

【例 12-1】 图 12-30(a)为化污池的两面投影,补绘 W 面的投影。

分析:该化污池由四个主要部分组成。最下方是一长方体底板,底板上部有一长方体池身,池身顶面有两块四棱柱加劲板。每一块加劲板上方有一直径为 1 000 的圆柱体,如图 12-30(b)所示。

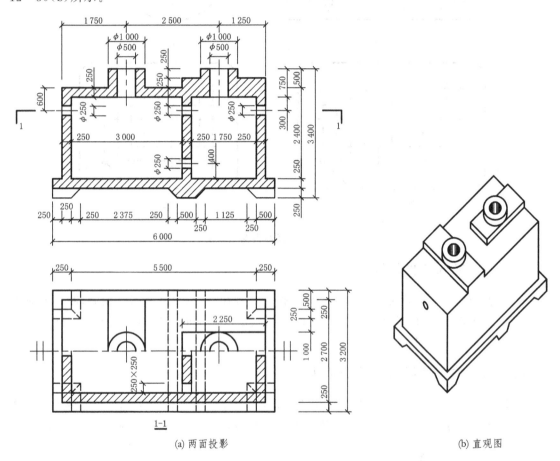

(a) 两面投影 (b) 直观图

图 12-30 化污池的两面投影和直观图

底板下部靠近中间处有一个与底板相连的梯形截面,左右各有一个没有画上材料图例的梯形线框,它们与 H 投影中的虚线线框各自对应。可看出底板下靠近中间处有一四棱柱加劲肋,底板四角各有一个四棱台的加劲墩子。

池身被横隔板分隔为左右两格,四周壁厚及横隔板厚均为 250。左右壁及横隔板上各有一个 $\phi 250$ 的小圆柱孔,位于前后对称的中心线上,横隔板前后两端又有对称的两个 250×250 的方孔,其高度与小圆柱孔相同。横隔板正中下方还有一个小圆柱孔,直径为 250。

池身顶部的两块加劲板,左边一块横放,其大小是 $1\,000 \times 2\,700 \times 250$;右边一块纵放,其大小是 $2\,250 \times 1\,000 \times 250$。加劲板上方的圆柱体高 250,并挖去一直径为 500 的圆柱通孔,孔深 750,与箱内池身等相通。

由于化污池左右不对称,已知正立面图采用全剖面图,剖切平面通过前后对称面,如图 12-31(a)所示,可将池身左右两格结构以及左右壁及横隔板上的小孔,顶部的圆柱孔都表达出来;化污池前后对称,已知平面图采用半剖面图,剖切平面通过左右壁小圆柱孔的轴线,如图 12-30(a)立面图中的 1—1 剖切平面和图 12-31(b)直观图。平面图中的虚线表示底板下加劲墩的形状和位置,在其他投影图中无法清晰表达,此处虚线不可省略。

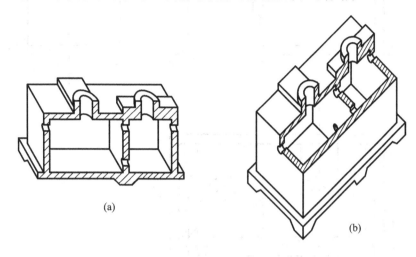

图 12-31 正立剖面和水平剖面的直观图

作图:根据以上分析,可自下而上补绘出各基本形体的 W 投影,如图 12-32 所示。由于化污池前后对称,将 W 投影改画为半剖面图,剖切位置选择在通过左边垂直圆柱孔的轴线,可以将横隔板上圆孔、方孔的分布进一步表达清楚,如图 12-33 所示。

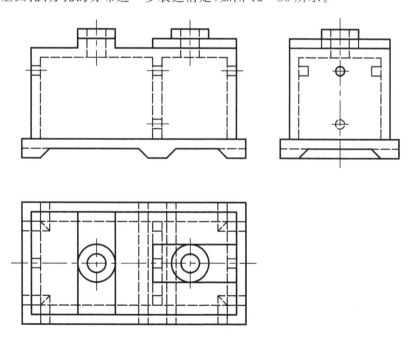

图 12-32 补绘化污池的 W 投影

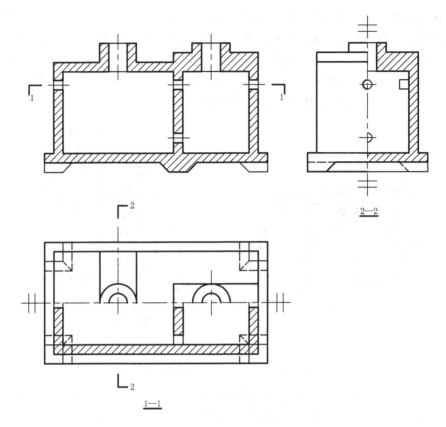

图 12-33 将 W 投影改为半剖面，完成作图

第13章 建筑施工图

13.1 概　　述

房屋是供人们生活、生产、工作、学习和娱乐的场所。将一幢拟建房屋的内外形状和大小，以及各部的结构、构造、装修、设备等内容，按照"国标"的规定，用正投影方法，详细准确画出的图样，称为"**房屋建筑图**"。它是用以指导施工的一套图纸，所以又称为"**施工图**"。

13.1.1 房屋建筑的类型及组成

房屋按功能可分为工业建筑（如厂房、仓库及动力站等）、农业建筑（如粮仓、饲养场及拖拉机站等）以及民用建筑。民用建筑按其使用功能可分为居住建筑（如住宅、宿舍等）和公共建筑（如学校、商场、医院及车站等）。

各种不同功能的房屋建筑，一般都是由基础、墙（柱）、楼（地）面、楼梯、屋顶、门、窗等基本部分所组成，另外还有阳台、雨篷、台阶、窗台、雨水管、散水以及其他一些构配件和设施。

基础位于墙或柱的最下部，是房屋与地基接触的部分。基础承受建筑物的全部荷载，并把全部荷载传递给地基。基础是建筑物最重要的组成部分，它必须坚固、耐久、稳定，能经受地下水及土壤中所含化学物质的侵蚀。

墙是建筑物的承重构件和围护构件。作为承重构件，承受着建筑物由屋顶或楼板层传来的荷载，并将这些荷载再传给基础；作为围护构件，外墙起着抵御自然界各种因素对室内的侵袭作用；内墙起着分隔空间、组成房间、隔声、遮挡视线以及保证室内环境舒适的作用。墙体要有足够的强度、稳定性以及良好的保温、隔热、隔声、防火、防水等能力。

柱是框架或排架结构的主要承重构件，和承重墙一样承受楼板层、屋顶以及吊车梁传来的荷载，必须具有足够的强度和刚度。

楼板层是水平方向的承重构件，并用来分隔楼层之间的空间。它承受人和家具设备的荷载，并将这些荷载传递给墙或梁，应有足够的强度和刚度，有良好的隔声、防火、防水、防潮等能力。

楼梯是房屋的垂直交通设施，供人们上下楼层使用。楼梯应有足够的通行能力，应做到坚固和安全。

屋顶是房屋顶部的围护构件，抵抗风、雨、雪的侵袭和太阳辐射热的影响。屋顶又是房屋的承重构件，承受风、雪和施工期间的各种荷载等。屋顶应坚固耐久，具有防水、保温、隔热等性能。

门的主要功能是通行和通风，窗的主要功能是采光和通风。

13.1.2 施工图的产生

房屋的建造一般经过设计和施工两个过程，而设计工作一般又分为三个阶段：方案设计、初步设计和施工图设计。对一些技术上复杂而又缺乏设计经验的工程,还应增加技术设计(又称扩大初步设计)阶段,作为协调各工种的矛盾和绘制施工图的准备。

方案设计人员根据建设单位提出的设计任务和要求,进行调查研究,收集必要的设计资料,提出方案,确定平面、立面和剖面等图样,表达出设计意图。方案确定后,需进一步去解决构件的选型、布置以及建筑、结构、设备等各工种之间的配合等技术问题,从而对方案作进一步的修改。

初步设计图的内容主要有总平面布置图及建筑平面、立面、剖面图。初步设计图图面布置比较灵活,可以画上阴影、配景及透视等,以增强图面效果。初步设计图须送交有关部门审批,批准后方可进行施工图设计。

施工图设计是按建筑、结构和设备(水、暖、电)各专业分别完整详细地绘制所设计的全套房屋施工图,将施工中所需的具体要求,都明确地反映到这套图纸中。房屋施工图是施工单位的施工依据,整套图纸应完整统一,尺寸齐全,正确无误。

13.1.3 施工图的分类和编排顺序

施工图由于专业分工的不同,可分为建筑施工图、结构施工图和设备施工图。

一套简单的房屋施工图有几十张图纸,一套大型复杂的建筑物甚至有几百张图纸。为了便于看图,根据专业内容或作用的不同,一般将这些图纸进行排序。

(1) 图纸目录

图纸目录又称标题页或首页图,说明该套图纸有几类,各类图纸分别有几张,每张图纸的图号、图名和图幅大小;如采用标准图,应写出所使用标准图的名称,所在的标准图集和图号或页次。编制图纸目录的目的,是为了便于查找图纸。图纸目录中应先列新绘制图纸,后列选用的标准图或重复利用的图纸。

(2) 设计总说明

设计总说明(即首页)主要介绍工程概况、设计依据、设计范围及分工、施工及制作时应注意的事项。内容一般包括:本工程施工图设计的依据;本工程的建筑概况,如建筑名称、建设地点、建筑面积、建筑等级、建筑层数、人防工程等级、主要结构类型及抗震设防烈度等等;本工程的相对标高与总图绝对标高的对应关系;有特殊要求的做法说明,如屏蔽、防火、防腐蚀、防爆、防辐射及防尘等;对采用新技术、新材料的做法说明;室内室外的用料说明,如砖标号、砂浆标号、墙身防潮层、地下室防水、屋面、勒脚、散水及室内外装修等。

(3) 建筑施工图

建筑施工图(简称建施)主要表示建筑物的总体布局、外部造型、内部布置、细部构造、内外装饰、固定设施和施工要求的图样。一般包括总平面图、建筑平面图、建筑立面图、建筑剖面图、门窗表和建筑详图等。

(4) 结构施工图

结构施工图(简称结施)主要表示房屋的结构设计内容,如房屋承重构件的布置以及构件的形状、大小和材料等。一般包括结构平面布置图、各构件的结构详图等。

(5) 设备施工图

设备施工图(简称设施)包括给水排水、采暖通风和电气照明等设备的布置平面图、系统图和详图。设施图表示上、下水及暖气管道管线布置,卫生设备及通风设备等的布置,电气线路的走向和安装要求等。

13.1.4 施工图设计的特点

1. 施工图设计的严肃性

施工图是设计单位最终的"技术产品",是进行建筑施工的依据,对建设项目建成后的质量及效果,负有相应的技术与法律责任。未经原设计单位的同意,任何个人和部门不得修改施工图纸。经协商或要求后,同意修改的,也应由原设计单位编制补充设计文件,如变更通知单、变更图、修改图等,与原施工图一起形成完整的施工图设计文件,并归档备查。在建筑物竣工投入使用后,施工图也是对该建筑进行维护、修缮、更新、改建及扩建的基础资料。

2. 施工图设计的承前性

方案设计、初步设计和施工图设计是建筑工程设计的三个阶段。其实质可以认为是从宏观到微观、从定性到定量、从决策到实施逐步深化的进程。施工图设计必须以方案与初步设计为依据,忠实于既定的基本构思和设计原则。如有重大修改变化时,应对施工草图进行审定确认或者调整初步设计,甚至重做方案和初步设计。

3. 施工图设计的复杂性

建筑施工图的优劣,不仅取决于处理好建筑工种本身的技术问题,同时更取决于各工种之间的配合协作。建筑的总体布局、平面构成、空间处理、立面造型、色彩用料、细部构造及功能、防火、节能等关键设计内容是要在建筑施工图中表达的,并成为其他工种设计的基础资料。但是,一个工种认为最合理的设计措施,对另一工种或其他工种,都可能造成技术上的不合理甚至不可行。所以,必须通过各工种之间反复磋商、讨论,才能形成一套在总平面、建筑、结构及设备等各项技术上都比较先进、可靠、经济,而且施工方便的施工图纸,以保证建成后的建筑物,在安全、适用、经济和美观等各方面均得到业主乃至社会的认可与好评。

4. 施工图设计的精确性

作为建筑工程设计最后阶段的施工图设计,是从事相对微观、定量和实施性的设计。如果说方案和初步设计的重心在于确定做什么,那么施工图设计的重心则在于如何做。逻辑不清、交代不详、错漏百出的施工图,必然将导致施工费时费力,反复修改,对某些工种的设计无法合理使用或留下隐患,经济上造成损失,甚至发生工程事故。

13.1.5 阅读施工图的方法

施工图的绘制是前述各章投影理论和图示方法及有关专业知识的综合应用。阅读施工图,必须做到以下几点:

(1) 掌握投影原理和形体的各种图样方法,熟悉施工图中常用的图例、符号、线型、尺寸和比例的意义。观察和了解房屋的组成及其基本构造。

(2) 熟悉有关的国家标准。《房屋建筑制图统一标准》(GB/T 50001—2001)、《总图制图标准》(GB/T 50103—2001)、《建筑制图标准》(GB/T 50104—2001)、《建筑结构制图标准》(GB/T 50105—2001)、《给水排水制图标准》(GB/T 50106—2001)、《暖通空调制图标准》(GB/T 50114—2001)这六项国家标准自 2002 年 3 月 1 日起施行。无论绘图与读图,都必须熟悉有关的国家标准。

（3）阅读时，应先整体后局部，先文字说明后图样，先图形后尺寸。按目录顺序通读一遍，对工程对象的建设地点、周围环境、建筑物的大小及形状、结构模式和建筑关键部位等情况先有概括的了解。然后，负责不同工种的技术人员，根据不同要求，重点深入地看不同类别的图纸。阅读时应注意各类图纸之间的联系，互相对照，避免发生矛盾而造成质量事故或经济损失。

13.1.6 施工图中常用的符号

1. 定位轴线

在施工图中通常将房屋的基础、墙、柱、墩和屋架等承重构件的轴线画出，并进行编号，以便于施工时定位放线和查阅图纸。这些轴线称为**定位轴线**。

《房屋建筑制图统一标准》(GB/T 50001－2001)规定：定位轴线应用细点画线绘制。定位轴线一般应编号，编号注写在轴线端部的圆内。圆应用细实线绘制，直径为 8～10 mm。定位轴线圆的圆心，应在定位轴线的延长线上或延长线的折线上，如图 13-1 所示。

平面图上定位轴线的编号，宜标注在图样的下方与左侧。横向编号应用阿拉伯数字，从左至右顺序编写，竖向编号应用大写拉丁字母，从下至上顺序编写，如图 13-2 所示。拉丁字母的 I、Z、O 不得用作编号，以免与数字 1、2、0 混淆。如字母数量不够时，可增用双字母或加数字注脚，如 A_A、B_A、…、Y_A 或 A_1、B_1、…、Y_1。

图 13-1 定位轴线

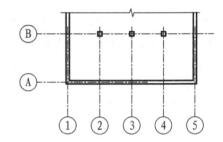

图 13-2 定位轴线的编号顺序

对于一些与主要承重构件相联系的次要构件，它们的定位轴线一般作为附加定位轴线。附加定位轴线的编号，应以分数形式表示，"国标"规定了下面两种编写方法：

（1）两根轴线间的附加轴线，应以分母表示前一轴线的编号，分子表示附加轴线的编号，编号宜用阿拉伯数字顺序编写，如图 13-3(a)所示；

（2）1 号轴线和 A 号轴线之前的附加轴线的分母应以 01 或 0A 表示，如图 13-3(b)所示。

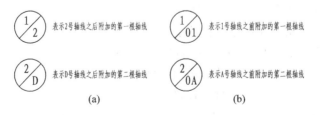

图 13-3 附加轴线

一个详图适用于几根轴线时,应同时注明各有关轴线的编号,通用详图中的定位轴线,应只画圆,不注写轴线编号,如图13-4所示。

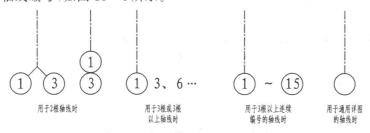

图 13-4　详图的轴线编号

组合较复杂的平面图中定位轴线也可采用分区编号,编号的注写形式应为"分区号-该分区编号"。分区号采用阿拉伯数字或大写拉丁字母表示,如图13-5所示。

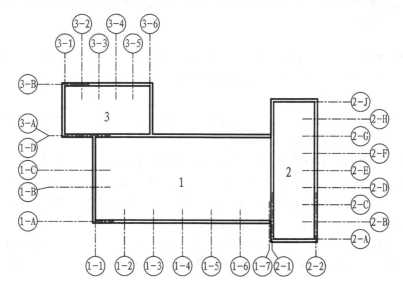

图 13-5　定位轴线的分区编号

圆形、折线形平面图中定位轴线的编号,可参照"国标"有关规定。

2. 标高符号

标高是标注建筑物高度的一种尺寸形式。在施工图中,建筑某一部分的高度通常用标高符号来表示。标高符号应以直角等腰三角形表示,按图13-6(a)所示形式用细实线绘制,如标注位置不够,也可按图13-6(b)所示形式绘制。标高符号的具体画法如图13-6(c)、(d)所示。

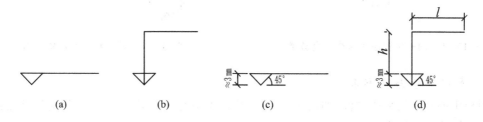

l:取适当长度注写标高数字;h:根据需要取适当高度

图 13-6　标高符号

标高符号的尖端应指至被注高度的位置。尖端一般应向下,也可向上。在立面图和剖面图中,当标高符号在图形的左侧时,标高数字按图 13-7(a)注写,当标高符号位于图形右侧时,标高数字按图 13-7(b)注写。

在总平面图中,室外地坪标高符号,宜用涂黑的三角形表示,如图 13-8(a)所示,具体画法如图 13-8(b)所示。平面图上的楼地面标高符号按图 13-8(c)表示,立面图、剖面图上各部位的标高按 13-8(d)表示。

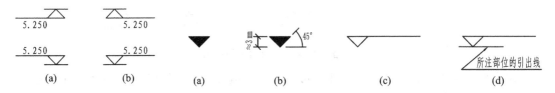

图 13-7 立面图和剖面图上标高符号注法

图 13-8 标高符号的几种形式

标高数字应以米为单位,注写到小数点以后第三位。在总平面图中,可注写到小数点后第二位。零点标高应注写成 ±0.000,正数标高不注"+",负数标高应注"-",例如:3.200、-0.450。

在图样的同一位置须表示几个不同标高时,标高数字应按图 13-9 的形式注写,注意括号外的数字是现有值,括号内的数值是替换值。

标高有绝对标高和相对标高之分。绝对标高是以青岛附近的黄海平均海平面为零点,以此为基准的标高。在实际设计和施工中,用绝对标高不方便,因此习惯上常以建筑物室内底层主要地坪为零点,以此为基准的标高,称为**相对标高**。比零点高的为"+",比零点低的为"-"。在设计总说明中,应注明相对标高与绝对标高的关系。

建筑物的标高,还可以分为建筑标高和结构标高,如图 13-10 所示。**建筑标高**是构件包括粉饰层在内的、装修完成后的标高;**结构标高**则不包括构件表面的粉饰层厚度,是构件的毛面标高。

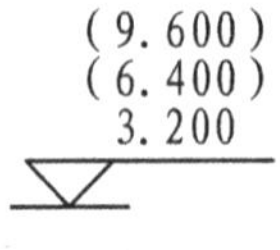

图 13-9 同一位置注写多个标高数字

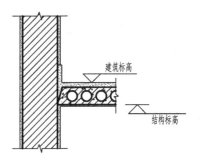

图 13-10 建筑标高与结构标高

3. 索引符号与详图符号

图样中的某一局部或构件,如需另见详图,应以索引符号索引,表明详图的编号、详图的位置以及详图所在图纸编号。

(1) **索引符号** 此符号是由直径为 10 mm 的圆和水平直径组成,圆及水平直径均应以细实线绘制。索引符号须用一引出线指向要画详图的地方,引出线应对准圆心,如图 13-11(a)所示。索引出的详图,如与被索引的详图同在一张图纸内,应在索引符号的上半圆中用阿拉伯数字注明该详图的编号,并在下半圆中间画一段水平细实线,如图 13-11(b)所示。

索引出的详图,如与被索引的详图不在同一张图纸内,应在索引符号的上半圆中用阿拉伯数字注明该详图的编号,在索引符号的下半圆中用阿拉伯数字注明该详图所在图纸的编号,如图 13-11(c)所示。数字较多时,可加文字标注。

索引出的详图,如采用标准图,应在索引符号水平直径的延长线上加注该标准图册的编号,如图 13-11(d)所示。

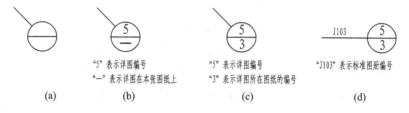

图 13-11 索引符号

索引符号如用于索引剖面详图,应在被剖切的部位绘制剖切位置线,并以引出线引出索引符号,引出线所在的一侧应为投射方向。索引符号的编写同上,如图 13-12 所示。

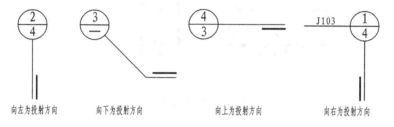

图 13-12 用于索引剖面详图的索引符号

(2) 详图符号　详图的位置和编号,应以详图符号表示。详图符号圆的直径为 14 mm,用粗实线绘制。详图与被索引的图样同在一张图纸内时,应在详图符号内用阿拉伯数字注明详图的编号,如图 13-13(a)所示。详图与被索引的图样不在同一张图纸内,应用细实线在详图符号内画一水平直径,在上半圆中注明详图编号,在下半圆注明被索引的图纸的编号,如图 13-13(b)所示。

零件、钢筋、构件、设备等的编号,以直径为 4~6 mm(同一图样应保持一致)的细实线圆表示,其编号应用阿拉伯数字按顺序编写,如图 13-14 所示。

图 13-13　详图符号　　　　　　　　图 13-14　零件、钢筋等的编号

4. 引出线

引出线应以细实线绘制,宜采用水平方向的直线、与水平方向成 30°、45°、60°、90°的直线,或经上述角度再折为水平线。文字注明宜注写在水平线的上方,如图 13-15(a)所示,也可注写在水平线的端部,如图 13-15(b)所示。同时引出几个相同部分的引出线,宜互相平行,如图 13-15(c)所示,也可画成集中于一点的放射线,如图 13-15(d)所示。

图 13-15 引出线

多层构造或多层管道共用引出线,应通过被引出的各层。文字说明宜注写在水平线的上方,或注写在水平线的端部,说明的顺序由上至下,并应与被说明的层次相互一致;如层次为横向排序,则由上至下的说明顺序应与左至右的层次相互一致,如图 13-16 所示。

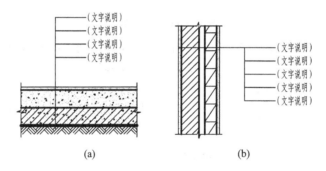

图 13-16 多层构造引出线

5. 其他符号

(1) 对称符号 对称符号由对称线和两端的两对平行线组成。对称线用细点画线绘制;平行线用细实线绘制,其长度宜为 6~10 mm,每对的间距宜为 2~3 mm。对称线垂直平分于两对平行线,两端超出平行线宜为 2~3 mm,如图 13-17(a)所示。

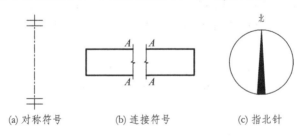

图 13-17 其他符号

(2) 连接符号 连接符号应以折断线表示需连接的部位。两部位相距过远时,折断线两端靠图样一侧应标注大写拉丁字母表示连接编号。两个被连接的图样必须用相同的字母编号。如图 13-17(b)所示。

(3) 指北针 指北针的形状宜如图 13-17(c)所示,其圆的直径宜为 24 mm,用细实线绘制;指针尾部的宽度宜为 3 mm,指针头部应注"北"或"N"。需用较大直径绘制指北针时,指针尾部宽度宜为圆直径的 1/8。

13.2 设计(总)说明和总平面图

13.2.1 设计(总)说明

在上节中已经知道,设计总说明主要介绍工程概况、设计依据、设计范围及分工、施工及制作时应注意的事项。下面摘录的是某学校学生公寓的设计说明。

设 计 说 明

(1) 本工程为某学校学生公寓。
(2) 建筑面积:3 500 m^2。
(3) 建筑位置:详见总平面图。
(4) 建筑标高:室内地坪±0.000,相当于绝对标高 51.20 m。
　　　　　　　室外地坪-1.700,相当于绝对标高 49.50 m。
(5) 散水:混凝土水泥散水,宽800。

做法:① 素土夯实;② 150 厚,小毛石垫层(粗砂灌浆);③ 60 厚,C15 混凝土;④ 刷素水泥浆一道;⑤ 10 厚 1∶2.5 的水泥、砂浆压实抹光。

(6) 地面:水泥地面。

做法:① 素土夯实;② 铺 150 厚,地瓜石灌 M2.5 水泥砂浆;③ 60 厚,C20 混凝土;④ 刷素水泥浆一道;⑤ 20 厚,1∶2.5 的水泥、砂浆压实抹光。

(7) 楼面:细石混凝土楼面,用于活动室、微机室、卧室。

做法:① 预制钢筋混凝土楼板;② 刷素水泥浆一道;③ 40 厚,C20 细石混凝土,$\phi 4@200$ 双向配筋,随捣随抹平(表面撒 1∶1 的干水、泥砂子压实抹光)。

(8) 楼面:水泥楼面,用于阳台、楼梯。

做法:① 现浇钢筋混凝土板;② 刷素水泥浆一道;③ 25 厚,1∶2 的水泥、砂浆压实抹光。

(9) 楼面:铺地砖楼面,用于卫生间。

做法:① 现浇钢筋混凝土楼板;② 刷素水泥浆一道;③ 1∶3 的水泥、砂浆 30 厚(找坡 0.5 %);④ 贴 TS-B 防水层;⑤ 15 厚,1∶2 的干硬性水泥、砂浆结合层;⑥ 5 厚,1∶1 的水泥、细砂浆,贴300×300 地面砖。

(10) 楼面:铺地砖楼面,用于厨房。

做法:① 现浇钢筋混凝土楼板;② 刷素水泥浆一道;③ 1∶3 的水泥、砂浆 30 厚(找破0.5 %);④ 15 厚,1∶2 的干硬性水泥、砂浆结合层;⑤ 5 厚,1∶1 的水泥、细砂浆,贴 300×300 地面砖。

(11) 内墙:仿瓷内墙面,用于除厨房、卫生间以外的房间。

做法:① 8 厚,1∶1∶6 的水泥、石灰膏、砂浆打底扫毛;② 7 厚,1∶0.3∶2.5 的水泥、石灰膏、砂浆找平扫毛;③ 5 厚,1∶0.3∶3 的水泥、石灰膏、砂浆压实抹光;④ 刮仿瓷。

(12) 内墙:釉石磁砖内墙,用于厨房卫生间内墙,高度到顶。

做法:① 6 厚,1∶3 的水泥、石灰砂浆打底扫毛;② 6 厚,1∶2.5 的水泥、石灰砂浆找平扫毛;③ 6 厚,1∶0.1∶2.5 的水泥、石灰膏、砂浆结合层;④ 3 厚,陶瓷枪地砖胶剂,贴内墙釉石磁砖(200×300)稀白水泥浆擦缝。

(13) 外墙:涂料外墙,用于配套房以上各楼层,颜色见立面图所示。

做法:①7厚,1:3的水泥、石灰砂浆打底扫毛;②7厚,1:2.5的水泥、石灰砂浆罩面抹平;③刷涂料。

(14) 顶棚:仿瓷顶棚。

做法:①钢筋混凝土预制板(现浇板)底用水加10％火碱清洗油腻;②刷素水泥浆一道;③9厚,1:0.3:3的水泥石灰膏、砂浆打底扫毛;④7厚,1:0.3:2.5的水泥、石灰、砂浆罩面;⑤刮仿瓷。

(15) 踢脚:水泥踢脚。

做法:①9厚,1:3的水泥、石灰砂浆打底扫毛;②9厚,1:3的水泥、石灰砂浆找平扫毛;③5厚,1:2.5的水泥、石灰浆面压实抹光。

(16) 油漆:门(调和漆)。

做法一:①刮腻子;②刷底油;③刮腻子;④调和漆三遍;
   栏杆、金属面(调和漆)。

做法二:①防锈漆一遍;②刮腻子;③调和漆三遍。

(17) 屋面:斜坡保温独立阁楼层面。

做法:①檩条加GWA-1型屋面保温挂瓦板;②贴TS-C防水卷材;③1:2.5的水泥、砂浆,20厚,挂红色波形瓦。

(18) 卫生间设备要求:

座便器采用低水箱联体式,面盆采用柱脚式,浴盆不安装,但在其安装位置预留上水三通,并用丝堵封堵,同时预留下水(以地漏代替)。

(19) 门窗表:门窗表如表13-1所列。

表 13-1 门 窗 表

序号	编号	洞口尺寸/mm		数 量				采用图集		备注
		宽	高	-1层	1层	2~7层	总计	图集号	型号	
1	M1	1 000	2 200		4	4×6	28	L92J601	M2d-198	订做木夹板门
2	M2	900	2 600		10	10×6	70	L92J601	M2d-206	订做木夹板门
3	M3	800	2 600		20	20×6	140	L92J601	M2c-17	订做木夹板门
4	M4	1 000	1 880	28			28	L92J607	PMa-1 020	订做防盗门
5	C1	2 400	1 500		4	4×6	28	L89J602	TC5S-2 415	铝合金推拉窗
6	C2	2 100	1 500		8	8×6	56	L89J602	TC5S-2 115	铝合金推拉窗
7	C3	1 500	1 500		10	12×6	82	L89J602	TC2-1 515	铝合金推拉窗
8	C4	1 200	1 500		12	12×6	84	L89J602	TC2-1 215	铝合金推拉窗
9	C5	600	600			4×6	28	L89J602	TC1aS-1 206	订做铝合金窗
10	C6	1 200	600	28			28	L89J602	TC1a-1 206	铝合金推拉窗
11										
12										

注:所有外窗加纱扇,一层外窗加防护网。

13.2.2 总平面图

总平面图是新建房屋在基地范围内的总体布置图。它表明新建房屋的平面轮廓形状和层数、与原有建筑物的相对位置、周围环境、地貌地形、道路和绿化的布置等情况,是新建房屋及其他设施的施工定位、土方施工以及设计水、暖、电、燃气等管线总平面图的依据。

1. 总平面图的比例、图线和图例

总平面图一般采用 1∶500、1∶1 000、1∶2 000 的比例。总平面图中所注尺寸宜以米为单位,并应至少取至小数点后两位,不足时以"0"补齐。

总平面图中的图线,应根据图纸功能,按表 1-5 选用。

由于绘图比例较小,在总平面图中所表达的对象,要用《总图制图标准》(GB/T 50103—2001)中所规定的图例来表示。常用的总平面图例现摘录于表 13-2 中。

表 13-2 总平面图例

名 称	图 例	说 明	名 称	图 例	说 明
新建建筑物	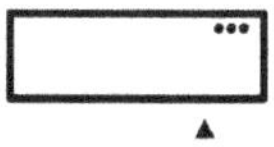	1. 需要时,可用▲表示出入口;可在图形内右上角用点数或数字表示层数 2. 建筑物外形(一般以±0.00 高度处的外墙定位轴线或外墙面线为准)用粗实线表示。需要时,地面以上建筑物图中用粗实线表示,地面以下建筑用细虚线表示	方格网交叉点标高	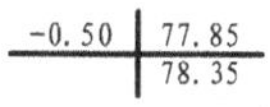	"78.35"为原地面标高 "77.85"为设计标高 "-0.50"为施工高度 "-"表示挖方("+"表示填方)
			填挖边坡		1. 边坡较长时,可在一端或两端局部表示 2. 下边线为虚线时表示填方
			护坡		
			雨水口		
			消火栓井		
			室内标高	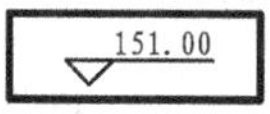	
原有建筑物		用细实线表示	室外标高	●143.00 ▼143.00	室外标高也可采用等高线表示
计划扩建的预留地或建筑物		用中粗虚线表示	新建的道路	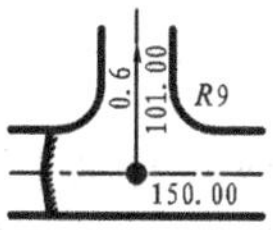	"R9"表示道路转弯半径为 9 m,"150.00"为路面中心控制点标高,"0.6"表示 0.6 %的纵向坡度,"101.00"表示变坡点间距
拆除的建筑物		用细实线表示	原有道路		

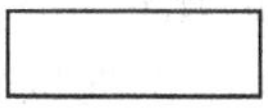

续表 13-2

名　称	图　例	说　明	名　称	图　例	说　明
建筑物下面的通道			计划扩建的道路		
铺砌场地			计划拆除的道路		
水塔、贮罐		左图为水塔或立式贮罐，右图为卧式贮罐	人行道		
水池、坑槽	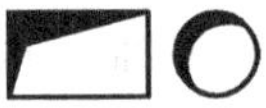	也可以不涂黑			
围墙及大门	 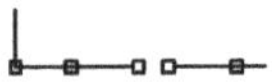	上图为实体性质的围墙，下图为通透性质的围墙，若仅表示围墙时不画大门	桥梁		1. 上图为公路桥，下图为铁路桥 2. 用于旱桥时应注明
挡　墙	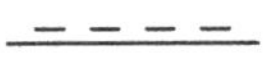	被挡土在"突出"的一侧	落叶针叶树		
			常绿阔叶灌木		
挡墙上设围墙			草坪		
坐　标	X105.00 Y425.00　A105.00 B425.00	上图表示测量坐标 下图表示建筑坐标	花坛		
			绿篱		

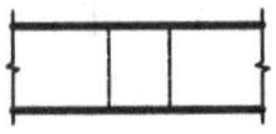

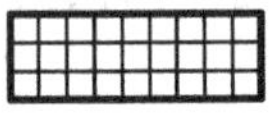

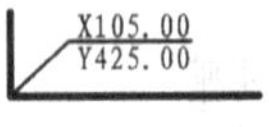

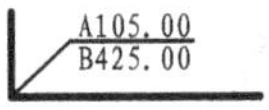

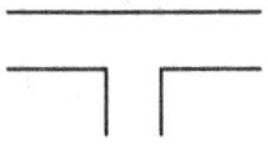

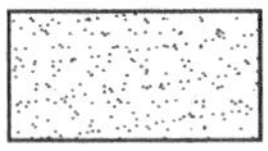

2. 风向频率玫瑰图

风向频率玫瑰图（简称风玫瑰图）用来表示该地区常年的风向频率和房屋的朝向。风玫瑰图是根据当地多年平均统计的各个方向吹风次数的百分数，按一定的比例绘制的，与风力无关。风的吹向是指从外吹向中心，一般画出 16 个方向的长短线来表示该地区常年的风向频率。有箭头的方向为北向。实线表示全年风向频率，虚线表示按 6、7、8 三个月统计的夏季风向频率。

3. 坐标注法

在大范围和复杂地形的总平面图中，为了保证施工放线正确，往往以坐标表示建筑物、道路和管线的位置。坐标有测量坐标与建筑坐标两种坐标系统，如图 13-18 所示。坐标网格应以细实线表示，一般应画成 100 m×100 m 或 50 m×50 m 的方格网。测量坐标网应画成交叉十字线，坐标代号宜用"X、Y"表示；建筑坐标网应画成网格通线，坐标代号宜用"A、B"表示。

坐标值为负数时,应注"-"号;为正数时,"+"号可省略。

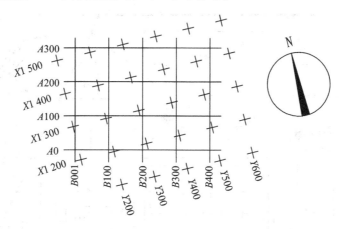

注:图中X为南北方向轴线,X的增量在X轴线上;Y为东西方向轴线,Y的增量在Y轴线上。
A轴相当于测量坐标网中的X轴,B轴相当于测量坐标网中Y轴。

图 13-18 坐标网格

总平面图上有测量和建筑两种坐标系统时,应在附注中注明两种坐标系统的换算公式。表示建筑物、构筑物位置的坐标,宜注其三个角的坐标,如建筑物、构筑物与坐标轴线平行,可注其对角坐标。在一张图上,主要建筑物、构筑物用坐标定位,较小的建筑物、构筑物也可用相对尺寸定位。

4. 其他

应以含有±0.00标高的平面作为总图平面,总图中标注的标高应为绝对标高,如标注相对标高,且应注明相对标高与绝对标高的换算关系。

当地形起伏较大时,常用等高线来表示地面的自然状态和起伏情况。

总图上的建筑物、构筑物应注写名称,名称宜直接标注在图上。当图样比例小或图面不够位置时,也可编号列表编注在图内。当图形过小时,可标注在图形外侧附近处。

13.2.3 识读总平面图示例

图 13-19 是某学校的总平面图,图样是按 1:500 的比例绘制的。它表明该学校在靠近公园池塘的围墙内,要新建两幢 7 层学生公寓。

(1) 明确新建学生公寓的位置、大小和朝向:新建学生公寓的位置是用定位尺寸表示的。北幢与浴室相距 17.30 m,与西侧道路中心线相距 6.00 m,两幢学生公寓相距 17.20 m。新建公寓均呈矩形,左右对称,东西向总长 20.4 m,南北向总宽 12.6 m,南北朝向。

(2) 新建学生公寓周围的环境情况:从图中可看出,该学校的地势是自西北向东南的倾斜。学校的最北向是食堂,虚线部分表示扩建用地;食堂南面有两个篮球场,篮球场的东面有锅炉房和浴室;篮球场的西面和南面各有一综合楼;在新建学生公寓东南角有一即将拆除的建筑物,该校的西南还有拟建的教学楼和道路;学校最南面有车棚和传达室,学校大门设在此处。

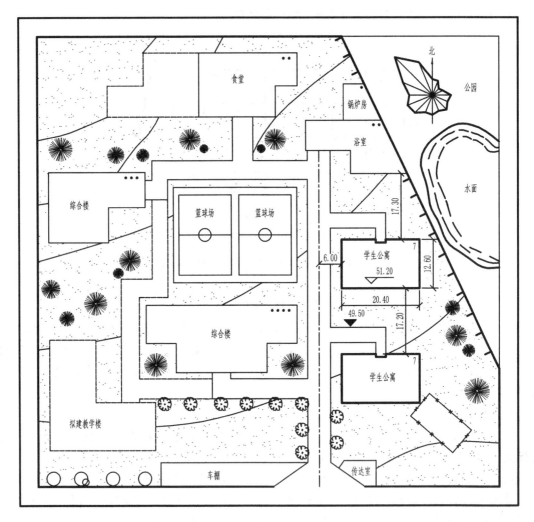

图 13-19 总平面图

13.3 建筑平面图

13.3.1 概述

假想用一水平的剖切面沿门窗洞口的位置将房屋剖切后，对剖切面以下部分房屋所作出的水平剖面图，称为**建筑平面图**，简称平面图。它反映出房屋的平面形状、大小和房间的布置，墙（或柱）的位置、厚度和材料，门窗的类型和位置等情况。

平面图是建筑专业施工图中最主要、最基本的图纸，其他图纸（如立面图、剖面图及某些详图）都是以它为依据派生和深化而成的。建筑平面图也是其他工种（如结构、设备、装修）进行相关设计与制图的主要依据，其他工种（特别是结构与设备）对建筑的技术要求也主要在平面图中表示，如墙厚、柱子断面尺寸、管道竖井、留洞、地沟、地坑及明沟等。因此，平面图与建筑施工图等其他图样相比，较为复杂，绘图也要求全面、准确、简明。

建筑平面图通常是以层次来命名的，如底层平面图、二层平面图和顶层平面图等。若一幢多层房屋的各层平面布置都不相同，应画出各层的建筑平面图，并在每个图的下方注明相应的图名和比例。若上下各层的房间数量、大小和布置都相同时，则这些相同的楼层可用一个平面图表示，称为**标准层平面图**。若建筑平面图左右对称，则习惯上也可将两层平面图合并画在同一个图上，左边画出一层的一半，右边画出另一层的一半，中间用对称线分界，在对称线两端画上对称符号，并在图的下方分别注明它们的图名。

平面较大的建筑物，可分区绘制平面图，但每张平面图均应绘制组合示意图，如图 13-20 所示。各区应分别用大写拉丁字母编号。在组合示意图要提示的分区，应采用阴影线或填充的方式表示。

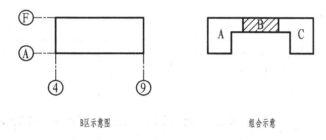

B区示意图　　　　　　　　　　组合示意

图 13-20　平面组合示意图

屋顶平面图是房屋顶部按俯视方向在水平投影面上所得到的正投影图，由于屋顶平面图比较简单，常常采用较小的比例绘制。在屋顶平面图中应详细表示有关定位轴线、详图索引符号、分水线，屋顶的形状、女儿墙（或檐口）、天沟、变形缝、天窗、上人孔、屋面、水箱、屋面的排水方向与坡度、雨水口的位置、检修梯、其他构筑物和标高等。此外，还应画出顶层平面图中未表明的顶层阳台雨篷、遮阳板等构件。

局部平面图可以用于表示两层或两层以上合用平面图中的局部不同处，也可以用来将平面图中某个局部以较大的比例另外画出，以便能较为清晰地表示出室内的一些固定设施的形状和标注它们的细部尺寸和定位尺寸。这些房屋的局部，主要是指：卫生间、厨房、楼梯间、高层建筑的核心筒、人防口部及汽车库坡道等。

顶棚平面图宜用镜向投影法绘制。

13.3.2　建筑平面图的图示内容

建筑平面图的图示内容包括以下内容：

(1) 墙体、柱、墩、内外门窗位置及编号。

(2) 注写房间的名称或编号。编号注写在直径为 6 mm 细实线绘制的圆圈内，并在同一张图纸上列出房间名称表。

(3) 注写室内外的有关尺寸及室内楼、地面和室外地面的标高（底层地面为±0.000）。

(4) 表示电梯、楼梯位置及楼梯上下方向及主要尺寸。

(5) 表示阳台、雨篷、踏步、斜坡、通气竖道、管线竖井、烟囱、窗台、消防梯、雨水管、散水、排水沟及花池等位置及尺寸。

(6) 画出固定的卫生器具、水池、工作台、橱、柜及隔断等设施及重要设备位置。

(7) 表示地下室、地坑、地沟、检查孔、墙上留洞及窗高等位置尺寸与标高。如不可见，则应用虚线画出。

（8）底层平面图中应画出剖面图的剖切符号及编号。

（9）标注有关部位上节点详图的索引符号。

（10）在底层平面图附近画出指北针，而指北针、散水、明沟及花池等在其他楼层平面图中不再重复画出。

（11）注写图名和比例。

13.3.3 读图示例

现以图 13-21 所示的平面图为例，说明平面图的内容及其阅读方法。

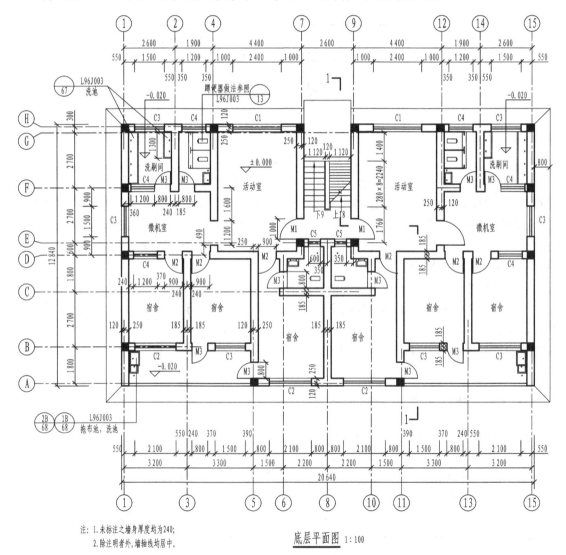

图 13-21 底层平面图

1. 图名、比例

图名是底层平面图，说明这个平面图是在这座房屋的底层窗台之上、底层通向二层的楼梯平台之下某处水平剖切后,按俯视方向投影所得的水平剖面图,反映出这幢学生公寓的平面布置和房间大小。

比例采用1∶100。比例的选用宜符合表13-3的规定。

表 13-3 比 例

图 名	比 例
建筑物或构筑物的平、立、剖面图	1∶50、1∶100、1∶150、1∶200、1∶300
建筑物或构筑物的局部放大图	1∶10、1∶20、1∶25、1∶30、1∶50
配件及构造详图	1∶1、1∶2、1∶5、1∶10、1∶15、1∶20、1∶25、1∶30、1∶50

2. 定位轴线

从图中定位轴线的编号及其间距,可了解到各承重构件的位置及房间的大小。本例房屋的横向定位轴线为①~⑮,纵向定位轴线为Ⓐ~Ⓖ。

3. 墙、柱的断面

平面图中墙、柱的断面应根据平面图不同的比例,按《建筑制图标准》(GB/T 50104—2001)中的规定绘制。这些规定也适用于建筑剖面图(见13.5节)。

(1) 比例大于1∶50的平面图、剖面图,应画出抹灰层与楼地面、屋面的面层线,并宜画出材料图例。

(2) 比例等于1∶50的平面图、剖面图,宜画出楼地面、屋面的面层线;而抹灰层的面层线应根据需要而定。

(3) 比例小于1∶50的平面图、剖面图,可不画出抹灰层,但宜画出楼地面、屋面的面层线。

(4) 比例为1∶100~1∶200的平面图、剖面图,可画简化的材料图例(如砌体墙涂红、钢筋混凝土涂黑等),但宜画出楼地面、屋面的面层线。

(5) 比例小于1∶200的平面图、剖面图,可不画材料图例;剖面图的楼地面、屋面的面层线可不画出。

4. 各房间的名称

从图中墙的分隔情况和房间的名称,可了解到这幢公寓分为东、西两户,每户共有三个宿舍、一个微机室、一个活动室、一个洗刷间和一个卫生间。在公寓南向,每户各设一阳台,上有拖布池和洗池。在⑤~⑪轴线间的两宿舍内还设置了单独的卫生间。

5. 尺寸标注

在平面图中标注的尺寸,有外部标注和内部标注。

(1) 外部标注 为了便于读图和施工,一般在图形的下方和左侧注写三道尺寸,平面图较复杂时,也可注写在图形的上方和右侧。为方便理解,本书按尺寸由内到外的关系说明这三道尺寸:

第一道尺寸,是表示外墙门窗洞口的尺寸。如⑤~⑧轴线间的窗C2,其宽度为2.1 m,窗洞边距离轴线为0.8 m;又如③~⑤轴线间的M3、C3,其中M3宽度为0.8 m,C3宽度为1.5 m,它们的定位尺寸分别是240 mm、390 mm,且M3与C3之间有370 mm宽的砖墙。

第二道尺寸,是表示轴线间距离的尺寸,用以说明房间的开间及进深。如①～⑤、⑪～⑮轴线间的宿舍进深都为 4.5 m,①～③、⑬～⑮轴线间的宿舍开间为 3.2 m,③～⑤、⑪～⑬轴线间的宿舍开间为 3.3 m。

第三道尺寸,是建筑外包总尺寸,是指从一端外墙边到另一端外墙边的总长和总宽的尺寸。底层平面图中标注了外包总尺寸,在其他各层平面中,就可省略外包总尺寸,或者仅标注出轴线间的总尺寸。

三道尺寸线之间应留有适当距离(一般为 7～10 mm,但第一道尺寸线应距图形最外轮廓线 15～20 mm),以便注写数字等。应该注意,门窗洞口尺寸与轴线间尺寸(即第一道与第二道尺寸)要分别在两行上各自标注,宁可留空也不要混注在一行上;门窗洞口尺寸也不要与其他实体的尺寸混行标注,如墙厚、雨篷宽度、踏步宽度等应就近实体另行标注。

(2) 内部标注　为了说明房间的净空大小和室内的门窗洞、孔洞、墙厚和固定设备(如厕所、工作台、搁板、厨房等)的大小与位置,以及室内楼地面的高度,在平面图上应清楚地注写出有关的内部尺寸和楼地面标高。相同的内部构造或设备尺寸,可省略或简化标注,如"未注明之墙身厚度均为 240"、"除注明者外,墙轴线均居中"等。楼地面标高是表明各房间的楼地面对标高零点(±0.000)的相对高度。本例底层地面定为标高零点,洗刷间、卫生间及阳台地面标高是－0.020,说明这些地面比其他房间地面低 20 mm。

其他各层平面图的尺寸,除标注出轴线间的尺寸和总尺寸外,其余与底层平面相同的细部尺寸均可省略。

6. 构造及配件等图例

为了方便绘图和读图,"国标"规定了一些构造及配件等的图例。

(1) 门窗图例　门的代号一般用 M 表示,如果按材质、功能或特征编排,则可有以下代号:木门－MM;钢门－GM;塑钢门－SGM;铝合金门－LM;卷帘门－JM;防盗门－FDM;防火门－FM;防火卷帘门－FJM;人防门－RFM(防护密闭门),RMM(密闭门),RHM(防爆活门)。窗的代号一般用 C 表示,同门一样,也可以有以下代号:木窗－MC;钢窗－GC;铝合金窗－LC;木百叶窗－MBC;钢百叶窗－GBC;铝合金百叶窗－LBC;塑钢窗－SGC;防火窗－FC;全玻无框窗－QBC;幕墙－MQ。在门窗的代号后面写上编号,如 M1、M2、… 和 C1、C2、…等,同一编号表示同一类型的门窗,它们的构造与尺寸都一样(在平面图上表示不出的门窗编号,应在立面图上标注)。13.2 节在"设计说明"中列出的门窗表就是对本例房屋门窗的统计,表中列出了门窗的编号、洞口尺寸、数量、所选用的标准图集的编号、型号等内容。

图 13-22 画出了一些常用门窗的图例,门窗洞的大小及其型号都应按投影关系画出。如窗洞有凸出的窗台时,应在窗的图例上画出窗台的投影,门窗立面图例应按实际情况绘制。

门窗立面图例中的斜线表示门窗扇的开启方向,实线为外开,虚线为内开,开启方向线交角的一侧为安装合页的一侧,一般设计图中可不表示。门窗的剖面图所示左为外,右为内,平面图所示下为外,上为内。若单层固定窗、悬窗及推拉窗等以小比例绘图时,平、剖面的窗线可用单粗实线表示。门的平面图上门线应绘成 90°或 45°,开启弧线宜绘出。

(2) 其他图例　其他图例如图 13-23 所示。

7. 剖切符号、索引符号

剖切符号、索引符号见前面所述。

第13章 建筑施工图

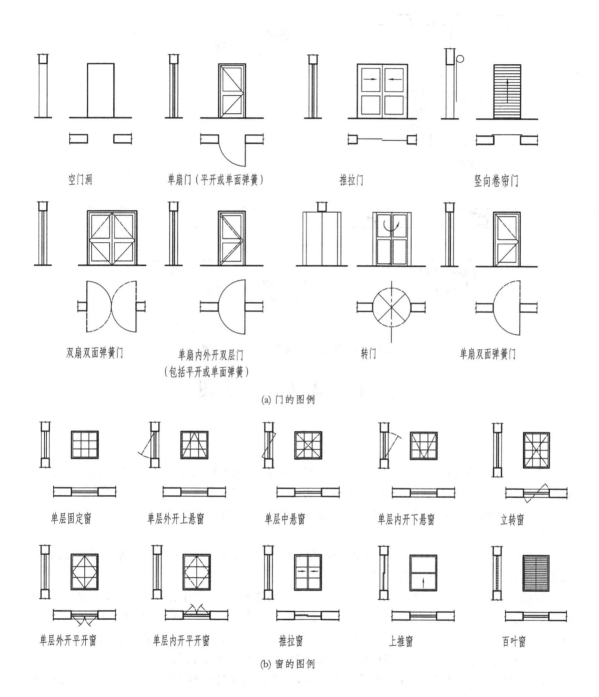

图 13-22 常用门窗图例

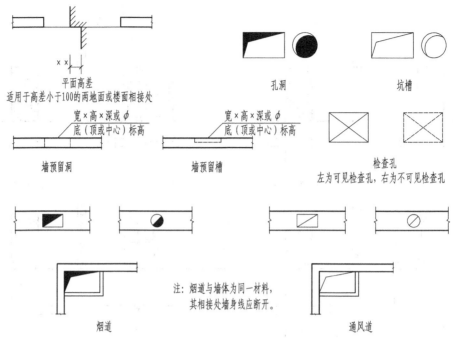

图 13-23 建筑平面图中部分常用图例

13.4 建筑立面图

13.4.1 概 述

建筑立面图是按正投影法在与房屋立面平行的投影面上所作的投影图,简称**立面图**。立面图主要是用来表达建筑物的外形艺术效果的,在施工图中,它主要反映房屋的外貌和立面装修的做法。立面图应包括投影方向可见的建筑外轮廓线和墙面线脚、构配件、外墙面做法及必要的尺寸与标高等。

有定位轴线的建筑物,宜根据两端定位轴线编号编注立面图名称;无定位轴线的建筑物可按平面图各面的朝向来确定名称,如图 13-24 所示。

按投影原理,立面图上应将立面上所有看得见的细部都表示出来。但由于立面图的比例较小,如门窗扇、檐口构造、阳台栏杆和墙面复杂的装修等细部,往往只用图例表示。它们的构造和做法,都另有详图或文字说明。因此,立面图上相同的门窗、阳台、外檐装修及构造做法等可在局部重点表示,绘出其完整图形,其余部分都可简化,只画出轮廓线。

较简单的对称式建筑物或对称的构配件等,在不影响构造处理和施工的情况下,立面图可绘制一半,并在对称轴线处画出对称符号。这种画法,由于建筑物的外形不完整,故较少采用。前后或左右完全相同的立面,可以只画一个,另一个注明即可。

平面形状曲折的建筑物,可绘制展开立面图,圆形或多边形平面的建筑物,可分段展开绘制立面图,但均应在图名后加注"展开"二字。前后立面重叠时,前者的外轮廓线宜向外侧加粗,以示区别。立面图上外墙表面分格线应表示清楚,用文字说明各部位所用面材及色彩。门窗洞口轮廓线宜粗于外墙表面分格线,以使立面更为清晰。对于平面为回字形的房屋,其内部

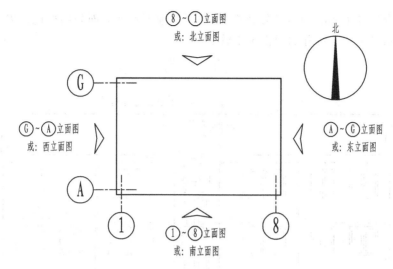

图 13-24 建筑立面图的投影方向与名称

院落的局部立面,可在相关剖面图上附带表示,如剖面图未能表示完全时,则需单独绘出。

13.4.2 建筑立面图的图示内容

建筑立面图应包括以下内容:

(1) 建筑物两端轴线编号。

(2) 女儿墙顶、檐口、柱、变形缝、室外楼梯和消防梯、阳台、栏杆、台阶、坡道、花台、雨篷、线条、烟囱、勒脚、门窗、洞口、门斗及雨水管,其他装饰构件和粉刷分格线示意等;外墙的留洞应注尺寸与标高(宽×高×深及关系尺寸)。

(3) 在平面图上表示不出的窗编号,应在立面图上标注。平、剖面图未能表示出来的屋顶、檐口、女儿墙、窗台等标高或高度,应在立面图上分别注明。

(4) 各部分构造、装饰节点详图索引、用料名称或符号。

13.4.3 读图示例

现以图 13-25 所示的立面图为例,说明立面图的内容及其阅读方法。

(1) 从图名或轴线编号可知该图是表示房屋的北向的立面图。比例与平面图一样,为 1∶100,按表 13-3 选用。

(2) 从图中可看出:外轮廓线所包围的范围显示出这幢房屋的总长和总高。屋顶采用坡屋顶;图中共 8 层,其中一层为地下室,各层左右对称;图中还按实际情况画出了窗洞的可见轮廓和窗形式。

(3) 建筑立面图宜标注室内外地坪、楼地面、阳台、平台、檐口及门窗等处的标高,也可标注相应的高度尺寸;如有需要,还可标注一些局部尺寸,如补充建筑构造、设施或构配件的定位尺寸和细部尺寸,如本例房屋入口顶部的构件尺寸。标高一般注在图形外,并做到符号排列整齐,大小一致。若房屋立面左右对称时,一般注在左侧,不对称时,左右两侧均应标注。必要时,可标注在图内。本例房屋的入口上部的窗洞口的标高和各层楼面标高均是标注在图形内部。

(4) 从图上的文字说明,可了解到房屋外墙面装修的做法。外墙面以及一些构配件与设施等的装修做法,在立面图中常用引出线作文字说明,如本例房屋墙面采用红褐色外墙涂料,每隔两层做一条宽 150 mm 的白色外墙涂料装饰线,地下室外墙面采用棕色外墙涂料,等等。

(5)图中画出了左右对称的两根雨水管。

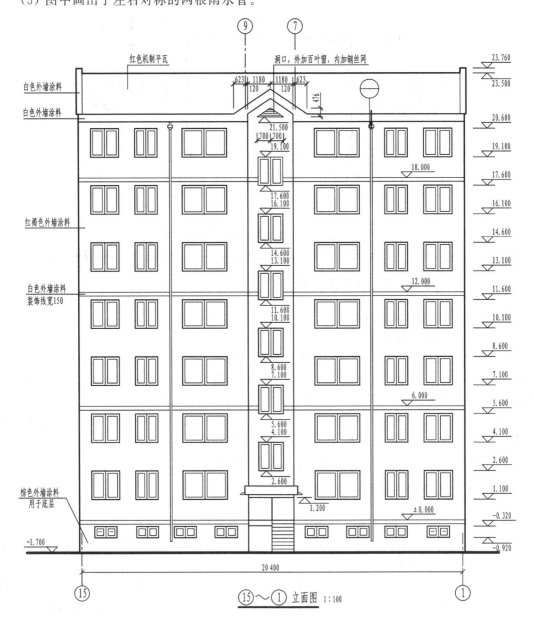

图 13-25 建筑立面图

13.5 建筑剖面图

13.5.1 概述

建筑剖面图是房屋的竖直剖视图,也就是用一个假想的平行于正立投影面或侧立投影面的竖直剖切面剖开房屋,移去剖切平面某一侧的形体部分,将留下的形体部分按剖视方向向投影面作正投影所得的图样。建筑剖面图应包括剖切面和投影方向可见的建筑构造、构配件以及必要的尺寸、标高等。画建筑剖面图时,常用一个剖切平面剖切,有时也可转折一次,用两个平行的剖切平面剖切;剖切符号一般应画在底层平面图内,剖视方向宜向左、向上,以利于看图,剖切部位应根据图纸的用途或设计深度,在平面图上选择能反映全貌、构造特征以及有代表性的部位剖切,如选在层高不同、层数不同、内外空间比较复杂或典型的部位,并经常通过门窗洞和楼梯剖切。

剖面图的数量是根据房屋的具体情况和施工实际需要而决定的。剖面图的图名与平面图上所标注剖切符号的编号一致,如1—1剖面图、2—2剖面图等。剖面图中的断面,其材料图例、抹灰层的面层线和楼地面、屋面的面层线的表示原则和方法,同13.3节中平面图的处理相同。有时在剖视方向上还可以看到室外局部立面,若其他立面图没有表示过,则可用细实线画出该局部立面,否则可简化或不表示。

习惯上,剖面图不画出基础的大放脚,墙的断面只需画到地坪线以下适当的地方,画断开线断开就可以了,断开以下的部分将由房屋结构施工图的基础图表明。

为了方便绘图和读图,房屋的立面图和剖面图,宜绘制在同一水平线上,图内相互有关的尺寸及标高,宜标注在同一竖直线上,如图13-26所示。

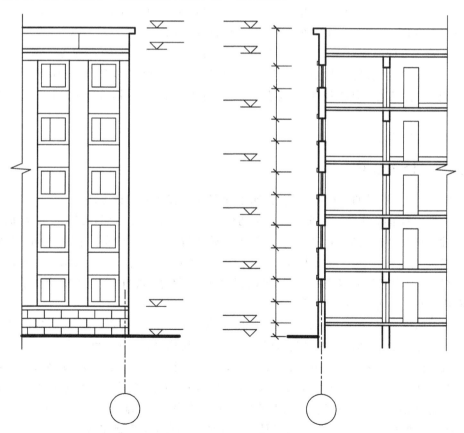

图 13-26 立面图、剖面图的位置关系

13.5.2 建筑剖面图的图示内容

建筑剖面图应包括以下内容：

(1) 墙、柱、轴线及轴线编号。

(2) 室外地面、底层地(楼)面、地坑、机座、各层楼板、吊顶、屋架、屋顶(包括檐口、烟囱、天窗、女儿墙等)、门、窗、吊车、吊车梁、走道板、梁、铁轨、楼梯、台阶、坡道、散水、平台、阳台、雨篷、洞口、墙裙、踢脚板、防潮层、雨水管及其他装修可见的内容。

(3) 标高及高度方向上的尺寸：剖面图和平面图、立面图一样，宜标注室内外地坪、楼地面、地下层地面、阳台、平台、檐口、屋脊、女儿墙、雨篷、门、窗、台阶等处完成面的标高。平屋面等不易标明建筑标高的部位可标注结构标高，并予以说明。结构找坡的平屋面，屋面标高可标注在结构板面最低点，并注明找坡坡度。有屋架的立面，应标注屋架下弦搁置点或柱顶标高。

高度方向上的尺寸包括外部尺寸和内部尺寸。

外部尺寸应标注以下三道：

① 洞口尺寸 包括门、窗、洞口、女儿墙或檐口高度及其定位尺寸；② 层间尺寸 即层高尺寸，含地下层在内；③ 建筑总高度 指由室外地面至檐口或女儿墙顶的高度。屋顶上的水箱间、电梯机房、排烟机房和楼梯出口小间等局部升起的高度可不计入总高度，可另行标注。当室外地面有变化时，应以剖面所在处的室外地面标高为准。

内部尺寸主要标注地坑深度、隔断、搁板、平台、吊顶、墙裙及室内门、窗等的高度。

(4) 表示楼、地面各层的构造，可用引出线说明。若另画有详图，在剖面图中可用索引符号引出说明；若已有"构造说明一览表"或"建筑做法说明"时，在剖面图上不再作任何标注。

(5) 节点构造详图索引符号。

13.5.3 读图示例

现以图 13-27 所示的剖面图为例，说明剖面图的内容及其阅读方法。

(1) 从图名和轴线编号与平面图上的剖切位置和轴线编号相对照，可知 1—1 剖面图是通过⑪～⑬轴线间宿舍门窗的剖切平面在住户入口处转折，再通过楼梯间，剖切后向左进行投影而得到的横向剖面图。1—1 剖面图的绘图比例为 1∶100，按表 13-3 采用。在建筑剖面图中，通常宜绘出被剖切到的墙或柱的定位轴线及其间距尺寸，如图 13-27 中绘注了被剖切到的外墙和内墙的定位轴线及其间距尺寸。

(2) 图中画出了屋顶的结构形式以及房屋室内外地坪以上各部位被剖切到的建筑构配件。如室内外地面、楼地面、内外墙及门窗、梁、楼梯与楼梯平台、阳台和雨篷等。

(3) 图中标高都表示与±0.000 的相对尺寸。可以看出，各层(除地下层外)的层高均为 3.0 m。楼梯中间平台虽没有标注标高，但是注出了高度方向的尺寸。两道外墙上的窗洞口标高也详细标注出来，由房屋高度方向上的尺寸可知该房屋的总高度为 25.46 m。

(4) 图中在檐口、窗顶、窗台、墙角等处画出了索引符号，需绘制详图。

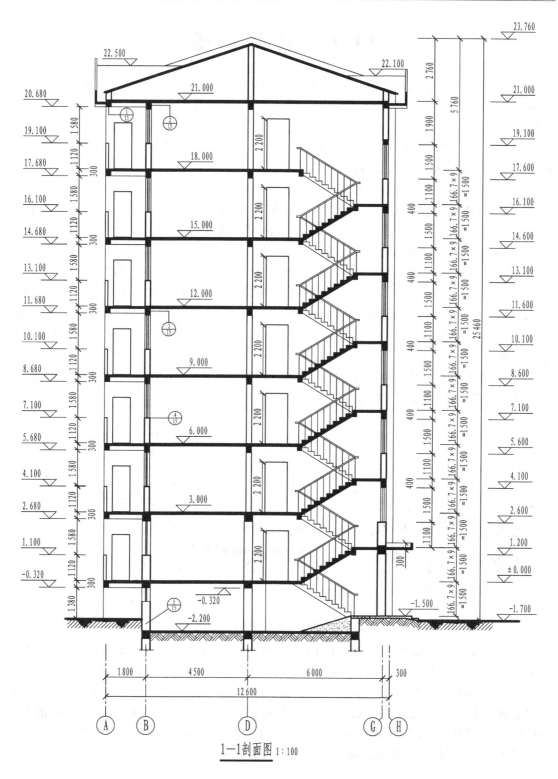

图 13-27 建筑剖面图

13.6 建筑详图

建筑平面图、立面图、剖面图一般采用较小的比例,在这些图样上难以表示清楚建筑物某些局部构造或建筑装饰。必须专门绘制比例较大的详图,将这些建筑的细部或构配件用较大比例(1∶20、1∶15、1∶10、1∶5、1∶2、1∶1等)将其形状、大小、材料和做法等详细地表示出来,这种图样称为**建筑详图**,简称详图,也可称为**大样图**。建筑详图是整套施工图中不可缺少的部分,是施工时准确完成设计意图的依据之一。

在建筑平面图、立面图和剖面图中,凡需绘制详图的部位均应画上索引符号,而在所画出的详图上应注明相应的详图符号。详图符号与索引符号必须对应一致,以便看图时查找相互有关的图纸。对于套用标准图或通用图的建筑构配件和剖面节点,只要注明所套有图集的名称、编号和页次,就不必另画详图。

建筑详图可分为构造详图、配件和设施详图及装饰详图三大类。构造详图是指屋面、墙身、墙身内外饰面、吊顶、地面、地沟、地下工程防水、楼梯等建筑部位的用料和构造做法。配件和设施详图是指门、窗、幕墙、浴厕设施,固定的台、柜、架、桌、椅、池及箱等的用料、形式、尺寸和构造,大多可以直接或参见选用标准图或厂家样本(如门、窗)。装饰详图是指为美化室内外环境和视觉效果,在建筑物上所作的艺术处理,如花格窗、柱头、壁饰、地面图案的纹样、用材、尺寸和构造等。

建筑详图的图线宽度,可参考图13-28所示的图线线宽示例。绘制较简单的图样时,可采用两种线宽的线宽组,其线宽长比宜为$b∶0.25b$。

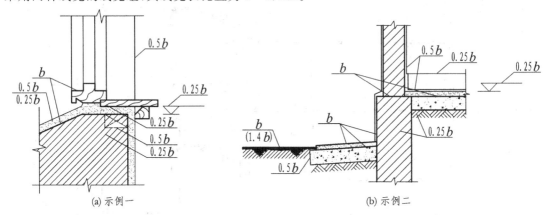

图13-28 建筑详图图线宽度选用示例

详图的图示方法,根据细部构造和构配件的复杂程度,按清晰表达的要求来确定。例如墙身节点图只需一个剖面详图来表达,楼梯间宜用几个平面详图和一个剖面详图、几个节点详图来表达,门窗则常用立面详图和若干个剖面或断面详图来表达。若需要表达构配件外形或局部构造的立体图时,宜按轴测图绘制。详图的数量,与房屋的复杂程度及平、立、剖面图的内容及比例有关。详图的特点,一是用较大的比例绘制,二是尺寸标注齐全,三是构造、做法、用料等详尽清楚。现以墙身大样和楼梯详图为例来说明。

13.6.1 墙身大样

墙身大样实际是在典型剖面上典型部位从上至下连续的放大节点详图。一般多取建筑物内外的交界面——外墙部位,以便完整、系统、清楚地表达房屋的屋面、楼层、地面和檐口构造、楼板与墙面的连接,以及表达门窗顶、窗台和勒脚、散水等处构造的情况。因此,墙身大样也称为外墙身详图。

墙身大样实际上是建筑剖面图的局部放大图,不能用以代替表达建筑整体关系的剖面图。画墙身大样时,宜由剖面图直接索引出,常将各个节点剖面连在一起,中间用折断线断开,各个节点详图都分别注明详图符号和比例。下面以图 13-29 所示的某房屋墙身大样为例,作简要介绍。

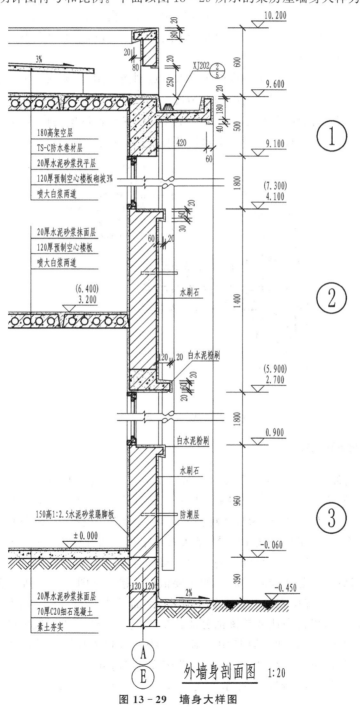

图 13-29 墙身大样图

(1) 檐口节点剖面详图：檐口节点剖面详图主要表达顶层窗过梁、遮阳或雨篷、屋顶（根据实际情况画出它的构造与构配件，如屋架或屋面梁、屋面板、室内顶棚、天沟、雨水口、雨水管和雨水斗、架空隔热层、女儿墙及其压顶）等的构造和做法。

在该详图中，屋面的承重层是预制钢筋混凝土空心板，按 3% 来砌坡，上面有 TS-C 防水卷材层和架空层，以用来防水和隔热。檐口外侧有一檐沟，通过女儿墙所留孔洞（雨水口兼通风口），使雨水沿雨水管集中排流到地面。

(2) 窗台节点剖面详图：窗台节点剖面详图主要表达窗台的构造，以及内外墙面的做法。

(3) 窗顶节点剖面详图：窗顶节点剖面详图主要表达窗顶过梁处的构造，内、外墙面的做法，以及楼板层的构造情况。

(4) 勒脚和散水节点剖面详图：勒脚和散水节点剖面详图，主要表达外墙面在墙脚处的勒脚和散水的做法，以及室内底层地面的构造情况。

(5) 雨水口节点剖面详图：雨水口节点剖面详图，主要表达檐沟内雨水口的构造和做法。图 13-30 是某一女儿墙外排水的一个雨水口节点剖面详图。

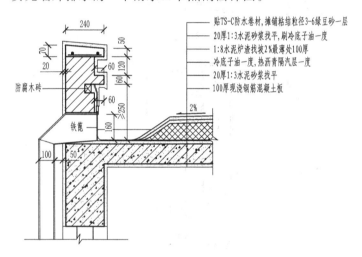

图 13-30 雨水口节点剖面详图

13.6.2 楼梯详图

楼梯是多层房屋中供人们上下的主要交通设施，它除了要满足行走方便和人流疏散畅通外，还应有足够的坚固耐久性。在房屋建筑中最广泛应用的是预制或现浇的钢筋混凝土楼梯。楼梯通常由楼梯段（简称梯段，分为板式梯段和梁板式梯段）、楼梯平台（分楼层平台和中间平台）及栏杆（或栏板）扶手组成。图 13-31 是板式和梁板式两种结构形式的楼梯的组成。

楼梯的构造比较复杂，需要画出它的详图。楼梯详图主要表达楼梯的类型、结构形式、各部位的尺寸及装修做法，是楼梯施工放样的主要依据。楼梯详图一般包括平面图、剖面图及踏步、栏杆详图等，并尽可能画在同一张图纸内。平、剖面图比例要一致，以便对照阅读。踏步、栏杆详图比例要大些，以便表达清楚该部分的构造情况。楼梯详图一般分建筑详图和结构详图，并分别绘制，编入"建施"和"结施"中。对于一些构造和装修较简单的现浇钢筋混凝土楼梯，其建筑和结构详图可合并绘制，编入"建施"或"结施"均可。

下面介绍楼梯详图的内容及其图示方法。

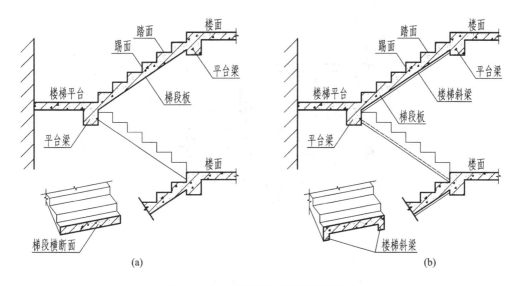

图 13-31　两种结构形式楼梯的组成

1. 楼梯平面图

与建筑平面图相同,一般每一层楼梯都要画一个楼梯平面图。三层以上的房屋,当底层与顶层之间的中间各层布置相同时,通常只画底层、中间层和顶层三个平面图。

楼梯平面图的剖切位置,是在该层往上走的第一梯段(中间平台下)的任一位置处,且通过楼梯间的窗洞口。各层被剖切到的梯段,按"国际"规定,均在平面图中用一根45°的折断线表示。在每一梯段处画有一长箭头(自楼层地面开始画)并注写"上"或"下"和步级数,表明从该层楼(地)面往上或往下走多少步级可到达上(或下)一层的楼(地)面。例如在图 13-32 的底层平面图中,注有"下 9"的箭头表示从该层楼面向下走 9 步级可达单元入口,再经一坡道可达室外地面,注有"上 18"的箭头表示从该层楼面向上走 18 步级可达第二层楼面。

各层楼梯平面图都应标出该楼梯间的轴线。在底层平面图中,必须注明楼梯剖面图的剖切符号。从楼梯平面图中所标注的尺寸,可以了解楼梯间的开间和进深尺寸,楼地面和平台面的标高以及楼梯各组成部分的详细尺寸。通常把梯段长度与踏面数、踏面宽的尺寸合并写在一起,如底层平面图中的 280×8=2 240,表示该梯段有 8 个踏面,每一踏面宽 280 mm,梯段长为 2 240 mm。

习惯上将楼梯平面图并排画在同一张图纸内,轴线对齐,以便于阅读,绘图时也可以省略一些重复的尺寸标注。楼梯的每一个平面图都有各自的特点,现以图 13-32 为例来说明:底层楼梯平面图的剖切位置在第一个休息平台以下某一位置,图中可以看到自单元入口有一向下的坡道,长 2 240 mm,通向地下室的地面。底层楼梯平面图中画出了一个完整的梯段,标有"下 9",另一梯段被剖切,标有"上 18",这一梯段被剖切后,通向储藏室的坡道与余下的这一部分梯段接合。也就是说,该梯段被剖切,移走上面部分后,坡道的投影为可见。标准层平面图也是画出了一个完整的梯段,标有"下 18",另一梯段是画有一折断线的完整梯段,标有"上18",说明自该楼层通向上一层的第一个梯段与下一层通向该楼层的第一个梯段在剖切后投影重合,投影组成一个完整的梯段,但应以折断线分界。顶层楼梯平面图由于剖切平面位于顶层安全栏杆之上,故在图中画有两个完整的梯段与中间平台,只注有"下 18"。

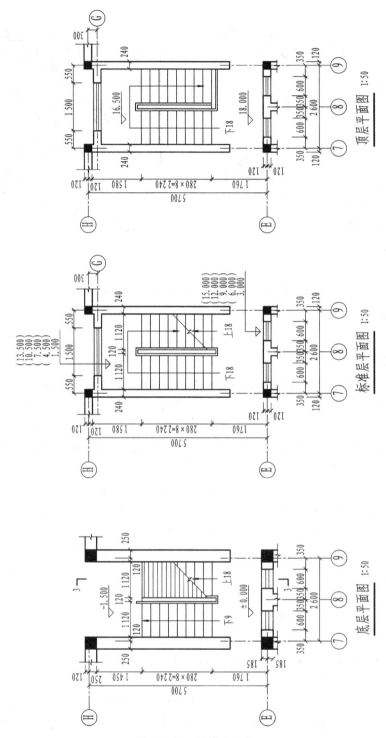

图 13-32 楼梯平面图

从图中还可以看出,每一梯段的长度是8个踏步的宽度之和(280×8=2 240),而每一梯段的步级数是9(18/2),为什么呢?这是因为每一梯段最高一级的踏面与平台面或楼面重合,因此,平面图中每一梯段画出的踏面(格)数,总比步级数少一,即:踏面数=步级数-1。

2. 楼梯剖面图

假想用一个竖直的剖切平面沿梯段的长度方向并通过各层的门窗洞和一个梯段,将楼梯间剖开,然后向另一梯段方向投影所得到的剖面图称为**楼梯剖面图**,如图 13-33 所示。

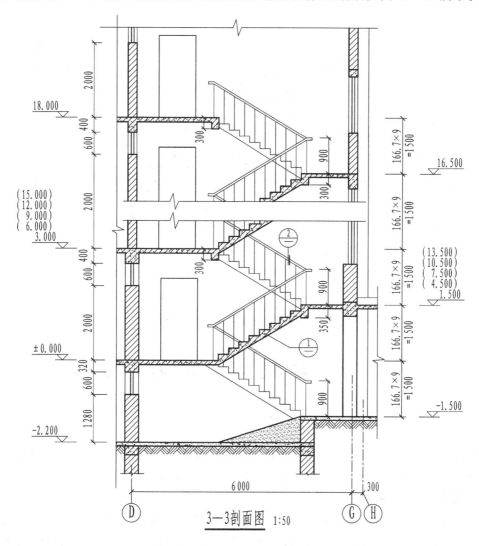

图 13-33　楼梯剖面图

楼梯剖面图应能完整地、清晰地表明楼梯梯段的结构形式、踏步的踏面宽、踢面高、级数及楼地面、平台、栏杆(或栏板)的构造及它们的相互关系。本例楼梯,每层只有两个平行的梯段,称为双跑楼梯。由于楼梯间的屋面与其他位置的屋面相同,所以,在楼梯剖面图中可不画出楼梯间的屋面,一般用折断线将最上一梯段的以上部分略去不画。

在多层建筑中,若中间层楼梯完全相同时,楼梯剖面图可只画出底层、中间层、顶层的楼梯剖面,中间用折断线分开,并在中间层的楼面和楼梯平台面上注写适用于其他中间层楼面和平台面的标高。例如图 13-33 中只画出了储藏室、底层和顶层的楼梯剖面。

楼梯剖面图中应注出楼梯间的进深尺寸和轴线编号,地面、平台面、楼面等的标高,梯段、栏杆(或栏板)的高度尺寸,楼梯间外墙上门、窗洞口的高度尺寸等。

在楼梯剖面图中,需要画详图的部位,应画上索引符号,用更大的比例画出它们的形式、大小、材料以及构造情况,如图13-34所示。

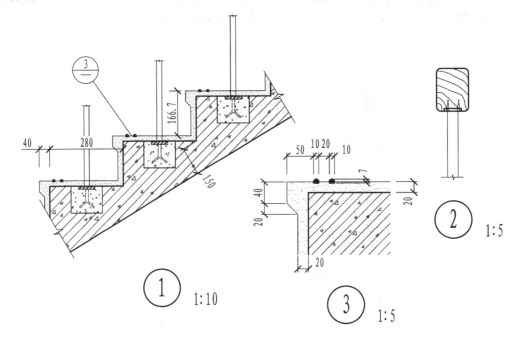

图13-34 楼梯踏步、栏杆、扶手详图

13.7 建筑施工图的画法

13.7.1 绘制建筑施工图的步骤

在绘图过程中,要始终保持高度的责任感和严谨细致的作风。绘图时必须做到投影正确、技术合理、尺寸齐全、表达清楚、字体工整以及图样布置紧凑、图面整洁等。

1. 选定比例和图幅

根据房屋的外形、平面布置和构造的复杂程度,以及施工的具体要求,按表13-3选定比例,进而由房屋的大小以及选定的比例,估计图形大小及注写尺寸、符号、说明所需的图纸,选定标准图幅。

2. 进行合理的图面布置

图面布置(包括图样、图名、尺寸、文字说明及表格等)要主次分明、排列均匀紧凑、表达清晰。尽量保持各图之间的投影关系,或将同类型的、内容关系密切的图样,集中在一张或顺序连续的几张图纸上,以便对照查阅。若画在同一张图纸上时,应注意平面图、立面图、剖面图三者之间的关系,做到平面图与立面图(或剖面图)长对正,平面图与剖面图(或立面图)宽相等,立面图(或剖面图)与剖面图(或立面图)高平齐。

3. 用较硬的铅笔画底稿

先画图框和标题栏,均匀布置图面;再按平→立→剖→详图的顺序画出各图样的底稿。

4. 加深(或上墨)

底稿经检查无误后,按"国标"规定选用不同线型,进行加深(或上墨)。画线时,要注意粗细分明,以增强图面的效果。加深(或上墨)的顺序一般是:先从上到下画水平线,后从左到右画铅直线或斜线;先画直线,后画曲线;先画图,后注写尺寸及说明。

13.7.2 建筑平面图的画法举例

现以图 13-21 所示的底层平面图为例,说明建筑平面图的画法。

(1) 定轴线,画墙身,如图 13-35(a)所示;
(2) 画细部,如门窗洞、楼梯、台阶、卫生间、散水等,如图 13-35(b)所示;
(3) 经检查无误后,擦去多余的作图线,按平面图的线型要求加深图线,如图 13-35(c)所示。

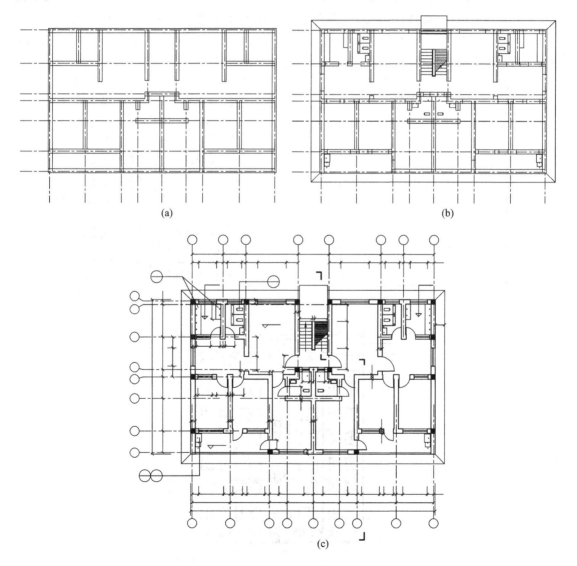

图 13-35 平面图的画法

建筑平面图中被剖切到的主要建筑构造(包括构配件)的轮廓线,用线宽为 b 的粗实线;被剖切的次要建筑构造(包括构配件)的轮廓线,以及建筑构配件的可见轮廓线,用线宽为 $0.5b$ 的中实线;小于 $0.5b$ 的图形线用线宽为 $0.25b$ 的细实线;建筑构造及构配件的不可见轮廓线宽为 $0.5b$ 或 $0.25b$ 的虚线;其他内容,如定位轴线、尺寸线、尺寸界线、标高符号、引出线等仍符合前面所述的各项规定。

(4) 标注轴线、尺寸、门窗编号、剖切符号、图名、比例及其他文字说明,如图 13-35(c) 所示。

13.7.3　建筑立面图的画法举例

现以图 13-25 所示的建筑立面图为例,说明建筑立面图的画法。

(1) 定室外地坪线、外墙轮廓线和屋面线,如图 13-36(a) 所示。

(2) 定门窗位置,画细部,如檐口、窗台、雨篷、阳台、雨水管等,如图 13-36(b) 所示。

(3) 经检查无误后,擦去多余作图线,按施工图的要求加深图线,画出墙面分格线、轴线,并标注标高,写图名、比例及有关文字说明,如图 13-36(c) 所示。

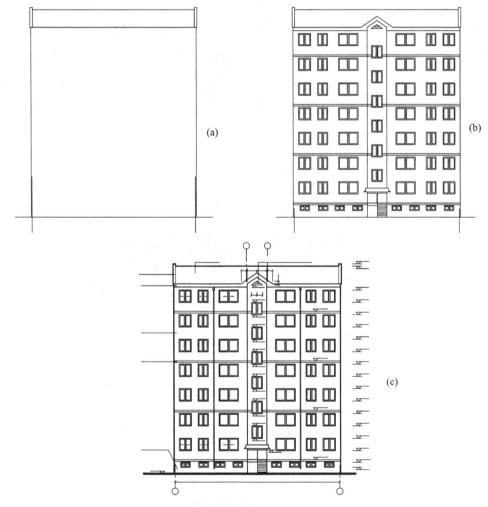

图 13-36　建筑立面图的画法

为了加强图面效果,使外形清晰、重点突出和层次分明,习惯上房屋立面的最外轮廓线画成线宽为 b 的粗实线,在外轮廓线之内的凹进或凸出墙面的轮廓线,以及窗台、门窗洞、檐口、阳台、雨篷、柱、台阶等建筑设施或构配件的轮廓线,画成线宽为 $0.5b$ 的中实线;一些较小的构配件和细部的轮廓线,表示立面上的凹进或凸出的一些次要构造或装修线,如门窗扇、栏杆、雨水管和墙面分格线等均可画线宽为 $0.25b$ 的细实线;地坪线画成线宽为 $1.4b$ 的特粗实线。

13.7.4 建筑剖面图的画法

现以图 13-37 所示的建筑剖面图为例,说明建筑剖面图的画法。

(1) 画定位轴线,室内外地坪线、楼地面和楼梯平台面、屋面,如图 13-37(a)所示。

(2) 画剖切到的墙身,各层楼(地)面以及它们的面层线,楼梯、门窗洞、过梁、圈梁、台阶、天沟等,如图 13-37(b)所示。

(3) 按施工图要求加深图线,画材料图例,注写标高、尺寸、图名、比例及有关文字说明,如图 13-37(c)所示。

剖面图的图线要求与平面图相同,注意地坪线也要画成线宽为 $1.4b$ 的特粗宽线。

13.7.5 楼梯详图的画法

1. 楼梯平面图的画法

现以本章实例的标准层楼梯平面图为例,说明其绘图方法。

(1) 确定楼梯间的轴线位置,并画出梯段长度、平台宽度、梯段宽度和梯井宽度等,如图 13-38(a)所示。

(2) 画墙身厚度,根据踏面数和宽度,用几何作图中等分平行线的方法等分梯段长度,画出踏步,如图 13-38(b)所示。

(3) 画栏杆、箭头、窗洞,加深图线,标注标高、尺寸、轴线、图名、比例等,如图 13-38(c)所示。

2. 楼梯剖面图的画法

绘制楼梯剖面图时,注意图形比例应与楼梯平面图一致;画栏杆(或栏板)时,其坡度应与梯段一致。

(1) 确定楼梯间的轴线位置,画出楼地面、平台面与梯段的位置,如图 13-39(a)所示。

(2) 确定墙身并画踏步,画细部,如窗、梁、栏杆和散水等,如图 13-39(b)所示。

(3) 加深图线,标注轴线、尺寸、标高、索引符号、图名和比例等,如图 13-39(c)所示。

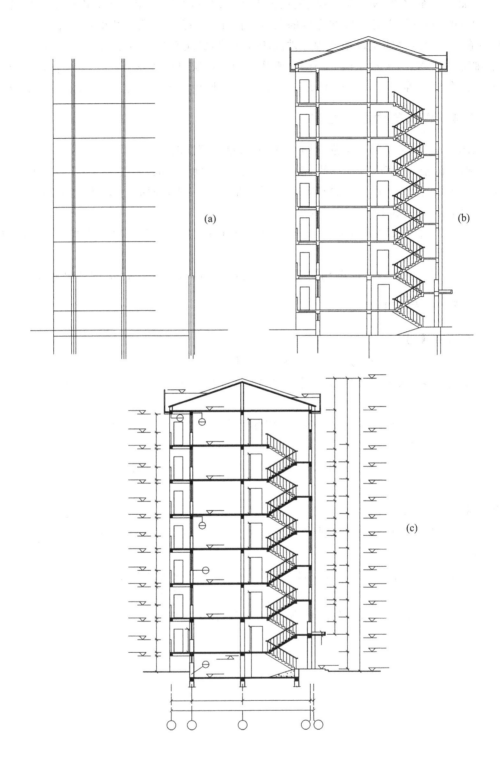

图 13-37 建筑剖面图的画法

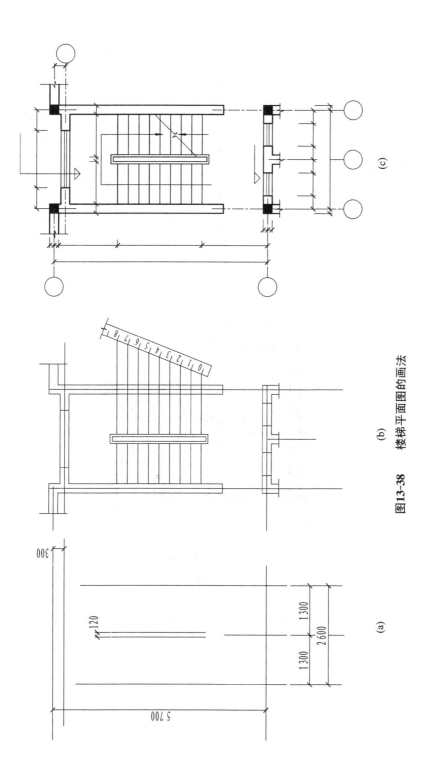

图13-38 楼梯平面图的画法

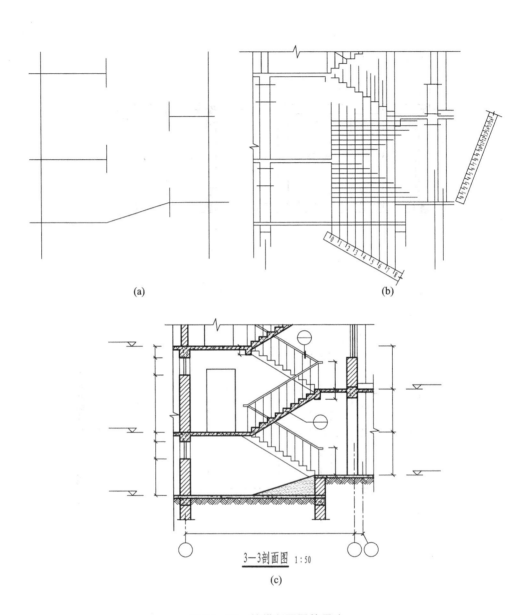

图 13-39 楼梯剖面图的画法

第14章 房屋结构图

14.1 概 述

建筑施工图主要表达出了房屋的外形、内部布局、建筑构造和内外装修等内容,而房屋各承重构件的布置、形式和结构构造等内容都没有表达出来。因此,在房屋设计中,除了进行建筑设计,画出建筑施工图外,还要进行结构设计。

结构设计是根据建筑各方面的要求,进行结构选型和构件布置,再通过力学计算,决定房屋各承重构件的材料、形状、大小,以及内部构造等,并将设计结果绘成图样以指导施工,这种图样称为**结构施工图**,简称"结施"。

常见的房屋结构按承重构件的材料可分为:

(1) 混合结构——墙用砖或砌块砌筑,梁、楼板和屋面都是钢筋混凝土构件。
(2) 钢筋混凝土结构——柱、梁、楼板和屋面都是钢筋混凝土构件。
(3) 砖木结构——墙用砖砌筑、梁、楼板和屋架都是木构件。
(4) 钢结构——承重构件全部为钢材。
(5) 木结构——承重构件全部为木材。

本章将主要介绍第13章所述某学校学生公寓中的钢筋混凝土结构施工图,以及钢结构施工图的绘图与阅读。

结构施工图应包括以下内容:

(1) 结构设计说明包括选用结构材料的类型、规格、强度等级;地基情况;施工注意事项;选用标准图集等(小型工程可将说明分别写在各图纸上)。

(2) 结构平面图包括
① 楼层结构平面图,工业建筑还包括柱网、吊车梁、柱间支撑、连系梁布置等;
② 基础平面图,工业建筑还有设备基础布置图;
③ 屋面结构平面图。

(3) 结构构件详图包括
① 梁、板、柱及基础结构详图;
② 楼梯结构详图;
③ 屋架结构详图;
④ 其他详图,如支撑详图等。

14.1.1 钢筋混凝土构件的基本知识

1. 钢筋混凝土构件的组成和混凝土的强度等级

钢筋混凝土构件由钢筋和混凝土两种材料组成。混凝土是由水泥、砂子(细骨料)、石子(粗骨料)和水按一定的比例拌合硬化而成。混凝土的抗压强度高,但抗拉强度低,一般仅为抗压强度的 1/10～1/20。因此，混凝土构件容易在受拉或受弯时断裂。混凝土的强度等级应按立方体抗压强度标准值确定，可划分为 C10、C15、C20、C25、C30、C35、C40、C45、C50、C55、C60、C65、C70、C75 及 C80 等。数字越大，表示混凝土的抗压强度越高。

为了提高混凝土构件的抗拉能力，常在混凝土构件受拉区域内（见图 14-1）或相应部位加入一定数量的钢筋。钢筋不但具有良好的抗拉强度，而且与混凝土有良好的粘结力，其热膨胀系数与混凝土也相近。因此，钢筋与混凝土结合成一个整体，共同承受外力。这种配有钢筋的混凝土，称为钢筋混凝土，配有钢筋的混凝土构件，称为钢筋混凝土构件。

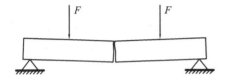 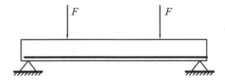

(a) 混凝土构件，受拉区易产生裂缝　　　(b) 钢筋混凝土构件，在受拉区配入钢筋，裂缝延迟出现

图 14-1　钢筋混凝土梁受力示意图

钢筋混凝土构件有现浇和预制两种。现浇是指在建筑工地现场浇制，预制是指在预制品工厂先浇制好，然后运到工地进行吊装。有的预制构件（如厂房的柱或梁）也可在工地上预制，然后吊装。此外，在制作构件时，通过张拉钢筋对混凝土预加一定的压力，可以提高构件的抗拉和抗裂性能，这种构件称为预应力钢筋混凝土构件。

2. 钢筋混凝土构件中钢筋的名称和作用

配置在钢筋混凝土构件中的钢筋，按其作用可分为下列几种，如图 14-2 所示。

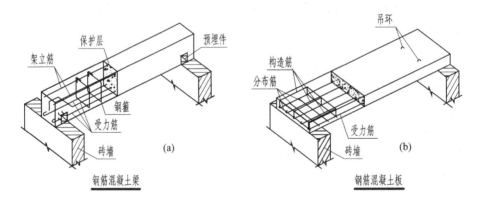

图 14-2　钢筋的分类

（1）受力筋：承受拉、压应力的钢筋，用于梁、板、柱、墙等各种钢筋混凝土构件中。

（2）钢箍：也称为箍筋，用以固定受力筋的位置，并承受一部分斜拉应力，多用于梁和柱内。

（3）架立筋：用以固定梁内钢箍位置，与受力筋、钢箍一起形成钢筋骨架，一般只在梁内使用。

（4）分布筋：用于板或墙内，与板内受力筋垂直布置，用以固定受力筋的位置，并将承受的重量均匀地传给受力筋，以及抵抗热胀冷缩所引起的温度变形。

（5）其他：因构件在构造上的要求或施工安装需要而配置的钢筋，如腰筋、预埋锚固筋和吊环等。

3. 钢筋的种类与代号

钢筋混凝土构件中配置的钢筋有光圆钢筋和带肋钢筋(表面上肋纹)。在混凝土结构设计规范中,对国产建筑用钢筋,按其产品种类和强度值等级不同,分别给以不同代号,以便标注和识别,如表 14-1 所列。

表 14-1 普通钢筋代号及强度标准值

种类(热轧钢筋)	代 号	直径 d/mm	强度标准值 f_{yk} N/mm²	备 注
HPB235(Q235)	ϕ	8~20	235	光圆钢筋
HRB335(20MnSi)	Φ	6~50	335	带肋钢筋
HRB400(20MnSiV、20MnSiNb、20MnTi)	Φ	6~50	400	带肋钢筋
RRB400(K20MnSi)	Φ^R	8~40	400	热处理钢筋

4. 钢筋的保护层

为了保护钢筋,使防腐蚀、防火以及加强钢筋与混凝土的粘结力,在构件中钢筋外边缘至构件表面之间应留有一定厚度的保护层。根据《混凝土结构设计规范》(GB 50010-2002)规定:纵向受力的普通钢筋及预应力钢筋,其混凝土保护层厚度不应小于钢筋的公称直径,且应符合表 14-2 之参数规定。

表 14-2 纵向受力钢筋的混凝土保护层最小厚度

单位:mm

环境类别		板、墙、壳			梁			柱		
		≤C20	C25~45	≥C50	≤C20	C25~45	≥C50	≤C20	C25~45	≥C50
一		20	15	15	30	25	25	30	30	30
二	a	—	20	20	—	30	30	—	30	30
	b	—	25	20	—	35	30	—	35	30
三		—	30	25	—	40	35	—	40	35

注:基础中纵向受力钢筋的混凝土保护层厚度不应小于 40 mm;当无垫层时不应小于 70 mm

《混凝土结构设计规范》还规定:板、墙、壳中分布钢筋的保护层厚度不应小于表 14-2 中相应数值减去 10 mm,且不应小于 10 mm;梁、柱中箍筋和构造钢筋的保护层厚度不应小于 15 mm;当梁、柱中纵向受力钢筋的混凝土保护层厚度大于 40 mm 时,应对保护层采取有效地防裂构造措施。

表 14-2 中的环境类别是进行混凝土结构的耐久性设计的主要依据,具体参见表 14-3。

表 14-3 混凝土结构的环境类别

环境类别	条 件	说 明
一	室内正常环境	

续表 14 - 3

环境类别		条　件	说　明
二	a	室内潮湿环境；非严寒和非寒冷地区的露天环境、与无侵蚀性的水或土壤直接接触的环境	a 与 b 的差别在于有无冰冻 关于严寒与寒冷地区的定义，参见《民用建筑热工设计规程》(JGJ24—86)
	b	严寒和寒冷地区的环境、与无侵蚀性的水或土壤直接接触的环境	
三		使用除冰盐的环境，严寒和寒冷地区冬季水位变动的环境；滨海室外环境	除冰盐环境是指北方城市依靠喷洒盐水除冰化雪的立交桥及类似环境；滨海室外环境是指在海水浪浅区之外，但其前面没有建筑物遮挡的混凝土结构
四		海水环境	参见《港口工程技术规范》
五		受人为或自然的侵蚀性物质影响的环境	参见《工业建筑防腐蚀设计规范》(GB 50046)

处于一类环境且由工厂生产的预制构件，当混凝土强度等级不低于 C20 时，其保护层厚度可按表 14 - 2 中规定减少 5 mm，但预应力钢筋的保护层厚度不应小于 15 mm；处于二类环境且由工厂生产的预制构件，当表面采取有效保护措施时，保护层厚度可按一类环境数值采用。

预制钢筋混凝土受弯构件钢筋端头的保护层厚度不应小于 10 mm；预制肋形板主肋钢筋的保护层厚度应按梁的数值取用。

5. 钢筋的弯钩

为了使钢筋和混凝土具有良好的粘结力，避免钢筋在受拉时滑动，应对光圆钢筋的两端进行弯钩处理。弯钩常做成半圆弯钩或直弯钩，如图 14 - 3(a)、(b) 所示。钢箍两端在交接处也要做出弯钩，弯钩的长度一般分别在两端各伸长 50 mm 左右，如图 14 - 3(c) 所示。

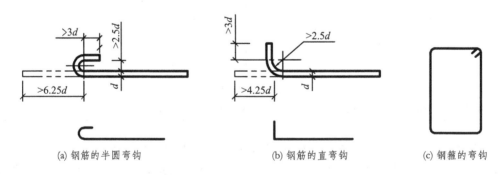

(a) 钢筋的半圆弯钩　　　(b) 钢筋的直弯钩　　　(c) 钢箍的弯钩

图 14 - 3　钢筋和钢箍的弯钩和简化画法

带纹钢筋与混凝土的粘结力强，两端不必弯钩。

14.1.2　钢筋混凝土结构图的图示特点

（1）比例　绘图时根据图样的用途、被绘形体的复杂程度，选用表 14 - 4 中的常用比例，特殊情况下也可选用可用比例。

表 14-4 结构专业制图比例

图 名	常 用 比 例	可 用 比 例
结构平面图、基础平面图	1:50、1:100、1:150、1:200	1:60
圈梁平面图、总图中管沟、地下设施等	1:200、1:500	1:300
详 图	1:10、1:20	1:5、1:25、1:40

（2）钢筋的一般表示方法　为了突出表示钢筋的配置情况，在构件结构图中，把钢筋画成粗实线，构件的外形轮廓线画成细实线；在构件断面图中，不画材料图例，钢筋用黑圆点表示。钢筋常用的表示方法见表 14-5。

表 14-5 钢筋的一般表示方法

名　称	图　例	说　明
钢筋横断面	●	下图表示长、短钢筋投影重叠时，短钢筋的端部用45°斜画线表示
无弯钩的钢筋端部		
带半圆形弯钩的钢筋端部		
带直钩的钢筋端部		
带丝扣的钢筋端部		
无弯钩的钢筋搭接		
带半圆弯钩的钢筋搭接		
带直钩的钢筋搭接		
花篮螺丝钢筋接头	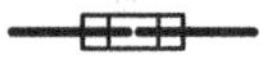	
预应力钢筋或钢绞线		
单根预应力钢筋横断面	+	
单面焊接的钢筋接头		
双面焊接的钢筋接头		
接触对焊的钢筋接头（闪光焊、压力焊）		
钢筋网片	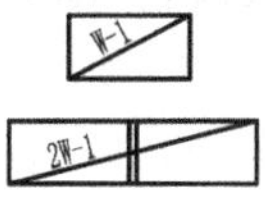	上图为一片钢筋网平面图，下图为一行相同的钢筋网平面图，均用文字注明焊接网或绑扎网

（3）钢筋的标注　钢筋（或钢丝束）的说明应给出钢筋的代号、直径、数量、间距、编号及所

在位置,其说明应沿钢筋的长度标注或标注在相关钢筋的引出线上。简单的构件或钢筋种类较少时可不编号。具体的标注如图14-4所示。

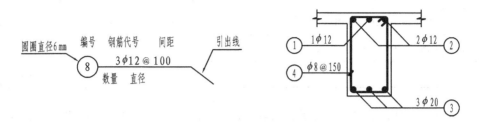

图 14-4 钢筋的标注

(4) 箍筋、受力筋的尺寸注法　构件配筋图中箍筋的长度尺寸,应指箍筋的里皮尺寸;受力钢筋的尺寸应指钢筋的外皮尺寸,如图14-5所示。

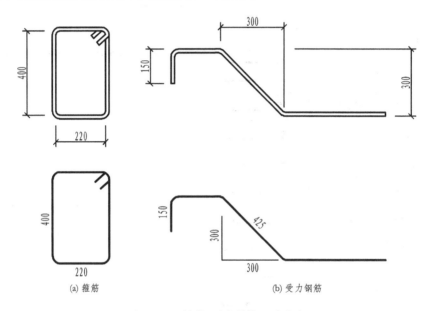

图 14-5 箍筋、受力筋的尺寸注法

(5) 其他特点

① 当构件的纵、横向断面尺寸相差悬殊时,可在同一图样中的纵、横向选用不同的比例绘制。轴线尺寸与构件尺寸也可选用不同的比例绘制。

② 当采用标准、通用图集中的构件时,应用该图集中的规定代号或型号注写。

③ 结构图应采用正投影法绘制,特殊情况下也可采用仰视投影法绘制。

④ 结构图中的构件标高,一般标注构件底面的结构标高。

⑤ 构件详图的纵向较长、重复较多时,可用折断线断开,适当省略重复部分。这样做可以简化图纸,提高工作效率。

⑥ 对称的钢筋混凝土构件,可在同一图样中以一半表示模板,另一半表示配筋,如图14-6所示。

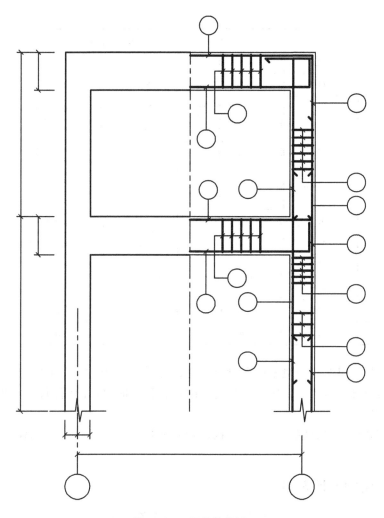

图 14-6 配筋简化图

14.1.3 常用的构件代号

为绘图和施工方便，结构构件的名称应用代号来表示，代号后用阿拉伯数字标注该构件的型号或编号，也可为构件的顺序号。构件的顺序号采用不带角标的阿拉伯数字连续编排。常用的构件代号见表 14-6 所列。

表 14-6 常用的构件代号

名　称	代　号	名　称	代　号	名　称	代　号
板	B	圈梁	QL	承台	CT
屋面板	WB	过梁	GL	设备基础	SJ
空心板	KB	连系梁	LL	桩	ZH
槽形板	CB	基础梁	JL	挡土墙	DQ
折板	ZB	楼梯梁	TL	地沟	DG

续表 14-6

名　称	代号	名　称	代号	名　称	代号
密肋板	MB	框架梁	KL	柱间支撑	ZC
楼梯板	TB	框支梁	KZL	垂直支撑	CC
盖板或沟盖板	GB	屋面框架梁	WKL	水平支撑	SC
挡雨板或檐口板	YB	檩条	LT	梯	T
吊车安全走道板	DB	屋架	WJ	雨篷	YP
墙板	QB	托架	TJ	阳台	YT
天沟板	TGB	天窗架	CJ	梁垫	LD
梁	L	框架	KJ	预埋件	M—
屋面梁	WL	刚架	GJ	天窗端壁	TD
吊车梁	DL	支架	ZJ	钢筋网	W
单轨吊车梁	DDL	柱	Z	钢筋骨架	G
轨道连接	DGL	框架柱	KZ	基础	J
车挡	CD	构造柱	GZ	暗柱	AZ

预制钢筋混凝土构件、现浇钢筋混凝土构件、钢构件和木构件,一般可直接采用表 14-6 中的构件代号。在绘图中,当需要区别上述构件的材料种类时,可在构件代号前加注材料代号,并在图纸中加以说明。

预应力钢筋混凝土构件的代号,应在构件代号前加注"Y—",如 Y—KB 表示预应力钢筋混凝土空心板。

14.1.4　结构设计说明

下面是第 13 章某学生公寓的结构设计说明,供读者参考。

结构设计说明

(1) 本工程为七层(不包括储藏室)砖混结构,抗震设防烈度为 6 度。

(2) 根据地质报告,基础坐落在第 2 层(强风化卵石土层)上,地基承载力按 $f_k=180$ kPa 进行设计;基槽要全部挖至老土,并经钎探、验槽后方可施工。

(3) 采用材料:

① 混凝土　基础垫层采用 C10 混凝土;基础、板、梁及构造柱采用 C20 混凝土;

② 钢筋　Ⅰ级钢筋;Ⅱ级钢筋;

③ 砖　采用 MU10 机制砖;

④ 砂浆　储藏室及一层采用 M10 混合砂浆;二、三层采用 M7.5 混合砂浆;四层以上采用 M5 混合砂浆。

(4) 构造柱生根于基础底板,端部弯钩 200 mm;圈梁转角、抗震节点做法见 L91G313。

(5) 圈梁遇烟道做法见 LGZ6 第 7 页;人孔板选自 L95G315。

(6) 预应力空心板,板端连接及补空板配筋选用图集 L95G404。

(7) 钢筋锚固、搭接长度:

① 锚固长度　Ⅰ级 30 d；Ⅱ级 40 d；
② 搭接长度　Ⅰ级 36 d；Ⅱ级 48 d。

(8) 过梁除另有注明外均选用 L91G303 相应跨度 4 级荷载过梁。

(9) 构造柱构造措施：墙与构造柱应沿墙高每 500 mm 设置 2φ6 水平拉结筋连接，每边伸入墙内 1 000 mm，砖墙砌成马牙槎，每一马牙槎沿高度方向为 300 mm，构造柱应与圈梁连接，在柱与圈梁相交的节点处，应加密柱的箍筋，加密范围在梁上下各 600 mm，间距 100 mm。

(10) 水、暖预留洞位置均在地圈梁以下，具体尺寸如下：
① 进水洞口　300(高)×300(宽)；
② 排水洞口　400(高)×300(宽)。

(11) 现浇板负筋的分布筋为 φ6@250。

14.2　楼层结构平面图

楼层结构平面图是假想沿楼板顶面将房屋水平剖开后所作的楼层结构的水平投影，用来表示楼面板及其下面的墙、梁、柱等承重构件的平面布置，或现浇板的构造与配筋，以及它们之间的结构关系。

14.2.1　楼层结构平面图的内容

楼层结构平面图包括以下内容：
(1) 标注出与建筑图一致的轴线网及墙、柱、梁等构件的位置和编号。
(2) 注明预制板的跨度方向、代号、型号或编号、数量和预留洞等的大小和位置。
(3) 在现浇板的平面图上，画出其配筋配置，并标注预留孔洞的大小及位置。
(4) 注明圈梁或门窗洞过梁的编号。
(5) 注出各种梁、板的底面标高和轴线间尺寸；有时还可注出梁的断面尺寸。
(6) 注出有关剖切符号或详图索引符号。
(7) 附注说明选用预制构件的图集编号、各种材料标号，板内分布筋的级别、直径和间距等。

14.2.2　结构平面图的一般画法

对于多层建筑，一般应分层绘制。但是，如果各层楼面结构布置情况相同时，可只画出一个楼层结构平面图，并注明应用各层的层数。

在结构平面图中，构件应采用轮廓线表示，如能用单线表示清楚时，也可用单线表示，如梁、屋架、支撑等可用粗点画线表示其中心位置。采用轮廓线表示时，可见的钢筋混凝土楼板的轮廓线用细实线表示，剖切到的构件轮廓线用中实线表示，不可见构件的轮廓线用中虚线表示，门窗洞一般不再画出，如图 14-7 所示。

在楼层结构平面图中，如果有相同的结构布置时，可只绘制一部分，并用大写的拉丁字母外加细实线圆圈表示相同部分的分类符号，其他相同部分仅标注分类符号。分类符号圆圈直径为 8 mm 或 10 mm，如图 14-7 所示。

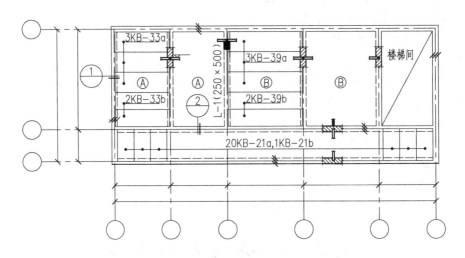

图 14-7 结构平面图示例

在楼层结构平面图中,定位轴线应与建筑平面图或总平面图保持一致,并标注结构标高。结构平面图中的剖面图、断面详图的编号顺序宜按下列规定编排:

(1) 外墙按顺时针方向从左下角开始编号;
(2) 内横墙从左至右,从上至下编号;
(3) 内纵墙从上至下,从左至右编号,如图 14-8 所示。

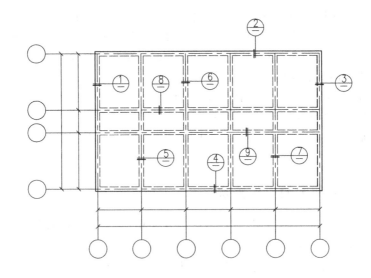

图 14-8 结构平面图中断面编号顺序表示方法

14.2.3 钢筋的画法

在结构平面图中配置双层钢筋时,底层钢筋的弯钩应向上或向左画出,顶层钢筋的弯钩则向下或向右画出,如图 14-9 所示。对于现浇楼板来说,每种规格的钢筋只画一根,并注明其编号、规格、直径、间距或数量等,与受力筋垂直的分布筋不必画出,但要在附注中或钢筋表中说明其级别、直径、间距(或数量)及长度等,如图 14-10 所示。

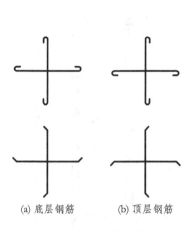

(a) 底层钢筋　　(b) 顶层钢筋

图 14-9　双层钢筋画法

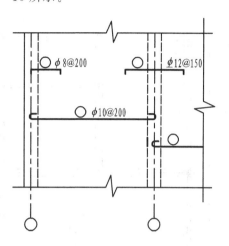

图 14-10　现浇楼板钢筋的画法

图中每组相同的钢筋、箍筋或环筋,可用一根粗实线表示,同时用一两端带斜短画线的横穿细线,表示其余钢筋起止范围,如图 14-11 所示。

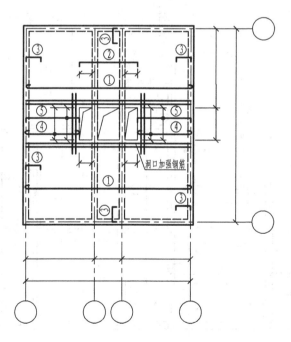

图 14-11　每组相同的钢筋画法

14.2.4　读图示例

现以图 14-12 学生公寓的楼层结构平面图为例,说明楼层结构平面图的内容和读图方法。

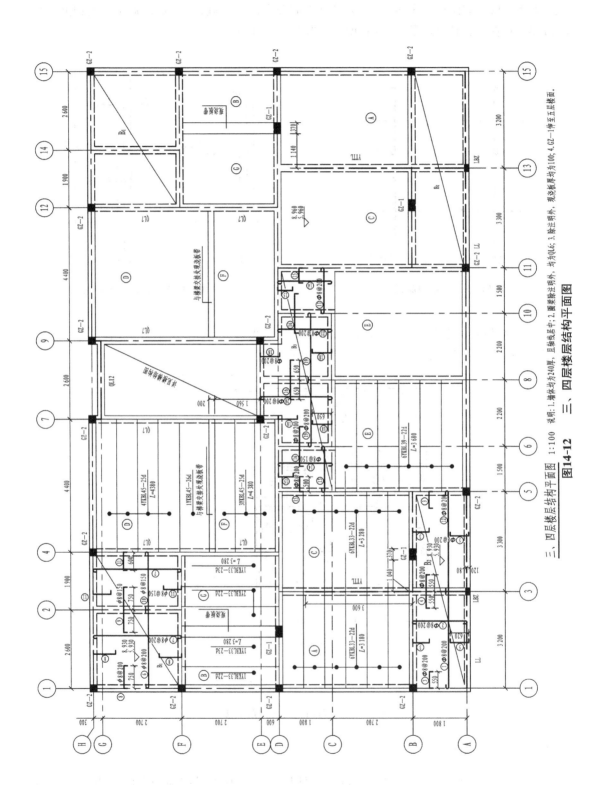

图14-12 三、四层楼层结构平面图

该学生公寓为一幢砖墙承重、钢筋混凝土梁板的混合结构，其中有现浇板和预制板两种板的形式。洗刷间、厕所及阳台均采用现浇板，板内配筋及楼面标高如图 14-12 所示。相同的现浇板可用代号表示，如 B_1、B_2。楼梯部分由于比例较小，图形不能清楚表达楼梯结构的平面布置，故需另外画出楼梯结构详图，在这里只需用细实线画出一对角线，并注明"详见楼梯结构图"即可。

图中还表示出了各种类型的梁，即圈梁（QL7、QL6、QL12 等）、阳台挑梁（YTTL）、阳台的连系梁（LL）等。为表达清楚，图中将 QL6、QL7 均用中粗点画线绘制，将 QL12、YTTL 和 LL 用粗点画线绘制，并分别注明其代号及编号。图中涂黑部分为构造柱（GZ-1、GZ-2）和阳台栏板柱（LBZ），不可见的轮廓线用细（中）虚线画出。

图中还画出了各个房间的预制板的配置。预制板是选用了标准图集中的板类型，如 C 房间选用了 6 块预应力钢筋混凝土空心板，板长 3 300，板宽 600，有垫层。在这些板的标注中，可知板的类型、尺寸和数量等，其内容说明如下：

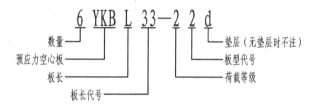

当板厚为 120 mm 时，板型代号用 1、2、3、4 表示，其标志宽度（mm）分别为 500、600、900、1 200；当板厚为 180 mm 时，板型代号用 5、6、7 表示，其标志宽度（mm）分别为 600、900、1 200。板长代号用板的标志长度的前两位数表示，如标志长度为 3 300 mm 的板长代号为 33。板的实际长度与宽度均比其标志长度与宽度减小 20 mm。注意本例中 E 房间开间为 3 700 mm，所选用的板型是板长 3 900 mm 标准板，施工时需加工成 3 680 mm 的板，其他房间的布置也有类似情况。垫层做在楼板层上面，具有增强整体性和防止楼板漏水的作用。荷载等级共分 8 级，分别表示 1.0、2.0、3.0、4.0、5.0、6.0、7.0、8.0（单位均为 kN/m^2）的活荷载。

14.3 钢筋混凝土构件详图

钢筋混凝土构件有定型构件和非定型构件两种。定型的预制构件或现浇构件可直接引用标准图或本地区的通用图，只要在图纸上写明选用构件所在的标准图集或通用图集的名称、代号，便可查到相应的构件详图，因而不必重复绘制。非定型构件必须绘制构件详图。

钢筋混凝土构件详图，一般包括模板图（复杂的构件）、配筋图、钢筋表和预埋件详图。配筋图又分为立面图、断面图和钢筋详图，主要表明构件的长度、断面形状与尺寸及钢筋的形式与配置情况。模板图主要表示构件的外形和模板尺寸（外形尺寸）、预埋件、预留孔的位置及大小，以及轴线和标高等，是制作构件模板和安放预埋件的依据。

配筋图一般由立面图和断面图组成。立面图和断面图中的构件轮廓线均用细实线画出，钢筋用粗实线或黑圆点（钢筋横断面）画出。断面图的数量依据构件的复杂程度而定，截取位置选在构件断面形状或钢筋数量和位置有变化时，不宜在构件的斜筋段内截取。立面图和断面图都应注出相一致的钢筋编号和留出规定的保护层厚度。

当配筋较复杂时，通常在立面图的上方(或下方)用同一比例画出钢筋详图。相同编号的只画一根，并详细标注出钢筋的编号、数量(或间距)、类别、直径及各段的长度与总尺寸。若在断面图中不能表达清楚钢筋的布置，也应在断面图外增加钢筋大样图，如图 14 - 13 所示。若断面图中表示的箍筋、环筋等布置复杂时，也应加画箍筋大样及说明，如图 14 - 14 所示。

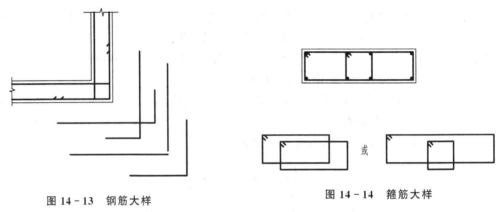

图 14 - 13　钢筋大样　　　　　图 14 - 14　箍筋大样

为了方便统计用料和编制施工预算，应编写构件的钢筋用量表，说明构件的名称、数量、钢筋的规格、钢筋简图、直径、长度、数量、总数量、长度和重量等，有时也可视具体情况，增减一些内容，如图 14 - 15 所示。

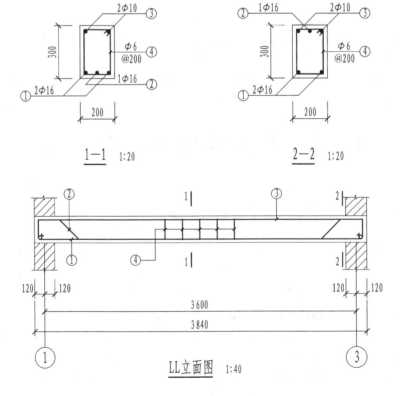

图 14 - 15　钢筋混凝土梁

钢筋表

编号	简图	直径	长度	根数	备注
①	75　3790　75	φ16	3940	2	
②	250　215　282　2960	φ16	4454	1	
③	3790　63　63	φ10	3916	2	
④	200　250　300　150	φ6	900	20	

图 14-15　钢筋混凝土梁(续)

14.3.1　钢筋混凝土梁

图 14-15 为钢筋混凝土梁的立面图和断面图,梁的两端搁置在砖墙上。梁的下部配置三根 φ16 受力钢筋,以承受下边的拉应力。所以在跨中 1—1 断面的下部有三个黑圆点;支座处 2—2 断面上的上部有三个黑圆点,其中间的一根为 φ16 钢筋,是跨在梁下部中间的那根钢筋于接近梁的两端支座处弯起 45°(梁高小于 800 mm 时,弯起角度为 45°;大于 800 mm 时,弯起角度为 60°)后伸过来的,这种钢筋称为**弯起钢筋**,在图中应注出弯起点的位置,如图中所注尺寸 200。在梁的上部两侧各配置一根 φ10 的架立钢筋。

14.3.2　钢筋混凝土柱

下面以工业厂房常用的预制钢筋混凝土牛腿柱为例来说明其结构详图的特点。

对于工业厂房的钢筋混凝土柱等复杂的构件,除画出其配筋图外,还要画出其模板图和预埋件详图,如图 14-16 所示。

从模板图中可以看出,该柱分为上柱和下柱两部分。上柱是主要用来支撑屋架的,断面较小;上下柱之间突出的是牛腿,用来支撑吊车梁,下柱受力大,故断面较大。与断面图对照,可以看出上柱是方形实心柱,其断面尺寸是为 400×400。而下柱是工字形柱,其断面尺寸为 400×600。牛腿的 2—2 断面处的尺寸为 400×950,柱总高为 10 550。柱顶标高为 9.300,牛腿面标高为 6.000。柱顶处的 M-1 表示 1 号预埋件与屋架焊接。牛腿顶面处的 M-2 和在上柱离牛腿面 830 处的 M-3 预埋件,与吊车梁焊接。预埋件的构造做法,另用详图表示。

根据牛腿柱的立面图、断面图可看出:上柱的①钢筋是 4 根直径为 22 的Ⅰ级钢筋,分别放在柱的四角,从柱顶一直伸入牛腿内 800;下柱的③钢筋是 4 根直径为 18 的Ⅰ级钢筋,也是放在柱的四角。下柱左、右两侧中间各安放 2 根编号为 4、直径为 16 的Ⅰ级钢筋,下柱中间,配有 2 根编号为 6,直径为 10 的Ⅰ级钢筋。③、④、⑥都从柱底一直伸到牛腿顶部。柱左边的①和③钢筋在牛腿处搭接成一整体。牛腿处配置编号为 11 和 12 的弯筋,都是 4 根直径为 12 的Ⅱ级钢筋,其弯曲形状与各段长度尺寸详见钢筋详图。牛腿柱箍筋的编号,其上柱是⑦,下柱是⑨和⑩,牛腿处是⑧,各段放法不同,都在立面图上说明。如上柱的顶端 500 范围内,是 7 号箍筋 φ6@100,牛腿部分是 8 号箍筋 φ8@150。注意,牛腿变断面部分的箍筋,其周长要随牛腿断面的变化逐个计算。

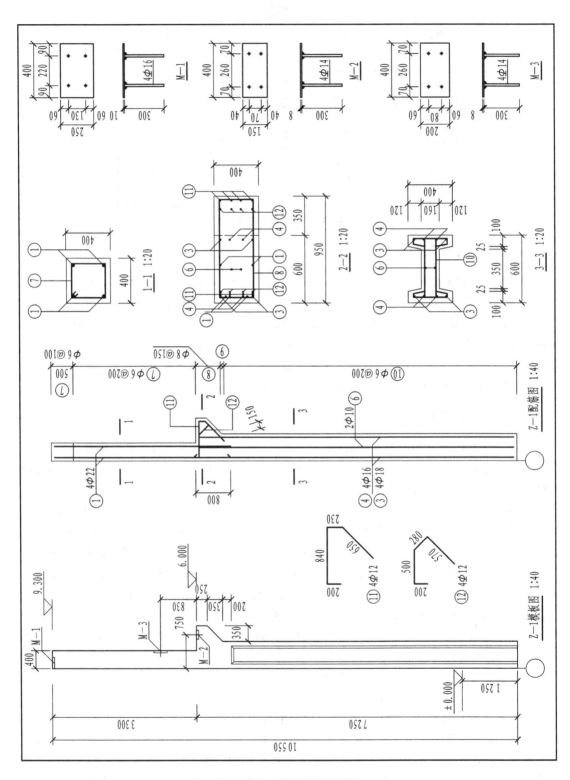

图 14-16 牛腿柱结构详图

14.3.3 绘制钢筋混凝土详图应注意的其他事项

（1）配筋图中的立面图要有断面图的剖切符号。

（2）断面图中的钢筋横断面（黑圆点）要紧靠箍筋。

（3）钢筋的标注应正确、规范，引出线可转折，但要清楚，避免交叉，方向及长短要整齐，如图 14-17 所示。

（4）注写有关混凝土、砖、砂浆的强度等级及技术要求等说明。

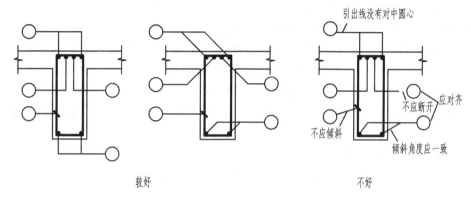

图 14-17　钢筋的标注

14.4　基础平面图和基础详图

基础是房屋底部与地基接触的承重构件，它承受房屋的全部荷载，并传给基础下面的地基。根据上部结构的形式和地基承载能力的不同，基础可分为条形基础、独立基础、片筏基础和箱形基础等。如图 14-18 所示是最常见的**条形基础**和**独立基础**，条形基础一般用作砖墙的基础。图 14-19 是以条形基础为例，介绍与基础有关的一些知识。基础下部的土壤称为**地基**；为基础施工而开挖的土坑称为**基坑**；基坑边线就是放线的灰线；从室内地面到基础顶面的墙称为**基础墙**；从室外设计地面到基础底面的垂直距离称为**埋置深度**；基础墙下部做成阶梯形的砌体称为**大放脚**；防潮层是防止地下水对墙体侵蚀的一层防潮材料。

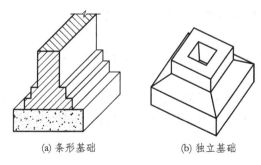

图 14-18　常见的基础

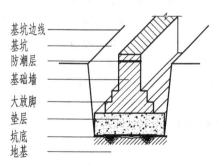

图 14-19　基础的有关知识

14.4.1 基础平面图

1. 基础平面图的产生和画法

基础平面图是表示基坑在未回填土时基础平面布置的图样，一般可假想用一个水平面沿房屋的室内地面以下剖切后的水平剖面图。基础平面图通常只画出基础墙、柱的截面及基础底面的轮廓线，基础的大放脚等细部的可见轮廓线都省略不画，这些细部的形状和尺寸用基础详图表示。

基础平面图的比例，轴线及轴线尺寸与建筑平面图应一致。其图线要求是：剖切到的基础墙轮廓线画成粗实线，基础底面的轮廓线画成中粗实线，可见的梁画成粗实线（单线），不可见的梁画成粗点画线（单线）；剖切到的钢筋混凝土柱断面，要涂黑表示。

在基础平面图中，应注明基础的大小尺寸和定位尺寸。大小尺寸是指基础墙断面尺寸、柱断面尺寸以及基础底面宽度尺寸；定位尺寸是指基础墙、柱以及基础底面与轴线的联系尺寸。图中还应注明剖切符号。基础的断面形状与埋置深度要根据上部的荷载以及地基承载力而定，同一幢房屋由于各处有不同的荷载和不同的地基承载力，下面就有不同的基础。对每一种不同的基础，都要画出它的断面图，并在基础平面图上用 1—1、2—2、… 等剖切符号表明该断面的位置。

2. 基础平面图图示实例

图 14-20 是第 13 章所述学生公寓的基础平面图。下面以此图为例来说明基础平面图的内容和读图。

该基础平面图有几部分用虚线围合起来，这几部分虚线内的基础为 500 厚筏板基础。这是因为，这些虚线内的房间墙体相距较近，若做成条形基础，则两相邻两墙体的基础底面轮廓会相距更小，甚至发生冲突。为方便施工，故将这些范围内的基础处理成筏板基础。筏板基础内配置双向受力钢筋，分布筋均选用直径为 12 的 I 级钢筋，间距 100；受力筋分别选用了直径为 14 和 16 的 II 级钢筋，以及直径为 12 的 I 级钢筋。

构造柱的断面涂黑表示。图中共表示了 6 种不同基础的剖切符号，如 1—1、2—2、…、6—6，详细表示出了各种尺寸，如⑪轴线上 6—6 基础的基础墙为 370，基础底面宽度为：1 415＋1 285＝2 700。

3. 基础平面图的绘图步骤

基础平面图的绘图步骤是：

（1）按比例画出与房屋建筑平面图相同的轴线及编号。

（2）画基础墙（柱）的断面轮廓线、基础底面轮廓线以及基础梁（或地圈梁）等。

（3）画出不同断面的剖切符号，并分别编号。

（4）标注尺寸，即主要标注轴线距离、轴线到基础底边和墙边的距离以及基础墙厚等尺寸。

（5）注写必要的文字说明、图名、比例。

（6）设备较复杂的房屋，在基础平面图上还要配合采暖通风图、给水排水管道图、电源设备图等，用虚线画出管沟、设备孔洞等位置，并注明其内径、宽、深尺寸和洞底标高。

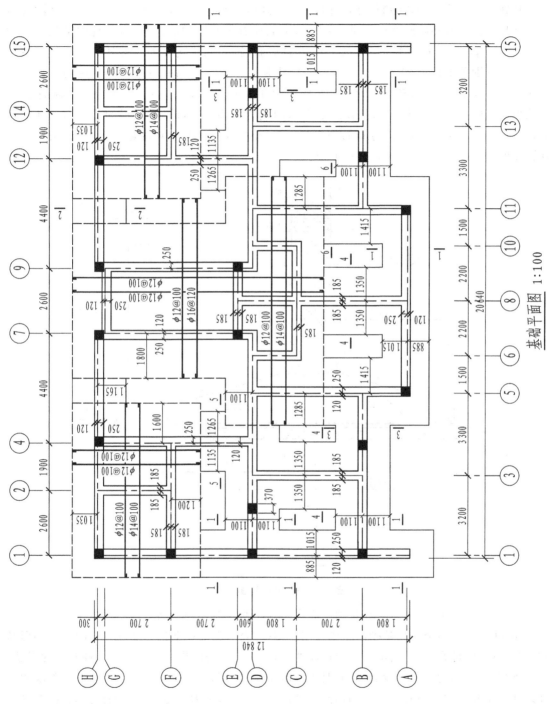

图 14-20 基础平面图

14.4.2 基础详图

在基础平面图中只表明了基础的平面布置,而基础的形状、大小、构造、材料及埋置深度均未表明,所以,需要画出基础详图。

基础详图是垂直剖切的断面图。图14-21画出的是⑪轴线的6—6基础详图。地圈梁顶面标高是-2.200,基础底面标高是-4.200,下面还有100厚的混凝土垫层,地圈梁截面尺寸为370×240,内配6根直径为12的Ⅰ级纵向钢筋,箍筋间距为200。地圈梁下的基础墙厚490,墙边分别距轴线为310、180,基础墙的做法是用引出线引出并进行了文字说明。基础墙下面是钢筋混凝土基础,底面宽为2 700,底边轮廓线距轴线分别为1 415、1 285,两端高200,基础顶面至底面的距离为500,基础顶宽590,两侧有斜面。基础下部的横向受力筋是Ⅱ级钢筋,直径为14,间距100;纵向分布筋是φ8@200。垫层宽度比基础宽度宽200。本例由于基础埋置深度较大,故没有画至室内、外地面处。

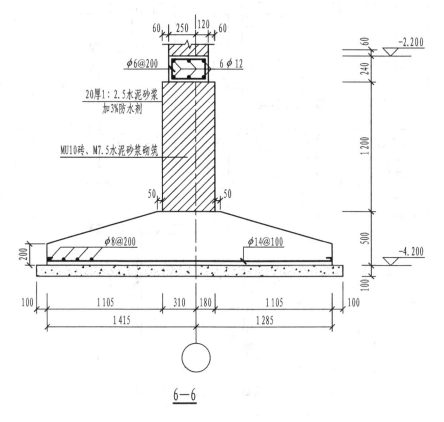

图14-21 基础详图(一)

图14-22给出了图14-20基础平面图中标注的其他5种基础的详图,供读者对照阅读。

图14-23是两个独立基础的基础详图。图(a)表示现浇柱下独立基础,图(b)表示杯形基础。从图(a)中可看出:已画出了室内地面的位置,并完整地画出和标注了这个柱基础的形状、大小和配筋,下面的垫层中没有配筋,是素混凝土垫层,标注了显示垫层底面的埋置深度的标高。在这个柱基础中,预放的4根直径为22的Ⅱ级钢筋,是为了与柱的钢筋搭接,在搭接区内要适当加密箍筋,在基础范围至少配置二道箍筋。从图(b)可看出:立面图画出基础的配筋和杯口的形状。基础内纵横配有两端带弯钩而直径和间距都相等的直筋,底下有保护层。由于该基础有垫层,所以保护层的厚度,一般是40(不必标出)。平面图采用局部剖面方式表示基础的网状配筋。

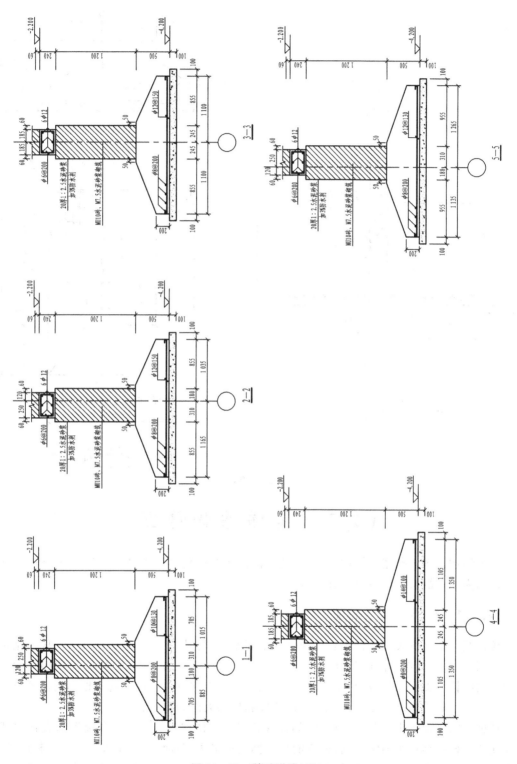

图 14-22 基础详图(二)

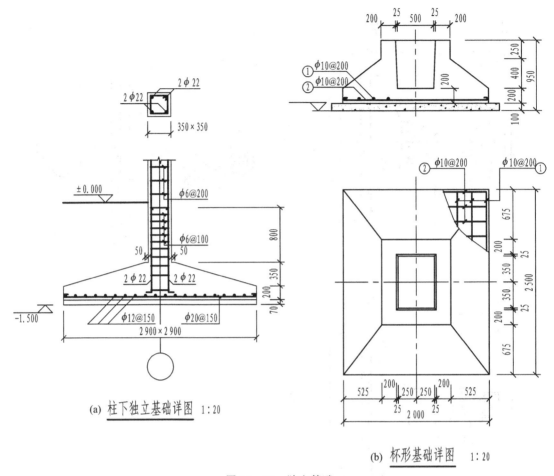

(a) 柱下独立基础详图　1:20

(b) 杯形基础详图　1:20

图 14-23　独立基础

14.5　楼梯结构详图

楼梯结构详图包括楼梯结构平面图、楼梯剖面图和配筋图。本节以前述学生公寓的楼梯结构详图为例,说明楼梯结构详图的图示特点。

14.5.1　楼梯结构平面图

楼梯结构平面图表示楼梯板和楼梯梁的平面布置、代号、尺寸及结构标高。一般包括地下层平面图、底层平面图、标准层平面图和顶层平面图,常用 1:50 的比例绘制。楼梯结构平面图和楼层结构平面图一样,都是水平剖面图,只是水平剖切位置不同。通常把剖切位置选择在每层楼层平台的楼梯梁顶面,以表示平台、梯段和楼梯梁的结构布置。

楼梯结构平面图中对各承重构件,如楼梯梁(TL)、楼梯板(TB)、平台板等的表达方式和尺寸注法与楼层结构平面图相同,梯段的长度标注仍采用"踏面宽×(步级数-1)=梯段长度"的方式。楼梯结构平面图的轴线编号应与建筑施工图一致,剖切符号一般只在底层楼梯结构平面图中表示。

图 14-24 所示的楼梯结构平面图共有 3 个,分别是底层平面、标准层平面和顶层平面,比

例均为1:50。楼梯平台板、楼梯梁和梯段板都用现浇,图中画出了现浇板内的配筋,梯段板和楼梯梁另有详图画出,故只注明其代号和编号。从图可知:梯段板共有4种(TB-1、TB-2、TB-3和TB-4),楼梯梁共有3种(TL-1、TL-2和TL-3)。

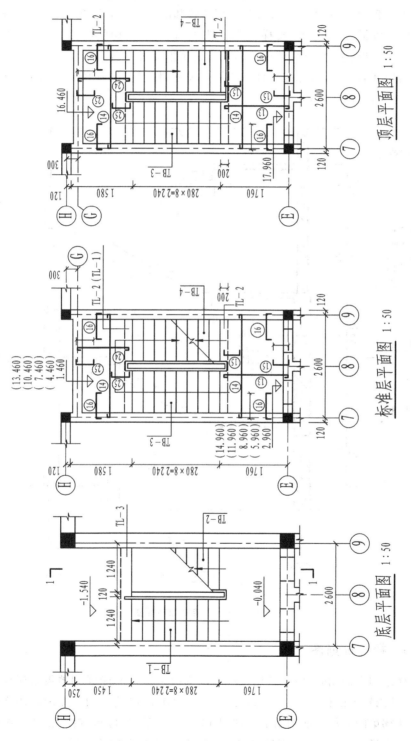

图 14-24 楼梯结构平面图

14.5.2 楼梯结构剖面图

楼梯结构剖面图表示楼梯的承重构件的竖向布置、构造和连接情况,比例与楼梯结构平面图相同。图 14-25 所示的 1—1 剖面图、剖切位置和剖视方向表示在底层楼梯结构平面图中。表示了剖到的梯段板、楼梯平台、楼梯梁和未剖切到的可见的梯段板(细实线)的形状和连接情况。剖切到的梯段板、楼梯平台、楼梯梁的轮廓线用粗实线画出。

在楼梯结构剖面图中,应标注出梯段的外形尺寸、楼层高度和楼梯平台的结构标高,还应标注出楼梯梁底的结构标高。

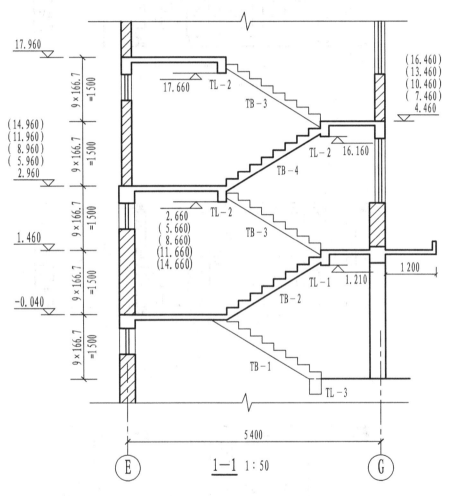

图 14-25 楼梯结构剖面图

14.5.3 楼梯配筋图

绘制楼梯结构剖面图时,由于选用较小的比例(1∶50),不能详细地表示楼梯板和楼梯梁的配筋,需另外用较大的比例(如 1∶30、1∶25、1∶20)画出楼梯的配筋图。楼梯配筋图主要由楼梯板和楼梯梁的配筋断面图组成。如图 14-26 所示,梯段板 TB-2 厚 150 mm,板底布置的受力筋是直径为 12 的 Ⅰ 级钢筋,间距 100;支座处板顶的受力筋是直径为 12 的 Ⅰ 级钢筋,间距 100;板中的分布筋直径为 6 的Ⅰ级钢筋,间距 250。如在配筋图中不能清楚表示钢筋布置,或是对看图易产生混淆的钢筋,应在附近画出其钢筋详图(比例可以缩小)作为参考。

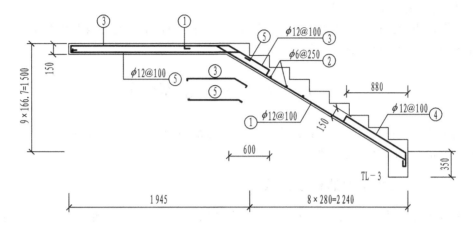

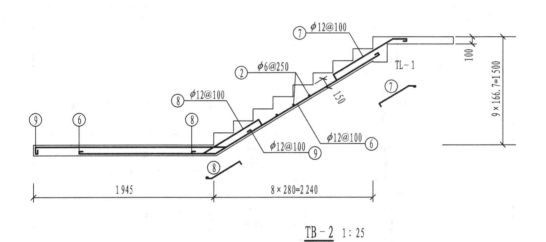

图 14-26 楼梯板配筋图

图 14-27 是楼梯梁的配筋图。

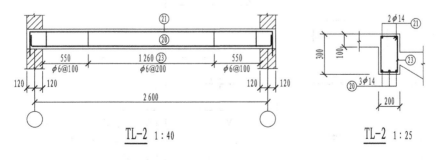

图 14-27 楼梯梁配筋图

由于楼梯平台板的配筋已在楼梯结构平面图中画出,楼梯梁也绘有配筋图,故在楼梯板配筋图中楼梯梁和平台板的配筋不必画出,图中只要画出与楼梯板相连的楼梯梁和一段楼梯平台的外形线(细实线)就可以了。

如果采用较大比例(1∶30、1∶25)绘制楼梯结构剖面图,可把楼梯板的配筋图与楼梯结构剖面图结合,从而可以减少绘图的数量。

14.6 钢结构图

钢结构是由各种形状的型钢组合连接而成的结构物。由于钢结构承载力大,所以常用于大跨度建筑、工业厂房、高层建筑等。

14.6.1 常用型钢的标注方法

钢结构的钢材是由轧钢厂按标准规格(型号)轧制而成,通称**型钢**。表 14-7 列出了一些常用的型钢及其标注方法。

表 14-7 常用型钢的标注方法

名　称	截　面	标　注	说　明
等边角钢	∟	∟ $b \times t$	b 为肢宽　t 为肢厚
不等边角钢	 ∟	∟ $B \times b \times t$	B 为长肢宽　b 为短肢宽　t 为肢厚
工字钢	 I	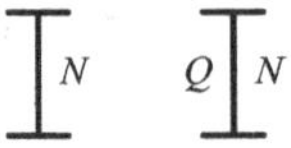 [N　Q[N	N 为工字钢的型号 轻型工字钢加注 Q 字
槽钢	[	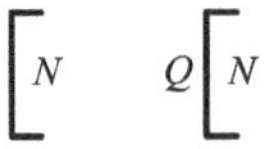 [N　Q[N	N 为槽钢的型号 轻型槽钢加注 Q 字
方钢	 ■	 □ b	
扁钢	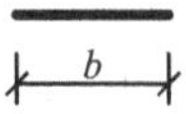 ▭	— $b \times t$	
钢板	—	$\dfrac{-b \times t}{l}$	
T 型钢	T	TW×× TM×× TN××	TW 为宽翼缘 T 型钢 TM 为中翼缘 T 型钢 TN 为窄翼缘 T 型钢

续表 14-7

名 称	截 面	标 注	说 明
H 型钢	H	HW×× HM×× HN××	HW 为宽翼缘 H 型钢 HM 为中翼缘 H 型钢 HN 为窄翼缘 H 型钢
圆 钢	⌀	ϕd	
钢 管	○	DN×× D×t	外　径 内径×壁厚

14.6.2　型钢的连接方法

在钢结构施工中，常用一些方法将型钢连接起来承受建筑的荷载。

1. 焊　缝

焊接是较常见的型钢连接方法。在有焊接的钢结构图纸上，必须把焊缝的位置、形式和尺寸标注清楚。焊缝应按现行的国家标准《焊缝符号表示法》(GB 324)中的规定标注。焊缝符号主要由图形符号、补充符号和引出线等部分组成，如图 14-28 所示。图形符号表示焊缝断面和基本类型，补充符号表示焊缝某些特征的辅助要求；而引出线则表示焊缝的位置。

图 14-28　焊缝符号

表 14-8 列出了几种常用的图形符号和补充符号。

表 14-8　图形符号和补充符号

焊缝名称	示意图	图形符号	符号名称	示意图	补充符号	标注方法
V 型焊缝		V	围焊焊缝符号		○	
单边 V 型焊缝		⋁	三面焊缝符号		⊏	
角焊缝		△	带垫板符号		▭	
I 型焊缝		‖	现场焊缝符号		▸	

焊缝名称	示意图	图形符号	符号名称	示意图	补充符号	标注方法
点焊缝		○	相同焊接符号		⌒	
			尾部符号		<	

焊缝的标注还应符合下列规定：

(1) 在同一图形上，当焊缝形式、断面尺寸和辅助要求均相同时，可只选择一处标注焊缝的符号和尺寸，并加注"相同焊缝符号"。相同焊缝符号为 3/4 圆弧，绘在引出线的转折处（参见表 14-8）；当有数种相同的焊缝时，可将焊缝分类编号标注，在同一类焊缝中也可选择一处标注焊缝的符号和尺寸，分类编号采用大写的拉丁字母 A、B、C、…，注写在尾部符号内，如图 14-29 所示。

(2) 标注单面焊缝时，当箭头指向焊缝所在的一面时，应将图形符号和尺寸标注在横线的上方，如图 14-30(a) 所示；当箭头指向焊缝所在另一面（相对的那面）时，应将图形符号和尺寸标注在横线的下方，如图 14-30(b) 所示；表示环绕工作件周围的焊缝时，可按图 14-30(c) 所示的方法标注。

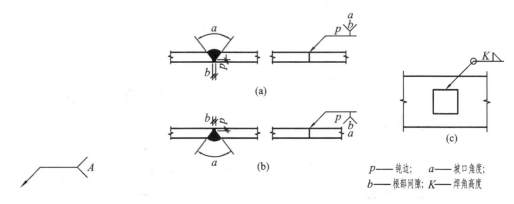

图 14-29 相同焊缝的表示方法　　图 14-30 单面焊缝的标注方法

(3) 标注双面焊缝时，应在横线的上、下都标注符号和尺寸。上方表示箭头一面的符号和尺寸，下方表示另一面的符号和尺寸，如图 14-31(a) 所示；当两面的焊缝尺寸相同时，只需在横线上方标注焊缝的符号和尺寸，如图 14-31(b)、(c)、(d) 所示。

(4) 3 个和 3 个以上的焊件相互焊接的焊缝，不得作为双面焊缝标注。其焊缝符号和尺寸应分别标注，如图 14-32 所示。

(5) 相互焊接的 2 个焊件中，当只有 1 个焊件带坡口时，引出线箭头必须指向带坡口的焊

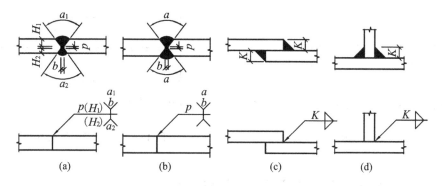

图 14-31 双面焊缝的标注方法

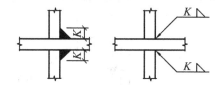

图 14-32 3 个以上焊件的焊缝标注方法

件,如图 14-33(a)所示;当为单面带双边不对称坡口焊缝时,引出线箭头必须指向较大坡口的焊件,如图 14-33(b)所示。

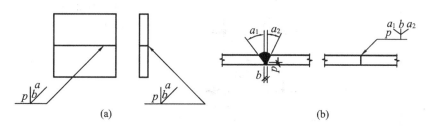

图 14-33 单坡口及不对称坡口焊缝的标注方法

(6)当焊缝分布不规则时,在标注焊缝符号的同时,宜在焊缝处加实线(表示可见焊缝),或加细栅线(表示不可见焊缝),如图 14-34 所示。

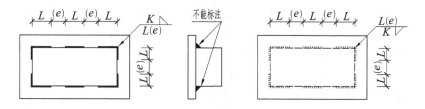

图 14-34 不规则焊缝的标注方法

(7)熔透角焊缝的符号为涂黑的圆圈,绘在引出线的转折处,如图 14-35 所示。

(8)图样中较长的角焊缝,可不用引出线标注,而直接在角焊缝旁标注焊缝尺寸值 K,如图 14-36 所示。

(9)局部焊缝应按图 14-37 所示的方法标注。

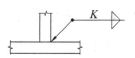

图 14-35 熔透角焊缝的标注方法

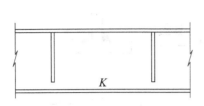

图 14-36 较长焊缝的标注方法

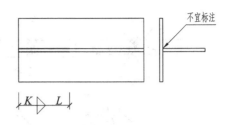

图 14-37 局部焊缝的标注方法

2. 螺栓、孔、电焊铆钉的表示方法(表 14-9)

表 14-9 螺栓、孔、电焊铆钉的表示方法

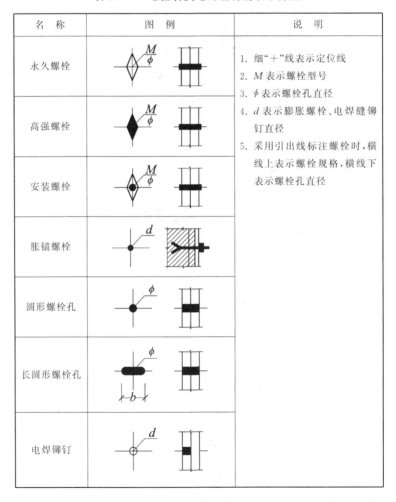

14.6.3 尺寸标注

钢结构构件的加工和连接安装要求较高,因此,标注尺寸时应达到准确、清楚和完整。钢结构图的尺寸标注方法是:

(1) 两构件的两条很近的重心线,应在交汇处将其各自向外错开,如图 14-38 所示。

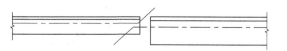

图 14-38 两构件重心线不重合

(2) 弯曲构件的尺寸应沿其弧度的曲线标注弧的轴线长度,如图 14-39 所示。

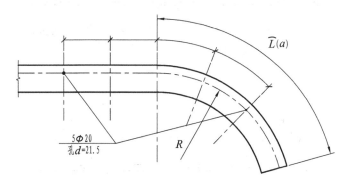

图 14-39 弯曲构件的标注方法

(3) 切割的板材,应标注各线段的长度及位置,如图 14-40 所示。

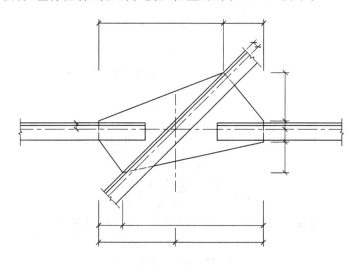

图 14-40 切割板材的标注方法

(4) 不等边角钢的构件,必须标注出角钢一肢的尺寸,如图 14-41(a)中的 B。

(5) 节点尺寸,应注明节点板的尺寸和各构件螺栓孔中心或中心距,以及构件端部至几何中心线交点的距离,如图 14-41(a)、(b)所示。

(6) 双型钢组合截面的构件,应注明缀板的数量及尺寸,如图 14-42 所示。引出横线上方标注缀板的数量及缀板的宽度、厚度,引出横线下方标注缀板的长度尺寸。

(7) 非焊接的节点板,应注明节点板的尺寸和螺栓孔中心与和几何中心线交点的距离,如图 14-43 所示。

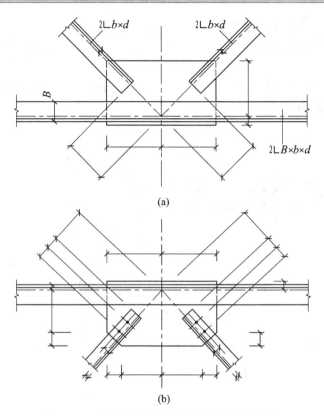

图 14-41 不等边角钢和节点尺寸的标注方法

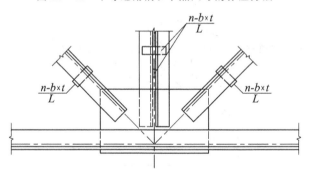

图 14-42 缀板的标注方法

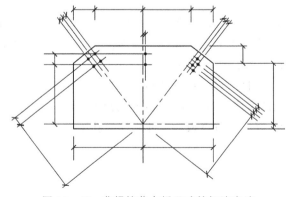

图 14-43 非焊接节点板尺寸的标注方法

14.6.4 钢屋架结构详图

钢屋架结构详图是表示钢屋架的形式、大小、型钢的规格、杆件的组合和连接情况的图样。其主要内容包括屋架简图、屋架详图、杆件详图、连接板详图、预埋件详图以及钢材用料表等。本节主要介绍屋架详图的内容和绘制。图 14-44 为钢屋架结构详图示例。

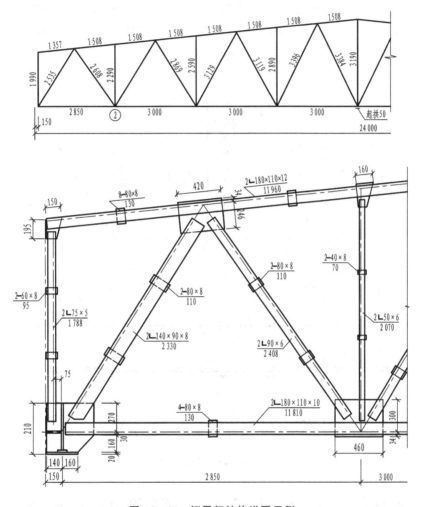

图 14-44 钢屋架结构详图示例

图中画出了用单线表示的钢屋架简图,用以表达屋架的结构形式,各杆件的计算长度,并作为放样的一种依据。该梯形屋架由于左右对称,故可采用对称画法只画出一半多一点,用折断线断开。屋架简图的比例用 1∶100 或 1∶200。习惯上放在图纸的左上角或右上角。图中要注明屋架的跨度(24 000)、高度(3 190),以及节点之间杆件的长度尺寸等。

屋架详图是用较大的比例画出的屋架立面图,应与屋架简图相一致。本例只是为了说明钢屋架结构详图的内容和绘制,故只选取了左端的一小部分。

在同一钢屋架详图中,因杆件长度与断面尺寸相差较大,故绘图时经常采用两种比例。屋架轴线长度采用较小的比例,而杆件的断面则采用较大的比例。这样既可节省图纸,又能把细部表示清楚。

图 14-45 是屋架简图中编号为 2 的一个下弦节点的详图。这个节点是由两根斜腹杆和一根竖腹杆通过节点板和下弦杆焊接而形成的。两根斜腹杆都分别用两根等边角钢(90×6)组成;竖腹杆由两根等边角钢(50×6)组成;下弦杆由两根不等边角钢(180×110×10)组成。由于每根杆件都由两根角钢所组成,所以在两角钢间有连接板。图中画出了斜腹杆和竖腹杆的扁钢连接板,且注明了它们的宽度、厚度和长度尺寸。节点板的形状和大小,根据每个节点杆件的位置和计算焊缝的长度来确定,图中的节点板为一矩形板,注明了它的尺寸。图中应注明各型钢的长度尺寸,如 2 408、2 070、2 550、11 800。除了连接板按图上所标明的块数沿杆件的长度均匀分布外,也应注明各杆件的定位尺寸(如 105、190、165)和节点板的定位尺寸(如 250、210、34、300)。图中还对各种杆件、节点板、连接板编绘了零件编号,标注了焊缝符号。

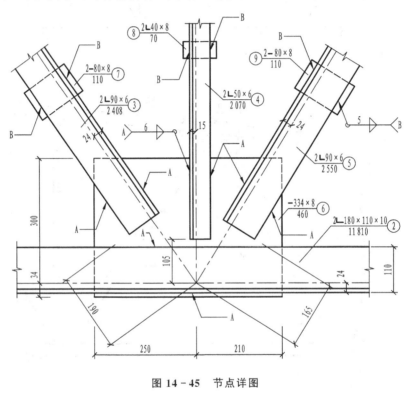

图 14-45 节点详图

14.7 钢筋混凝土结构施工图平面整体表示方法

混凝土结构施工图平面整体表示方法(简称平法)对我国目前混凝土结构施工图的设计表示方法做了重大改革。平法的表达形式,是把结构构件的尺寸和配筋等,按照平面整体表示方法制图规则,整体直接表达在各类构件的结构平面布置图上,再与标准构造详图相配合,即构成一套新型完整的结构设计。平法改变了传统的将构件从结构平面布置图中索引出来,再逐个绘制配筋详图的繁琐方法。因此,平法的作图简单,表达清晰,适合于常用的现浇混凝土柱、剪力墙、梁等,目前已广泛应用于各设计单位和建设单位。

按平法设计绘制的施工图,是由各类结构构件的平法施工图和标准构造详图两大部分构成。平法施工图包括构件平面布置图和用表格表示的建筑物各层层号、标高、层高表,标准构造详图一般采用图集。按平法设计绘制结构施工图时,必须根据具体工程设计,按照各类构件的平法制图原则,在按结构(标准)层绘制的平面布置图上直接表示各构件的尺寸、配筋和所选用的标准构造详图。出图时,宜按基础、柱、剪力墙、梁、板、楼梯及其他构件的顺序排列。

在平面布置图上表示各构件尺寸和配筋的方式,有平面注写、列表注写和截面注写三种。按平法设计绘制的结构施工图,应将所有柱、墙、梁构件进行编号,编号中含有构件号和序号等,常见的构件代号如表 14-10 所列。

表 14-10 平法结构施工图中的常见构件代号

柱	代号	剪力墙		代号
框架柱	KZ	墙柱	约束边缘端柱	YDZ
框支柱	KZZ		约束边缘暗柱	YAZ
芯柱	XZ		约束边缘翼墙柱	YYZ
梁上柱	LZ		约束边缘转角墙柱	YJZ
剪力墙上柱	QZ		构造边缘端柱	GDZ
梁	代号		构造边缘暗柱	GAZ
楼层框架梁	KL		构造边缘翼墙柱	GYZ
屋面框架梁	WKL		构造边缘转角墙柱	GJZ
框支梁	KZL		非边缘暗柱	AZ
非框架梁	L		扶壁柱	FBZ
悬挑梁	XL	墙洞	矩形洞口	JD
井式梁	JSL		圆形洞口	YD
		墙梁	连梁(无交叉暗撑、钢筋)	LL
			连梁(有交叉暗撑)	LL(JA)
			连梁(有交叉钢筋)	LL(JG)
			暗梁	AL
			边框梁	BKL
		墙身	剪力墙墙身	Q

本节主要介绍柱、剪力墙和梁的平面整体方法。

14.7.1 柱平法施工图的表示方法

柱平法施工图是在绘出柱的平面布置图的基础上,采用列表注写方式或截面注写方式来表示柱的截面尺寸和钢筋配置的结构工程图。

1. 列表注写方式

在以适当比例绘制出的柱平面布置图(包括框架柱、框支柱、梁上柱和剪力墙上柱)上,标注出柱的轴线编号、轴线间尺寸,并将所有柱进行编号(由类型代号和序号组成),分别在同一编号的柱中选择一个或几个柱的截面,以轴线为界标注柱的相关尺寸,并列出柱表。在柱表中注写柱号、柱段起止标高、几何尺寸(含柱截面对轴线的偏心情况)与配筋的具体数值,并配以各种柱截面形状及其箍筋类型图。

各段柱的起止标高,是自柱根部往上以变截面位置或截面未变但配筋改变处为界分段注写的。其中,框架柱和框支柱的根部标高是指基础顶面标高;芯柱的根部标高是指根据结构实际需要而定的起始位置标高;梁上柱的根部标高是指梁顶面标高。而剪力墙上柱的根部标高分两种:当柱与剪力墙重叠一层时,其根部标高为墙顶面往下一层的结构层楼面标高;当柱纵筋锚固在墙顶部时,其根部标高为墙顶面标高。

现以图 14-46 为例进行说明。对于矩形柱,在平面图中应注写截面尺寸 $b×h$ 及轴线关系的几何参数代号 b_1、b_2 和 h_1、h_2 的具体数值,须对应于各段柱分别注写,其中 $b=b_1+b_2$,$h=h_1+h_2$。当截面的某一边收缩变化至与轴线重合或偏到轴线的另一侧时,b_1、b_2、h_1、h_2 中的某项为零或负值。

该图中有 KZ1(框架柱)、XZ1(芯柱)、LZ1(梁上柱)三种柱,图 14-46(c)的柱表为框架柱 KZ1 和芯柱 XZ1 的配筋情况,它分别注写了 KZ1 和 XZ1 不同标高部分的截面尺寸和配筋,如在标高 19.470~37.470 m 段,KZ1 的截面尺寸为 650×600 mm,柱边离垂直轴线距离左右相等,均为 325 mm,柱边离水平轴线距离一边为 150 mm,另一边为 450 mm。配置的角筋为直径 22 mm 的 HRB335 钢筋,b 边一侧中部配置了 5 根直径为 22mm 的 HRB335 级钢筋,h 边一侧中部配置了 4 根直径为 20 mm 的 HRB335 级钢筋,箍筋为直径 10 mm 的 HPB235 钢筋,其中的斜线"/"区分柱端箍筋加密区与柱身非加密区长度范围内箍筋的不同间距(100/200),当圆柱采用螺旋箍筋时,需要在箍筋前家"L"。

具体工程所设计的各种箍筋类型,要在图中的适当位置画出箍筋类型图,并注写类型号。图 14-46(b)中共有 7 种类型的箍筋,其中类型 1 又有多种组合,如 4×3、4×4、5×4 等,柱表中"箍筋类型号"一栏的 1(5×4)、1(4×4)表示箍筋为类型 1 的 5(列)×(4 行)或 4(列)×(4 行)组合箍筋。

对于圆柱,柱表中 $b×h$ 一栏需在圆柱直径数字前加 d 表示。为了表达简单,圆柱截面与轴线的关系也用 b_1、b_2 和 h_1、h_2 表示,并使 $d=b_1+b_2=h_1+h_2$。

图中出现的芯柱(只在③~⑬轴线 KZ1 中设置),其截面尺寸按构造确定,并按标准构造图施工,设计不注;当设计者采用与标准构造详图不同的做法时,应进行注明。芯柱定位随框架柱,不需要注写其与轴线的几何关系。

当柱纵筋直径相同,各边根数也相同时,将纵筋注写在"全部纵筋"一栏中。此外,柱纵筋分角筋、截面 b 边中部筋和截面 h 边中部筋三项,应分别注写在柱表中的对应位置,对于采用对称配筋的矩形截面柱,可以仅注写一侧中部筋,对称边省略不注。

2. 截面注写方式

截面注写方式,是在分标准层绘制的柱平面布置图的柱截面上,分别在同一编号的柱中选择一个截面,以直接注写截面尺寸和配筋具体数值的方式来表达柱平法施工图。

截面注写方式,要求从相同编号的柱中选择一个截面,按另一种比例原位放大绘制柱截面配筋图,并在各配筋图上的编号后继续注写截面尺寸 $b×h$、角筋或全部纵筋(当纵筋采用一种直径并且能够图示清楚时)、箍筋的具体数值以及在柱截面配筋图上标注柱截面与轴线关系 b_1、b_2、h_1、h_2 的具体数值。

当纵筋采用两种直径时,须再注写截面各边中部筋的具体数值,对于采用对称配筋的矩形截面柱,可仅在一侧注写中部筋,对称边省略不注。

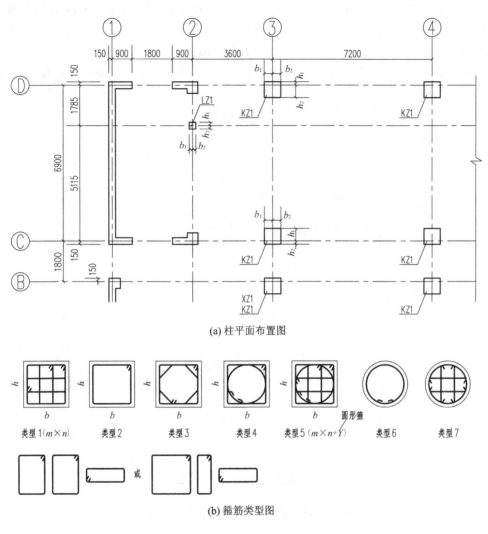

图 14-46 柱平法施工图列表注写方式

在某些框架柱的一定高度范围内,在其内部的中心位置设置芯柱时,应编号,并在其编号后注写芯柱的起止标高、全部纵筋及箍筋的具体数值。对于芯柱的其他要求,同"列表注写方式"。

应注意,在截面注写方式中,如果柱的分段截面尺寸和配筋均相同,仅分段截面与轴线的关系不同时,可以将它们编为同一柱号,但此时应在没有画出配筋的截面上注写该柱截面与轴线关系的具体尺寸。

图 14-47 分别表示了框架柱、梁上柱的截面尺寸和配筋。图中编号 KZ1 柱的截面图旁所标注的"650×600"表示柱的截面尺寸,"4Φ22"表示角筋为 4 根直径为 22 mm 的 HRB335 级钢筋,"φ10@100/200"表示所配置的箍筋;截面上方标注的"5Φ22",表示 b 边一侧配置的中部筋,截面左侧标注的"4Φ20",表示 h 边一侧配置的中部筋,由于柱截面配筋对称,所以在柱截面图的下方和右侧的标注省略。编号 LZ1 柱的截面图旁所标注的"250×300"表示该柱的截面尺寸,纵筋为 6 根直径为 16 mm 的 HRB335 级钢筋,箍筋为直径 8 mm 的 HPB235 级钢筋,间距为 200 mm。

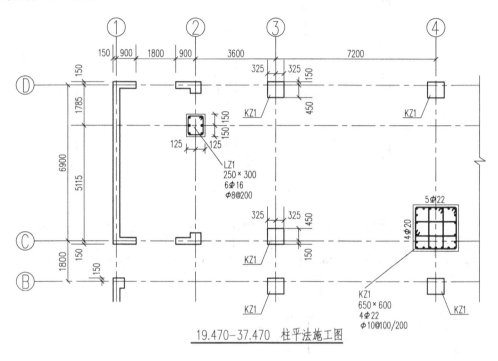

图 14-47　柱平法施工图截面注写方式

14.7.2　剪力墙平法施工图的表示方法

剪力墙平法施工图是在绘出剪力墙的平面布置图的基础上,采用列表注写方式或截面注写方式来表示剪力墙的截面尺寸和钢筋配置的结构工程图,如图 14-48 所示。

图 14-48 所示的是剪力墙平法施工图列表注写方式示例。从剪力墙柱表中可以知道编号为 GDZ1 和 GDZ2 的构造边缘端柱,编号为 GYZ2 的构造边缘翼墙(柱),编号为 GJZ3 的构造边缘转角柱的相关尺寸、标高、纵筋和箍筋配置情况。从剪力墙身表中可以知道编号为 Q1(2 排)的墙身的标高、厚度、水平分布筋、垂直分布筋和拉筋的配置情况。从剪力墙梁表中可以知道编号为 LL1~LL4 的连梁所在的楼层、梁顶相对该结构层标高的高差、梁的截面尺寸、梁上下部纵筋和箍筋的配置情况。

结构层平面图中的"YD1"表示剪力墙圆形洞口的编号。根据规范规定,剪力墙上的洞口均可以在剪力墙平面布置图上原位表达,绘制洞口示意,并标注洞口中心的平面定位尺寸。在洞口中心位置应该引注洞口编号、洞口几何尺寸、洞口中心相对标高和洞口每边补强钢筋四项

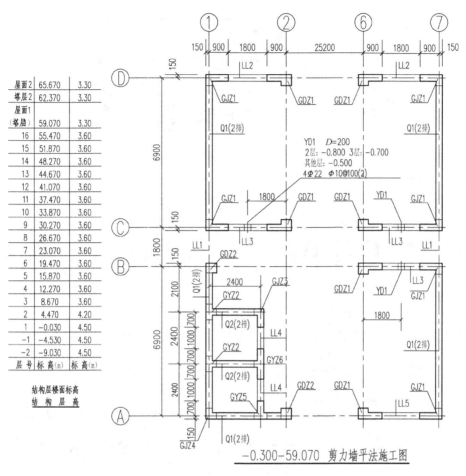

(a) 结构层楼面标高、层高表 (b) 结构层平面图

剪力墙梁表							
编号	所在楼层号	梁顶相对标高高差	梁截面 (b×h)	上部纵筋	下部纵筋	侧面纵筋	箍筋
LL1	2–9	0.800	300×2000	4⌀22	4⌀22	同 Q1 水平分布筋	⌀10@100(2)
	10–16	0.800	250×2000	4⌀20	4⌀20		⌀10@100(2)
	屋面		250×1200	4⌀20	4⌀20		⌀10@100(2)
LL2	3	−1.200	300×2520	4⌀22	4⌀22	同 Q1 水平分布筋	⌀10@150(2)
	4	−0.900	300×2070	4⌀22	4⌀22		⌀10@150(2)
	5–9	−0.900	300×1770	4⌀22	4⌀22		⌀10@150(2)
	10–屋面1	−0.900	250×1770	3⌀22	3⌀22		⌀10@150(2)
LL3	2		300×2070	4⌀22	4⌀22	同 Q1 水平分布筋	⌀10@100(2)
	3		300×1770	4⌀22	4⌀22		⌀10@100(2)
	4–9		300×1170	4⌀22	4⌀22		⌀10@100(2)
	10–屋面1		250×1170	3⌀22	3⌀22		⌀10@100(2)
LL4	2		250×2070	3⌀20	3⌀20	同 Q2 水平分布筋	⌀10@120(2)
	3		250×1770	3⌀20	3⌀20		⌀10@120(2)
	4–屋面1		250×1170	3⌀20	3⌀20		⌀10@120(2)

(c) 剪力墙梁表

图 14-48 剪力墙平法施工图列表注写方式(续)

剪 力 墙 身 表

编号	标高	墙厚	水平分布筋	垂直分布筋	拉筋
Q1(2排)	−0.030~30.270	300	Φ12@250	Φ12@250	Φ6@500
	30.270~59.070	250	Φ10@250	Φ10@250	Φ6@500
Q2(2排)	−0.030~30.270	250	Φ10@250	Φ10@250	Φ6@500
	30.270~59.070	200	Φ10@250	Φ10@250	Φ6@500

(d) 剪力墙身表

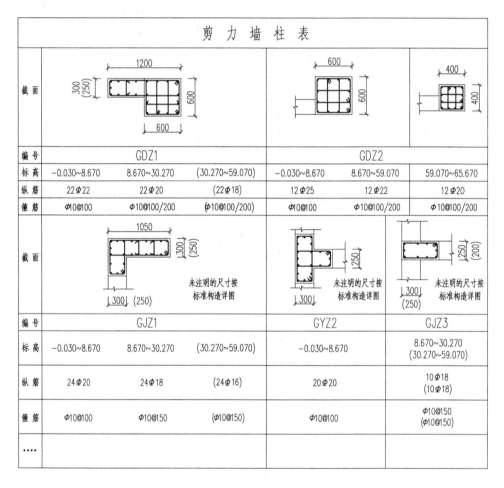

(e) 剪力墙柱表

图 14-48 剪力墙平法施工图列表注写方式(续)

内容。图 14-48(b)中"$D=200$"表示该圆形洞口的直径为 200 mm,"2 层:−0.800,3 层:−0.700"、"其他层:−0.500"表示该圆形洞口中心距离本结构层楼(地)面标高的洞口中心高度,本例中为负值,表示该圆形洞口中心低于本结构层楼面。

剪力墙平面布置图可以采用适当比例单独绘制,也可与柱或梁平面布置图合并绘制。当剪力墙较复杂或采用截面注写方式时,应按标准层分别绘制剪力墙平面布置图。

1. 列表注写方式

为表达清楚、简便，剪力墙可看成由剪力墙柱、剪力墙身、剪力墙梁（简称墙柱、墙身、墙梁）三类构件组成。因此，在剪力墙平面布置图上需要对它们分别按表14-10进行编号，再分别列出墙柱、墙身和墙梁表。

在这里，墙身编号是由墙身代号、序号以及墙身所配置的水平与竖向分布钢筋的排数组成，其中排数应注写在括号内。在编号中，如果若干墙柱的截面尺寸与配筋均相同，仅截面与轴线的关系不同时，可以将其编为同一墙柱号；如果若干墙身的厚度尺寸和配筋均相同，仅墙厚与轴线的关系不同或墙身长度不同时，也可将其编为同一墙身号。

剪力墙柱表中表达的内容主要有编号、墙柱的起止标高、墙柱的截面配筋图、各段墙柱的纵向钢筋和箍筋的规格与间距。

剪力墙梁表中表达的内容主要有编号、墙梁所在的楼层号、墙梁的顶面标高与结构层标高之差、墙梁的截面尺寸、墙梁上部和下部纵筋及箍筋的规格与间距。

剪力墙身表中表达的内容主要有编号、各段墙身起止标高、墙的厚度、一排水平和竖向分布钢筋及拉筋的规格与间距。

2. 截面注写方式

截面注写方式是在分标准层绘制的剪力墙平面布置图上，以直接在墙柱、墙身、墙梁上注写截面尺寸和配筋具体数值的方式，来表达剪力墙平法施工图。

截面注写方式有两种表示方法。一种是原位注写方式，可以直接在墙柱、墙身、墙梁图上注写；另一种方式，选用适当比例将平面布置图放大后，对墙柱绘制出配筋截面图，再进行注写。不管采用哪一种方法，均应对所有墙柱、墙身和墙梁进行编号，然后分别在相同编号的墙柱、墙身和墙梁中选择一根墙柱、一道墙身、一根墙梁进行注写。注写的内容有：

墙柱：编号、截面尺寸及相关几何尺寸、全部纵筋及箍筋；

墙身：编号、墙厚尺寸、水平和竖向分布钢筋及拉筋；

墙梁：编号、截面尺寸、箍筋、上部和下部纵筋、顶面高差。

图14-49是采用截面注写方式完成的剪力墙平法施工图。

14.7.3 梁平法施工图的表示方法

梁平法施工图是在梁平面布置图上采用平面注写方式或截面注写方式来表示梁的截面尺寸和钢筋配置的施工图。梁的平面布置图，应分别按梁的不同结构层（标准层），将全部梁和与其相关的柱、墙、板一起采用适当的比例绘制出来，必要时在编号后的括号内还标注梁顶面标高与标准层楼面标高之差。

1. 平面注写方式

梁的平面注写方式，是在梁平面布置图上，分别在不同编号的梁中各选一根梁，在其上注写截面尺寸和配筋具体数值的方式，来表达梁平法施工图。

平面注写包括集中标注和原位标注两种方式。集中标注注写梁的通用数值，原位标注注写梁的特殊数值。注写前应对所有梁进行编号，梁的编号由梁类型代号、序号、跨数及有无悬挑代号几项组成，如KL7(5A)表示第7号框架梁，5跨，一端有悬挑；L9(7B)表示第9号非框架梁，7跨，两端有悬挑，但悬挑不计入跨数。

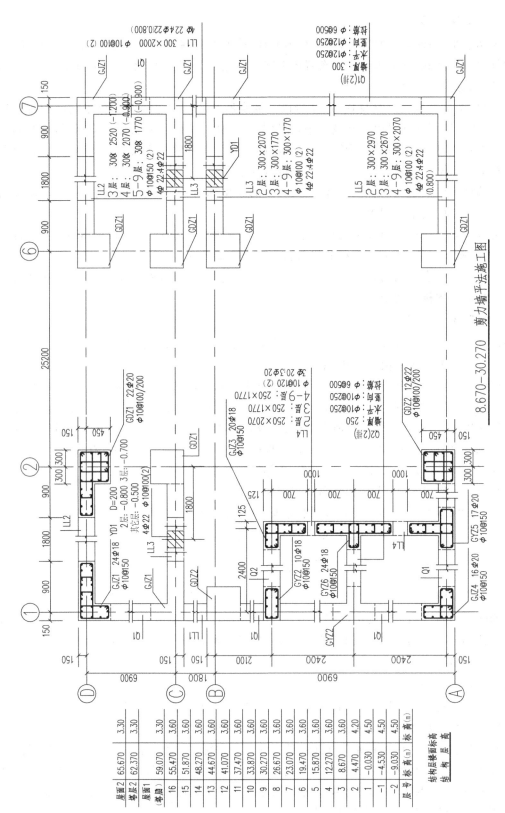

图14-49 剪力墙平法施工图截面注写方式

(1) 集中标注

当采用集中标注时,有五项必须标注的内容及一项选择标注的内容。这五项必须标注的内容是:梁编号、梁的截面尺寸、梁的箍筋、梁上部通长筋或架立筋和梁侧面纵向构造钢筋或受扭钢筋。当集中标注中的某项数值不适用于梁的某部位时,则将该项数值原位标注,施工时,原位标注取值优先。

梁的截面,如图 14-50 所示。如果为等截面时,用 $b×h$(宽×高)表示;如果为加腋梁时,用 $b×h\ Yc_1×c_2$ 表示,Y 表示加腋,c_1 为腋长,c_2 为腋高,如图(a)所示;如果有悬挑梁且根部和端部的高度不同时,用斜线分隔根部与端部的高度值,即为 $b×h_1/h_2$,如图(b)所示。

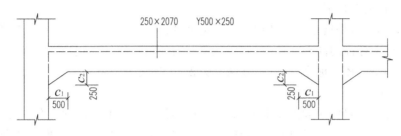

(a) 加腋梁截面尺寸注写示意

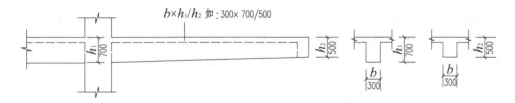

(b) 悬挑梁不等高截面尺寸注写示意

图 14-50 梁的截面尺寸注写

梁的箍筋,包括钢筋级别、直径、加密区与非加密区间距及肢数等。箍筋加密区与非加密区的不同间距及肢数应用"/"分隔,当箍筋为同一种间距及肢数时,不用"/";当加密区与非加密区的箍筋肢数相同时,则将肢数注写一次,箍筋肢数应写在括号内。例如:$\phi10@100/200(4)$ 表示箍筋为Ⅰ级钢筋,直径为 10 mm,加密区间距为 100 mm,非加密区间距为 200 mm,均为四肢箍;又如,$\phi8@100(4)/150(2)$ 表示箍筋为 HPB235 钢筋,直径为 8 mm,加密区间距为 100 mm,四肢箍,非加密区间距为 150 mm,两肢箍。当抗震结构中的非框架梁、悬挑梁、井字梁,及非抗震结构中的各类梁采用不同的箍筋间距及肢数时,也用"/"进行分隔,注写时先注写梁支座端部的箍筋,在"/"后注写梁跨中部分的箍筋间距及肢数。例如:$13\phi10@150/200(4)$ 表示箍筋为 HPB235 级钢筋,直径为 10 mm,梁的两端各有 13 个四肢箍,间距为 150 mm,梁跨中部分间距为 200 mm,四肢箍;又如,$18\phi12@150(4)/200(2)$ 表示箍筋为 HPB235 钢筋,直径为 12 mm,梁的两端各有 18 个四肢箍,间距为 150 mm,梁跨中部分间距为 200 mm,两肢箍。

梁上部的通长筋及架立筋,当它们在同一排时,应用加号"+"将通长筋与架立筋连接,注写时应将角部纵筋写在加号的前面,架立筋写在加号后面的括号内。当梁的上部纵筋和下部纵筋为全跨相同,且多数跨配筋相同时,该项可以加注下部纵筋的配筋值,用分号";"将上部与下部纵筋的配筋值分隔开,如图 14-51 所示。

2Φ25+2Φ22 表示梁的上部配置了2Φ25的通长钢筋,同时配置了2Φ22的架立筋。

3Φ22;3Φ20 表示梁的上部配置了3Φ22的通长钢筋,下部配置了3Φ20的通长钢筋。

图 14-51　梁的纵向钢筋注写

梁侧面纵向构造钢筋或受扭钢筋配置的注写,应按以下要求进行:当梁腹板高度 $h_w \geqslant 450$ mm 时,须配置纵向构造钢筋,在配筋数量前加"G",注写的钢筋数量为梁两个侧面的总配筋值,为对称配置。如 G4φ12 表示梁的两个侧面共配置了 4 根直径为 12 mm 的 HPB235 钢筋,每侧各配置 2 根;当梁侧面配置受扭纵向钢筋时,在配筋数量前加"N",注写的钢筋数量为梁两个侧面的总配筋值,为对称配置。

梁顶面标高高差,是指相对于结构层楼面标高的高差值,对于位于结构夹层的梁,则指相对于结构夹层楼面标高的高差。若有高差,须将其写入括号内,无高差时则不注。当某梁的顶面高于所在结构层的楼面标高时,其标高高差为正值,反之为负值。

（2）原位标注

原位标注通常主要标注梁支座上部纵筋(指该部位含通长筋在内的所有纵筋)及梁下部纵筋,或当梁的集中标注内容不适用于等跨梁或某悬挑部分时,则以不同数值标注在其附近。

对于梁支座上部的纵筋,当多于一排时,用斜线"/"将各排纵筋自上而下分开,如图 14-52 所示;当同排钢筋有两种直径时,用加号"+"将两种直径的纵筋相连,注写时将角部纵筋写在前面。当梁中间支座两边的上部纵筋不同时,须在支座两边分别标注;当梁中间支座两边的上部纵筋相同时,可仅在支座一边标注配筋值,另一边省略不注。

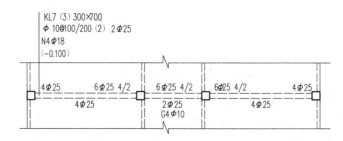

图 14-52　梁的原位标注

对于梁下部纵筋,当多于一排时,用斜线"/"将各排纵筋自上而下分开;当同排钢筋有两种直径时,用加号"+"将两种直径的纵筋相连,注写时将角部纵筋写在前面;当梁下部纵筋不全伸入支座时,将梁支座下部纵筋减少的数量写在括号内,其含义如图 14-53 所示。

6Φ25 2(-2)/4 表示上排纵筋为2Φ25,且不伸入支座;下排纵筋为4Φ25,全部伸入支座。

2Φ25+3Φ22(-3)/5Φ25表示上排纵筋为2Φ25和3Φ22,其中3Φ22不伸入支座;下排纵筋为5Φ25,全部伸入支座。

图 14-53　梁下部纵筋的标注

对于梁中的附加箍筋或吊筋,应将其画在平面图中的主梁上,用线引注总配筋值(附加箍筋的肢数注在括号内),如图 14-54 所示。当多数附加箍筋或吊筋相同时,可以在梁平法施工图上统一注明,少数与统一注明值不同时,再原位引注。

图 14-55 是采用平面注写方式画出的某建筑结构的一部分梁平法施工图。从图中可知,

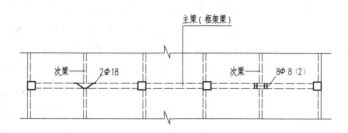

图 14-54 附加箍筋和吊筋的画法

该图中共有 KL1、KL2、KL5 三种楼层框架梁，有 L1、L3、L5 三种非框架梁。

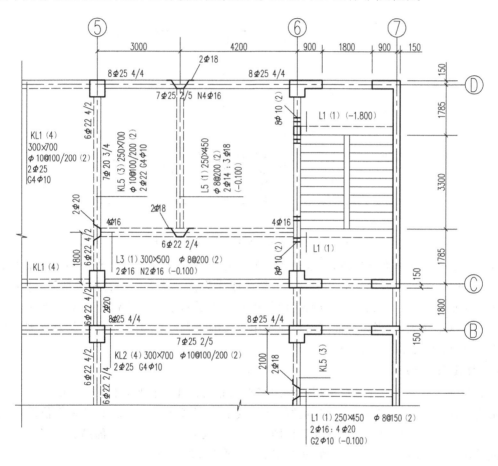

图 14-55 梁的平面注写方式示例

KL1 的截面为 300×700，箍筋为 $\varphi10@100/200(2)$，4 跨，梁上部和下部均有两排纵向钢筋，梁上部第一排为 4 根直径是 25 mm 的 HRB335 钢筋，第二排也为 4 根直径是 25 mm 的 HRB335 钢筋，共 8 根；梁下部第一排为 2 根直径是 25 mm 的 HRB335 钢筋，第二排为 5 根直径是 25 mm 的 HRB335 钢筋，共 7 根。KL1 两侧各配置了 $2\varphi10$ 的构造钢筋，在 KL1 与 L5 的连接处，KL1 两侧还分别配置了 2 根直径为 16 mm 的受扭钢筋。

KL2 的截面为 300×700，箍筋为 $\varphi10@100/200(2)$，4 跨，梁上部和下部均有两排纵向钢筋，梁上部第一排为 4 根直径是 22 mm 的 HRB335 钢筋，第二排为 2 根直径是 22 mm 的

HRB335 钢筋，共 6 根；梁下部第一排为 3 根直径是 20 mm 的 HRB335 钢筋，第二排为 4 根直径是 20 mm 的 HRB335 钢筋，共 7 根。KL2 两侧各配置了 $2\varphi10$ 的构造钢筋。

KL5 的截面为 250×700，箍筋为 $\varphi10@100/200(2)$，3 跨，梁上部和下部也均有两排纵向钢筋，梁上部第一排为 4 根直径是 22 mm 的 HRB335 钢筋，第二排为 2 根直径是 22 mm 的 HRB335 钢筋，共 6 根；梁下部第一排为 3 根直径是 22 mm 的 HRB335 钢筋，第二排为 4 根直径是 22 mm 的 HRB335 钢筋，共 7 根。KL5 两侧各配置了 $2\varphi10$ 的构造钢筋。

L1、L3、L5 均为 1 跨非框架梁，其内部的钢筋配置情况参见图中注写阅读。

注意，在多跨梁的集中标注中如果已注明加腋，而该梁某跨的根部不需要加腋时，应该在该跨原位标注等截面的 b×h，以修正集中标注中的加腋信息，如图 14-56 所示。

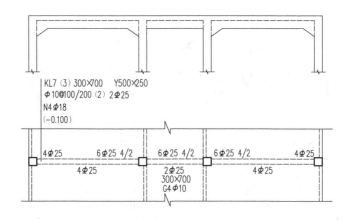

图 14-56　梁加腋平面注写方式表达示例

井字梁通常由非框架梁构成，并以框架梁为支座（特殊情况下以专门设置的非框架大梁为支座）。在此情况下，为明确区分井字梁与框架梁或作为井字梁支座的其他类型梁，井字梁用单粗虚线表示（当井字梁顶面高出板面时用单粗实线表示），框架梁或作为井字梁支座的其他类型梁用双细虚线表示（当梁顶面高出板面时用双实细线表示）。有关井字梁的其他规定及注写要求，可参阅有关标准图集。

2. 截面注写方式

梁的截面注写方式是在分标准层绘制的梁平面布置图上，分别在不同编号的梁中各选择一根梁用剖面号（单边截面号）引出配筋图，并在其上注写截面尺寸和配筋具体数值的方式来表达梁平法施工图。在画出的截面配筋详图上应注写截面尺寸 $b\times h$、上部筋、下部筋、侧面构造筋或受扭筋、以及箍筋的具体数值，表达形式同"平面注写方式"。

图 14-57 中，从平面布置图上分别引出了 3 个不同配筋的截面图，各图中表示了梁的截面尺寸和配筋情况。从 1—1 截面图中可知，该截面尺寸为 300×550，梁上部配置了 4 根直径为 16 mm 的 HRB335 钢筋，下部配置了双排钢筋，上边一排为 2 根直径是 22 mm 的 HRB335 钢筋，下边一排为 4 根直径是 22 mm 的 HRB335 钢筋，该梁还配置了 2 根直径为 16 mm 的受扭钢筋，梁内的箍筋为 $\varphi8@200$。从 2—2 截面图中可知，该截面配筋中除梁上部的配筋变为 2 根直径为 16 mm 的 HRB335 钢筋外，其余均与 1—1 截面配筋相同。从 3—3 截面图中可知，该截面尺寸为 250×450，梁上部配置了 2 根直径为 14 mm 的 HRB335 钢筋，梁下部配置了 3 根直径为 18 mm 的 HRB335 钢筋，梁内的箍筋为 $\varphi8@200$。

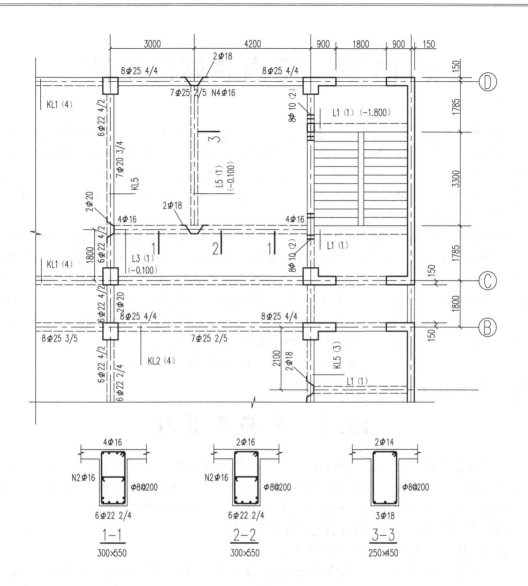

图 14-57 梁的截面注写方式示例

梁的截面注写方式可以单独使用，也可以与平面注写方式结合使用。

在梁平法施工图的平面图中，当局部区域的梁布置过密时，除了采用截面注写方式表达外，也可以将过密区用虚线框出，适当放大比例后再用平面注写方式表示。

当表达异型截面梁的尺寸与配筋时，用截面注写方式相对比较方便。

第15章 室内装修施工图

装修施工是建筑施工的延续,通常在建筑主体结构完成后进行。建筑室内装修施工图是建筑室内设计的成果。室内设计是建筑设计的有机组成部分,是建筑设计的继续和深化,它与建筑设计的概念在本质上是一样的。室内设计是在了解建筑设计意图的基础上,运用室内设计手段,对其加以丰富和发展,创造出理想的室内空间环境。室内装修施工图主要表达丰富的造型构思、先进的施工材料和施工工艺等。

室内设计一般包括计划、方案设计和施工图三个阶段。计划阶段的主要任务是做设计调查,全面掌握各种有关设计资料,为正式设计做好各种准备。方案设计阶段是室内装修的决定性阶段,根据使用者的要求、现场情况,以及有关规范和设计原则等,以平面图、立面图、透视图、文字说明等形式,将设计方案表达出来。经修改补充,取得比较合理的方案后,再进入施工图阶段。装修施工图一般包括图纸目录、装修施工说明、平面布置图、楼地面装修平面图、顶棚平面图、墙(柱)装修立面图以及必要的细部装修节点详图等内容。

目前,我国还没有装修制图的统一性标准,在实际应用中可按《房屋建筑制图统一标准》(GB/T 50001—2001)执行。

15.1 平面布置图

平面布置图是根据室内设计原理中的使用功能、精神功能、人体工程学以及使用者的要求等,对室内空间进行布置的图样。由于空间的划分、功能的分区是否合理会直接影响到使用的效果和精神的感受,因此,在室内设计中首先要绘制室内平面的布置图。

以住宅为例,平面布置图需要表达以下诸多内容:

建筑主体结构,如墙、柱、门窗、台阶等;

各功能空间(如客厅、餐厅、卧室等)的家具,如沙发、餐桌、餐椅、酒柜、衣柜、梳妆台、床、书柜、茶几、电视柜等的形状和位置,还有厨房、卫生间的橱柜、操作台、洗手台、浴缸、坐便器等的形状和位置,及各种家电的形状、位置,以及各种隔断、绿化、装饰构件等的布置;

标注建筑主体结构的开间和进深等尺寸,主要的装修尺寸,必要的装修要求等。

为了表示室内立面在平面图上的位置,应在平面图上用内视符号注明视点位置、方向及立面编号,如图15-1所示。符号中的圆圈应用细实线绘制,根据图面比例圆圈直径可以选择8~12 mm。立面编号宜用拉丁字母或阿拉伯数字。相邻90°的两个方向或三个方向,可用多个单面内视符号或一个四面内视符号表示,此时四面内视符号中的四个编号格内,只根据需要标注两个或三个即可。

现以图15-2所示的某住宅的平面图为例来说明平面布置图中的内容。

该住宅是由主卧、次卧、书房、客厅、餐厅、厨房、阳台和卫生间组成,图中标注了各功能房间的内视符号。

客厅是家庭生活和接人待客的中心,主要有沙发、茶几、视听电器柜、空调机、绿化物、台灯

第 15 章 室内装修施工图

(a) 单面内视符号　　(b) 双面内视符号　　(c) 四面内视符号

图 15-1　内视符号

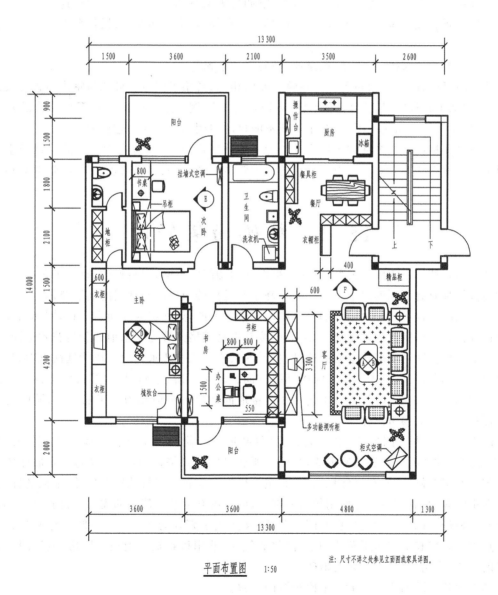

平面布置图　1:50

注：尺寸不详之处参见立面图或家具详图。

图 15-2　平面布置图

等家具和设备。

餐厅是家庭成员进餐的空间,主要有餐桌、餐椅、隔断、餐具柜等家具,隔断的作用是阻挡客厅视线,进行空间的分隔。

书房是学习、工作的场所,主要有简易沙发、茶几、办公桌椅、书柜、电脑等家具和设备,该书房南面有一阳台,具有延伸、宽敞、通透的感觉。

主卧室主要有床、床头柜、组合衣柜(与电视机柜、影碟机柜等组合使用)、桌椅等家具和设备,该卧室内置挂墙式空调机,位置与书房内的空调机相对。主卧室还有一卫生间,内有地柜、洗面盆、坐便器等。

次卧室主要有床、床头柜、桌椅、挂墙式空调机等家具和设备,北与阳台相连。

厨房主要有洗菜盆、操作台、橱柜、电冰箱、灶台等,均沿墙边布置,操作台之上有一挂墙式空调机。

卫生间内有洗衣机、洗面盆、洗涤池、坐便器和浴盆等。

从上图可以看出,平面布置图与建筑平面图相比,省略了门窗编号和与室内布置无关的尺寸标注,增加了各种家具、设备、绿化物、装饰构件的图例。这些图例一般都是简化的轮廓投影,并且按比例用中粗实线画出,对于特征不明显的图例用文字注明它们的名称。一些重要或特殊的部位须标注出其细部或定位尺寸。为了美化图面效果,还可在无陈设品遮挡的空余部位画出地面材料的铺装效果。由于表达的内容较多较细,一般都选用较大的比例作图,通常选用 $1:50$。

15.2 楼地面装修图

楼地面是使用最为频繁的部位,而且根据使用功能的不同,对材料的选择、工艺的要求、地面的高差等都有着不同的要求。楼地面装修主要是指楼板层和地坪层的面层装修。

楼地面的名称一般是以面层的材料和做法来命名的,如面层为花岗岩石材,则称为花岗岩地面;面层为木材,则称为**木地面**,木地面中按其板材规格又分为条木地面和拼花木地面。

楼地面装修图主要表达地面的造型、材料的名称和工艺要求。对于块状地面材料,用细实线画出块材的分格线,以表示施工时的铺装方向。对于台阶、基座、坑槽等特殊部位还应画出剖面详图,表示构造形式、尺寸及工艺做法。楼地面装修图不但作为施工的依据,同时也是作为地面材料采购的参考图样。

图 15-3 为对应于图 15-2 平面布置图的"地面装修图",主要表达客厅、卧室、书房、厨房、卫生间等的地面材料和铺装形式,并注明所选材料的规格,有特殊要求的还应加详图索引或详细注明工艺做法等;在尺寸标注方面,主要标注地面材料的拼花造型尺寸、地面的标高等。

图中的客厅、餐厅过道等使用频繁的部位,应考虑其耐磨和清洁的需要,选用 600×600 的大理石块材进行铺贴。为避免色彩图案单调,又选用了直径为 100 mm 的暗红色磨光花岗岩作为点缀。卧室和书房为了营造和谐、温馨的气氛,选用拼花柚木地板。厨房、卫生间考虑到防滑的需要,采用 200×200 防滑地砖。

楼地面装修图的比例一般与平面布置图一致。

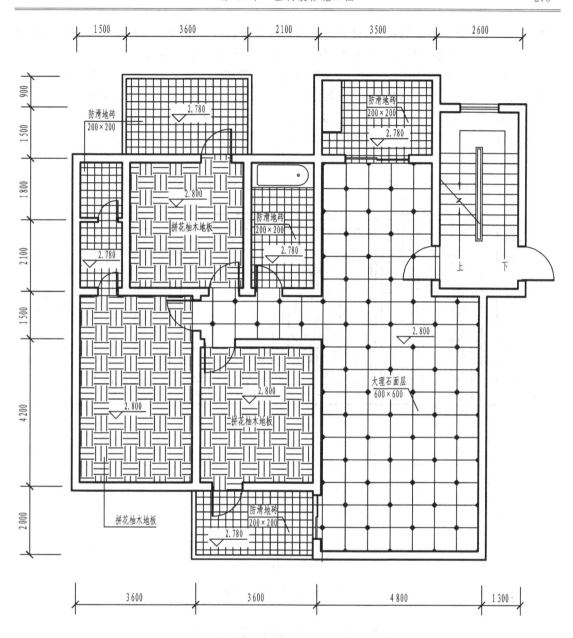

地面装修图 1:50

图 15-3 地面装修图

15.3 室内立面装修图

室内立面装修图主要表示建筑主体结构中铅垂立面的装修做法。对于不同性质、不同功能、不同部位的室内立面,其装修的繁简程度差别比较大。

室内立面装修图应包括投影方向可见的室内轮廓线和装修构造、门窗、构配件、墙面做法、固定家具、灯具、必要的尺寸和标高及需要表达的非固定家具、灯具、装饰物件等。室内立面装修图不需画出其余各楼层的投影,只重点表达室内墙面的造型、用料、工艺要求等。室内顶棚的轮廓线,可根据具体情况只表达吊平顶或同时表达吊平顶及结构顶棚。

由于室内立面的构造都较为细小,其作图比例一般都大于1:50。室内立面图的主要内容有:立面(墙、柱面)造型(如壁饰、套、装饰线、固定于墙身的柜、台、座等)的轮廓线、壁灯、装饰件等;吊顶棚及其以上的主体结构;立面的饰面材料、涂料名称、规格、颜色、工艺说明等;必要的尺寸标注;索引符号、剖面、断面的标注;立面两端墙(柱)的定位轴线编号。

图15-4是图15-2所示客厅的A向立面图。

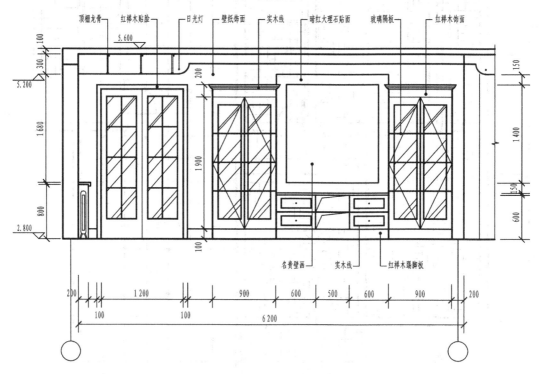

图15-4 室内立面装修图

15.4 顶棚平面图

顶棚同墙面和楼地面一样,是建筑物的主要装修部位之一。顶棚分为直接式顶棚和悬吊式顶棚两种。直接式顶棚是指在楼板(或屋面板)板底直接喷刷、抹灰或贴面;悬吊式顶棚(简称吊顶)是在较大空间和装饰要求较高的房间中,因建筑声学、保温隔热、清洁卫生、管道敷设、室内美观等特殊要求,常用顶棚把屋架、梁板等结构构件及设备遮盖起来,形成一个完整的表面。

顶棚平面图的主要内容有:顶棚的造型(如藻井、跌级、装饰线等)、灯饰、空调风口、排气扇、消防设施(如烟感器等)的轮廓线、条块状饰面材料的排列方向线;建筑主体结构的主要轴线、编号或主要尺寸;顶棚的各类设施的定形定位尺寸、标高;顶棚的各类设施、各部位的饰面材料、涂料的规格、名称、工艺说明等;索引符号或剖面及断面等符号的标注。

顶棚平面图宜用镜像投影法绘制;图15-5是图15-2所示住宅的顶棚平面图,读者可自行分析图中内容。

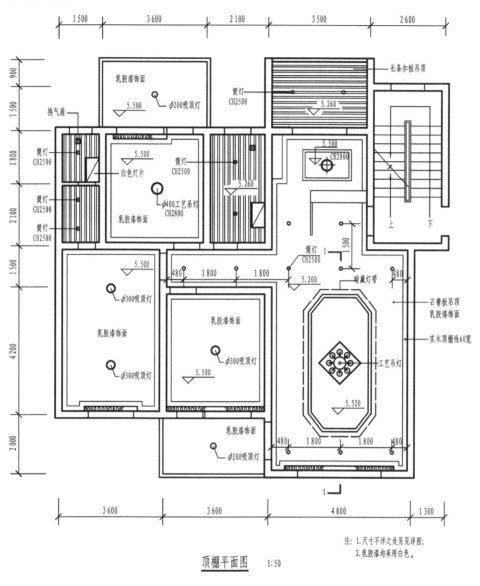

图 15-5 顶棚平面图

15.5 节点装修详图

节点装修详图指的是装修细部的局部放大图、剖面图和断面图等。由于在装修施工中常有一些复杂或细小的部位,在上述平、立面图中未能表达或未能详尽表达时,就需要用节点详图来表示该部位的形状、结构、材料名称、规格尺寸和工艺要求等。虽然在一些设计手册中会有相应的节点详图可以选用,但是由于装修设计往往带有鲜明的个性,再加上装修材料和装修工艺做法的不断变化,以及室内设计师的新创意,因此,节点详图在装修施工图中是不可缺少的。

下 篇
阴影透视

- 建筑阴影概述
- 平面立体及平面建筑形体的阴影
- 曲面立体的阴影
- 轴测投影图上的阴影
- 透视投影的基本知识
- 透视图的作图方法
- 透视图的辅助画法
- 曲面体的透视
- 透视图中的阴影、倒影和虚像

第 16 章 建筑阴影概述

16.1 建筑阴影的基本知识

16.1.1 阴影的形成和作用

在光线 L 的照射下,物体表面上直接被照射的部分,显得明亮,称为**阳面**。没有被光线照射到的部分,显得阴暗,称为**阴面**。阳面和阴面的分界线,称为**阴线**。由于物体的遮挡,致使该物体自身或其他物体原来迎光的表面(即阳面)上出现了阴暗部分,称为**影**或**落影**,如图 16-1 所示。影所在的阳面,称为**承影面**。影的轮廓线称为**影线**(即阴线在承影面上的落影)。影线上的点称为**影点**(即通过阴线上各点的光线与承影面的交点),阴与影合称为**阴影**。

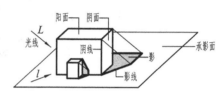

显然,形成阴影的三个要素是光线、物体和承影面,三者缺一不可。

图 16-1 阴影的形成

图 16-2(b)画出了带有阴影效果的某房屋正立面图。与 16-2(a)相比,该图可以明显地反映出房屋的凹凸、深浅、明暗,使图面生动逼真,富有立体感,加强并丰富了立面图的表现能力。此外,在房屋立面图上画出阴影,对研究建筑物造型是否优美,立面是否美观和比例是否恰当,都有很大的帮助。因此,在建筑设计的表现图中,往往借助于阴影来反映建筑物的体型组合,并以此权衡空间造型的处理和评价立面装修的艺术效果。

图 16-2 阴影在建筑表现图中的效果

应该注意,在正投影图中加绘物体的阴影,实际上是画出阴和影的正投影,一般情况下,我们可以认为是画出物体的阴和影。在本书中关于建筑阴影的作图中,着重绘出了准确的阴影几何轮廓,没有去表现阴影的明暗强弱变化。

16.1.2 习用光线

为了作图简捷和度量方便,经常采用一种特定方向的平行光线,称为**习用光线**。习用光线在空间的方向是和表面平行于各投影面的立方体的体对角线方向相是一致的,它与三个投影面的倾角均相等($\alpha=\beta=\gamma=35°$),如图 16-3(a)所示。习用光线 L 的 V、H、W 投影 l'、l、l'' 分别与相应投影轴成 $45°$ 夹角,如图 16-3(b)所示。

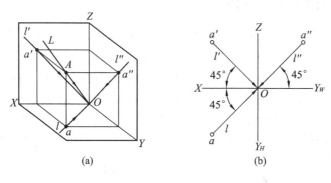

图 16-3 习用光线

16.2 点和直线的落影

16.2.1 点的落影

空间一点在某承影面上的落影,实际上就是过该点的光线与承影面的交点。如图 16-4

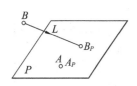

图 16-4 点的落影

所示,要作出 B 点在承影面 P 上的落影,可过点 B 作一直线与光线平行,则该直线与承影面 P 的交点,即为 B 点的落影 B_P。如果空间一点位于承影面上,如图 16-4 中 A 点,则 A 点在该承影面上的落影 A_P 与该点自身重合。

点的落影在空间用相同于该点的字母加脚注来标记,脚注应为与承影面相同的大写字母,如 A_P、B_P、…,如果承影面不是以一个字母表示,则脚注应以数字 0、1、2、… 标记。

16.2.2 点在投影面上的落影

当以投影面为承影面时,点的落影就是通过该点的光线与投影面的交点(即光线的迹点)。一般来说,在两面投影体系中,空间一点距哪个投影面较近,即过点的光线首先与该投影面相交,则该空间点的落影就在该投影面上。如图 16-5(a)所示,A 点跟 V 面较近,过 A 点的光线首先与 V 面相交,则迹点 A_V 即为 A 点的落影。

如果假想 V 面是透明的,则 A 点的落影会在 H 面上,即(A_H)。在今后的作图中,我们把

A_V 称为点的**真影**，(A_H) 称为点的**虚影**，并加括号表示。点的虚影由于是假想产生的，故解题时一般可不画出，但如果作图需要，则应画出。

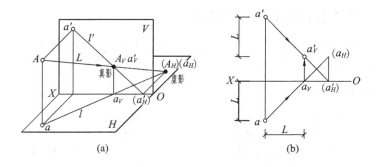

图 16-5　点在投影面上的落影

由图 16-5(a)可看出，落影 A_V 的 V 面投影 a_V' 与 A_V 自身重合，它的 H 面投影 a_V 位于 OX 轴上；a_V'、a_V 又分别位于光线 L 的投影 l'、l 上。因此，在图 16-5(b)投影图中，求作点 A 的落影 A_V（实际上是求影 A_V 的 V 面投影和 H 面投影），可分别过 a'、a 引光线的 V 面投影 l'、H 面投影 l。图中 l 首先与 OX 轴相交，说明 A 点落影在 V 面上，l 与 OX 轴的交点即为 a_V，过 a_V 作 OX 轴的垂线，与 l' 交于 a_V'。

要求作 A 点的虚影，则先将 l' 与 OX 轴相交，得交点 (a_H')，过 (a_H') 再作 OX 轴的垂线，与 l 相交 (a_H)，即为所求。可以看出 (a_H) 与 A_H 也是重合的。

从图 16-5(b)可得出点在投影面上的落影规律：空间点在某投影面上的落影，与其同面投影间的水平距离和垂直距离，都等于空间点到该投影面的距离。如图 16-5(b)中 a_V' 与 a' 之间的水平距离和垂直距离都等于 A 点到 V 面的距离，即 a 到 OX 轴的距离。

16.2.3　点在一般位置平面上的落影

当承影面为一般位置平面时，如图 16-6(a)中的 $\triangle BCD$ 平面，要求空间中一点 A 在 $\triangle BCD$ 平面上的落影，可过 A 点作光线 L，光线 L 与 $\triangle BCD$ 平面的交点即为 A 点的落影。可利用求直线与平面交点的方法进行作图，如图 16-6(b)所示。

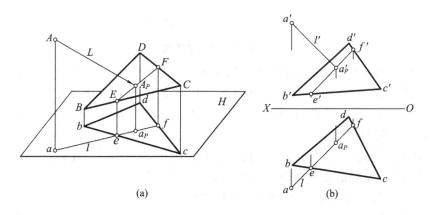

图 16-6　点在一般位置平面上的落影

由于 A 点在 $\triangle BCD$ 平面上的影的两个投影都不在投影轴上,所以都应该进行标注投影名称。

16.2.4 点在投影面垂直面上的落影

求作点在投影面垂直面上的落影,可利用投影面垂直面的积聚性作图。如图 16-7 所示,首先过 a'、a 分别作光线投影 l'、l,因铅垂面有积聚性,所以 l 与 P^H 的交点 a_P 即为影 A_P 的水平投影,由 a_P 作铅垂线与 l' 相交,即得落影 A_P 的 V 面投影 a'_P。

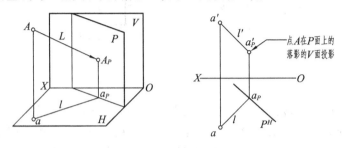

图 16-7 点在投影面垂直面上的落影

16.2.5 直线的落影

1. 直线在投影面上的落影

直线的落影是通过直线上各点的光线所组成的光平面与承影面的交线。一般情况下,求作直线线段在一个承影面上的落影,只需作出线段两端点在该承影面上的落影,然后连接所求两点的落影即可,如图 16-8 所示。

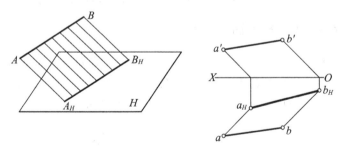

图 16-8 直线的落影

特殊情况下,如果直线线段两端点的落影不在同一个承影面上,则不能直接连接两端点的落影,而是要首先求出转折点,再相连。转折点的求作可通过以下 3 种方法。

(1) 求出一点在某一投影面上的虚影,把同一投影面上的真影与虚影相连,与 OX 轴的交点即为转折点,如图 16-9 所示。

(2) 在直线上任选一点,求出该点在投影面上的真影,与位于同一投影面上的一端点的真影相连,延长后与 OX 轴的交点即为转折点,如图 16-10 所示。

(3) 当直线线段平行于某一投影面时,可用平行性求得转折点。

【例 16-1】 如图 16-11(a)所示,已知直线 CD 的 V、H 投影,利用虚影求其在投影面上的落影。

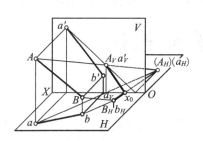
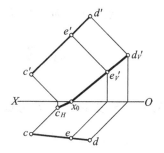

图 16-9 利用直线线段端点的虚影求转折点　　　图 16-10 利用直线上一点和一端点求转折点

由已知直线 CD 两端点的投影可看出，c' 到 OX 轴的距离要比 c 到 OX 轴的距离短，d 到 OX 轴的距离要比 d' 到 OX 轴的距离短，故可判断出，C 点的落影在 H 面上，D 点的落影在 V 面上，直线 CD 的落影必有转折点。作图时，可在求出 c_H 的基础上，再求出 (d_H)，连接 $c_H(d_H)$ 与 OX 轴交于 x_0 点，即为转折点。再连接 $x_0 d'_V$、$c_H x_0$ 即为所求。作图过程如图 16-11(b) 所示。

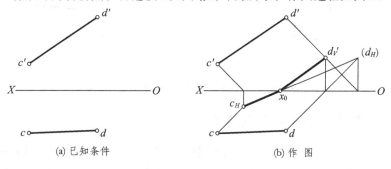

(a) 已知条件　　　　　　　　　(b) 作图

图 16-11 利用虚影求直线 CD 在投影面上的落影

2. 直线在投影面垂直面上的落影

如图 16-12 所示，当承影面为铅垂面 P 时，其水平投影 P^H 积聚为一条直线。利用积聚性，可分别求出直线上两端点 A、B 的落影 $A_P(a_P、a'_P)$ 和 $B_P(b_P、b'_P)$。连接 $a'_P、b'_P$ 即为直线在 P 面上的落影 $A_P B_P$ 的 V 面投影，$A_P B_P$ 的水平投影 $a_P b_P$ 积聚在 P^H 上。

3. 直线在一般位置平面上的落影

如图16-13所示，当承影面为一般位置平面 P 时，其 V、H 投影均没有积聚性。应分别

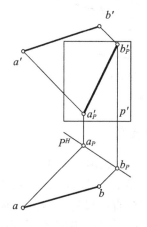
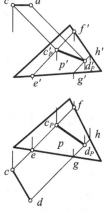

图 16-12 直线在铅垂面上的落影　　　图 16-13 直线在一般位置平面上的落影

求出直线 CD 两端点在 P 面上的落影 $C_P(c_P、c'_P)$ 和 $D_P(d_P、d'_P)$，连接 $c_P d_P$、$c'_P d'_P$ 即为所求。

16.3 直线的落影规律

16.3.1 直线平行于承影面时的落影

直线平行于承影面，根据平行投影的特性，该直线在承影面上的落影与其自身平行且长度相等。图 16-14 中，线 $AB // H$ 面，直线 AB 在 H 面上的落影 $A_H B_H$ 必然平行于 AB，且长度相等。$A_H B_H$ 的水平投影 $a_H b_H$ 与其自身重合，由此可知 ab 一定与 $a_H b_H$ 平行且长度相等。

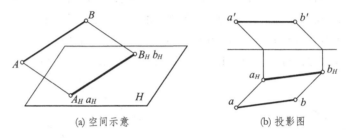

(a) 空间示意　　(b) 投影图

图 16-14　平行于承影面的直线的落影

16.3.2 两直线互相平行时的落影

两直线互相平行，它们在同一承影面上的落影必然互相平行。如图 16-15 所示，$AB // CD$，则 AB、CD 在 H 面上的落影 $A_H B_H$、$C_H D_H$ 必然互相平行。因此，在作图中，如图 16-15(b) 所示，可先求出其中一条直线 AB 的落影 $a_H b_H$，则另一直线 CD 只须求出一个端点的落影 c_H，就能够求出与 $a_H b_H$ 平行的落影 $c_H d_H$。

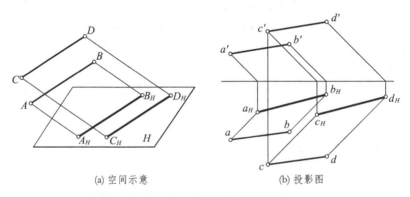

(a) 空间示意　　(b) 投影图

图 16-15　两平行直线的落影

16.3.3 一直线在两个互相平行的承影面上的落影

一直线在两互相平行的承影面上的落影，必然互相平行。如图 16-16 所示，$P // V$ 面，$P_H // OX$ 轴，直线 AB 在 P 面和 V 面上均有落影。直线 AB 在两承影面上的落影必有一个转折点 C，也就是说，C 点的落影可以是 c'_P，也可以是 (c'_V)。AC 直线段的落影在 V 面上，CB 直线段的落影在 P 面上。根据平行投影的原理，过 AC 的光平面与过 CB 的光平面必然互相平行,故 $a'_V(c'_V) \mathbin{/\mkern-5mu/} c'_P b'_P$。

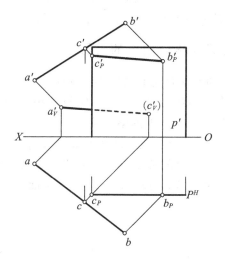

图 16-16 一直线在两互相平行承影面上的落影

16.3.4 两直线相交时的落影

两直线相交,它们在同一承影面上的落影必然相交,落影的交点,就是两直线交点的落影,如图 16-17 所示。

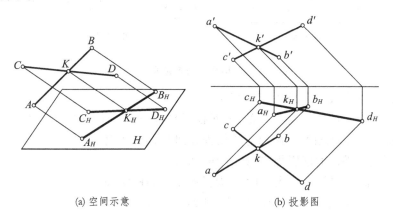

(a) 空间示意　　　　(b) 投影图

图 16-17 两相交直线的落影

16.3.5 一直线在两个相交承影面上的落影

一直线在两个相交承影面上的落影必然相交,两落影的交点必然位于两承影面的交线上。如图 16-18 所示,直线 AB 在两相交承影面 P、Q 上的落影,是过 AB 的光平面与 P、Q 产生的交线,根据三面共点原理,三面的交点必位于两承影面 P、Q 的交线上,即 C_0 点。在投影图中,两承影面积聚投

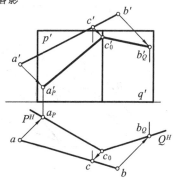

图 16-18 一直线在两相交承影面上的落影

影的交点即为 c_0。要求得 c_0'，需要过 c_0 作反向光线与 ab 交于 c 点，进而求出 c'，过 c' 作 45°光线，与两承影面交线交于 c_0'，然后分别连接 $a_P'c_0'$、$c_0'b_Q'$，即为所求。

16.3.6　投影面垂直线在投影面上的落影

我们以铅垂线为例，来分析投影面垂直线的落影规律。

如图 16-19(a)所示，直线 AB 为铅垂线，其 H 投影积聚为一点，过直线 AB 的光平面必定与 H 面垂直，即直线 AB 在 H 面上的落影为一条通过 ab 且与 OX 轴成 45°夹角的直线段。由于直线 AB 与 V 面平行，故直线 AB 在 V 面上的落影与其平行，作图时只需求出 a_V'，即可求得直线 AB 在 V、H 面上的两个落影。直线 CD 也为铅垂线，D 点高于 B 点。同理，在作图时需要分别求出 c_V' 和 d_H，即可求出 CD 在 V、H 面上的两个落影，如图 16-19(b)所示。

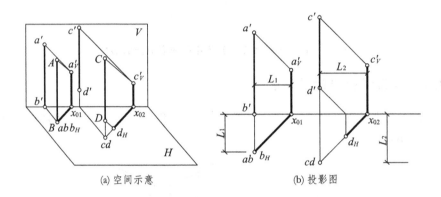

(a) 空间示意　　　　　(b) 投影图

图 16-19　铅垂线在投影面上的落影

由图 16-19，可得出铅垂线的落影规律：

铅垂线在 H 面上的落影与光线的 H 面投影平行；在 V 面上的落影，不仅与铅垂线的 V 面投影平行，而且到 V 面投影的距离等于铅垂线到 V 面的距离。

同理，可得出正垂线的落影规律(见图 16-20)：

正垂线在 V 面上的落影与光线的 V 面投影平行；在 H 面上的落影，不仅与正垂线的 H 面投影平行，而且到 H 面投影的距离等于正垂线到 H 面的距离。

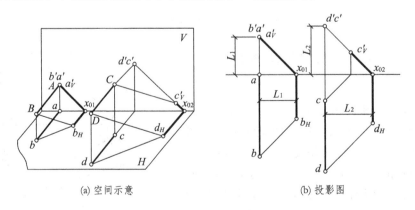

(a) 空间示意　　　　　(b) 投影图

图 16-20　正垂线在投影面上的落影

16.3.7　投影面垂直线在另一投影面垂直面上的落影

投影面垂直线落影于由另一投影面垂直面形成的立体表面时,其落影的第三面投影,与立体表面有积聚性的投影成对称形状。如图 16-21 所示,铅垂线 AB 在侧垂承影面上的落影,与承影面在 W 面上的积聚投影成对称形状。直线 AB 垂直于 H 面,而承影面是一组垂直于 W 面的平面和柱面组合而成。通过 AB 所作的光平面,与 V、W 面都成 45°角,光平面与承影面的交线即为铅垂线的落影,落影的 V、W 投影形状相同,而落影的 W 面投影是积聚在承影面的 W 面投影上的。因此,落影的 V 面投影必与承影面的 W 面投影成对称形状。

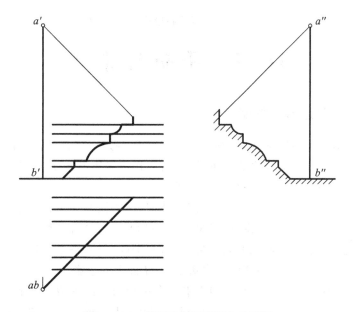

图 16-21　铅垂线在侧垂面上的落影

正垂线和侧垂线在侧垂面和铅垂面上的落影分别如图 16-22 和 16-23 所示。

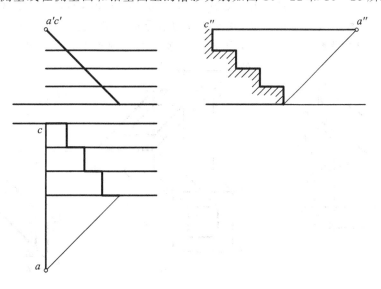

图 16-22　正垂线在侧垂面上的落影

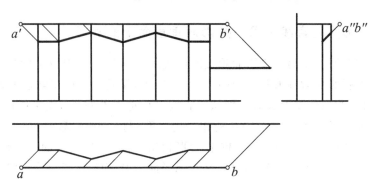

图 16-23 侧垂线在铅垂面上的落影

16.4 平面的落影

16.4.1 平面多边形的落影

（1）平面多边形的落影轮廓线（影线），就是多边形各边线的落影。如图 16-24 所示，求作多边形的落影，首先作出多边形各顶点的落影，然后用直线顺次连接，即为所求。

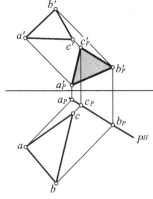

图 16-24 平面多边形在投影面垂直面上的落影

（2）平面多边形在一个投影面上的落影。如图 16-25 所示，图（a）是平面多边形平行于 V 面时的落影，落影的大小、形状与其自身完全相同；图（b）是水平多边形在 V 面上的落影；图（c）是侧平多边形在 H 面上的落影。

（3）如果平面多边形与光线的方向平行，则它在任何承影面上的落影均成一直线，且平面多边形的两侧表面均为阴面。如图 16-26 所示，六边形平行于光线的方向，它在铅垂承影面 P 上的落影是一条直线 $b'_P a'_P f'_P e'_P$，六边形上只有 BA、AF、FE 被照亮，其他部分均不受光，所以两侧表面均为阴面。

（4）如果平面多边形各顶点的落影在两相交的承影面上

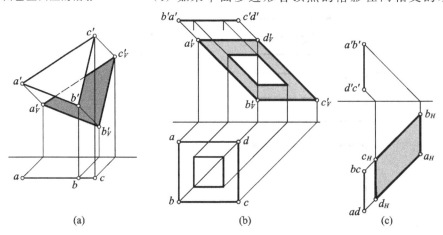

图 16-25 平面多边形在投影面上的落影

时,则必须求出边线落影的转折点,按位于同一承影面上的落影的点才能相连的原则,依次连接各影点即可。如图16-27所示,图(a)是利用虚影来确定影线上的转折点,图(b)是利用返回光线确定影线上的转折点。

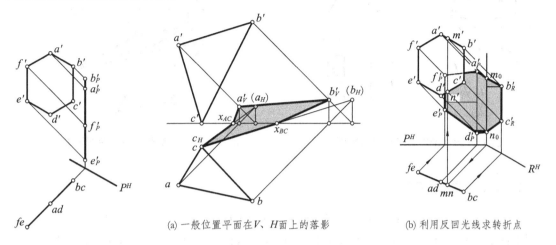

图16-26 平行于光线的六边形的落影

图16-27 平面多边形在两相交承影面上的落影
(a) 一般位置平面在V、H面上的落影　(b) 利用反回光线求转折点

16.4.2 平面图形的阴面和阳面的判别

在光线的照射下,平面会产生阴面和阳面。平面图形的各个投影,是阴面的投影,还是阳面的投影,需要进行判别。

1. 投影面垂直面的阴阳面投影的判别

当平面图形为投影面垂直面时,可在有积聚性的投影中,直接利用光线的同面投影来加以检验。如图16-28(a)所示,P、Q两平面均为铅垂面,Q^H与OX轴夹角小于45°,即Q与V面的夹角小于45°,光线照射在Q面的前方,故Q面的V面投影是阳面的投影。P面与V面的夹角大于45°,光线照射在P面的后方,故P面的V面投影是阴面的投影。图16-28(b)中,P、Q两平面均为正垂面,根据它们的V面投影分析,可判别出P面的H面投影是阴面的投影,Q面的H面投影是阳面的投影。

2. 一般位置平面阴阳面的判别

当平面图形为一般位置平面时,若平面的两个投影各顶点的旋转顺序相同,则两投影同是阴面的投影或同是阳面的投影;若旋转顺序相反,则一为阴面的投影,一为阳面的投影。判别时,可先求出平面图形的落影,当平面某一投影各顶点与其落影的各顶点的旋转顺序相同,则该投影为阳面的投影,反之则为阴面的投影。这是因为承影面总是迎光的阳面,平面图形在其上的落影的各点顺序,只能与平面图形的阳面顺序一致,而与平面图形的阴面顺序相反。

如图16-29所示,由于四边形$ABCD$的H投影各顶点的顺序为逆时针方向,四边形在H面上的落影各顶点的顺序也为逆时针方向,故四边形$ABCD$的H面投影为阳面的投影。四边形的V面投影各顶点的顺序为顺时针方向,故四边形$ABCD$的V面投影为阴面的投影。

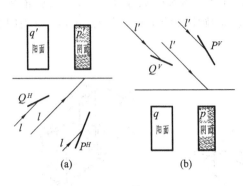

图 16-28　投影面阴阳面的判别

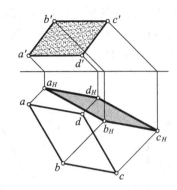

图 16-29　一般位置平面阴阳面的判别

16.4.3　圆的落影

(1) 当圆平面平行于某一投影面时,在该投影面上的落影与其同面投影形状完全相同,反映圆平面的实形。图 16-30(a)所示为正平圆的落影,16-30(b)所示为水平圆的落影。作图时,先求出圆心 O 的落影 o'_V(或 o_H),以 o'_V(或 o_H)为圆心,以原半径为半径作圆,即为所求圆的落影。

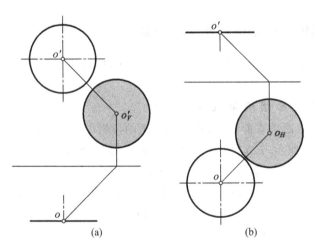

图 16-30　平行于某一投影面的圆的落影

(2) 一般情况下,圆在任何一个承影面上的落影是一个椭圆。圆心的落影成为落影椭圆的中心,圆的任何一对互相垂直的直径,其落影成为落影椭圆的一对共轭直径。

图 16-31 所示为一水平圆,它在 V 面上的落影是一个椭圆。为求作落影椭圆,可利用圆的外切正方形作为辅助图线来解决。作图步骤如下:

① 作圆的外切正方形 $abcd$。ad、bc 为侧垂线,ab、cd 为正垂线,圆周与正方形的四个切点为 1、2、3、4,正方形对角线与圆周的交点为 5、6、7、8。

② 作正方形在 V 面上的落影 $a'_V b'_V c'_V d'_V$,落影对角线的交点即为圆心的落影。

③ 求正方形对角线与圆交点的落影 $5'_V$、$6'_V$、$7'_V$、$8'_V$。

④ 依次光滑连接 $1'_V 6'_V 2'_V 7'_V 3'_V 8'_V 4'_V 5'_V 1'_V$,即得圆在 V 面上的落影。

（3）求作建筑细部的阴影时，经常根据需要作出紧靠正平面的水平半圆的落影。如图 16-32(a)所示，只要解决半圆上五个特殊方位的点的落影即可。点 A、B 位于 V 面上，其落影 A_V、B_V 的 V 面投影 a'_V、b'_V 与其同面投影 a'、b' 重合，点 Ⅰ 的落影 $1'_V$ 位于中线上，正前方点 C 的落影位于 b'_V 的正下方，右前方点 Ⅱ 的落影 $2'_V$ 与中线的距离两倍于 $2'$ 与中线的距离。光滑连接 $a'_V 1'_V c'_V 2'_V b'_V$，就是半圆的落影（半椭圆）。

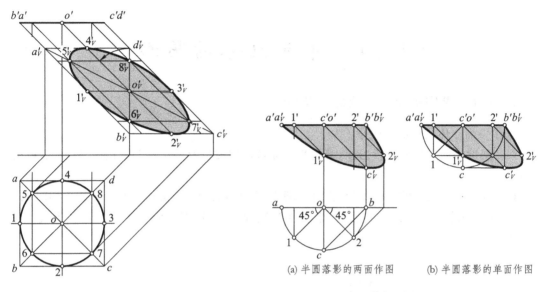

图 16-31　求作水平圆在 V 面上的落影

(a) 半圆落影的两面作图　　(b) 半圆落影的单面作图

图 16-32　半圆的落影

既然在半圆上能够找出这 5 个特殊点，这 5 个点的落影也处于特殊位置，故可利用该 5 点单独在 V 面投影上直接求作半圆的落影，其作图如图 16-32(b)所示。

第 17 章 平面立体及平面建筑形体的阴影

17.1 平面立体的阴影

17.1.1 求作平面立体阴影的步骤

求作平面立体阴影的步骤是：

(1) 阅读平面立体的正投影图，分析平面立体的组成以及各组成部分的形状、大小和相对位置。

(2) 确定平面立体的阴面、阳面和阴线，阴线是由阴面和阳面交成的凸角棱线。如图 17-1 所示，在光线照射下，长方体的左、前、上三面为阳面，右、后、下三面为阴面，所以，折线 ABC-DEFA 是阴线。

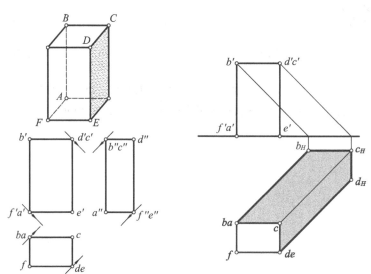

图 17-1 阴线的确定

(3) 分析各段阴线的承影面，求出各段阴线在承影面上的落影。

17.1.2 棱柱体的阴影

如图 17-2 所示，图(a)是棱柱体全部落影在 H 面上；图(b)是棱柱体全部落影在 V 面上；图(c)是棱柱体同时落影在 V、H 面上。由此可以看出，随着棱柱体与投影面相对位置的变化，其在投影面上的阴影是不相同的。

图 17-3(a)所示的是一紧靠于墙面上的五边形水平板。从 V 投影可看出，板的上、下两

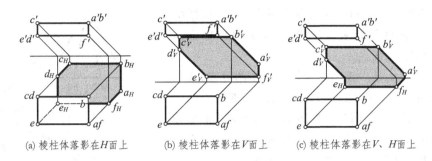

(a) 棱柱体落影在H面上　　(b) 棱柱体落影在V面上　　(c) 棱柱体落影在V、H面上

图 17-2　棱柱体的落影

水平表面中，上为阳面，下为阴面。板的左、前、右五个侧面中，左面和前面的三个侧面为阳面，右侧两个侧面为阴面，阴线为 ABCDEFG。而图 17-3(b)所示的紧靠于墙面上的五边形水平板，右前方的那个侧面为受光面，是阳面，只有右侧和下表面是阴面，阴线为 ABCDHFG。

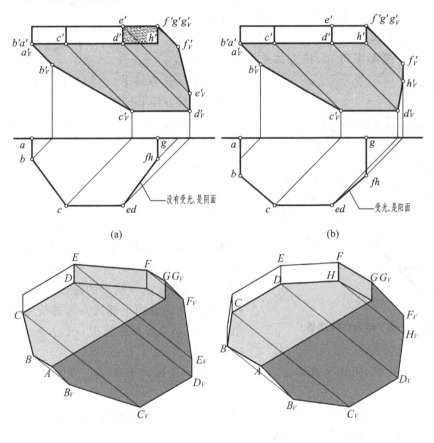

图 17-3　紧靠于墙面上的五边形水平板的阴影

17.1.3　棱锥体的阴影

由于棱锥的侧面都是斜面，在正投影图上很难准确地判别出哪些侧面是阳面，哪些是阴面，也就不能确定哪些棱线是阴线。为此，可先求出锥顶和底面各顶点在同一承影面上的落

影,然后分别连接锥顶和底面各顶点的落影(即棱线的落影),根据棱锥体的影来确定影线,从而可以确定阴线,并判别出阴、阳面。

图 17-4 所示是一正四棱锥体。由作图可知,棱锥体的落影是由 s_Hb_H、s_Hd_H、$d_H(a_H)$、$(a_H)b_H$ 四条影线围合而成的。因此,可判断出 SD、SB、AB、AD 是正四棱锥体上的阴线,则正四棱锥体的底面 ABCD、侧面 SDC 和 SBC 是阴面,侧面 SAD 和 SAB 是阳面。

17.1.4 由基本平面立体形成的组合体的阴影

在由基本平面立体形成的组合体中,某一基本立体的阴线可能落影于另一基本平面立体的阳面上,如图 17-5 所示,组合体的各侧面均为投影面的平行面。该组合体由两个长方体组合形成,长方体 I 位于长方体 II 的左侧,从 V、H 投影图可知,长方体 I 的宽度与高度

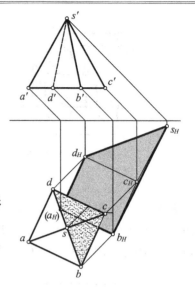

图 17-4 棱锥体的阴影

尺寸都要比长方体 II 大,因此,长方体 I 分别落影在 H 面、长方体 II 的前墙面、顶面和 V 面上。长方体 I 的阴线是 ABC(与 H、V 面重合的阴线不需考虑,其落影即为阴线本身),可利用直线的落影规律求出 ABC 的落影。在求作过程中,应注意阴线 AB 上的两个转折点。长方体 II 落影在 H 面和 V 面上。

图 17-6 是上、下组合的立体的落影,上部长方体的阴线为 ABCDE,其落影分别在 V 面、下部长方体的左侧面和前侧面上。根据直线的落影规律,可分别确定阴线线段的落影。由于上部长方体在左侧和前侧伸出下部长方体的长度的不同,此种组合又分为以下3种情况:(1)$l_1 = l_2$,(2)$l_1 < l_2$,(3)$l_1 > l_2$。

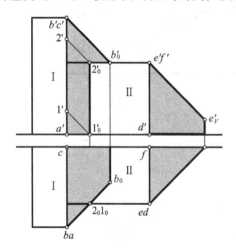

图 17-5 组合体的阴影

(1) 当 $l_1 = l_2$ 时,阴线上点 B 的落影 $B_0(b_0、b_0')$ 正好位于下部长方体的左前棱线上,如图 17-6(a)所示。

(2) 当 $l_1 < l_2$ 时,点 B 的落影 $B_0(b_0、b_0')$ 位于下部长方体的前侧面上,正垂线 AB 的落影,在 V 投影面上与光线的投影方向一致,如图 17-6(b)所示。

(3) 当 $l_1 > l_2$ 时,点 B 的落影 $B_0(b_0、b_0')$ 位于下部长方体的左侧面上,侧垂线 BC 上必然有一点落影在下部长方体的左前棱线上,可以利用 H 投影中该棱线的积聚投影作返回光线,交 bc 于点 1,由 1 在 $b'c'$ 上求出 $1'$,过 $1'$ 作 $45°$ 直线,交棱线的 V 面投影于 $1_0'$,即求得 I 点的落影。过 $1_0'$ 作水平线与下部长方体右前棱线相交于 $2_0'$。由作图可知,侧垂线 BC 的落影分为三段,BI 段落影在下部长方体的左侧面,I、II 段落影在下部长方体的前侧面,IIC 段落影在 V 面上,如图 17-6(c)所示。

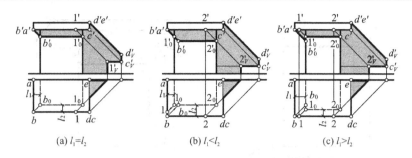

(a) $l_1=l_2$ (b) $l_1<l_2$ (c) $l_1>l_2$

图 17 - 6 组合体的阴影

图 17 - 7 所示组合体是经切割形成的。如图所示，立体的各棱面均为投影面平行面或垂直面。由投影图可看出，立体的阴线分为两组，一组是 Ⅰ Ⅱ Ⅲ AB，另一组是 Ⅳ Ⅴ Ⅵ CD。阴线 Ⅲ A 落影在立体阴面 B Ⅳ 5F 和 V 面上，根据落影规律可求出转折点 E 的落影 e'_0 和 e'_V。注意阴线 Ⅳ Ⅴ 上一段 Ⅳ E 处于落影之中，它不再是阴线，第二组阴线应变为 E_0 Ⅴ Ⅵ CD。

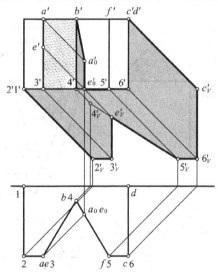

图 17 - 7 立体阴线在自身阳面上的落影

17.2 建筑形体的阴影

17.2.1 建筑细部的阴影

建筑形体上的门窗洞、雨篷、阳台、台阶等局部构件称为**建筑细部**。

1. 窗洞的阴影

在求作窗洞的阴影时，规定窗扇是关闭的，因此窗扇可以作为承影面。

图 17 - 8 所示的是几种窗洞的阴影。图(a)中的窗洞只有窗台，没有遮阳板；图(b)、(c)中的窗洞只有遮阳板(遮阳板的 H 投影用双点画线画出)，没有窗台；图(d)中的窗洞为六边形，带窗套。通过这些实例，可以认识到落影宽度 m 反映了窗扇凹入外墙面的深度，落影宽度 n 反映了窗台或遮阳板凸出外墙面的距离。

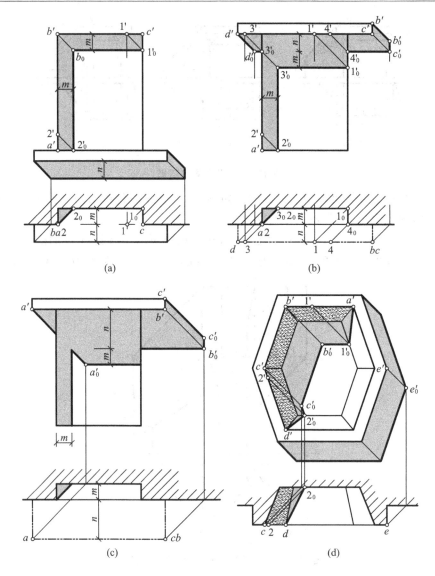

图 17-8 几种窗洞的阴影

2. 门洞的阴影

在求作门洞的阴影时,规定门扇是关闭的,因此门扇可以作为承影面。

图 17-9 所示的两种只带有雨篷的门洞的阴影。

图 17-9(a) 所示的门洞,左右两侧面都是铅垂面,均为阳面,是雨篷的承影面。注意阴线 AB 是侧垂线,在铅垂承影面上的落影与承影面的积聚投影成对称形状。

图 17-9(b) 所示的门洞,左右两侧均为侧平面,左侧面为阴面,右侧面为阳面,门洞左前方棱线为阴线,在门扇上有落影。门洞上方、雨篷上下表面均为侧垂面,阴线 AC、BD 均为侧平线。由于 AC、BD 不与 V 面垂直,所示它们在墙面上的落影不是 $45°$ 线,但应互相平行。阴线 AD 为侧垂线,在铅垂承影面上的落影与承影面的积聚投影成对称形状。AD 与门洞左前方棱线在门扇上的落影交于 $1'_0$ 点。

图 17-10 是带有柱子和雨篷的门洞的阴影。雨篷阴线为 $ABCDE$,AB 为正垂线,落影在

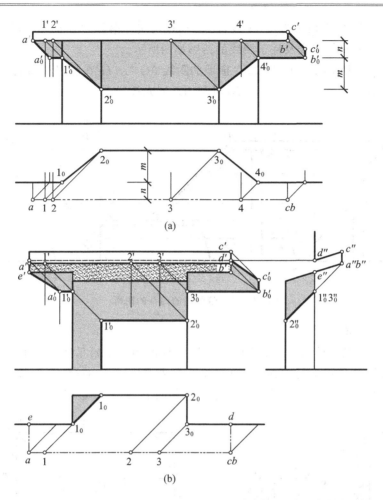

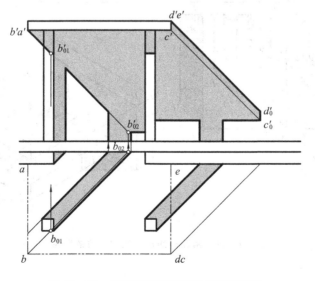

图 17-9　只带有雨篷的门洞的阴影

图 17-10　带有柱子和雨篷的门洞的阴影

墙面、柱面和门扇上，V 面投影为一 45°线，注意 B 点的实际落影 $B_{01}(b_{01}、b'_{01})$ 与虚影 $B_{02}(b_{02}、b'_{02})$ 的作图。雨篷的其他阴线及柱子阴线的落影如图所示。

图 17-11 是带侧墙的门斗的阴影。侧墙的阴线 FG 与 JH 在门扇和墙面上的落影平行，FG 与 JH 在墙脚处的落影转折点 M_0、N_0 可利用返回光线法求出，如图所示。

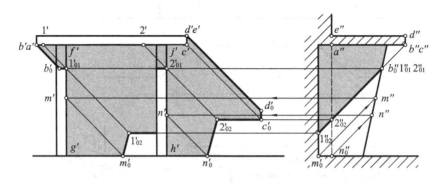

图 17-11 带侧墙的门斗的阴影

3. 台阶的阴影

图 17-12 所示的台阶，其左侧有矩形挡墙，挡墙的阴线是铅垂线 BC 和正垂线 AB。BC 的落影在地面、第一个踏步的踏面和踢面上，其 H 投影与光线平行，成 45°；AB 的落影在墙面、第一个踏步的踏面、第二至三个踏步的踏面和踢面上，其 V 投影与光线平行，成 45°。

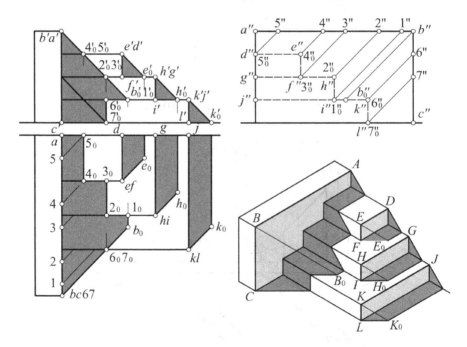

图 17-12 两侧有矩形挡墙的台阶的阴影

作图步骤概括如下：

(1) 过 b'' 作 45°线，交第一踏步踏面的积聚投影于 b''_0，进而求得 b_0、b'_0。

(2) 在 H 投影图上连接 cb_0，在 V 投影图上连接 $a'b_0'$，即得 BC 的落影的 H 面投影和 AB 的落影的 V 面投影。

(3) 按正垂线在侧垂面上的落影规律，求得 AB 的落影的 H 面投影，铅垂线 BC 在踢面上的落影为 $6_0 7_0$ 和 $6_0' 7_0'$。

(4) 过 $e'd'$ 作 $45°$ 线交踏面于 e_0'，过 e_0' 作垂线，与过 ef 所作的 $45°$ 线相交于 e_0，即确定了 DEF 的落影。

(5) 同理求得 GHI 和 JKL 的落影。

图 17-13 所示的台阶，左、右两侧挡墙的阴线 CD 和 GK 为铅垂线，CD 在第一个踏面之上，AB 和 FE 为正垂线，它们的落影可按规律求作。下面对两条侧平阴线 BC 和 FG 的落影进行分析。

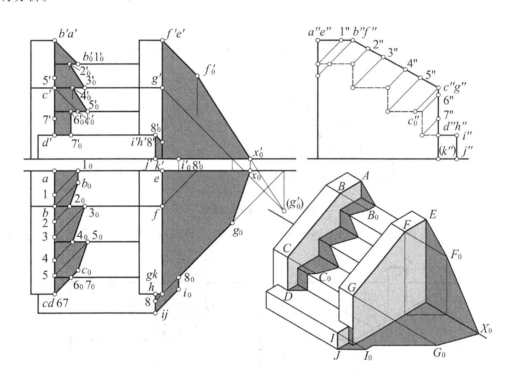

图 17-13　两侧带挡墙的台阶的阴影

阴线 BC 的落影，C 点落影在第二个踏面上 $(c_0、c_0')$，B 点落影在最上一个踏面上 $(b_0、b_0')$，BC 在踏面与踢面相交处的落影为转折点。因此，在 W 投影图上分别过各交点利用返回光线法确定 $2''、3''、4''、5''$，再由 $2'、3'、4'、5'$ 和 $2、3、4、5$ 求得各影点，顺次连线。

阴线 FG 的落影，G 点落影在地面上，F 点落影在墙面上。利用 G 点在墙面上的虚影 (g_0')，确定 FG 的落影在墙脚处的转折点 $x_0、x_0'$，分别连接 $g_0 x_0$ 和 $f_0 x_0$ 即为 FG 的落影。

此外，还应注意第一个踏步的阴线 HIJ 落影在右侧挡墙前侧面和地面上。

4. 烟囱的阴影

烟囱是突出于屋面的一种构件。求作烟囱的阴影时，承影面是屋面，烟囱上阴线的落影就是过阴线的光平面与屋面的交线。

图 17-14 所示的烟囱,阴线为折线 $ABCDE$,AB、DE 是铅垂线,其落影在 H 面投影中成 45°线;在 W 面投影中,其落影与承影面的 V 面投影成对称形状,即反映屋面的倾斜角度 α。阴线 BC 平行于承影面,它在屋面上的落影 B_0C_0(b_0c_0、$b'_0c'_0$)与 BC(bc、$b'c''$)平行且相等。CD 为侧垂线,其落影的 H 面投影与承影面的 V 面投影成对称形状,W 投影成45°线。

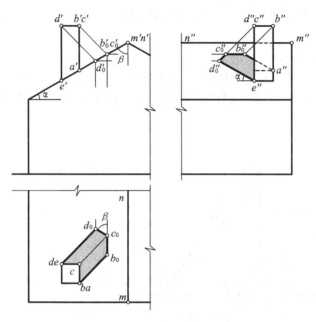

图 17-14 烟囱的阴影

图 17-15 是两种烟囱在两相交屋面天沟处的阴影。图(a)的烟囱是一个四棱柱体,阴线

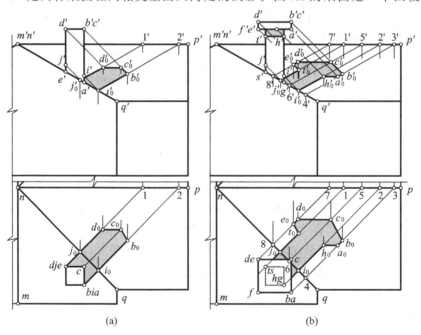

图 17-15 烟囱在两相交屋面上的阴影

为折线 $ABCDE$, AB、DE 是铅垂线, 它们的承影面均是两相交的屋面, 它们的落影在 H 面投影中成 45°线; 在 V 面投影中, 它们的落影与水平屋脊的夹角反映屋面的倾斜角度 α。阴线 BC、CD 的落影求法同图 17-14。图(b)的烟囱是由上下两个四棱柱体叠加而成的, 下部四棱柱的阴线为 HG、TS, 点 H 和点 T 是上部四棱柱的阴线在该两棱线上产生的落影, 点 H 和点 T 之上的棱线部分不再是阴线(处于落影之中), HG 和 TS 的落影求法同图(a)。上部四棱柱的阴线为闭合折线 $ABCDEFA$, 根据直线的落影规律, 可以求得其落影, 如图所示。

17.2.2 坡屋顶房屋的阴影

图 17-16 为双坡屋顶檐口不等高的房屋, 它的落影分为: 房屋在地面上和 V 面上的落影, 檐口线在墙面上的落影以及前墙面在后墙面上的落影。在求作中, 要注意屋面的悬山斜线 CD 的落影。首先利用房屋的侧立投影(右侧立面投影)确定 CD 上点 Ⅱ 的落影, 点 Ⅱ 分别落影在檐板的下檐线和墙面上(实际上, 一个点的落影只有一个, 我们把这种情况下产生的两个落影称为过渡点对)。再求点 C 在墙面上的落影 $C_0(c_0, c_0')$, 分别连接 $d' 2_{01}'$ 和 $2_0' c_0'$, 即为 CD 在封檐板和墙面的落影。其余作图不再详述。

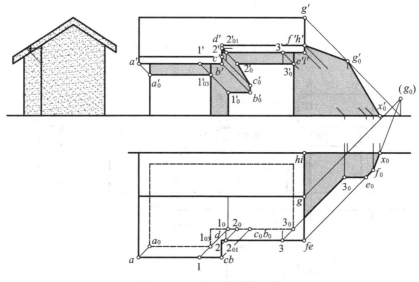

图 17-16 双坡屋顶的阴影

图 17-17 为双坡和四坡组合的 L 型平面、檐口等高的房屋。该房屋在 V 面上没有落影, 房屋整体落影在地面上。Ⅲ$ABCDE$ 落影在墙面上, 由于向左、向前的出檐宽度相等, 故 a_0' 在左前墙角线上。过 a_0' 作直线平行 $a'b'$, 与过 b' 的 45°线交于 b_0', 再过 b_0' 作 $b'c'$ 的平行线, 交墙角阴线于 $1_{01}'$, $a_0'b_0'$、$b_0'1_{01}'$ 即为 AB 和 BⅠ 在左前方墙面(山墙面)上的落影。继续求出 c_0'、$1_0'$、d_0'、$2_0'$、e_0'、…, 完成作图。注意 $1_{01}'$ 与 $1_0'$ 也是过渡点对。

图 17-18 为檐口等高且屋脊不等高的两相邻双坡屋顶的落影。阴线为 AD、DE、EF、FK、BG、GH、HI、IJ 以及房屋的前后两墙面的右墙角线等。过 A、D 两点作 45°线, 作出屋檐在左、右两前墙面上的落影。$1_0'$ 与 $1_1'$ 是过渡点对, 利用 H 投影可作出 $1_1'$。DE 平行于右前墙面, 可直接求得其落影。人字檐 EF 在右前墙面上的落影已作出 e_0', 可利用返回光线将点 F 也投影到右前墙面上, 得点 $F_1(f_1, f_1')$。连接 $e_0 f_1'$, 可确定 EF 线在右前墙面上的一段落影 $e_0 m_1'$,

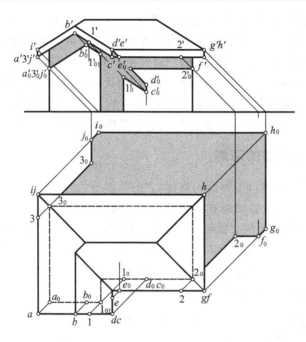

图 17-17 檐口等高的双坡和四坡屋顶房屋的落影

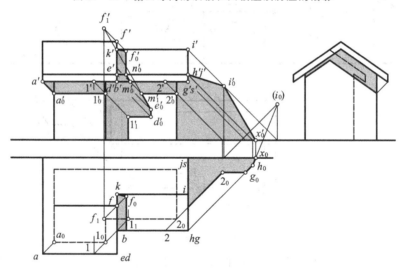

图 17-18 檐口等高、屋脊不等高的两相邻双坡屋顶的阴影

过 m_1' 作返回光线,得封檐板上落影的过渡点 m_0'。由于封檐板与右前墙面平行,故在封檐板上作 $n_0'm_0' \parallel m_1'e_1'$。由于 EF 平行于右前屋面,所以可作 $n_0f_0 \parallel ef$,$n_0'f_0' \parallel e'f'$,点 $F(f_0、f_0')$ 是由过点 $F(f、f')$ 的光线与 $N_0F(n_0f_0、n_0'f_0')$ 相交得出的。最后,连接 f_0 和 $f_0'、k'$,其余作图不再详述。

图 17-19 为坡度较陡,檐口高低不同的两相交双坡顶房屋的落影。作图时,首先作屋脊阴线在屋面 Q 上的落影,它的 V 投影为一条 45°方向线,并且与屋面 Q 上的屋脊、屋檐交于 $1'$ 和 $2'$。由此在 H 面投影中求得点 1 和 2。过 b 作 45°线,与连线 12 交于 b_Q,由 b_Q 求得 b_Q'。点 $B_Q(b_Q、b_Q')$ 就是点 B 在屋面 Q 上的落影。Ⅰ$B_Q(1b_Q、1'b_Q')$ 即屋脊阴线 AB 在屋面 Q 上的一段

落影。延长阴线 BC 与天沟相交于点 $N(n、n')$,则 BC 在屋面 Q 上的落影,必然通过交点 N。连线 $b_Q(n)$ 与过点 c 的 $45°$ 线交于 c_Q,由 c_Q 求得 c'_Q,$B_QC_Q(b_Qc_Q、b'_Qc'_Q)$ 即为 BC 在屋面 Q 上的落影。阴线 CD 为铅垂线,阴线 DE 为正垂线,它们在屋面 Q 上的落影,可按直线的落影规律进行分析作图。其他部分落影,不再详述。

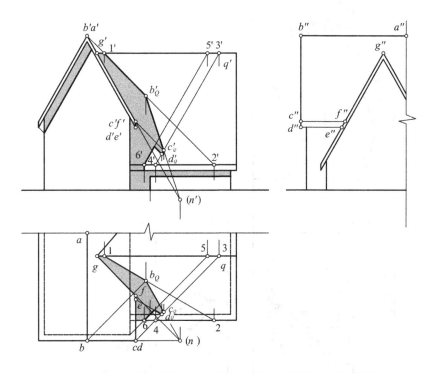

图 17-19 檐口不等高、坡度较陡的两相交双坡顶房屋的落影

图 17-20 是对一座房屋的平、立、剖面图加绘了阴影。房屋的阴影是由檐口线、墙角线、雨篷、门窗框、窗台、台阶、烟囱等的阴线及其落影所确定,只要确定出它们的阴线,即可在屋面、墙面、门窗扇等阳面上作出落影,读者可自行分析,此处不再详述。

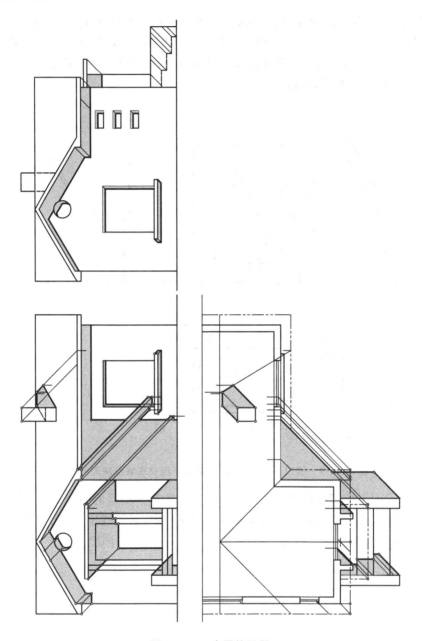

图 17-20 房屋的阴影

第 18 章 曲面立体的阴影

18.1 圆柱与圆锥的阴影

18.1.1 圆柱的阴影

当光线照射直立的圆柱体时,圆柱体的左前半圆柱面和上底圆为阳面,右后半圆柱面和下底圆为阴面,如图 18-1 所示。圆柱体的阴线是由两条素线和两个半圆周组成的封闭线,两素线阴线实质上就是光平面与圆柱面的切线。

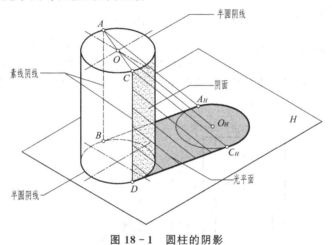

图 18-1 圆柱的阴影

图 18-2 所示为处于铅垂位置的圆柱的阴影。图(a)是置于 H 面上的圆柱,其 H 投影积

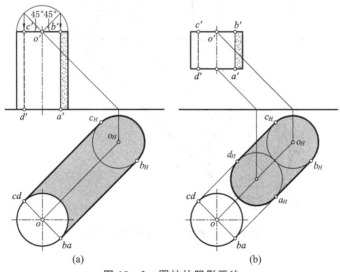

图 18-2 圆柱的阴影画法

聚为一圆周,阴线必然是垂直于 H 面的素线。所以,与圆柱面相切的光平面必然为铅垂面,其 H 投影积聚为 45°直线,与圆周相切。作图时,在 H 投影中由光线与圆柱的切点向上作竖直线,即可确定两条阴线 AB、CD 的 V 面投影。圆柱上底圆的落影位于 H 面上,形状和大小不变,下底圆的落影为其自身,作两圆的公切线,得圆柱在 H 面上的落影。图(b)是抬升了的圆柱,其上下底圆在 H 面上的落影均不与其自身重合,作图过程同图(a),作图结果如图(b)所示。

确定圆柱的阴线,可直接利用圆柱的 V 面投影进行求作。如图 18-3 所示,在圆柱底圆积聚投影上作半圆,过圆心作两条不同方向的 45°线,与半圆交于两点,再过该两点作竖直线,$a'b'$、$c'd'$ 即为所求;或自底圆半径的两端,作不同方向的 45°线,形成一个等腰直角三角形,其腰长就是 V 面投影中阴线对圆柱轴线的距离,由此确定圆柱的阴线 $a'b'$、$c'd'$。

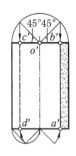

图 18-3　利用 V 面投影求作圆柱的阴线

图 18-4 所示为圆柱下底圆与 H 面重合的铅垂圆柱在 V 面和 H 面上的落影。作图时,先作出圆柱面的阴线,然后作上下两底圆的落影。上底面圆落影在 V 面上,由于它是一水平面圆,故其 V 面落影为椭圆。两条素线阴线在 V、H 面上的落影分别与椭圆和下底面圆相切。

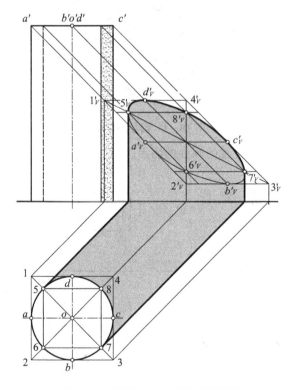

图 18-4　圆柱在 V、H 面上的落影

18.1.2 圆锥的阴影

当光线照射直立的圆锥体时,光平面与圆锥面相切而产生的两条切线就是圆锥面的阴线,它们是圆锥面上的两条素线,如图 18-5 所示。

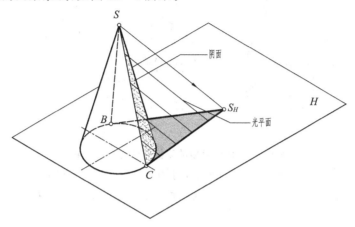

图 18-5 圆锥的阴影

在投影图中,先作出锥顶 S 在承影面上的落影 s_H,然后过点 s_H 作底圆的切线,即为所求,如图 18-6(a)所示。从图中可以看出,直立圆锥面上的阴面只占圆锥面的一小半,切点 b、c 与锥顶 s 的连线,即为锥面的阴线。

图 18-6(b)所示的圆锥,其落影部分在 V 面,部分在 H 面。作图时,需作出锥顶在 V 面上的落影及两条素线阴线在 V、H 面上的落影即可。

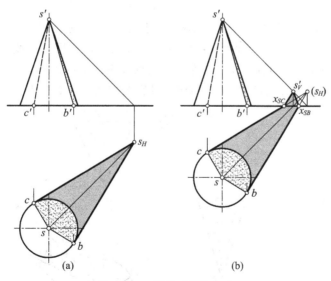

图 18-6 圆锥阴影的画法

直立圆锥面上的阴线,可以用简捷方法在正面投影中作出。如图 18-7(a)所示,以 $a'd'$ 为直径,以 o' 为圆心作一半圆,交圆锥中心线于 e',过 e' 作圆锥轮廓素线 $SA(s'a')$ 的平行线 $e'f'$,交 $a'd'$ 于 f'。过 f' 作两方向的 45°线,分别与半圆交于 c_1、b_1,过 c_1、b_1 作竖直线与 $a'd'$ 交于 c'、b' 两点,连接 $s'c'$、$s'b'$,即为所求。

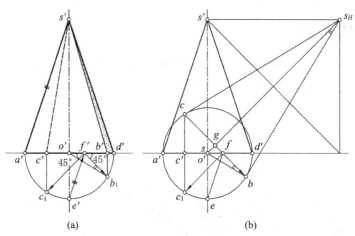

图 18-7 圆锥阴线的简捷作法与证明过程

上述作法的证明过程如图 18-7(b)所示,将图 18-6(a)中的 H 面投影上移,使其底圆的水平直径与 V 面投影的底边重合。连接切点 c 和 b,cb 与 ss_H 相垂直,故 cb 为 $45°$ 线,它与 $a'd'$ 交于 f。现在只须证明,连线 $ef /\!/ s'a'$。

因为 $\triangle gsb \backsim \triangle sbs_H$,所以,

$$sg / sb = sb / ss_H \tag{1}$$

设锥底圆的半径为 r,则 $sb=r$;设锥高为 H,则 $ss_H = ss'/\sin 45° = H/\sin 45°$。

由上述可得出:

$$sg / r = r\sin 45° / H \tag{2}$$

又因为 $\triangle sgf$ 为等腰直角三角形,所以 $sg = sf \cdot \sin 45°$,代入式(2)得

$$sf / r = r / H$$

也就是说,$sf / se = sa' / ss'$,所以,$\triangle sef \backsim \triangle ss'a'$,于是证得 $ef /\!/ s'a'$。

图 18-8(a)是求作倒立圆锥面上阴线的方法。过锥顶 S 作反向光线,使光线与锥底平面相交于 S_0,即过 S_0 的光线必通过 S,S_0 称为锥顶在锥底平面上的虚影。由 S_0 作锥底平面圆的切线得 A、B 两点,连接 S_A、S_B,即为所求阴线。投影图如图 18-8(b)所示。

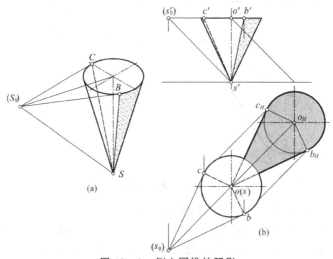

图 18-8 倒立圆锥的阴影

倒立圆锥面阴线的简捷作法同直立圆锥一样，只是应作辅助线 $e'f' \mathbin{/\mkern-5mu/} s'd'$，如图 18 - 9 所示。

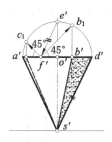

图 18 - 9　倒立圆锥阴线的简捷作法

18.2　形体在圆柱面上的落影

18.2.1　带正方形盖盘的圆柱

图 18 - 10 是一带有正方形盖盘的圆柱。由于柱面垂直于 H 面，所以，可以利用 H 面投影的积聚性求作在柱面上的落影。正方形盖盘的阴线为 $ABCDE$，一部分落影在 V 面上，另一部分落影在柱面上。作图时先求出一些特殊点的落影，如有需要再求出一些一般的影点，然后光滑连成影线。作图步骤如下（见图 18 - 10）：

（1）图中的墙面相当于 V 面，AB 为正垂线，由直线落影规律可求得 AB 在墙面和柱面上的落影，它是一条 45°线，而 B 点的落影在柱面上。AB 线上 I 点正好落在墙面与柱面的交线上。

（2）侧垂线 BC 上有一段 BII 落影在柱面上。根据直线落影规律，可知 BII 在柱面上的落影必与柱面的 H 面投影成对称形状，为一圆弧。圆弧的中心 o' 与 $b'c'$ 的距离，应等于阴线 BC 与圆柱轴线的距离，即 H 面投影中柱轴 o 与 bc 的距离。

（3）求作 IIC、CD、DE 墙面上以及圆柱在墙面上的落影。

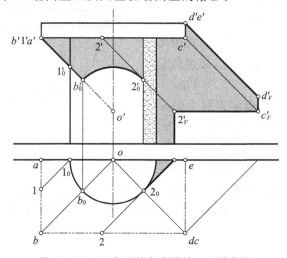

图 18 - 10　正方形盖盘在圆柱面上的落影

18.2.2 带长方形盖盘的圆柱

图 18-11 是一带有长方形盖盘的圆柱,长方形盖盘在柱面上落影的求作同正方形盖盘。

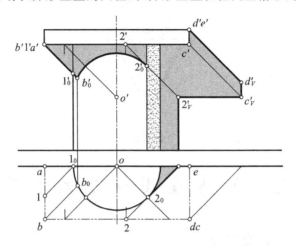

图 18-11 长方形盖盘在圆柱面上的落影

18.2.3 带圆盖盘的圆柱

图 18-12 是一带有圆盖盘的圆柱。盖盘下底圆弧 $ABCDEFGHI$ 是阴线,IJ 是素线阴线,盖盘上底圆弧 JKL 也是阴线。其中,$CDEF$ 落影于柱面上。

作图时,首先应求作一些特殊点的落影。如图所示,通过圆柱轴线作一个光平面,若此圆柱再扩展一半成为一个完整的圆柱体,则该形体被光平面分成互相对称的两个半圆柱面,并以此光平面为对称面。圆盖盘上的阴线及其落在柱面上的影线,也以该光平面为对称平面。于是盖盘阴线上位于对称光平面内的一点 D 与其落影 D_0 的距离最短。因此,在 V 面投影中,影点 d_0' 与阴点 d' 的垂直距离也最小,d_0' 就成为影线上的最高点,必须将它画出。

另外,落在圆柱最左与最前素线上的影点 C_0 和 E_0,由于它们对称于上述的光平面,因此高度相等。当在 V 面投影中求得 c_0' 后,

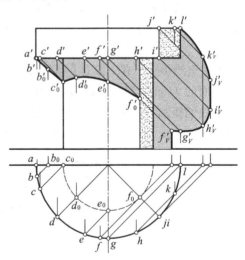

图 18-12 圆盖盘在圆柱面上的落影

过 c_0' 作水平线与中心线相交,即得 e_0'。还有,位于圆柱阴线上的影点 F_0 也需要求出。在 H 面投影中,作 45°线与圆柱相切于点 f_0,而与盖盘圆周相交于点 f,由 f 求得 f'。过 f' 作 45°线,与圆柱的阴线相交于点 f_0'。最后,光滑连接 $c_0' d_0' e_0' f_0'$,即为圆盖盘在柱面上落影的 V 面投影。

18.2.4 带长方形盖盘的内凹圆柱面

图 18-13 是一带有长方形盖盘的内凹圆柱面。盖盘的阴线 BC 是侧垂线,在圆柱面上落影的 V 面投影与圆柱面的 H 面投影成对称形状,为向下凸的半圆,作图步骤如图 18-13 所示。

18.2.5 内凹半圆柱的阴影

图 18-14 是一内凹半圆柱面。它的阴线是棱线 AB 和一段圆弧 BCD,点 D 的 H 面投影为 45°光线与圆弧的切点 d。圆弧 BCD 在柱面上的落影是一曲线,点 D 是阴线的端点,其在柱面上的落影与其自身重合,B、C 两点的落影 b_0'、c_0' 是利用柱面的 H 面投影的积聚性作出的。光滑连接 b_0'、c_0'、d_0',即得圆弧的落影。棱线 AB 的落影既在柱面上,也在 H 面上,不再详述。

图 18-15 是两种圆柱形窗洞的阴影。

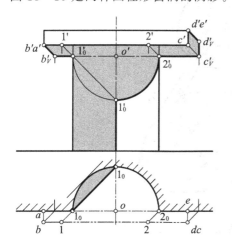

图 18-13 长方形盖盘在内凹圆柱面上的落影

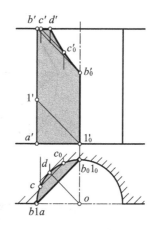

图 18-14 内凹半圆柱面的阴影

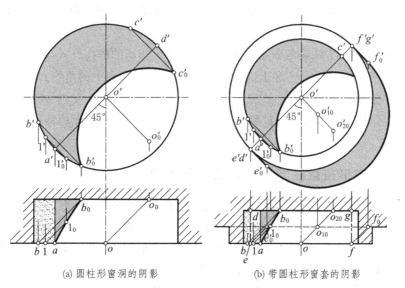

(a) 圆柱形窗洞的阴影　　(b) 带圆柱形窗套的阴影

图 18-15 圆柱形窗洞的阴影

18.3 形体在圆锥面上的落影

锥面的投影没有积聚性,对于锥面上的落影,必须使用其他的解决方法。

18.3.1 同轴的圆盖盘在直立正圆锥台面上的落影

设圆盖盘与直立正圆锥台的轴线位于 V 面上,作图步骤如图 18-16 所示。

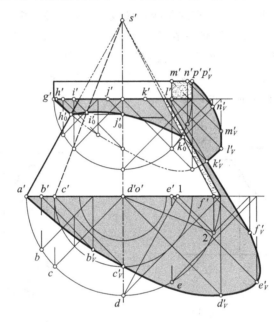

图 18-16 同轴的圆盖盘在直立正圆锥台面上的落影

(1) 确定圆盖盘和正圆锥台的素线阴线 LM 和 SF。

(2) 作出圆盖盘底部圆弧 $GHIJKL$ 在 V 面上的落影,它与锥面的左、右轮廓素线相交于 h'_0 和 k'_0。

(3) 按图 18-12 的方法确定盖盘底部阴线在锥面上落影的最高点 i'_0 与 h'_0 等高的影点 j'_0。

(4) 作出盖盘素线阴线 LM 和上部圆弧阴线 MNP 在 V 面上的落影 $l'_V m'_V$ 和 $m'_V n'_V p'_V$。

(5) 光滑连接 $h'_0 i'_0 j'_0 k'_0$。

(6) 作出正圆锥台素线阴线 SF 和底部阴线 $ABCDEF$ 在 V 面上的落影,注意 SF 只剩下 $K_0 F$ 这一段阴线。

18.3.2 正方形盖盘在倒立正圆锥台面上的落影

图 18-17 是一带有正方形盖盘的倒立正圆锥台。在正方形盖盘上,能落影于锥面的阴线是盖盘底面上的左方和前方两条棱线 CA 和 CF。这两条阴线等高,且与锥面轴线等距。因此,包含 CA 和 CF 的光平面,与锥面的截交线是形状完全相同的两个椭圆,而 CA 和 CF 在锥面上的落影,就是这两个椭圆上的一段对称的弧线。

由于 CA 是正垂线,它在锥面上落影的 V 面投影成 45°线。CF 为侧垂线,它在锥面上落

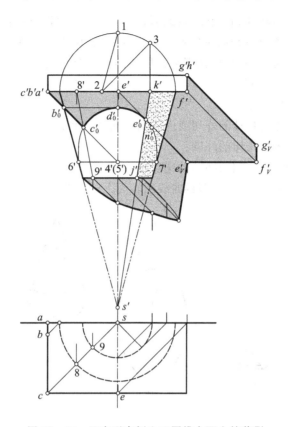

图 18 – 17　正方形在倒立正圆锥台面上的落影

影的 V 面投影仍是以中心线为对称线的椭圆弧。求点 C 的落影时,过 C 作 45°线与圆锥台上下底圆的 H 投影分别交于 8、9 点,再求出 $8'$、$9'$,相连后与过 c' 的 45°相交于 c'_0,即为点 C 在锥面上的落影。过 c' 的 45°线与圆锥台面最左轮廓素线的交点 b'_0,即为 CA 落影的最高点。由 b'_0 作水平线与中心线交于 d'_0,即为 CF 落影的最高点,它位于圆锥台面的最前素线上。作出 c'_0 以锥面中心线为对称线的对称点 n'_0,光滑连接 $c'_0 d'_0 n'_0$ 得一圆弧。

按图 18 – 9 的方法确定锥面的素线阴线,与 $c'_0 d'_0 n'_0$ 交于 e'_0,$c'_0 d'_0 e'_0$ 即为侧垂线 CF 在圆锥台面上落影的 V 面投影。图中 $4'(5')$、$6'7'$ 是过 CA 和 CF 的光平面并分别与锥面最前、最后、最左、最右素线的交点。

18.4　回转体的阴影

求作回转体的阴影,必须熟练地掌握该回转体几何特征以及它与投影面的相对位置,再选用适当的作图方法,作出回转体的阴影。

18.4.1　回转面的阴线

求作回转面的阴线,常采用切锥面法和切柱面法。当圆锥面或圆柱面与曲线回转面共轴并相切时,两者相切于一个公共的纬圆,在这个公共纬圆上有两者阴线的公共点。于是,相切锥面或柱面的阴线与相切纬圆的交点,就是曲线回转面上的阴点。原理如图 18 – 18 所示,一个在光线照射下的曲线回转体,垂直于其回转轴截取一水平薄板(厚度尽量小)。该薄板与从一定底角的回转圆锥上截取下来的圆锥台是非常近似的,两者表面阴线的形状和位置也很接近。当两者的厚度都为无限小时,则两者表面阴线的位置会完全一致,这样的薄片实际就是圆锥面和回转体相切的共有纬圆。

切锥面法的作图步骤如下:
(1) 作出与曲线回转面共轴的外切或内切的锥面和柱面;
(2) 画出锥面与回转面相切的纬圆;
(3) 求出切锥面的阴线与相切纬圆的交点,即为回转面上的阴点;
(4) 用曲线顺次连接这些阴点,即得曲线回转面上的阴线。

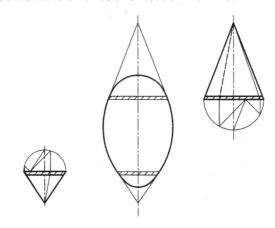

图 18-18　回转面阴线的作图原理

为了作图方便和准确,首先作出底角为 35°和 45°的切圆锥面和切圆柱面,这是因为它们的阴线都处于特殊位置上。如图 18-19 所示,图(a)是底角为 35°的直立圆锥面,它的阴线只是一条位于右后方的直素线,锥面上的其他部分全部受光;图(b)是底角为 35°的倒立圆锥面,它只有一条位于左前方的素线受光,其余均不受光;图(c)是直立圆柱面,它有两条直素线阴线,阴面的大小是圆柱面的一半;图(d)是底角为 45°的直立圆锥面,它的阴线是最后、最右两条素线,阴面的大小为 1/4 锥面;图(e)是底角为 45°的倒立圆锥面,它的阴线是最左、最前两条素线,阴面的大小是 3/4 锥面。

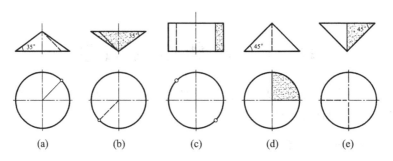

图 18-19　几种特殊回转面的阴线

下面以图 18-18 中的回转面为例,来说明回转面上阴线的作图方法。作图时,由底角为 35°的锥面求出阴线上的最高点和最低点;由 45°锥面求出阴线在 V 面投影轮廓线上的切点,它是阴线可见与不可见的分界点;由切圆柱面求出回转面的 H 面投影轮廓线上的阴点;由底角为一般角度的切圆锥求出阴线上的一般点。最后,依次光滑连接各阴点,即为所求阴线。作图过程如图 18-20 所示。

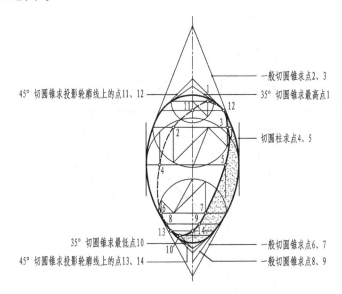

图 18-20 回转面阴线的求作

18.4.2 曲线回转面的落影

1. 在水平面(H 面)上的落影

图 18-21 所示的曲线回转面的轴线为铅垂线。经每一个水平截平面截切之后的截交线都是圆(纬圆)。这些纬圆在 H 面上的落影仍为半径不变的圆周,只需要求出适当数量的纬圆在 H 面上的落影,并以曲线光滑地包络这些纬圆的落影,此包络曲线就是回转面的阴线在 H 面上的落影。从包络曲线与各个纬圆落影的切点引反向光线返回到相应的纬圆上,即得回转面上的阴点,光滑地连接这些阴点,即得回转面的阴线。

2. 靠在墙面(V 面)上的半鼓面的落影

图 18-22 所示的是一个半鼓面的 V 面投影,其回转轴位于 V 面上。要作出半鼓面的阴影,首先应确定半鼓面上的阴点(阴线),再求出阴点(阴线)在 V 面上的落影。作图步骤如下(见图 18-22):

(1) 在 V 面投影中用 35°正圆锥求最高点 a',用 35°倒圆锥求最低点 e',用 45°切锥面求得轮廓线上的阴点 b'、d'、f' 和 h',用切圆柱面求得赤道圆上的阴点 c'、g'。

(2) 阴点 D 和 H 在曲面的左、右轮廓线上,其落影与自身重合。阴点 E 在曲面的左前方素线上(45°方向),其影必然落于回转轴上,过 e' 作 45°线与中心线相交,得 e'_V。

(3) 阴点 F 位于曲面的正前方素线上,其影落于 F 所在纬圆的最右点 i' 向下的垂线上,即阴点 F 的落影 f'_V 与 f' 之间的水平、铅垂方向的距离,均等于 f'_V 到鼓面轮廓线的距离。

(4) 阴点 G 是由切圆柱面求得,所以阴点 G 的落影与中心线的距离,等于 g'_V 与中心线距离的 2 倍。

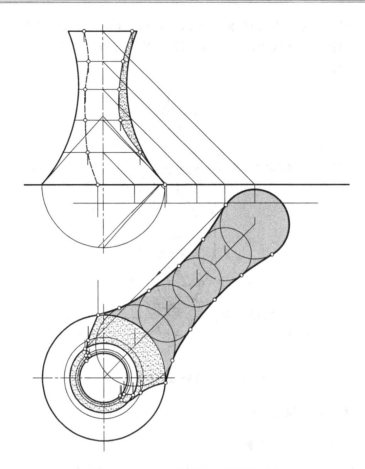

图 18-21 包络线法作回转面的阴影

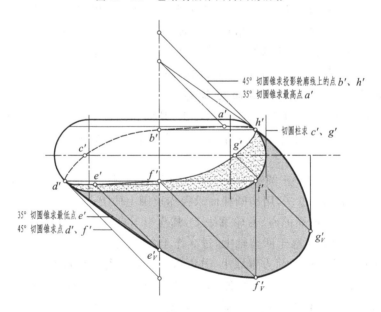

图 18-22 半鼓面在 V 面上的落影

(5) 以光滑曲线连接 $d'e'_Vf'_Vg'_Vh'$，即得半鼓面在 V 面上的落影。

3. 球面的阴影

球面是曲线回转面的特例。它的阴线实际上是与球面相切的光线圆柱面与球面的切线，是球面上的一个大圆；该阴线大圆所在的平面垂直于光线的方向，由于习用光线对各投影面的倾角相等，阴线大圆所在的平面对各个投影面的倾角也应相等。因此，阴线大圆的各个投影均为大小相同的椭圆，如图 18-23 所示。椭圆中心就是球心 O 的投影，长轴垂直于光线的同面投影，长度等于球的直径，短轴平行于光线的同面投影，长度等于 $D \cdot \tan 30°$。作图时，过球心的投影作垂直于光线投影的直径，即为椭圆的长轴；过长轴的两端点，作与长轴成 $30°$ 的直线，与过球心的光线投影相交，即得短轴的两端点，根据长短轴作出椭圆。

球面在投影面上的落影，实际上是和球面相切的光线圆柱面与投影面的交线，其形状亦为椭圆。椭圆中心 o_H 是球心 O 的落影；短轴与光线的同面投影垂直，长度为 D；长轴与光线的同面投影平行，长度为 $D \cdot \tan 60°$。作图时，过短轴的两端点，作与短轴成 $60°$ 的直线，与过球心的光线投影相交，即得长轴的两端点，根据长短轴作出椭圆。

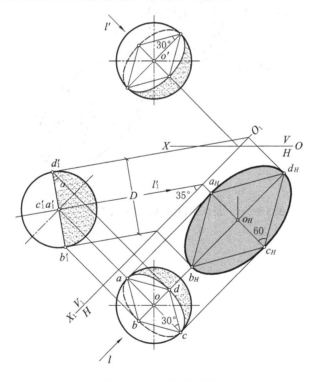

图 18-23 球面的阴影

上述作图，可证明如下：

(1) 设取一个平行于光线 L 的铅垂面作为辅助投影面 V_1，如图 18-23 所示，新投影轴 $O_1X_1//l$。l'_1 反映了光线对 H 面的倾角 α，阴线大圆的 V_1 面投影积聚为一直线 $d'_1b'_1$，与 l'_1 垂直。由图知，阴线大圆上的一条平行于 H 面并垂直于 V_1 面的直径 AC，其 H 面投影 $ac \perp l$，长度等于球的直径 D，它成为椭圆的长轴；阴线大圆上的一条垂直于 AC 并平行于 V_1 面的直径 DB，其 H 面投影 $db \perp ac$，成了椭圆的短轴，其长度 $db = d'_1b'_1 \cdot \sin \alpha = d'_1b'_1 \cdot \sin 35° = D \cdot \tan 30°$。

（2）球面的落影椭圆就是阴线大圆的落影。大圆上一对互相垂直的直径 DB 和 AC 中，$AC//H$ 面，BD 位于垂直于 H 面的光平面上，因此，$a_H c_H \perp b_H d_H$，成为落影的长短轴。短轴 $a_H c_H = D$，$b_H d_H = b_1' d_1' / \sin\alpha = D \cdot \tan 60°$。

球面阴线的投影椭圆除采用上述作法作出外，为了使阴线椭圆画得更准确些，还可以利用切锥面法和切柱面法求出除长、短轴端点的其他阴点，如利用 35°切锥面确定最高点 e' 和最低点 i'，利用切柱面确定 g'、k'。根据 45°切锥面的作图规律，作出投影轮廓线上的阴点 f'、j'。利用对称性，作出 e' 的对称点 l'、i' 的对称点 h'。以光滑曲线顺次连接 $a'e'f'b'g'h'c'i'j'd'k'l'a'$，即为阴线的 V 面投影，如图 18-24 所示。

只要给出球心到 V 面的距离，就可作出球面阴线在 V 面上的落影，作图结果如图 18-24 所示，这里不再赘述。

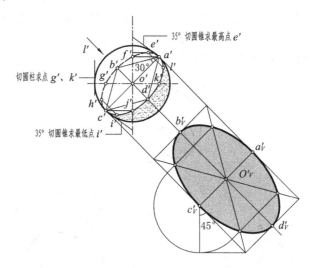

图 18-24　用切锥面切柱面法确定球面上的阴点

第 19 章 轴测投影图上的阴影

本书在第 11 章中已经介绍了轴测投影图的画法,如果在物体的轴测投影图中加绘上阴影,则更能够增强形体的立体效果,如图 19-1 所示。

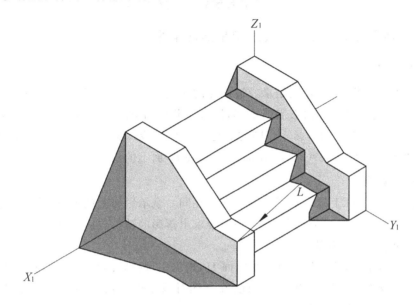

图 19-1 台阶的阴影

轴测投影图上绘制阴影所采用的光线有两种:一种是平行光线,另一种是光源辐射的中心光线。本章将分别对这两种光线下的阴影作图进行介绍。

19.1 平行光线下的阴影作图

19.1.1 轴测投影图上阴影光线的确定

轴测投影图中平行光线的选定,与前述正投影中所选择的"习用光线"有所不同。一般情况下,轴测投影图上的光线方向,可以根据实际情况和需要选取,主要使物体的表达能够获得最佳的表达效果。其方式如下:

(1) 先给定光线方向 L 及其在某一投影面上的投影 l,如图 19-2(a)所示。当光线 L 平行于轴测投影面而对水平线成 $45°\sim60°$ 角时所得的阴影效果较好。

(2) 先给定物体上某一点的落影位置 A_H,将该点的落影 A_H 与该点 A 相连即得光线的方向 L,该点的落影 A_H 与该点在投影面上投影 a 相连即得光线在投影面上的投影 l,如图 19-2(b)所示。

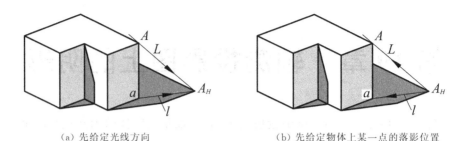

(a) 先给定光线方向　　　　　　　(b) 先给定物体上某一点的落影位置

图 19-2　轴测投影图上光线方向的确定

19.1.2　轴测投影图上点、直线和平面的落影

1. 点的落影

求轴测图上点的落影，实际上是求经过该点的光线与承影面的交点。

图 19-3 中，已知光线方向 L 及其 H 面投影 l，并已知空间一点 A 及其 H 面投影 a，承影面为 H，求点 A 在 H 面上的落影。作图时需过点 A 作光线 L 的平行线，与过点 a 所作光线的 H 面投影的平行线相交于点 A_H，点 A_H 即为点 A 在 H 面上的落影。

2. 直线的落影

求直线的落影，实际上是求直线上两个端点在同一个承影面上的落影，然后相连。如果直线两个端点的落影不在同一个承影面上，则需要求出落影的转折点后再进行连接。

(1) 投影面平行线的落影

如图 19-4 所示，直线 AB 平行于承影面 H，根据平行投影的特性可知，它在 H 面上的落影 $A_H B_H$ 与它本身平行且长度相等。因此，在作图时只要作出任一端点的落影，然后按照平行、相等关系就可以求出它的落影。

同理可知，平行于 V 面的直线在 V 面上的落影与其本身平行且长度相等；平行于 W 面的直线在 W 面上的落影与其本身平行且长度相等。

因此，投影面平行线在其所平行的投影面上的落影，与直线本身平行且长度相等。

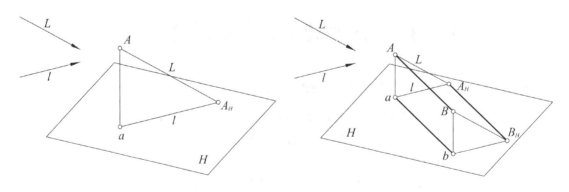

图 19-3　点的落影　　　　　　　图 19-4　投影面平行线的落影

(2) 投影面垂直线的落影

如图 19-5 所示，直线 AB 垂直于承影面 H，其在 H 面上的投影积聚为一点，因此它在 H 面上的落影 $A_H B_H$ 与光线在 H 面上的投影 l 平行。因此，在作图时只要过直线的积聚投影作

l 的平行线,分别与过直线两端点所作的光线平行线相交,即可得到直线的落影 $A_H B_H$。

同理可知,垂直于 V 面的直线在 V 面上的落影与光线 L 在 V 面上的投影平行;垂直于 W 面的直线在 W 面上的落影与光线 L 在 W 面上的投影平行。

因此,投影面垂直线在其所垂直的投影面上的落影,与光线 L 在该投影面上的投影平行。

(3) 一般位置直线的落影

如图 19-6 所示,直线 AB 为一般位置直线,只要求出该直线两端点的落影,然后进行相连即可得到该直线的落影。

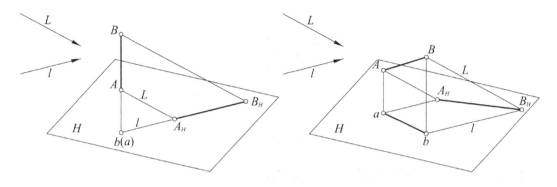

图 19-5　投影面垂直线的落影　　　　图 19-6　一般位置直线的落影

当直线两个端点的落影不在同一个承影面上时(见图 19-7),点 A 的落影 A_H 在 H 面上,点 B 的落影 B_V 在 V 面上,不能直接相连。这时,可以先求出点 A 在 H 面上的落影 A_H B 在 H 面上的虚影(B_H),然后相连,从而在 OX 轴上得到落影的转折点 M,最后分别连接 MA_H 和 MB_V 即得直线 AB 的落影。

图 19-7 中直线 AB 落影的转折点 M,还有另一种求解方法。如图 19-8 所示,在直线 AB 上任意选取一点 C,求出该点的落影(真影)C_V,由于点 B 的落影也是位于 V 面上,因此将 C_V 与 B_V 相连后并延长至 OX 轴,即得转折点 M,最后连接 MA_H 即可。

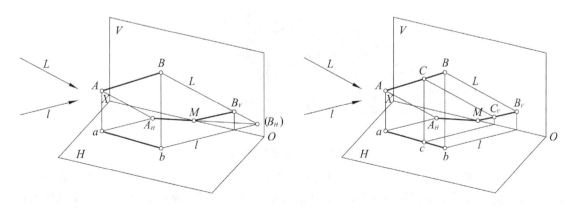

图 19-7　直线的落影在两个承影面上　　　　图 19-8　求直线落影转折点的另一种方法

3. 平面的落影

求平面的落影,实际是求平面图形上各顶点的落影,然后依次连接各影点,即得平面图形的落影。

如图 19-9 所示，△ABC 为一般位置平面，将该三角形上各顶点在 H 面上的落影 A_H、B_H、C_H 依次相连，影线所围成的范围即为平面的落影。

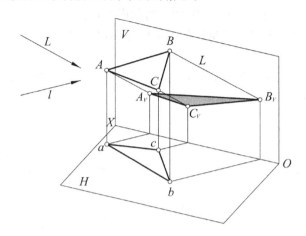

图 19-9 平面的落影

19.1.3 平面立体轴测投影图上的阴影

在平面立体的轴测投影图上作阴影，其作图步骤与在正投影图上作阴影相同，首先要确定立体的阴面阴线，再求阴线的落影。

1. 棱柱体的阴影

【例 19-1】 求图 19-10 所示的棱柱体的阴影。

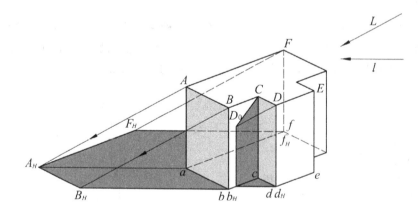

图 19-10 棱柱体的阴影

作图时，应确定该棱柱体的阴线。根据图中光线的照射方向可知，棱柱体的顶面 ABC-DEF、3 个前表面及 2 个右侧表面为阳面，其余各面为阴面。阴线为 CD、Dd、fF、FA、AB、Bb。首先求出铅垂阴线 fF、Bb 在 H 面上的落影 $B_H b_H$ 和 $F_H f_H$，与光线在 H 面上的投影 l 平行；然后确定与 H 面平行的阴线 FA、AB 在 H 面上的落影 $F_H A_H$、$A_H B_H$ 与阴线 FA、AB 平行并相等；阴线 CD 的承影面为 BCcb，阴线 Dd 的承影面为 H 面和 BCcb，作图时，先作出点 D 的落影 D_0，再将 D_0 与点 C 连接即可。

2. 棱锥的阴影

【例 19-2】 求图 19-11 所示棱锥体的阴影。

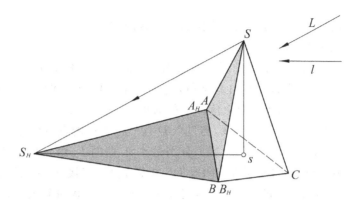

图 19-11 棱锥体的阴影

作图时,先确定该棱锥体的锥顶 S 在 H 面上的落影,由锥顶 S、s 分别引光线 L 和光线在 H 面上的投影 l 相交于 S_H,即为所求。因底面位于 H 面上,所以锥底 A、B、C 三点的落影均为其自身,连接 $S_H A_H$、$S_H B_H$ 即得三棱锥在 H 面上的落影。

3. 台阶的阴影

【例 19-3】 求图 19-12 所示台阶的阴影。

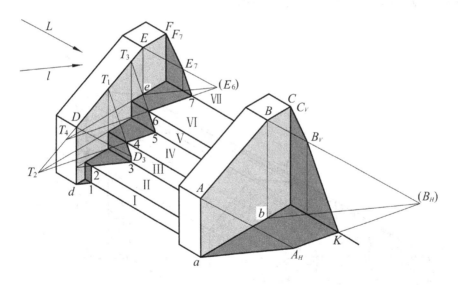

图 19-12 台阶的阴影

根据光线方向可以看出台阶右侧挡板的阴线为 Aa、AB、BC,左侧挡板的阴线为 Dd、DE、EF。承影面分别为地面、墙面、踏步的踏面和踢面。求解步骤如下:

(1) 求右侧挡板的阴线 Aa、AB、BC 的落影

阴线 Aa 的求解如图 19-10 所示,A 点的落影为 A_H。

点 B 的承影面为墙面,过点 B 作垂直线,确定点 B 在 H 面上的投影 b,过点 B 和 b 分别作光线 L 及其 H 投影 l 的平行线,并相交于点 (B_H),即为点 B 在 H 面上的虚影。过 $(B_H) b$ 与

墙地面交线的交点作垂线,与$(B_H)B$相交于B_V,即为点B在墙面上的真影。连接$(B_H)A_H$,与墙地面交线相交于点K,A_HK为AB在地面上的落影,连接B_VK,B_VK为AB在墙面上的落影。

点C在墙面上的落影C_V为其自身,连接B_VC_V即得BC的落影。

（2）求左侧挡板的阴线Dd、DE、EF的落影

阴线Dd的落影求解:过d作l的平行线与踢面Ⅰ的下边线相交于点1,由于Dd与踢面Ⅰ平行,故其在踢面Ⅰ上的落影与其自身平行,过点1作竖直线与踢面Ⅰ的上边线相交于点2,根据同一直线在相互平行的承影面上落影平行的规律,过点2作d_1的平行线,与踢面Ⅲ的下边线相交于点3,然后过点3作竖直线,与过点D且平行于L的直线相交于D_3,D_3即为点D在踢面Ⅲ上的落影。可以看出,Dd的承影面分别是地面、踢面Ⅰ、踏面Ⅱ和踢面Ⅲ。

阴线DE的落影求解:扩大踢面Ⅲ与阴线DE相交于T_1,连接T_1D_3与踢面Ⅲ的上边线相交于点4,扩大踏面Ⅳ与阴线DE相交于T_2,连接T_24并延长至踢面Ⅴ的下边线,得点5,根据同一直线在相互平行的承影面上落影平行的规律,过点5 作D_34的平行线,与踢面Ⅴ的上边线相交于点6,点E的落影求解与上例相同,注意点E的真影E_7在墙面Ⅶ上,(E_6)为点E的虚影,点7为转折点。可以看出,阴线DE的承影面分别是踢面Ⅲ、踏面Ⅳ、踢面Ⅴ、踏面Ⅵ和墙面Ⅶ。

阴线EF的落影求解:点F在墙面Ⅶ上,其落影为其自身,连接E_7F_7即为所求。

4. 房屋的阴影

【例19-4】 求图19-13所示房屋的阴影。

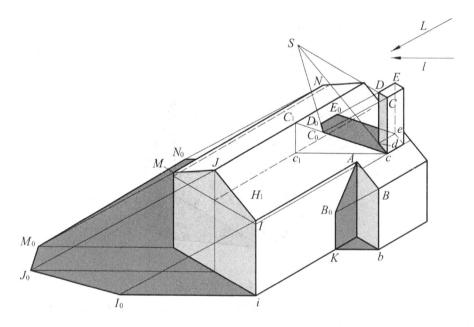

图19-13 房屋的阴影

房屋的山墙和后墙的阴线为Ii、IJ、JM、MN、Nn,承影面为地面;拐角处的阴线为bB、BA,承影面为地面和墙面,求解方法同前,不再赘述。下面分析烟囱在坡屋面上的落影。

根据分析,烟囱的阴线为Cc、CD、DE、Ee,承影面为坡屋面。本例可以采用光截面法进行

求解出阴线 cC 落在坡屋面上的影子,是过 cC 所作的光平面与坡屋面的交线。因此,先过点 c 作房屋的水平截面 H_1,用过阴线 cC 的铅垂光平面截切屋面至 H_1 面,得铅垂面 cc_1C_1,其中 cc_1 平行于 l,是光平面与 H_1 面的交线。点 c_1 是屋脊上的点 C_1 在 H_1 面上的投影,cC_1 构成阴线 Cc 在屋面上的落影方向线;再过点 c 作光线 L 的平行线,与 cC_1 交于点 C_0,连接 cC_0,即为阴线 Cc 在坡屋面上的落影。

分别延长 CD 与 cd,相交于点 S,连接 SC_0 与过点 D 的光线 L 相交于点 D_0,C_0D_0 即为阴线 CD 在坡屋面上的落影。阴线 DE 平行于屋面,则 D_0E_0 与阴线 DE 平行且等长。阴线 Ee 为铅垂线,其在屋面上的落影与 C_0c 平行。

19.1.4 曲面立体轴测投影图上的阴影

1. 圆柱的阴影

【例 19-5】 求图 19-14 所示圆柱体的阴影。

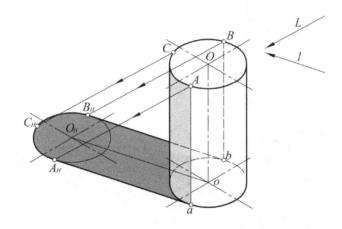

图 19-14 圆柱的阴影

作图时,先作平行光线的水平投影 l 与圆柱底圆相切的直线,则过切点 a、b 的铅垂线 Aa、Bb 为圆柱面上的两条阴线,顶面圆上的弧线 ACB 也是阴线;点 A 和点 B 在 H 面上的落影可用前述方法求出;弧线阴线 ACB 与 H 面平行,故其在 H 面上的落影反映其实形,可以在弧线阴线上选择若干个点,分别作出它们在 H 面上的落影,然后依次连接即可。

2. 圆锥的阴影

【例 19-6】 求图 19-15 所示的圆柱体的阴影。

作图时,先过圆锥顶点 S 及其 H 面投影 s,作光线 L、l 的平行线,求出 S 在 H 面上的落影 S_H;然后过 S_H 分别引圆锥底面圆的切线,得切点 A、B,连接 SA、SB,S_HA、S_HB 分别是圆锥面上的阴线 SA、SB 在 H 面上的落影。

3. 组合体的阴影

【例 19-7】 求图 19-16 所示的组合体的阴影。

该组合体是由上下两部分组合而形成的。下面的形体由半圆柱体与四棱柱体组合而成,其阴线为 aA Ⅰ BCc(c 为 C 在 H 面上的投影,Cc 为铅垂阴线),承影面为 H 面。上面的形体为 1/4 圆柱筒,其阴线为 dD Ⅱ Ⅲ EFG Ⅳ Ⅴ …(d 为 D 在下面形体表面上的投影),承影面为下面

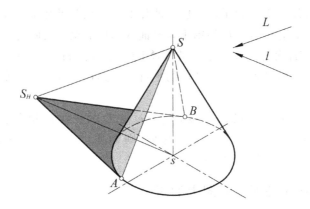

图 19-15　圆锥的阴影

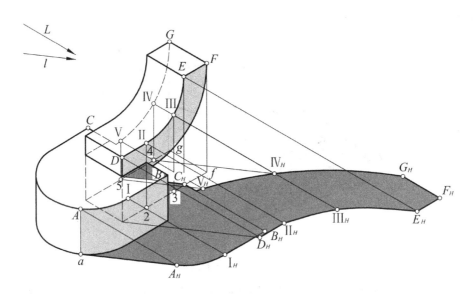

图 19-16　组合体的阴影

形体上表面和 H 面。

(1) 求下面形体阴线 $aA\mathrm{I}BCc$ 的落影

作平行光线的水平投影 l 与半圆柱底圆相切的直线,则过切点 a 的铅垂线 Aa 为圆柱面上的阴线。过 A 点作光线 L 的平行线,与刚才所作的过 a 点的切线相交于 A_H,即为点 A 在 H 面上的落影。$A\mathrm{I}$ 为弧线,它与 H 面平行,所以 $A\mathrm{I}$ 在 H 面上的落影与它本身相同。$\mathrm{I}B$、BC、Cc 的落影均可用前述的方法求解。

(2) 求上面形体阴线 $dD\mathrm{II}\mathrm{III}EFG\mathrm{IV}\mathrm{V}\cdots$ 的落影

阴线 dD 的承影面有两个:一个是下面形体的上表面,一个是 H 面。由于阴线 dD 为铅垂线,所以它在下面形体上表面的落影为平行于 l 的直线,D 的落影在 H 面上;$D\mathrm{II}$ 与 H 面平行,比较容易能够求出其在 H 面上的落影 $D_H\mathrm{II}_H$;阴线 $\mathrm{II}\mathrm{III}E$ 为弧线且其所在平面与 H 面垂直,所以求其落影时,需要找出足够多的点并求这些点的落影,然后将影点连接即得该段阴线的落影;阴线 EF、FG 与 H 面平行,求解过程不再赘述;阴线 $G\mathrm{IV}\mathrm{V}\cdots$ 段的落影,可用下面的方法求出:

假想下面的形体不存在(图中用双点画线画出),则上面形体的完全轴测投影如图 19-17 所示,此时需要求出阴线上 G、Ⅳ、Ⅴ、J 点的落影,然后依次连接,可以看出,$G_H Ⅳ_H V_H J_H$ 与 $B_H C_H$ 交于点 K,则 $K J_H$ 是落在影区内的影线,作图结果中不需要画出。注意,此种作图方法只是近似作出阴线 GⅣⅤ…段的落影。

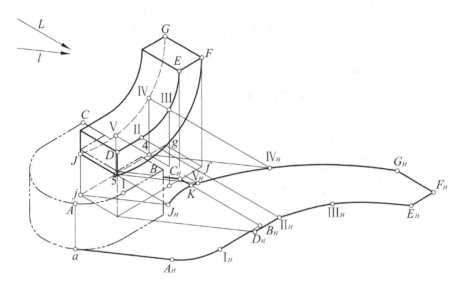

图 19-17　阴线 GⅣⅤ…段的落影求解

19.2　中心辐射光线下的阴影作图

中心辐射光线下的阴影作图,广泛应用于室内装修工程设计中,以表达主要光源下室内光影明暗的效果。在轴测图中,中心光线是以光源及其某投影面上的投影来确定的。

19.2.1　平面立体的阴影

图 19-18 中,已知光源 S 及其在 H 面上的投影 s,要作出四棱柱的阴影,必须求作阴线 Aa、AB、BC、Cc 的落影,然后连线。点 A 在 H 面上的落影,是过点 A 的中心光源线与光源在 H 面上的投影和点 A 的同面投影 a 连线的交点 A_H;点 B 在 H 面上的落影,是过点 B 的中心光源线与光源在 H 面上的投影和点 B 的同面投影 b 连线的交点 B_H;点 C 在 H 面上的落影,

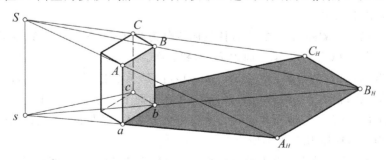

图 19-18　中心光线下平面立体的阴影

是过点 C 的中心光源线与光源在 H 面上的投影和点 C 的同面投影 c 连线的交点 C_H。

由此可以看出，任一点在某一承影面上的落影，是过该点的中心光源线与光源在该承影面上的投影和该点的同面投影连线的交点。

通过图 19-18 的作图结果，可以得出中心光线的落影规律是：

① 直线平行于承影面，则该直线在该承影面上的落影与其本身平行，如 AB、BC。

② 直线垂直于承影面，则这些直线在该承影面上的落影都汇交于光源在这个承影面上的投影，如 $A_H a$、$B_H b$、$C_H c$ 都汇交于 s。

③ 互相平行的直线，在同一个承影面上的落影不平行，且在远处必汇交于一点。

【例 19-8】 求图 19-19 所示的组合体、镜框在地面或墙面上的阴影。

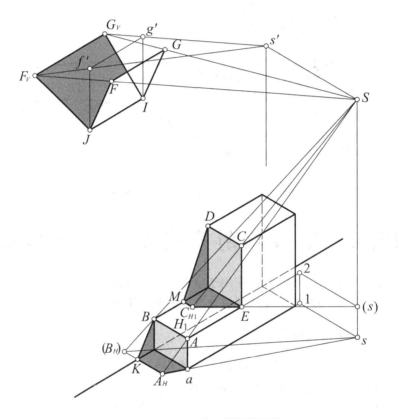

图 19-19 组合体和镜框的阴影

(1) 求组合体的阴影

组合体的右侧比左侧高出一些，组合体的阴线分为两部分：一部分为 Aa、AB，承影面为地面和墙面；另一部分为 CE、ED，承影面为 H_1 面和墙面。

首先求阴线 Aa、AB 的落影：连接 SA、sa，两者的延长线相交于一点 A_H，$A_H a$ 即为阴线 Aa 在地面上的落影；根据落影规律可知，阴线 AB 在地面上的落影与其本身平行，因此过 A_H 作影线与 AB 平行，该影线与地面和墙面的交线相交于点 K，则点 K 为落影的转折点（B_H 为点 B 在地面上的虚影），连接 BK，即为所求。

再求阴线 CE、ED 的落影：由于承影面变成了 H_1 面，所以根据作图要求必须先要求出光源 S 在 H_1 面上的投影 (s)，再按照前述方法进行求解。连接 SC、$(s)E$，两者的延长线相交于一

点 C_{H1}，$C_{H1}E$ 即为阴线 Aa 在地面上的落影；其余作图同上，不再赘述。

(2) 求镜框 $FGIJ$ 在墙面上的落影

镜框端点 F、G 在墙面上的投影分别为 f'、g'，I、J 两点在墙面上，它们的落影为其本身。连接 SF、$s'f'$，两者的延长线相交于一点 F_V；连接 SG、$s'g'$，两者的延长线相交于一点 G_V。顺次连接 JF_VG_VI，即得镜框在墙面上的阴影。

19.2.2 曲面立体的阴影

求曲面立体的阴影，就是过曲面立体上阴点的中心广源线与光线在该承影面上的投影的交点。

1. 圆柱体的阴影

在光源 S 的照射下，圆柱体在背光一侧的地面上形成阴影（见图 19-20）。作图时，首先由 s 作圆柱底圆切线 sa 和 se，得到圆柱表面上的素线阴线 Aa、Ee，则 $ABCDE$ 也为阴线（B、C、D 为这条阴线上所取得任意点）。连接 SA、sa，两者的延长线相交于一点 A_H，A_Ha 即为阴线 Aa 在地面上的落影；同理可以求出 Ee 的落影 E_He。

依次求出点 B、C、D 的落影 B_H、C_H、D_H，顺次连接 A_H、B_H、C_H、D_H、E_H，即得弧线 AE 的落影。

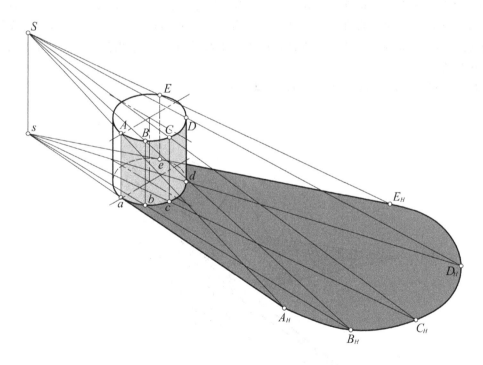

图 19-20 圆柱体的阴影

2. 圆锥体的阴影

在光源 S 的照射下，圆锥体在背光一侧的地面上形成阴影。作图时，首先连接 SC、sc，两者的延长线相交于一点 C_H；由 C_H 作圆锥底圆切线 C_HA 和 C_HB，得切点 A 和 B，连接 CA、CB，CA、CB 即为圆锥表面上的两条阴线。作图结果如图 19-21 所示。

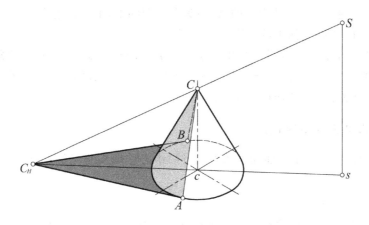

图 19-21 圆锥体的阴影

【例 19-9】 求图 19-22 所示的圆锥体与三角形平面的落影。

圆锥体的阴影求作同图 19-21 所示,不再赘述。下面分析三角形平面 DEF 在地面及圆锥面上的落影:首先求出三角形平面 DEF 的三个顶点 D、E、F 的落影 D_H、E_H、F_H,它们均在地面上,将它们两两相连后看出,$D_H F_H$ 与 $D_H E_H$ 均与圆锥底面圆轮廓相交,说明 DE、DF 直线上各有一部分落影是在圆锥面上。在圆锥底面圆轮廓上取任意一点 t_2,连接 $t_2 C$、$t_2 C_H$ 则是圆锥素线 $t_2 C$ 在地面上的落影,它必与 $D_H F_H$ 相交于一点,过该点向 S 引直线,该直线与 $t_2 C$ 相交于点 2,则点 2 即为 DF 上一点在圆锥面上的落影;同理可以求出落影点 3 和 4,将 1、2、3、4、5 依次相连,即得在圆锥面上的落影。

DE 在圆锥面上的落影,求解方法同,不再赘述。

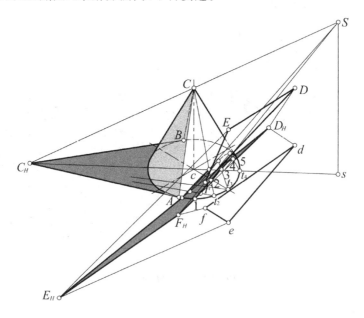

图 19-22 圆锥体与三角形平面的落影

第 20 章 透视投影的基本知识

20.1 概 述

图 20-1 是一幅某住宅的效果图，图中的建筑物是利用中心投影法绘制而出的透视图。它能够逼真地反映出这幢建筑物的外貌，使人在看图时如同身临其境。在建筑设计过程中，特别是在初步设计阶段，往往根据建筑平、立面图绘出所设计建筑物的透视图，显示出将来建成后的外貌，用以研究建筑物的空间造型和立面处理，进行各种方案的比较，交流设计思想，选取最佳设计，它是建筑设计的一种重要的辅助手段。由于透视图符合人们视觉形象，故在科学、工程技术、广告、展览画中都有广泛的应用。

图 20-1 某住宅透视图

20.1.1 透视图的形成

透视图和轴测图一样，都是一种单面投影。不同之处在于轴测投影是用平行投影法画出的图形，而透视图则是用中心投影法画出的。如图 20-2 所示，以铅垂面为例，将铅垂面置于水平的地平面上,这个水平的地平面称为基面 G;人的眼睛(即投影中心)称为视点 S;在人的眼睛和铅垂面之间设立一个铅垂的投影面称为画面 P。视点 S 与铅垂面上各点的连线(SA、SB、SC、SD)称为**视线**,各视线与画面 P 的交点(A^0、B^0、C^0、D^0)就是铅垂面上各点的透视。依次连接各点的透视,即为铅垂面的透视图。

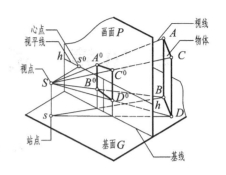

图 20-2 透视图的形成

由图可见,透视图的形成与物体在人眼视网膜上成像的过程是相似的。从投影法来说,透视图就是以人眼为投影中心的中心投影。形成透视图的三个要素是视点、画面和物体,三者的排列顺序如为:视点→画面→物体,这样得到的透视图为缩小的透视;如为:视点→物体→画面,这样得到的透视图为放大的透视。

20.1.2 透视作图中常用的术语

在透视图的作图中,常用到一些专门的术语,下面以图 20-2 为例介绍透视图中的几个基本术语。

(1) **基面**　放置建筑物的水平面,用字母 G 表示,也可将绘有建筑平面图的投影面 H 理解为基面。

(2) **画面**　透视图所在的平面,用字母 P 表示,画面可以垂直于基面,也可以倾斜于基面。

(3) **基线**　基面与画面的交线,在画面上用字母 g-g 表示;在平面图上用字母 p-p 表示画面的位置。

(4) **视点**　相当于人眼所在的位置,也就是投影中心点 S。

(5) **站点**　视点 S 在基面 G 上的正投影 s,相当于人的站立点。

(6) **视线**　视点 S 与建筑物上某一点的连线,它与画面相交于一点,而形成空间点在画面上的透视。

(7) **心点**　视点 S 在画面 P 上的正投影 s^0。

(8) **中心视线**　所有视线中与画面 P 垂直的那条视线,即 S 与 s^0 的连线。

(9) **视平面**　过视点 S 所作的水平面。

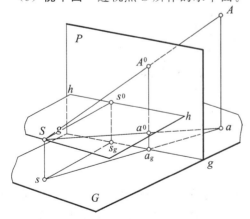

图 20-3 空间一点的透视与基透视

(10) **视平线**　视平面与画面的交线,用 h-h 表示。当画面 P 为铅垂面时,心点 s^0 位于视平线 h-h 上。

(11) **视高**　视点 S 到基面 G 的距离,相当于人眼的高度。当画面为铅垂面时,视平线 h-h 与基线 g-g 的距离反映视高。

(12) **视距**　视点 S 对画面的距离,即中心视线 Ss^0 的长度。当画面为铅垂面时,站点与基线的距离反映视距。

图 20-3 中,自视点向空间任意一点 A 引视线 SA,SA 与画面 P 的交点 A^0,即为空间点

A 的透视；点 a 是空间点 A 在基面上的正投影（相当于 H 面投影），称为点 A 的基点；基点 a 的透视 a^0，称为点 A 的基透视。

20.1.3 透视图的特点

图 20-4 是某道路两侧建筑的透视图，它真实地反映了这条道路两侧建筑的外观效果。由透视图与正投影图相比较，可知透视图具有以下几个方面的特点：

（1）近高远低　等高的建筑物或建筑物上等高的墙、柱等构件，则靠近画面的高，远离画面的低，距离画面越远，其在透视图中的高度越低。

（2）近大远小　等体量的建筑物或人、车等，则靠近画面的大，远离画面的小，距离画面越远，其在透视图中的体量越小。

（3）近疏远密　等距离的建筑物或建筑物构配件，则靠近画面的疏宽，远离画面的紧密，距离画面越远，在透视图中就越紧密。

图 20-4　某道路两侧建筑物的透视图

20.1.4 建筑透视图的分类

由于建筑物与画面间相对位置的变化，它的长、宽、高三组重要方向（OX 轴、OY 轴、OZ 轴）的轮廓线，与画面可能平行，也可能不平行。与画面不平行的轮廓线，在透视图中就会形成灭点，该灭点称为**主向灭点**。与画面平行的轮廓线，在透视图中不会形成灭点。因此，透视图的分类，可按主向灭点的多少进行（也可按三条主向坐标轴与画面的相对位置进行）。

1. 一点透视

如果图 20-5 所示的一点透视，其形体的主要面与画面平行，其上的 OX、OY、OZ 三个主向中，只有 OY 主向与画面垂直，另两个主向（OX、OZ）与画面平行。在所作形体的透视图中，与三个主向平行的直线，只有 OY 主向直线的透视有灭点，其灭点为心点 s^0。这样画出的透视，视为**一点透视**。在该情况下，建筑物只有一个主向的立面平行于画面，所以又称为**正面透视**。图 20-6 是一点透视的实例。

2. 两点透视

如图 20-7 所示的两点透视，其形体仅有铅垂轮廓线（OZ 轴）与画面平行，其上的另外两

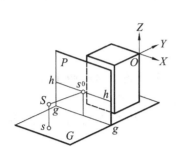

图 20-5　一点透视的形成　　　　　图 20-6　一点透视的实例

组主向轮廓线（OX 轴、OY 轴），均与画面相交，于是在画面上会形成两个灭点 F_x 及 F_y，这两个灭点都在视平线 $h-h$ 上。这样画出的透视，称为**两点透视**。在该情况下，建筑物的两个主向立面均与画面成倾斜角度，所以又称为**成角透视**。图 20-8 是两点透视的实例。

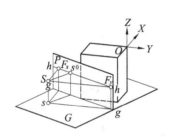

图 20-7　两点透视的形成　　　　　图 20-8　两点透视的实例

3. 三点透视

如图 20-9 所示的三点透视，其画面如果倾斜于基面，即与建筑物三个主要轮廓线相交，于是在画面上会形成三个灭点 F_x、F_y 和 F_z。这样画出的透视，称为**三点透视**。在该情况下，画面是倾斜的，所以又称为**斜透视**。图 20-10 是三点透视的实例。

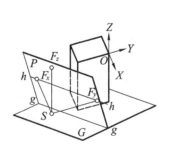

图 20-9　三点透视的形成　　　　　图 20-10　三点透视的实例

20.1.5 透视图的基本作图方法——视线迹点法

视线迹点是视线与画面的交点,通过求视线迹点来绘制透视图的方法,称为**视线迹点法**。其作图原理是:设画面与正立投影面 V 重合,连接视点与空间形体上各点,即得视线;求出视线与画面的交点,依次连接各交点,就得到形体的透视图。

如图 20-11(a)所示,要求空间铅垂线 AB 在画面 P 上的透视,作图步骤如下:

(1) 在画面上连接 s^0a'、s^0b'(a'、b' 是 A、B 两点在画面上的正面投影),即得视线 SA、SB 在画面上的正面投影;在基面上连接 sab,即得视线在基面上的投影。

(2) 过 sab 与基线 $g-g$ 的交点 a_g、b_g 作铅垂线,与 s^0a'、s^0b' 交于点 A^0、B^0,即为 A、B 两点的透视,连接 A^0B^0,即为铅垂线 AB 的透视。

这里应注意:a_g、b_g 是画面在基面上的积聚投影与视线的同面投影的交点,对于确定 A^0、B^0 有着重要的作用。

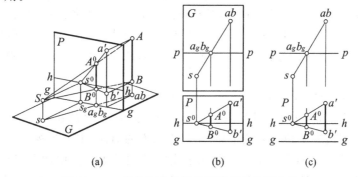

图 20-11 视线迹点法的作图原理与作图方法

将图 20-11(a)中各投影面展开时,通常将基面放置于上方,画面放置于下方,如图 20-11(b)所示。基面与画面的间距没有要求,但应注意两面左右对齐,即点在两面上的投影应符合正投影规律。实际作图时,经常把各投影面的边框线去掉。这样,画面在基面上的积聚投影 $p-p$,基面在画面上的积聚投影 $g-g$ 和视平线 $h-h$ 必须互相平行,如图 20-11(c)所示。

【例 20-1】 如图 20-12(a)所示,已知位于基面上的一个 T 型块,并已知基线 $g-g$、视

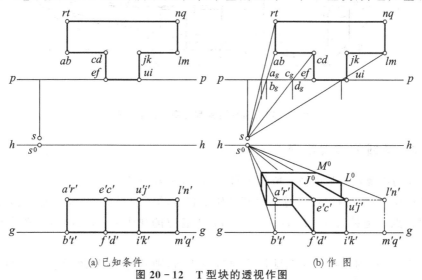

(a) 已知条件   (b) 作 图

图 20-12 T 型块的透视作图

平线 $h-h$，画面 $p-p$ 及 s、s^0 的位置，求该 T 型块的透视。

该 T 型块是由长方体切割而成，它的前、中、后侧面均平行于画面，前侧面又靠于画面上，其透视与其自身重合。其余作图过程如图 20-12(b) 所示。

运用视线迹点法作建筑物的透视图，需要把建筑物的立面投影（大多数情况墙面与画面倾斜）画在画面上，会增加较多的图线，作图过程也比较烦琐，所以一般较少采用此种画法。

20.2 点和直线的透视规律

20.2.1 点的透视规律

(1) 一点的透视仍为一点，画面上点的透视与其自身重合。

(2) 一点的透视与基透视，位于同一条铅垂线上。

如图 20-3 所示，由于 $Aa \perp$ 基面 G，则过视点 S 连接 Aa 上各点的视线，由此形成的视线平面 SAa 也垂直于基面 G。所以，SAa 与画面 P 的交线 $A^0 a^0$ 位于同一条铅垂线上。$A^0 a^0$ 的长度称为点 A 的**透视高度**，它是点 A 的实际高 Aa 的透视，由于 Aa 不在画面上，故 $A^0 a^0 \neq Aa$。

(3) 根据点的基透视的位置，可以判定点在空间的位置。

如图 20-13 所示立体的透视图，位于画面前方的点 C，其基透视 c^0 位于基线的下方；位于画面上的点 A，其基透视 a^0 位于基线上；位于画面后方的 B、D，其基透视位于基线与视平线之间，由于点 B 距画面比点 D 远，所以，b^0 距视平线比 d^0 更接近些。由此可以得出，空间点在画面后越远，则其基透视越接近视平线。如果某空间点在画面后无限远处，则其基透视位于视平线上，如 $F^0(f^0)$。

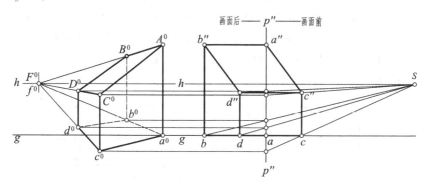

图 20-13 由基透视判定空间点的位置

20.2.2 直线的透视规律

(1) 直线的透视及其基透视一般仍为直线，特殊时为一点。

如图 20-14 所示，由视点 S 连接直线 AB 上各点的视线平面，与画面必然相交于一条直线 $A^0 B^0$；由视点 S 连接直线 AB 的基面投影 ab 上各点的视线平面，与画面也必然相交于一条直线 $a^0 b^0$。

图 20-15 所示的直线 AB 在延长后通过视点 S，则其透视 $A^0 B^0$ 重合为一点，其基透视

a^0b^0 仍为一直线段,且与基线垂直;直线 AC 是一条铅垂线,它在基面上的正投影 ac 积聚为一点,故直线 AC 的基透视 a^0c^0 必定为一点,直线 AC 的透视仍然是一条铅垂线 A^0C^0。

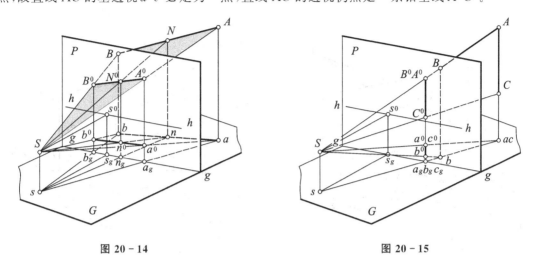

图 20-14　　　　　　　　　　　　　　图 20-15

（2）铅垂线的透视仍为铅垂线,垂直于画面的直线的透视通过心点。

铅垂线的透视,如图 20-15 中的 AC。垂直于画面的直线,如图 20-16 所示的 AB、CD、EF,它们的透视通过心点 s^0,它们的基透视 a^0b^0、c^0d^0、e^0f^0 也通过心点 s^0。

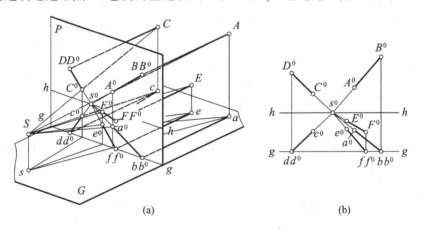

(a)　　　　　　　　(b)

图 20-16　画面垂直线的透视

（3）与画面相交的直线,其透视通过交点,即直线的画面迹点。

图 20-17 中直线 AB 在延长后与画面 P 相交于点 T,点 T 就是直线 AB 的画面迹点。由于点 T 位于画面上,所以,迹点的透视即为其自身,它的基透视则在基线上。直线 AB 的透视 A^0B^0 必然通过其画面迹点 T,直线 AB 的基透视 a^0b^0 必然通过该迹点 T 在基面上的正投影 t。

（4）与画面相交的直线,其上离画面无限远处的点的透视,称为**直线的灭点**。

图 20-18 中,直线 AB 与画面 P 相交于点 A。当延长 AB 至无限远后,过视点 S 引向 AB 上无限远的点的视线 SF_∞,视线 SF_∞ 与原直线 AB 必然是互相平行的。SF_∞ 与画面的交点 F 就是直线 AB 的灭点。直线 AB 的透视 A^0B^0 延长后一定通过灭点 F。

同理,可求得直线的基面投影 ab 上无限远点的透视 f,称为**基灭点**。基灭点一定位于视

平线 $h-h$ 上,这是因为平行于 ab 的视线一定位于视平面上,必然与画面相交于视平线上的一点。直线 AB 的基透视延长后,一定通过基灭点 f。灭点 F 与基灭点 f 的连线 Ff 垂直于视平线。

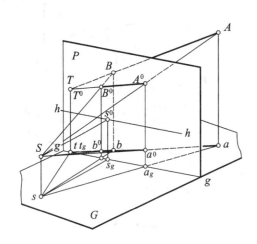

图 20-17 画面相交直线的画面迹点

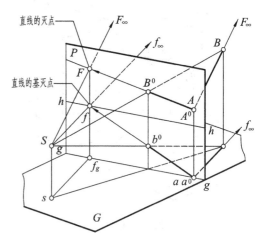

图 20-18 画面相交直线的灭点和基灭点

(5) 一组平行的画面相交线的透视与基透视,分别相交于它们的灭点和基灭点。

图 20-19 中,经视点所作的与一组平行的画面相交线的视线,是同一条直线 SF_∞,它与画面的交点是惟一的,即灭点 F。经视点所作的与一组平行的画面相交线基面投影的视线,也是同一条直线 sf_∞,它与画面也只有一个交点 f。因此,与画面相交的一组空间相互平行的直线,在透视图上不再平行,而成为相交于同一灭点 F 的线束,它们的基透视也成为相交于同一基灭点 f 的线束。这是透视图中特有的规律。

(6) 与画面相平行的直线没有灭点,其上的一点分割成的线段长度之比,等于透视分割之比。

图 20-20 中的直线 AB 平行于画面。直线 AB 与画面没有交点,同时,过视点 S 所作的

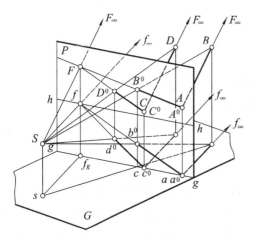

图 20-19 与画面相交的一组
平行直线的灭点和基灭点

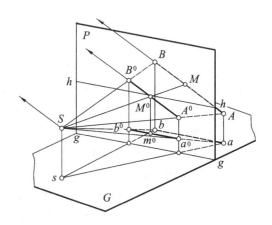

图 20-20 画面平行线的
透视和基透视

平行于 AB 的视线与画面也是平行的,也没有交点。因此,画面平行线的透视没有灭点,其透视与自身平行,并且 A^0B^0 与基线 $g-g$ 的夹角能够反映 AB 对基面的倾角 α。由于 $AB//P$,$ab//g-g$,因此其基透视 $a^0b^0//g-g$,是一条水平线。由于 $A^0B^0//AB$,若一点 M 在直线 AB 上分割线段的长度之比为 $AM:BM$,则其透视分割之比 $A^0B^0:M^0B^0=AM:BM$。

如果有一组互相平行的画面平行线,则其透视互相平行,基透视也互相平行,且基透视平行于视平线和基线。

(7) 直线上点的透视和基透视分别位于该直线的透视和基透视上;画面相交线上一点所分直线段的长度之比,不等于透视分割之比。

如图 20-14 所示,由于视线 SN 包含在视线平面 SAB 内,所以 SN 与画面的交点 N^0 位于视线平面 SAB 与画面的交线 A^0B^0 上;同理,其基透视 n^0 则在 AB 的基透视 a^0b^0 上。

点 N 是 AB 线段的中点,即 $AB=NB$,但由于 AN 比 NB 远,使它们的透视长度 $A^0N^0<N^0B^0$。也就是说,点在直线上所分直线段的长度之比,不等于透视分割之比。

20.2.3 透视图中高度的确定

由前述已知,距离画面不同远近的同样高度的直线,其透视高度不同。位于画面上的铅垂线称为**真高线**。距画面不同远近的铅垂线的高度,可由真高线来确定其透视高度。

已知直立于地面上且实高为 H 的铅垂线的基透视 C^0,要求其透视。作图有以下两种方法,如图 20-21 所示。

(1) 在画面上作一条实高为 H 的铅垂线 $(D)(C)$,连接 $C^0(C)$,延长后与视平线交于点 F。连接 $F(D)$,则 $F(D)$ 与 $F(C)$ 是两条平行直线的透视。过 C^0 作铅垂线,与 $F(D)$ 交于点 D^0,则 D^0C^0 即为所求实高为 H 的铅垂线的透视,如图 20-21(a)所示。

(2) 先在视平线上任意确定一点 F,作为灭点。连接 FC^0,并延长与基线交于点 (C),过 (C) 作竖直线并使其高度为 H,得点 (D)。连接 $F(D)$,与过 C^0 所作的竖直线交于点 D^0,则 D^0C^0 即为所求实高为 H 的铅垂线的透视,如图 20-21(b)所示。

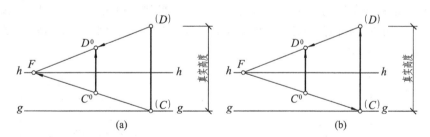

图 20-21 真高线的应用

如有若干条高度相同而离画面远近不同的铅垂线,可利用集中真高线作图。如图 20-22(a)所示,D^0d^0、C^0c^0 是两条铅垂线的透视,它们的基透视 d^0 和 c^0 对基线的距离相等,也就是说,Dd、Cc 到画面的距离是相等的。又知 $D^0C^0//d^0c^0$,所以 Dd 和 Cc 在空间中高度是相等的。如知其真实高度,则可先在画面上作出一条真高线 Tt^0,然后在视平线上找任意一点 F,分别连接 FT^0、Ft^0,过 d^0 作水平线交 Ft^0 于 c^0,过 c^0 作铅垂线交 FT^0 与 C^0,则 C^0c^0 就是 Dd 的透视高度。其余作图步骤如图 20-22(a)所示。图 20-22(b)是利用一条真高线来确定 C^0c^0、B^0b^0、A^0a^0 的作图过程,读者可自行分析,不再赘述。

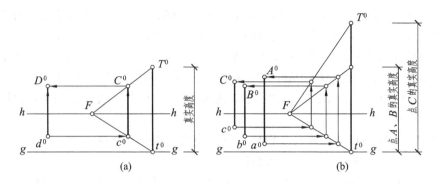

图 20-22 集中真高线的应用

20.3 透视图的选择

在学习透视图时,不仅要掌握各种画法,合理选择透视图的类型,而且还必须安排好视点、画面与建筑物三者之间的相对位置。这是因为,当三者之间的相对位置不同时,建筑形体的透视图将呈现出不同的形象。如果三者的相对位置处理不当,所画出的透视图就不符合人们处于最适宜的位置观察建筑物时所获得的最清晰的视觉形象,透视图会产生畸形失真,而不能准确地反映设计者的设计意图。

20.3.1 人眼的视觉范围

根据测定,人的一只眼睛观看前方的环境和物体时,其可见的范围接近于椭圆锥,该范围称为视域。椭圆锥是以人眼为顶点、以中心视线为轴线的锥面,所以称为**视锥**。锥顶的夹角,称为**视角**,如图 20-23 所示。水平视角 α 可达 $120°\sim148°$,垂直视角 β 可达 $110°\sim125°$。但是能清晰可辨的范围只是其中的一部分,为了使作图简便,通常将视锥近似地看作是正圆锥。在绘制透视图时,常将视角控制在 $60°$ 以内,以 $28°\sim37°$ 为最佳。视角大于 $60°$ 时,图形将产生较大的变形。如果知道了画面的宽度,则可以根据视角确定视距,如图 20-24 所示,最佳视距宜为画面宽度的 $1.5\sim2.0B$。

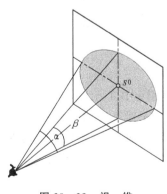

图 20-23 视 锥

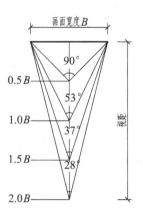

图 20-24 视角和视距

20.3.2 视点的选择

视点的选择,包括选定视角、站点的左右位置和视高。

1. 选定视角

图 20-25 所示的站点分别位于 s_1 和 s_2 位置处的透视图,由图可看出,视角的变化将直接影响到人的视觉感受。站点 s_1 与建筑物距离较近,两条边缘视线之间的夹角 α_1 约为 50°,站点 s_2 与建筑物距离较远,两条边缘视线之间的夹角 α_2 约为 32°。视角较大的透视图,由于两灭点距离较近,故建筑物上水平轮廓线的透视,收敛过于急剧,墙面显得狭窄,视觉感受不佳;视角较小的透视图,由于两灭点距离较远,故建筑物上水平轮廓的透视显得平缓,墙面也比较开阔舒展。

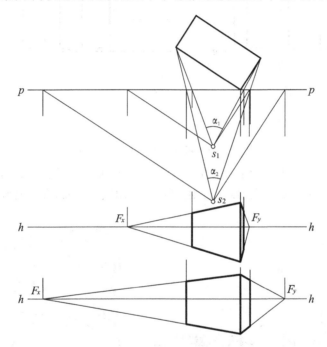

图 20-25 不同视角大小的透视图

2. 选定站点

在选定站点时,为使绘制的透视图能充分体现出建筑物的形体特点,反映出设计者的主要意图,应使站点位于画面宽度内,如图 20-26 所示,图(a)中所选站点较好地表达了建筑形体的特点,图(b)中所选定站点则没有表达出建筑形体的特点。

此外,在选定站点时,还应尽可能确定在实际环境所许可的位置上,使透视图与真实情况相吻合。

3. 选定视高

视高是视点与站点间的距离,即视平线与基线间的距离,一般可取人眼高 1.5～1.8 m,这样可使透视图的形象更切合实际,如图 20-27(a)所示。有时为了使透视图取得特殊效果,可将视点按需要升高,如图 20-27(b)所示,或者降低,如图 20-28 所示。将视点升高可获得俯视效果,使地面在透视图中比较开阔,给人以舒展、开阔、居高临下的视觉效果;将视点降低可获得仰视效果,建筑形体在透视图中能给人以高耸、雄伟、挺拔之感觉。图 20-29 是采用三种不同的视高所

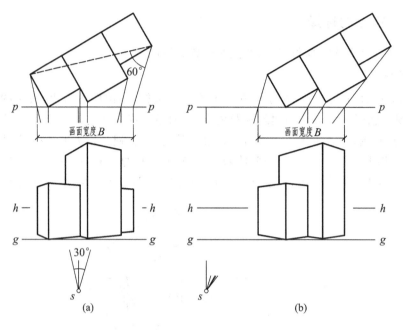

图 20-26 站点应位于画面宽度内

画出的同一建筑形体的透视图。将视点升高或降低时,应使视线的俯角或仰角以不超过 30°为宜,即在垂直方向上以 60°为控制角度。否则,画面宜采用倾斜平面,将透视画成三点透视。

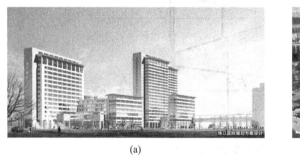
(a)

(b)

图 20-27 不同视高的建筑物透视图实例

图 20-28 降低视高的建筑物透视图实例

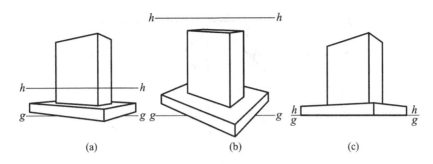

图 20-29 不同视高的透视效果

20.3.3 画面与建筑物相对位置的选择

画面与建筑物的相对位置主要是指画面与建筑物立面的偏角大小、画面与建筑物的前后位置。

1. 画面与建筑物立面的偏角大小

如图 20-30 所示,当建筑物立面与画面的夹角 θ 为 0°时,三个主向中只有一个主向有灭点,所得的透视图为一点透视,由此反映出建筑物的立面形象;当 θ 角不为 0°时,建筑物的两个立面有灭点,所得的透视图为两点透视。θ 角越小,则该立面上水平线的灭点越远,该立面的透视越宽阔。随着 θ 角的增大,立面上水平线的灭点趋近,立面的透视就逐渐变狭窄。在 θ 角不为 0°的各个角度中,总是有一适当的 θ 角,使两立面的透视非常接近两立面的实际高、宽之比。有时为了要突出表现某个立面,则要选择特殊的 θ 角。

2. 画面与建筑物的前后位置

在视点与建筑物的相对位置及建筑物立面与画面的夹角确定后,建筑物与画面的前后位置可按需要确定。画面可位于建筑物之前,也可穿过建筑物或位于建筑物之后。当画面位于建筑物之前时,所得的透视较小;当画面位于建筑物之后时,所得的透视较大。当画面穿过建筑物时,位于画面后的部分其透视较小,位于画面前的部分其透视较大,画面与建筑物相交所得的图形,其透视与其实际形状是相同的。由于画面是作前后平行的移动,所以,得到的透视都是相似图形,如图 20-31 所示。

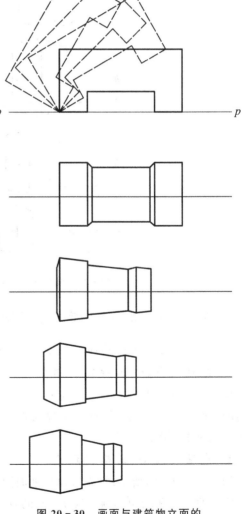

图 20-30 画面与建筑物立面的
偏角大小对其透视的影响

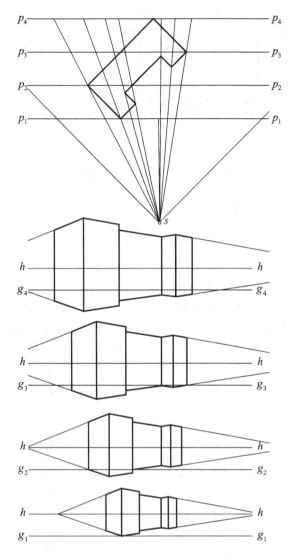

图 20-31　画面与建筑物的前后位置对其透视的影响

20.3.4　在平面图中确定视点及画面的步骤

综合考虑视点、画面、物体三者之间的关系,作透视图前可按下述步骤确定视点和画面。

1. 先确定视点,再确定画面

如图 20-32(a)所示,首先确定站点,使站点 s 的两条边缘视线间的夹角为 $30°\sim40°$,在该夹角的中间三分之一的范围内作主视线的投影 ss_g,然后作画面线 $p-p$ 垂直于 ss_g,画面线最好通过建筑平面图的一角。

2. 先确定画面,再确定视点

如图 20-32(b)所示,首先过建筑平面图的某转角按需要的 θ 角确定画面线 $p-p$,然后过建筑物的两最外侧墙角作画面线 $p-p$ 的垂线,得到透视图的近似宽度 B;在近似宽度内选定心点的投影 ss_g,使 ss_g 位于画面宽度中部的 $B/3$ 范围内;过 s_g 作画面线 $p-p$ 的垂线,在垂线上

截取 $ss_g = (1.5\sim 2.0)B$,即确定站点的位置。

确定视点和画面后,还需要确定是心点和视平线的高度,最后还应检查整个建筑物是否位于以视点为顶点、中心视线为轴线、顶角为 60°的圆锥内。

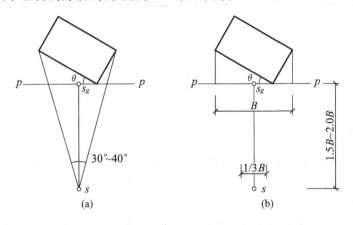

图 20-32 视点与画面的确定

第 21 章 透视图的作图方法

21.1 迹点灭点法

21.1.1 水平线的灭点和迹点

上一章已经分析了直线的迹点与灭点的产生及其特点。由于建筑形体上具有大量的水平线,这些水平线又是组成建筑形体主向轮廓线的元素,所以,如何求作水平线的灭点与迹点便成为本节中的首要问题。

如图 21-1(a)所示,求作水平线 AB 的灭点 F,过视点 S 作视线 $SF/\!/AB$,SF 与画面的交点 F,即为水平线的灭点。由于 $SF/\!/sf/\!/AB/\!/ab$,所以,水平线的灭点 F 一定位于视平线 $h-h$ 上。水平线 AB 及其基面投影 ab 具有公共的灭点。水平线 AB 的透视 A^0B^0 两个方向的延长线,必通过灭点 F 和迹点 T,a^0b^0 的延长线通过灭点 F 和迹点的基面投影 t。

在投影图上求灭点和迹点的步骤是:(1) 延长 ab,交 $p-p$ 于 t_g,过 t_g 作竖直线,交基线 $g-g$ 于 t 点,即得水平线 AB 的迹点;(2) 过 s 作 $sf_g/\!/ab$,交 $p-p$ 于 f_g,过 f_g 作竖直线 $f_gF \perp h-h$,与视平线 $h-h$ 交于点 F,即得水平线 AB 的灭点。作图过程如图 21-1(b)所示。

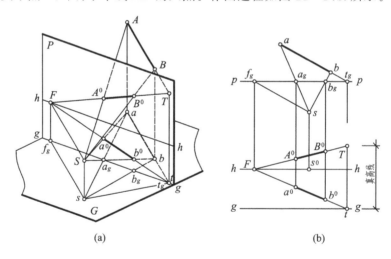

图 21-1 水平线的灭点和迹点

21.1.2 用迹点灭点法求水平线 AB 的透视

求作一条水平线的透视,先要求出水平线的迹点、灭点和透视方向,然后用视线迹点的基面投影,在全长透视上求出其端点的透视。

如图 21-1(b)所示,在求出直线的灭点和迹点后,分别连接 sb、sa,与 $p-p$ 相交于 b_g、a_g;过 a_g、b_g 作竖直线,分别与 FT、Ft 相交于 A^0、a^0、B^0、b^0,FT、Ft 是直线 AB 的全长透视和基透

视,即 AB 和 ab 的透视方向。A^0B^0 和 a^0b^0 即为所求的水平线 AB 的透视和基透视。

图 21-2 是位于基面上的直线 AB 的透视作图,可以看出,由于直线 AB 位于基面上,故 AB 与其基面投影重合,此时直线 AB 的透视和基透视便重合于一条透视线 A^0B^0,作图过程如图 21-2(b)所示。

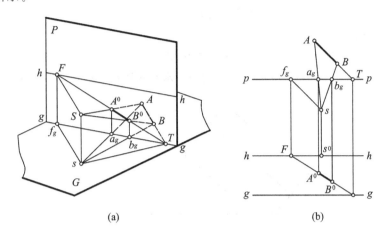

图 21-2 基面上直线 AB 的透视

21.1.3 透视作图实例

【例 21-1】 如图 21-3(a)所示为已知一长方体的正投影图、视高 H,要求作该长方体的透视图。

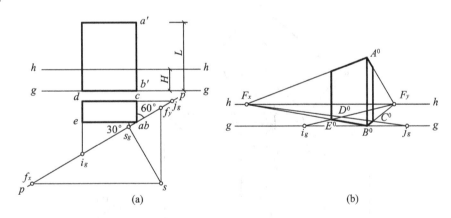

图 21-3 用迹点灭点法作长方体的透视

为便于作图,可使画面经过长方体的一条棱线 AB,并使其正面和侧面与画面的夹角为 $30°$ 和 $60°$。作图步骤如下:

(1) 延长 de 与画面交于 i_g,延长 cb 与画面交于 j_g,如图 21-3(a)所示。

(2) 过 s 作 $sf_y // cb$,与 p-p 相交于 f_y;作 $sf_x // eb$,与 p-p 相交于 f_x,作 $ss_g \perp p$-p,与 p-p 相交于 s_g。

(3) 根据视高确定基线 g-g、视平线 h-h,由图(a)中所确定 p-p 上的各点的相对位置,确定 F_x、F_y 以及三个迹点的位置 i_g、B^0 和 j_g,如图 21-3(b)所示。

(4) 分别连接 $i_g F_y$、$B^0 F_x$、$B^0 F_y$ 和 $j_g F_x$，得长方体的底面透视（也可理解为基透视）。过 A^0 作高度为 L 的真高线 $A^0 B^0$，如图 21-3(b) 所示。

(5) 连接 $A^0 F_x$、$A^0 F_y$，与过 E^0 和 C^0 的竖直线相交，即得长方体的透视。

【例 21-2】 如图 21-4(a) 所示为已知双坡顶房屋的平面图、立面图，站点 s，基线 g-g、视平线 h-h、画面位置 p-p，求作该房屋的透视图。

作图步骤如下：

(1) 自站点 s 引出平面图中两组主要轮廓线的平行线，与 p-p 相交于 f_{xg} 和 f_{yg} 两点，由此作铅垂线，交视平线 h-h 于 F_x 和 F_y 两点，即为两组水平轮廓线的灭点，如图 21-4(b) 所示。

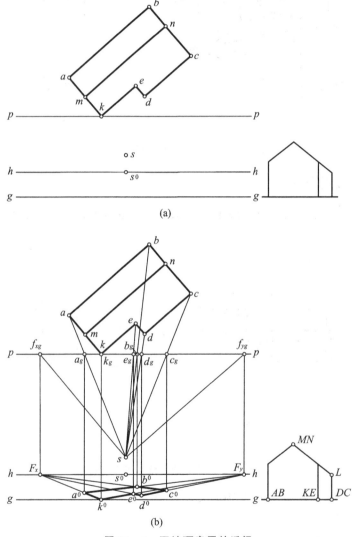

图 21-4 双坡顶房屋的透视

(2) 自站点 s 向平面图中各顶点引直线，即各条视线的基面投影，与 p-p 相交于 a_g、k_g、e_g 等点。由于点 k 位于 p-p 上，表明过点 k 的墙角位于画面上，其透视即为自身。过 k 作竖直线，交 g-g 于 k^0，连接 $k^0 F_x$，与过 a_g 所作的竖直线交于 a^0。连接 $k^0 F_y$ 与过所作的竖直线交于 e^0，连接 $e^0 F_x$，其反向延长线与过 d_g 所作的竖直线交于 d^0。以此作下去，直至求得 c、b、a 的

透视 c^0、b^0、a^0,得各墙角棱线的透视位置,如图 21-4(b)所示。

(3) 利用真高线,求得屋脊及矮檐的透视,如图 21-4(c)所示。

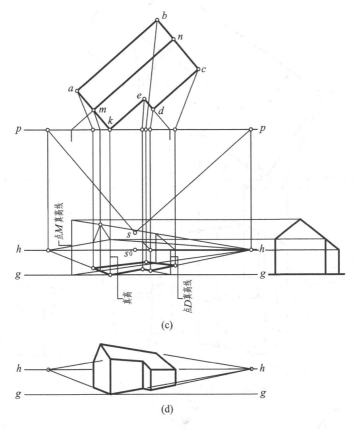

图 21-4 双坡顶房屋的透视

(4) 擦去多余图线,完成双坡顶房屋的透视图,如图 21-4(d)所示。

图 21-5 所示为一纪念碑的透视作图,读者可自行分析其作图步骤。

图 21-6 所示为一室内的透视作图。从平面图可以看出,画面位置与正墙面重合,在画面前的门、柱等,其透视变大;在画面后的部分,透视变小。

图 21-7 所示为一带雨篷门洞的透视作图。应当注意,在作图中,点的透视不是利用视线迹点的基面投影求得,而是用过该点的两组透视方向相交求得。作图步骤如下:

(1) 在平面图上过站点 s 作 $sf_x // mb$,$sf_y // mi$,与 p-p 分别交于 f_x、f_y,过 f_x、f_y 作竖直线,交 h-h 于 F_x、F_y。

(2) 在平面图中求得各直线迹点的基面投影 u、r、t 等,利用剖面图中各部分高度求得相应直线的画面迹点。

(3) 过 ij 作竖直线,得 I^0、J^0,由于 I^0、J^0 位于画面上,故反映了雨篷的实际厚度。同理,由 oq 求得 O^0、Q^0,连接 F_yI^0、F_yJ^0 并延长,连接 F_xO^0、F_xQ^0 并延长,分别相交于 M^0、N^0,因此,M^0N^0 即为雨篷最前侧棱 mn 的放大透视。

(4) 过 u 作竖直线,得 U^0、u^0,连接 U^0F_y、u^0F_y,分别与 F_xO^0、F_xQ^0 相交于 B^0、C^0,即得雨篷左侧棱线的透视。

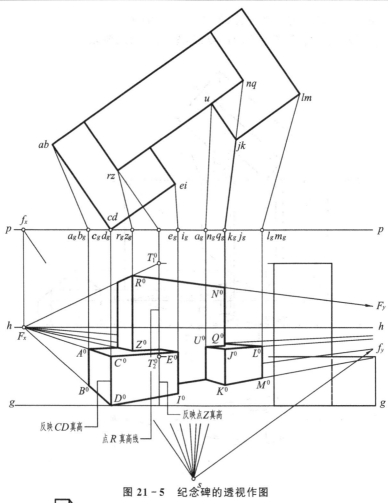

图 21-5 纪念碑的透视作图

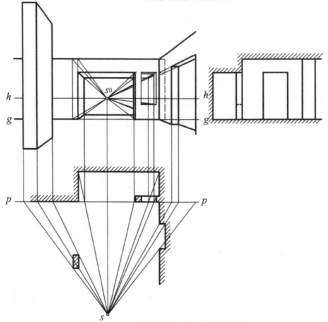

图 21-6 室内的一点透视作图

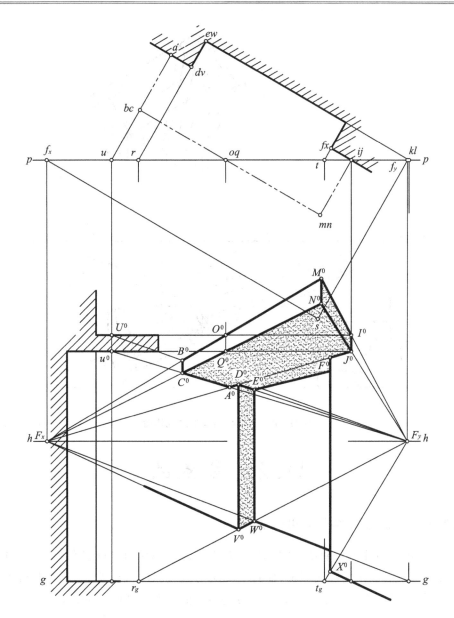

图 21-7 带雨篷门洞的透视作图

(5) 由 I^0、J^0 向下作竖直线,与 g-g 交于一点,连接该点与 F_x,即得墙角线的透视方向。连接 t_gF_y,与墙角线交于 X^0,即得 X 点的透视。同理,可得 V^0、W^0。过 V^0、X^0 向上作竖直线,分别与 F_xJ^0 相交于 D^0、F^0。连接 F_yC^0,与 F_xJ^0 相交于 A^0。

(6) 连接 F_yD^0,与过 W^0 的竖直线相交于 E^0,分别连接 F_xE^0、F_xW^0,并延长至过 X^0 所作的竖直线 X^0F^0。

(7) 加深作图结果,画出雨篷底面阴面,完成作图。

图 21-8 是一台阶和门洞的透视作图。图中只标出 A、B、C、D 四点的透视 A^0、B^0、E^0、D^0,其余点的求作如图所示。

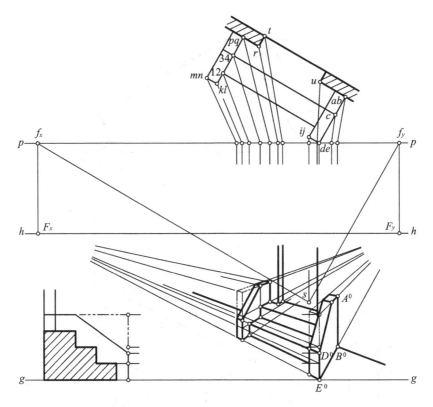

图 21-8 台阶和门洞的透视作图

21.2 量点法

21.2.1 量点的基本概念和作法

图 21-9 中，基面上有一直线，作出其灭点 F，则线段 AB 的透视应在 A 与 F 的连线上。为了确定 B 点的透视，作辅助线 BB_1，使直线 BB_1 与直线 AB 和基线 g-g 的夹角相等，即使 $AB=AB_1$。作出辅助线的灭点 M，那么，B_1M 与 AF 的交点就是点 B 的透视。

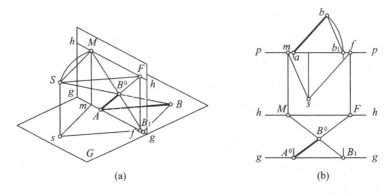

图 21-9 量点法

由于 $\triangle AB_1B$ 为等腰三角形,故 $\triangle AB_1B^0$ 是等腰三角形的透视,即 AB^0 的实际长度等于 AB_1。点 M 为与直线 AB 和基线 g-g 交等角的直线 BB_1 及其平行线的灭点,称为直线 AB 的**量点**。利用量点直接根据平面图中的已给尺寸来求作透视图的方法,称为**量点法**。

由图 21-9(a)可以看出,$\triangle fsm \backsim \triangle ABB_1$,而 $\triangle fsm \cong \triangle FSM$,所以,$\triangle FSM$ 也是等腰三角形,即 $SF = FM$。因此,由视点及某一直线灭点的距离等于该直线的灭点至量点的距离。

下面以图 21-10 中的直线 AB 为例,说明用量点求作透视的作图方法。

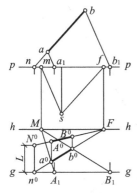

图 21-10 用量点法求作水平线的透视

图中直线 AB 为一水平线,距 G 面的高度为 L,其基面投影为 ab。作图过程如下:

(1) 延长 ba,与 p-p 交于点 n;过 s 作 $sf // ab$,交 p-p 于点 f。

(2) 根据给定视平线 h-h、基线 g-g,求得 n^0、F;过 n^0 向上作竖直线,高度为 L,得点 N^0,连接 n^0F、N^0F。

(3) 以 f 为圆心,以 sf 为半径作圆弧,交 p-p 于点 m,过 m 向下作竖直线与 h-h 交于点 M。

(4) 在 g-g 上截取 $n^0B_1 = nb$,连接 MB_1,交 n^0F 于点 b^0;在 g-g 上截取 $n^0A_1 = na$,连接 MA_1,交 n^0F 于 a^0,a^0b^0 即为直线 AB 的基透视。

(5) 过 a^0 向上作竖直线,交 N^0F 于点 A^0;过 b^0 向上作竖直线,交 N^0F 于 B^0。因此,A^0B^0 即为直线 AB 的透视。

【**例 21-3**】 用量点法作出图 21-11 所示房屋的透视图。

作图过程如下:

(1) 确定 f_x、f_y、m_x、m_y、F_x、F_y、M_x 和 M_y。

(2) Aa 位于画面上,故其透视 A^0a^0 与自身重合;求出 B_1,连接 B_1M_y,与 a^0F_y 相交于 b^0,过 b^0 向上作竖直线,与 A^0F_y 相交于 B^0。

(3) 求出 I_1,连接 I_1M_x,与 a^0F_x 相交于 i^0;过 i^0 向上作竖直线,与 A^0F_x 相交于 I^0。

(4) 延长 kd,与 p-p 相交于 n;过 n 向下作竖直线,与 g-g 相交于 n^0;过 n^0 向上作竖直线 n^0N^0,n^0N^0 反映左侧房屋的真实高度;延长 ce,与 p-p 相交于 r;过 r 向下作竖直线与 g-g 相交于 r^0;过 r^0 向上作竖直线 r^0R^0,因此,$r^0R^0 = n^0N^0$。

(5) 求出 D_1,连接 D_1M_y,与 n^0F_x 相交于 d^0,过 d^0 向上作竖直线,与 N^0F_y 相交于 D^0;求出 E_1,连接 E_1M_y,与 r^0F_x 相交于 e^0,过 e^0 向上作竖直线,与 R^0F_y 相交于 E^0;同理,可求得 C^0。

(6) 依次连接所求各点,即为所求房屋的透视。

21.2.2 距点的基本概念与作法

距点实际上是量点的特例,画面垂直线的量点称为**距点**,用 D 表示。

在一点透视的作图中,建筑物只有一组主向轮廓线与画面垂直产生灭点 s^0。如图 21-12 所示,基面上有一垂直于画面的直线 AB,其透视方向为 As^0,为了确定 B 点的透视,可设想在基面上,过点 B 作 45°方向辅助线 BB_1,与基线 g-g 交于点 B_1。求 BB_1 的灭点,可过 S 作

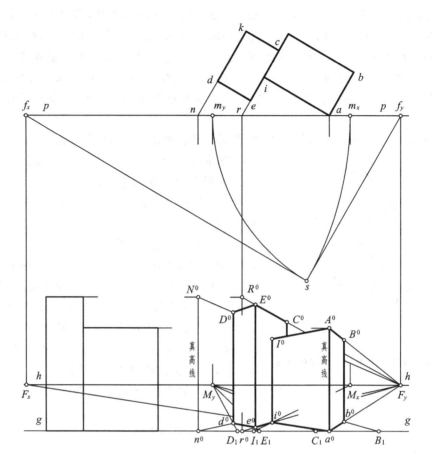

图 21-11 用量点法作房屋的透视

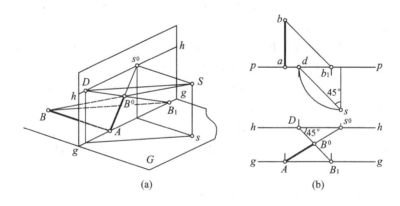

图 21-12 距点的基本概念与作法

$SD//BB_1$,与视平线 h-h 交于点 D。连接 B_1D,与 As^0 相交于 B^0,AB^0 即为所求直线 AB 的一点透视。图 21-12(b)是该直线 AB 的透视作图,从图中可看出,$ab_1=ab$,在实际作图时,只需按点 B 对画面的距离,直接在基线 g-g 上量得点 B_1 即可;sd 与 p-p 的夹角为 $45°$,点 D 到心点 s^0 的距离,应等于视点 s 到 p-p 的距离,因此,点 D 称为**距点**。距点可取在心点的左侧,也可取在心点的右侧。

图 21-13 是用距点法求作建筑形体透视的实例。图中在求得距点 D 后,只求出了 A_1、B_1,分别与距点 D 连接,得 A^0、B^0。其余各点的透视,可以利用直线的透视特点来求作。

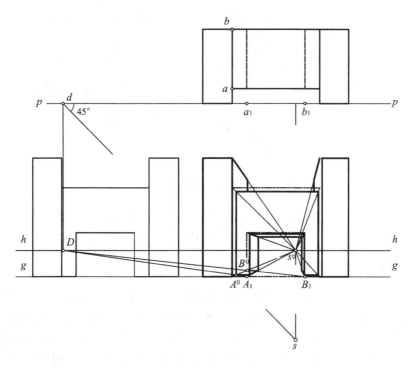

图 21-13 用距点法求建筑形体的一点透视

21.2.3 斜线灭点的概念和作法

如图 21-14(a)所示,多边形 Q 的主向灭点是 F,在多边形上有两条与基面倾斜的直线 AB、BC。根据直线灭点的特点,过视点 S 作 $SF_1//AB$,则 SF_1 与画面的交点,即为直线 AB 及其平行线的灭点。同理,可求得 BC 的灭点 F_2,F_2 位于视平线 $h-h$ 的下方。由图可知,SF_1 与基面的倾角反映了 AB 与基面的倾角 α,SF_2 与基面的倾角反映了 BC 与基面是倾角 β;$\triangle SF_1F$ 和 $\triangle SF_2F$ 为铅垂面,$F_1F_2 \perp h-h$,且 F_1F_2 的连线通过 F。将 S 旋转到 $h-h$ 上,得量点 M,MF_1 视平线的夹角仍为 α,MF_2 与视平线的夹角仍为 β。由此得出求作斜线灭点的如下方法:

(1)由 F 求得量点 M,过 M 作直线与 $h-h$ 夹角为 α,该直线与过 F 的铅垂线相交于 F_1,因此,F_1 即为所求的斜线 AB 的灭点。

(2)同理,求得斜线 BC 的灭点 F_2。

图 21-14(b)是通过斜线 AB、BC 的灭点求得 $\triangle ABC$ 的透视,作图过程如下:

(1)求斜线 AB 的灭点 F_1 和斜线 BC 的灭点 F_2。

(2)求出直线 AC 的透视 A^0C^0。

(3)连接 A^0F_1、C^0F_2,相交于 B^0,$\triangle A^0B^0C^0$ 即为所求。

由以上作图过程可看出,作 A^0C^0 的透视图与前述迹点视线法相同,只是在求作斜线 AB、

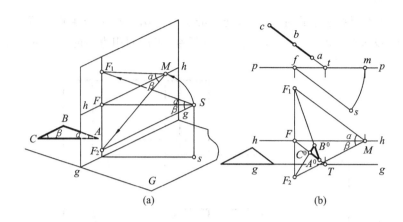

图 21-14 斜线灭点的概念与作法

BC 的透视时,利用了斜线的灭点,这样可以省去量取点 B 的真高。这种作图方法,在建筑形体上相互平行的斜线较多时,才能显现出其方便性。

21.2.4 平面灭线的概念和作法

平面的灭线是由平面上无数个无限远点的透视集合而成的,或者说是平面上各个方向的直线灭点集合而成的。为了求平面的灭线,从视点引向平面上各无限远点的视线,都平行于该平面,这些视线会形成一个与该平面相平行的视线平面。这个视线平面与画面的交线,即为灭线,它必然是一条直线。可以通过求得平面上任意两个方向的灭点,相连后即得该平面的灭线。

平面上任何一条不平行于画面的直线,其灭点一定是在该平面的灭线上;与该平面平行但不与画面平行的直线,其灭点也一定在该平面的灭线上;一组平行的平面有惟一的共同的灭线。

图 21-15 是一房屋的透视图,F_x、F_y 与山墙斜线的灭点 F_1、F_2 的求法同前。显然,在图中两坡面 $ABCD$ 和 $BCEI$ 的檐口线和屋脊的灭点是 F_x。坡面 $ABCD$ 上斜线 AB、DC 的灭点是 F_1,坡面 $BCEI$ 上斜线 BI、CE 的灭点是 F_2。连接 F_1F_x,即得坡面 $ABCD$ 的灭线;连接 F_2F_x,即得 $BCEI$ 的灭线。

平面灭线的特征如下:

(1) 倾斜于基面,又倾斜于画面的平面,其灭线是一条倾斜直线;
(2) 水平面(含基面)的灭线就是视平线 $h-h$;
(3) 铅垂面的灭线是一条铅垂线,且连线通过某主向灭点;
(4) 基线垂直面的灭线是一条通过心点 s^0 的铅垂线;
(5) 画面平行面没有灭线。

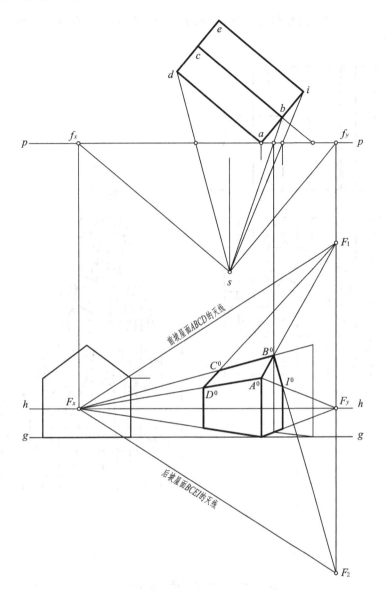

图 21-15 平面灭线的概念与作法

21.3 网格法

当建筑物的平面形状复杂或具有曲线、曲面形状时,采用网格法绘制透视图较为方便。作图时,先将建筑物平面图或总平面图置于一个由正方形组成的网格内,再作出网格的透视;然后,凭目估把建筑物平面图上建筑物各角点确定在透视网格的相应格线上。最后,过建筑物各角点的透视作铅垂线,并作出相应的透视高度,即得建筑物或建筑群的透视。

21.3.1 一点透视网格

当房屋轮廓线不规则或一组建筑物总平面图的房屋方向、道路布置也不规则时,一般采用

一点透视网格,即一组方向的格线平行于画面,另一组方向的格线垂直于画面。作图过程如下(见图 21-16):

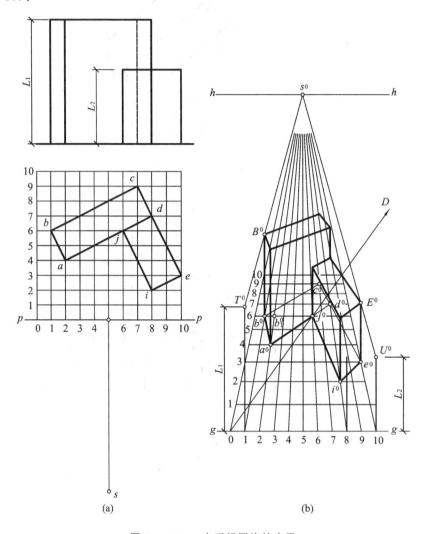

(a)　　　　　(b)

图 21-16　一点透视网格的应用

(1) 在建筑平面图上选定位置适当的画面 $p-p$,画上方格网,在方格网的两组方向上分别定出 0、1、2、3、4、5、6、7、8、9、10 等点。

(2) 在画面上,按选定的视高,画出基线 $g-g$ 和视平线 $h-h$,在 $h-h$ 上定出心点 s^0。在 $g-g$ 上,按已选定的方格网的宽度确定 0、1、2、3、4、5、6、7、8、9、10 点(即与画面垂直格线的迹点)。

(3) 根据选定的视距,在心点的一侧,定出距点 D,D 是正方形网格的对角线的灭点,连接 $0D$ 是对角线的透视。连接 $0s^0$、$1s^0$、$2s^0$、…、$10s^0$,这些连线就是垂直于画面的一组格线的透视。

(4) 分别过 $0D$ 与 $1s^0$、$2s^0$…的交点作基线 $g-g$ 的平行线,即为另一组格线(平行画面)的透视,至此完成方格网的一点透视。

(5) 根据建筑平面图中建筑物在方格网上的位置,凭目估确定其在透视网格上的位置,即得建筑物的透视平面图。

（6）过建筑物透视平面的各个角点向上竖高度,如图 21 – 16(b)所示。竖高度时可沿着格线到 g – g 上,例如过 b^0 点格子线为 $1s^0$。过点 1 作建筑物的真高线索 $1T^0$,连接 T^0s^0,与过 b^0 的竖直线交于 B^0,B^0b^0 即为所求墙角线的透视。同理,可作出其他墙角线的透视。

两条单位长度的线段与画面平行且与画面等距,在透视图中这两条线段的变形程度相同。根据这个原理,为确定建筑物上各墙角线的透视高度,还可以采用如下方法求得:如果墙角线 B^0b^0 的真实高度相当于 8 格宽度,则过 b^0 向上截取 8 倍 $b^0b^0_1$ 的长度,则 B^0b^0 即得。同理可定出其他墙角线的透视高度。

21.3.2　两点透视网格

当房屋轮廓线比较规则或一组建筑物总平面的房屋方向、道路布置也比较规则时,一般采用两点透视网络,即两组方向的格线都与画面倾斜相交。作图过程如下(见图 21 – 17):

（1）在建筑物平面图上画出方格网,并进行编号,使正方形网格的格线与建筑物方向平行。

（2）画出方格网的两点透视,并在透视图上定出建筑物各墙角的角点位置,完成建筑物平面图的透视。

（3）用竖高度法作出建筑物的透视图。竖高度的方法可有网格线迹点法和集中真高线法两种,如图 21 – 17(b)所示。

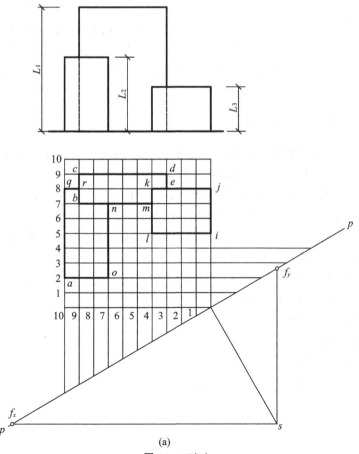

(a)

图 21 – 17(a)

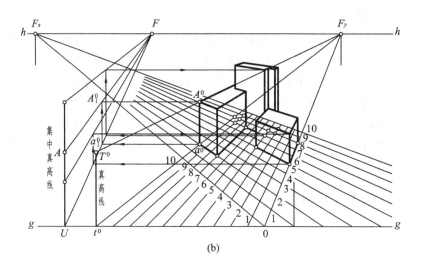

图 21-17 两点透视网格的应用

利用网格线迹点:如求 A 点的透视高度,可将过 A 的网格线延长至与基线交于 t^0,过 t^0 作竖直线,使 t^0T^0 等于点 A 的真高,连接 T^0F_y,与过 a^0 的竖直线交于 A^0,A^0a^0 即为所求 A 点墙角的透视高度,同理,可求出其余各墙角的透视高度。

利用集中真高线:在基线 $g-g$ 上任取一点 U,过 U 作竖直线作为集中真高线,把各部分高度度量到真高线上,如 A 点。在视平线 $h-h$ 上任取一点 F,作为灭点,连接 AF、UF,过 a^0 作水平线与 UF 交于 a_1^0。过 a_1^0 作竖直线,与 AF 交于 A_1^0,再过 A_1^0 作水平线,与过 a^0 的竖直线交于 A^0,即为所求 A 点墙角的透视高度。同理可利用该集中真高线求得其余各墙角的透视高度。

21.3.3 网格法绘制鸟瞰图

鸟瞰图是指视点高于建筑物的透视图,它符合人们居高临下观看建筑物时所具有的视觉印象。鸟瞰图主要用于表现某一区域的建筑群,或一些平面布局相当复杂的建筑物。

作鸟瞰图时,通常利用网格法绘制,同上所述。作图时,首先在建筑总平面图或区域规划总平面图中,画上正方形方格,并作方格网的透视。再按平面图中各个建筑物在网格上的位置,作出各个建筑物的透视图,最后画上道路、树木等配景,便完成了鸟瞰图的作图。图 21-18 是鸟瞰图的两个应用实例。

在鸟瞰图的作图中,视平线高度 h 与视距 D、俯视角 θ 有以下关系,如图 21-19 所示。

因 $\tan\theta=H/D$,故 $H=D\times\tan\theta$。

当 $\theta=35°$ 时,$h=0.58D$;

当 $\theta=45°$ 时,$h=D$;

当 $\theta=60°$ 时,$h=1.73D$。

因此,h 值一般取 $0.58\sim1.73D$,通常取 $h=0.6D$。

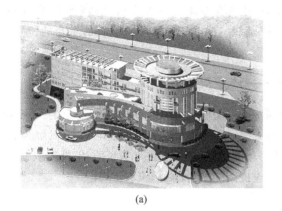

图 21-18 鸟瞰图实例

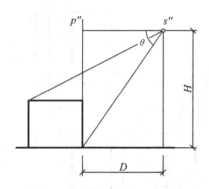

图 21-19 鸟瞰图的视高 h、视距 D 和俯视角 θ 的关系

21.4 三点透视的画法

本节之前所涉及的一点透视和两点透视，画面 P 都垂直于基面 G。三点透视中的画面 P 则与基面 G 倾斜成一个角度 θ，即建筑物的三个主向轮廓线在画面上均有灭点。当画面向前倾斜时，画出的透视图称为**仰望三点透视**，如图 21-20(a)所示；当画面向后倾斜时，画出的透视图称为**鸟瞰三点透视**，如图 21-20(b)、(c)所示。

(a)

(b)

(c)

图 21-20 三点透视

由于三点透视的画面倾斜,所以在画面上求出建筑形体的透视之后,要将画面 P 旋转至与基面垂直的位置,即将画面上所求各点透视绕基线 g-$g(P^H)$ 旋转到与 V 面重合的位置,才得建筑形体的三点透视。

21.4.1　三点透视的一般作图方法——迹点灭点法

图 21-21 中,画面 P 向前倾斜且与基面成 θ 角,视点是以其投影 s 和 s'' 定出的。求作该建筑形体的三点透视,必须首先分析其透视体系。画面 P 为侧垂面,其 W 投影积聚为直线 P^W,且反映了与基面 G 的倾角 θ 实大。P 面与基面相交于基线 g-g,基线的 W 投影积聚为一点。建筑形体两下方角点 b_1、d_1 位于 g'-g' 上,透视图的 W 投影积聚在 P^H 上。

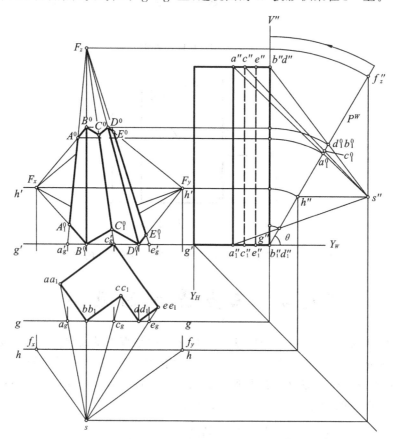

图 21-21　仰视三点透视的一般作图方法

作图步骤如图 21-21 所示:

(1) 在画面上定出视平线 h'-h'、基线 g'-g' 和三个主向灭点 F_x、F_y、F_z 的位置。

过 s'' 作水平线与 P^W 相交,得视平线的侧面投影 h'',以基线 W 投影 g'' 为圆心,过 s'' 画弧与 V'' 相交,求得 h'-h';过 s'' 作竖直线与 P^W 相交,得 Z 向灭点 F_z 的侧面投影 f_z'',以 g'' 为圆心,过 f_z'' 画弧与 V'' 相交,再作水平线与过 s 的竖直线交于 F_z;在平面图上过 s 作另两个主向的平行线与 h-h 交于 f_x、f_y,再过 f_x、f_y 向上作竖直线,交 h'-h' 于 F_x、F_y。

(2) 作建筑形体的透视图。

点 B_1 和 D_1 在基线上,其透视即为其自身,过 b_1、d_1 作竖直线与 g'-g' 相交于 B_0^0、D_0^0,即为

B_1、D_1 两点的透视;铅垂棱线 BB_1、DD_1 消失于灭点 F_z,故连接 $B_1^0 F_z$、$D_1^0 F_z$,得其透视方向,连接 $s''d''(s''b'')$ 与 P^W 交于 d_1^0、(b_1^0),经过旋转而在 $D_1^0 F_z$、$B_1^0 F_z$ 上求得 D^0 和 B^0。

求铅垂棱线 CC_1 的透视时,首先在平面图中连接 $sc(c_1)$,与 $g-g$ 相交于 c_g,过 c_g 作竖直线与 $g'-g'$ 相交于 c_g',连接 $c_g'F_z$,即为 CC_1 的透视方向。这是因为铅垂棱线 CC_1 的透视,实际上是包含视点 S 和棱线 CC_1 的视线平面与画面的交线,如图 20-22 所示。由于这个视线平面是铅垂的,故在平面图中积聚成直线 sc。sc 和 $g-g$ 的交点 c_g,是视线平面与画面的一个共有点。而灭点 F_z 也是视线平面与画面的一个共有点。所以,$c_g'F_z$ 就是包含棱线 CC_1 的视线平面与画面的交线,即 CC_1 的透视方向。C_1^0 由 $B_1^0 F_y$ 与 $D_1^0 F_z$ 相交求得,C^0 的求作,与 B^0、D^0 的求作相同(也可由 $B_1^0 F_y$ 与 $D_1^0 F_x$ 相交求得)。

其余各点作图步骤,同以上各点。

图 21-23 是鸟瞰三点透视的作图,作图步骤与图 21-21 相同。

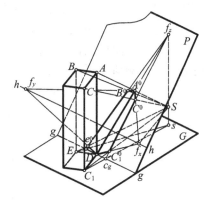

图 21-22 铅垂线在三点透视中的作图

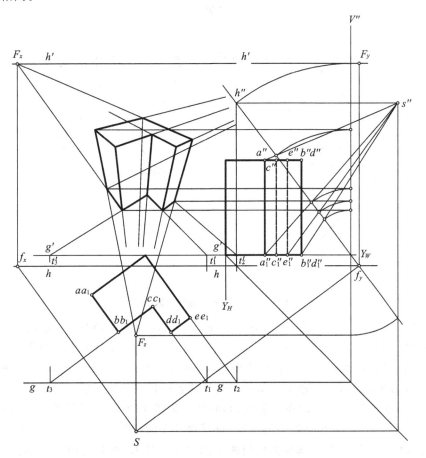

图 21-23 鸟瞰三点透视的作图

21.4.2 三点透视的简捷作法——基线三角形法

建筑形体的平、立、侧面图分别画在 H、V、W 三个相互垂直的投影面上。若 H、V、W 投影面的交线 OX、OY、OZ 平行于相应的建筑形体的长、宽、高三个主向时,要画出建筑形体的三点透视,所选择的画面必然与三个投影面都倾斜相交。因此,画面应是一般位置平面,如图 20-24(a)所示。图中画面 P 与 H、V、W 投影面的交线 P_xP_y、P_xP_z、P_yP_z 分别称为**水平基线**、**正面基线**和**侧面基线**。三条基线确定了画面 P 的位置,$\triangle P_xP_yP_z$ 称为**基线三角形**。运用基线三角形求作三点透视的方法,称为**基线三角形法**。

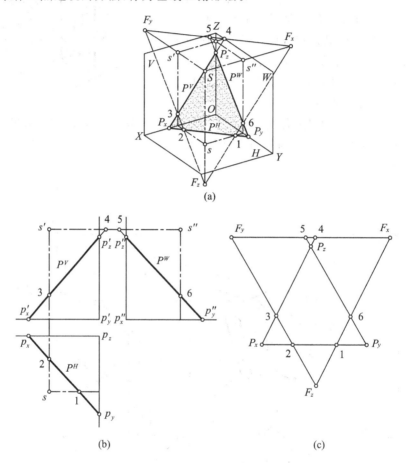

图 21-24 基线三角形法求灭点

在图(a)中,投影线 Ss、Ss' 和 Ss'' 分别平行于三个主向的视线,它们与画面的交点 F_z、F_y、F_x 即为该形体三个主向的灭点。连接 F_x、F_y、F_z,则 $\triangle F_xF_yF_z$ 称为**灭点三角形**。由于视线平面 $s'Ss''$ 与 H 面平行,所以这两个平面与画面 P 的交线 $F_xF_y \parallel P_xP_y$,同理 $F_yF_z \parallel P_yP_z$,$F_xF_z \parallel P_xP_z$,也就是说灭点三角形与基线三角形的各边是对应平行的。

图(b)是视点 S 与画面 P 的正投影面,画面的三条基线的实长,以及灭点三角形与基线三角形各边的交点 1、2、…、6 在基线上的位置,都反映其实际状况。

图(c)是以图(b)所反映的基线实长而画出的基线三角形,在其各边上,定出 1、2、…、6 各点的位置,然后过相应的点作出三条基线的平行线,三条平行线的交点即为三个主要灭点 F_x、

F_y 和 F_z。

图 21-25 是运用基线三角形法求作一碑形建筑三点透视的过程,读者可自行分析,本文不再详述。

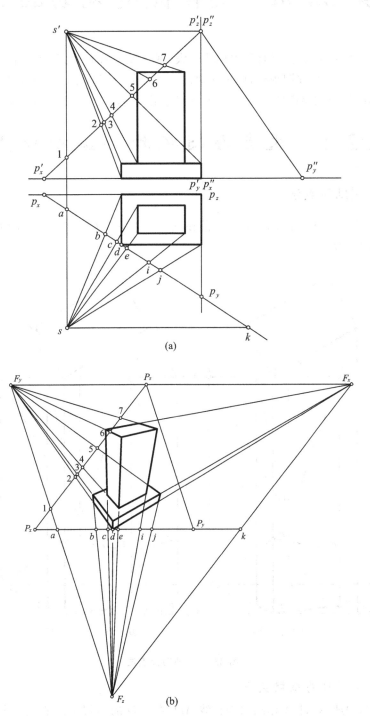

图 21-25 用基线三角形法求作三点透视

第 22 章 透视图的辅助画法

绘制建筑形体的透视图,有时会因形体较大、视点离画面远,两个灭点相距较远,甚至与画面夹角小的主向灭点会落在图板外,使求作通向该灭点的透视直线时遇到困难;有时,也会遇到在形体上进行分割建筑细部的透视作图。本章将介绍一些比较实用的方法来解决这些问题。

22.1 灭点在图板外的透视画法

22.1.1 辅助灭点法

如图 22-1 所示,当一个主向灭点 F_x 落在图板之外时,为了求该主向墙面的透视,可过墙角 a 作一条辅助直线。

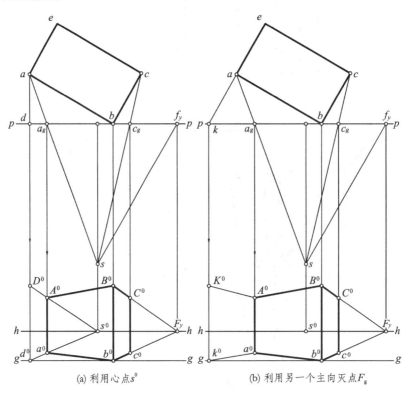

(a) 利用心点 s^0　　　　(b) 利用另一个主向灭点 F_g

图 22-1　辅助灭点法

1. 利用心点 s^0 作为辅助灭点

如图 22-1(a)所示,过 A 作画面垂直线 AD,则 AD 的透视指向心点。由于点 D 位于画面上,所以 D^0d^0 反映墙角 Aa 的真高。连接 D^0s^0、d^0s^0,连接 sa 与 $p-p$ 相交于 a_g,过 a_g 向下作竖直线,与 D^0s^0 相交于 A^0,与 d^0s^0 相交于 a^0,A^0a^0 即为所求墙角 Aa 的透视。

2. 利用另一个主向灭点作为辅助灭点

如图 22-1(b)所示，延长 ea 与画面交于 k，则 K 为直线 EA 的画面迹点。过 k 向下作竖直线与基线 g-g 交于 k^0，根据形体真高，在该竖直线上量得 K^0，连接 K^0F_y、k^0F_y，则点 A、a 的透视 A^0、a^0 必然在 K^0F_y、k^0F_y 上。连接 sa 与 p-p 交于 a_g，过 a_g 向下作竖直线与 K^0F_y 相交于 A^0，与 k^0F_y 相交于 a^0，A^0a^0 即为所求墙角 Aa 的透视。

图 22-2 所示是利用心点 s^0 作为辅助灭点，求作建筑形体两点透视的作图。图 22-3 所示是利用 F_y 作为辅助灭点，求作建筑形体两点透视的作图。注意屋脊线两端点 C 和 E 的透视，都是用它们的画面迹点求出，K^0 是过点 C 且与 AD 平行的直线的画面迹点，M^0 是屋脊线 CE 的画面迹点。求出 C^0M^0 后，连接 se 与 p-p 相交于 e_g，过 e_g 向下作竖直线与 C^0M^0 交于 E^0，即为所求。

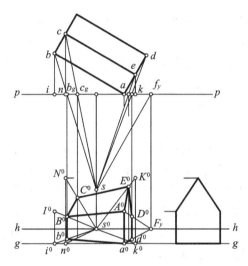

图 22-2 利用心点 s^0 作为辅助灭点

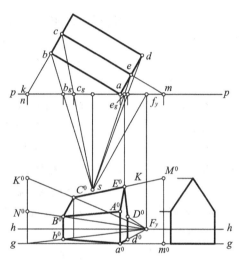

图 22-3 利用 F_y 作为辅助灭点

22.1.2 辅助标尺法

如图 22-4(a)所示，aatt 是铅垂画面 AATT 的 H 面投影，AA、TT 是其两条铅垂边线，AA、TT 之间的真实距离等于 at。在画面右后侧有一铅垂线 DE，视点 S 位于画面左前侧。为了求铅垂线 DE 的透视，首先在 H 面投影中连接 sd(e)，即视线的 H 面投影，与 at 相交于 n。求作铅垂线 DE 上端点 D 的透视，可看作包含视线 SD 作正垂面，点 D 的透视必定位于该正垂面与画面的交线上，此交线可由画面的铅垂边线 AA、TT 对正垂面的交点来确定，即 1—1，这两个交点在视点之上的高度也已确定。作 D 的透视图时，按 AA、TT 两画面上铅垂边线的距离(at)作铅垂线 AA、TT，按 1—1 两点距视点的高度差，在 AA 和 TT 上分别截得点 1—1；根据 H 面投影点 n 至 t 的距离，在视平线 h-h 上量取一点 n，过点 n 作铅垂线与 1—1 相交于 D^0，即为所求。同理，可求出点 E 的透视 E^0，如图 22-4(b)所示。

上述方法是以两条画面的铅垂边线作为辅助标尺来求作点的透视，称为辅助标尺法。可以看出，利用辅助标尺法作透视图时，没有考虑形体的两个主向灭点 F_x、F_y，因此，这种方法能够在有限的画面上作出尽可能大的透视图。

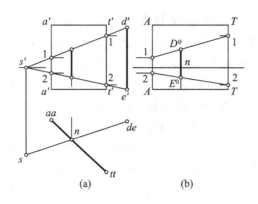

图 22-4 辅助标尺法的作图原理

图 22-5 是利用辅助标尺法求作建筑形体的透视图。在平面图中,分别连接 s 与建筑形体各转角点的投影,与 $p-p$ 相交于 a、b、t、$\cdots$、k 点,这就确定了建筑形体各墙角线在透视图中的左、右相对位置。在 $p-p$ 上任取两点,如 a、t,将 a 和 t 看作是画面上两条铅垂线 AA、TT 的 H 面投影,过 a、t 向上作竖直线,画出其 V 面投影 $a'a'$、$t't'$。在立面图中,分别连接 s' 与建筑形体各角点的投影,与辅助标尺的 V 面投影 $a'a'$、$t't'$ 分别相交于 1、2、3、$\cdots$、各点,应注意两辅助标尺上的各点要对应,如图 22-5(a)所示。

在画面上作出视平线 $h-h$,将平面图中 $p-p$ 线上的诸点量取到 $h-h$ 上,过 a 和 t 两点分别作竖直线 AA 和 TT;再将立面图中 $a'a'$ 和 $t't'$ 上的诸点量取到 AA 和 TT 上,连接两标尺上的各对应点;过 $h-h$ 上各点作竖直线,就是建筑物上各墙角线在透视图中的位置,其长度根据平、立面图来确定。如墙角线 b,在立面图中可看出其透视高度应在 3—3 和 10—10 之间,故其在透视图中的上点应位于 3—3 的连线上,下点应位于 10—10 的连线上。同理,可求得其他墙角线的透视。最后,连接各有关角点,即得建筑形体的透视图,如图 22-5(b)所示。

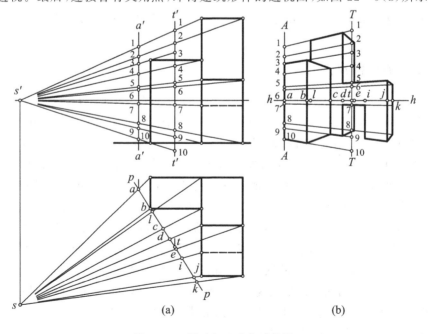

图 22-5 辅助标尺法作透视图

22.2 建筑细部的简捷画法

用前述各种方法画出建筑形体的透视轮廓线之后,可用平行线、矩形的透视特性等知识画出建筑细部的透视,以此来简化作图,提高效率。

22.2.1 直线的分割

由平面几何原理可知,一组平行线可将任意两直线分割成比例相等的线段,如图 22-6 所示,$AB:BC:CD=EF:FG:GH$。

在透视图中,当直线不平行于画面时,直线上各线段长度之比,其透视将产生变形,不等于实际分段之比。但是,可以根据画面平行线各线段长度之比在透视图中不发生改变的透视特性,来求作画面相交线的各分点的透视。

1. 在基面平行线上截取成比例的线段

如图 22-7 所示,已知基面平行线 AB 的透视 A^0B^0,现将 AB 分为三段,使三段长度之比为 $3:1:2$,要求分点的透视。首先过 A^0B^0 上任意一点如 A^0,作一水平线,在该水平线上截取 $A_0C_1:C_1D_1:D_1B_1=3:1:2$,连接 B_1B^0 并延长,与视平线相交于点 M(量点),然后连接 MD_1、MC_1,分别与 A^0B^0 相交于 D^0、C^0,即为所求。

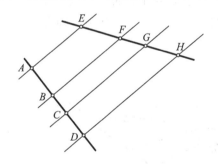

图 22-6 线段的分割

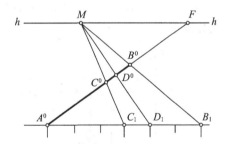

图 22-7 在基面平行线上截取成比例的线段

2. 在基面平行线上截取等长的线段

如图 22-8 所示,已知基面平行线 AB 的透视 A^0B^0,现将 AF 分为 5 段等长的线段,要求各分点的透视。首先过 A^0 作一水平线,在该水平线上截取 $A^0C_1=C_1D_1=D_1E_1=E_1K_1=K_1B_1$ 为任意长度,连接 B_1B^0 并延长,与视平线 $h-h$ 相交于点 M(量点),连接 MC_1、MD_1、ME_1、MK_1,分别与 A^0B^0 相交于 C^0、D^0、E^0、K^0,即为所求。

3. 在基面平行线上截取若干连续等长的线段

如图 22-9 所示,已知基面平行线 AF 的透视 A^0F,现将 AF 截取若干等长的线段,并使每段实长等于 A^0B^0 的实长,要求各分点的透视。首先,在视平线 $h-h$ 上找任意一点 M,然后过 A^0 作一水平线。连接 MB^0,并延长与过 A^0 的水平线交于 B_1,以 A^0B_1 为单位长度,在水平线上截取若干相等的线段,如 B_1C_1、C_1D_1、$\cdots$。分别连接 MC_1、MD_1、$\cdots$、MH_1,与 A^0F 交于 C^0、D^0、$\cdots$、H^0。若自 H_1 继续向右截取单位长度线段,会扩大作图范围,不方便,因此,过 H^0

再作一水平线,在其上应以 H^0H_2 为单位长度截取线段,将 M 和各分点连接,进而求得各等分点的透视。

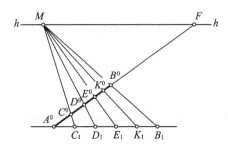
图 22-8　在基面平行线上截取等长的线段

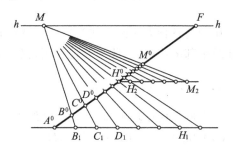
图 22-9　在基面平行线上截取若干连续等长的线段

22.2.2　矩形的分割

1. 将矩形分割为全等的矩形

图 22-10(a)是将矩形竖向分割为两个全等的矩形,首先作出矩形透视图的两条对角线 B^0C^0 和 A^0D^0 且交于 E^0,过 E^0 作 A^0B^0 的平行线即可。

图 22-10(b)是将矩形分割为四个全等的矩形,首先作出矩形透视图的两条对角线 B^0C^0 和 A^0D^0 且交于 E^0,连接 $F_x E^0$、$F_y E^0$ 并且延长,即得四个全等的矩形。利用此种方法,可将矩形无限分割下去。

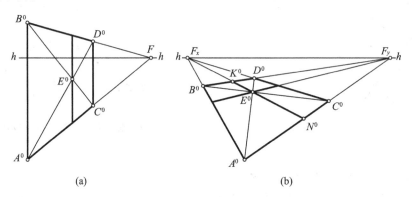

图 22-10　将矩形分割为全等的矩形

2. 铅垂矩形的分割

图 22-11(a)是利用一条对角线和一组平行线,将铅垂矩形竖向分割为四个全等的矩形。首先,以适当长度为单位,在铅垂边 A^0B^0 上,自点 A^0 截取 4 个分点 1、2、3、4;连接 $1F$、$2F$、$3F$、$4F$,并与矩形 $4A^0C^08$ 的对角线 $4C^0$ 相交于 5、6、7,过 5、6、7 分别作竖直线,即将矩形分割为四个全等的矩形。

图 22-11(b)是将铅垂矩形竖向分割成宽度比为 4∶2∶2 的三个矩形。在铅垂边 A^0B^0 上,自点 A^0 截取三段长度之比为 4∶2∶2,其余作图同 22-11(a)。

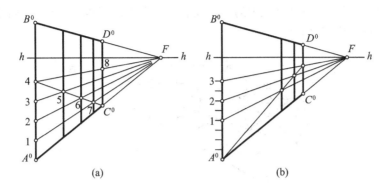

图 22 - 11 铅垂矩形的分割

22.2.3 矩形的延续

1. 等大矩形的延续

根据一个矩形的透视,延续地作出一系列等大的矩形,可以利用这些矩形的对角线相互平行在透视图中必有灭点的特性来求作。

如图 22 - 12(a)所示,要求作与铅垂矩形 $A^0B^0C^0D^0$ 等大的连续矩形,首先应确定矩形两条水平线的灭点 F_x 和对角线的灭点 F_1,在画第二个矩形时,连接 C^0F_1,与 A^0F_x 相交于 E^0,过 E^0 作竖直线交 B^0F_x 于 J^0,$C^0D^0E^0F^0$ 即为所求第二个矩形的透视。同理,可作出其他等大的矩形。

如果灭点 F_1 不可达,可按 22 - 12(b)所示的方法进行。首先,找出 A^0B^0 的中点 E^0 和矩形两条水平线的灭点 F_x,连接 E^0F_x,与 C^0D^0 相交于 J^0,连接 B^0J^0 并且延长,与 A^0F_x 相交于 K^0,过 K^0 作竖直线与 B^0F_x 相交于 N^0,$C^0D^0K^0N^0$ 即为所求第二个矩形的透视。同理,可作出其他等大的矩形。

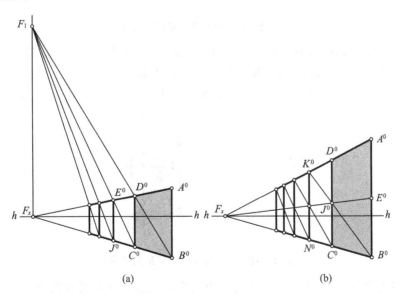

图 22 - 12 等大矩形的延续

图 22-13 是利用矩形 $A^0B^0C^0D^0$ 的对角线和其两个主向灭点 F_x、F_y,向两个方向作出延续等大的 15 个矩形,作图过程如图所示。

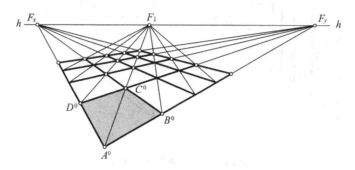

图 22-13 等大矩形的延续

2. 两不等大的矩形的延续

从图 22-14(a)所示的宽窄相间的矩形平面可以看出,这些矩形的对角线存在着一定的规律性。作图时,可利用这种规律对已知矩形进行宽窄相间的延续。如图 22-14(b)所示,先求出两已知透视矩形对角线的交点 1^0、2^0,连接 1^02^0,与 E^0I^0 交于 3^0。连接 B^02^0,与 A^0E^0 相交于 K^0,过 K^0 作竖直线得 G^0,$E^0I^0G^0K^0$ 即为与矩形 $ABCD$ 等大的透视矩形;延长 1^02^0,与 K^0G^0 相交于 4^0,连接 B^03^0,与 A^0K^0 交于 L^0,过 L^0 作竖直线得 M^0,由此可得 $K^0G^0M^0L^0$,即与矩形 $DCIE$ 等大的矩形透视。同理,可求出更多的宽窄相间的矩形透视。

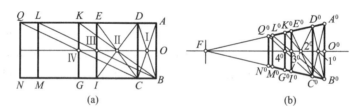

图 22-14 两不等大矩形的延续

图 22-15 中,已知矩形透视 $A^0B^0C^0D^0$ 和 $C^0D^0J^0E^0$,求矩形 $E^0J^0K^0M^0$,与 $A^0B^0C^0D^0$ 对称于 $C^0D^0J^0E^0$。作图过程如下:求透视矩形 $C^0D^0J^0E^0$ 的中心点 N^0,连接 A^0N^0,并延长,与 B^0E^0 相交于 M^0,过 M^0 作竖直线,与 A^0J^0 相交于 K^0,则 $E^0J^0K^0M^0$ 即为所求。

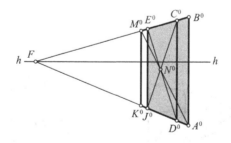

图 22-15 作对称于已知矩形的透视

图 22-16 是根据房屋的立面图,在已作出的房屋主要轮廓的透视图上画出门窗的透视。读者可自行分析,不再详述。

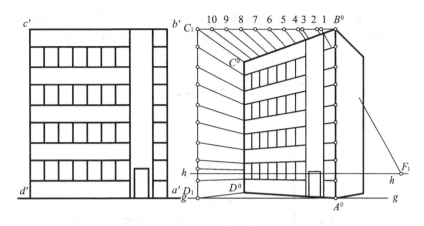

图 22-16 在透视图上确定门窗位置

22.3 透视图的放大

在实际作图时,往往会遇到一些较大的建筑形体,不可能直接画出较大的透视图。比较简便的方法,先用较小比例的设计图作出透视图,再将小透视图放大为理想大小的透视图。放大透视图的方法有以下几种:利用复印机复印放大;利用绘图软件处理(适用于计算机绘制透视图);利用作图放大。这里主要介绍两种利用作图进行透视图放大的方法。

图 22-17 是利用心点 s^0 作为投射中心,把画面靠向近处放大,放大倍数根据需要确定。把原图上的 AB 作为控制线,如使 $A^0B^0=1.5AB$,则放大后的透视图上各部分尺寸都为原尺寸的 1.5 倍。

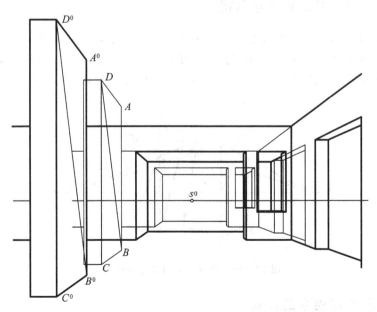

图 22-17 利用心点 s^0 为投射中心放大小透视图

图 22-18 是以视平线 $h-h$ 与建筑形体某棱线的交点 O 作为投射中心,由中心点 O 向建

筑物原透视图上各主要点作投射线,如连接 OA、OR、OC 等并延长,按放大比例(2 倍)截取 A^0、R^0、C^0……,连接相关各点后即可作出较大的透视图。放大后的透视图上的各轮廓线与原透视图上相对应的轮廓线是相互平行的。

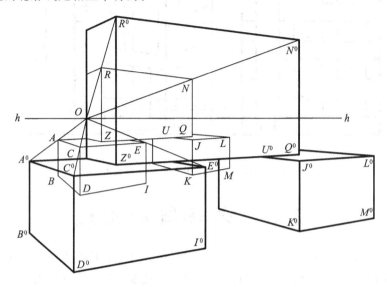

图 22-18 利用 O 点为投射中心放大小透视图

22.4 三点透视的辅助画法

22.4.1 两点透视缩成三点透视

如图 22-19 所示,在作好的两点透视真高线 Aa 上,根据需要任取 A^0,并将 Aa 与视平线的交点作为 M_z,连接 F_xA^0、M_zB,F_xA^0 与 M_zB 相交于 B^0;连接 F_yA^0、M_zC,F_yA^0 与 M_zC 相交于 C^0。同理,可求得 D^0、E^0,则 $B^0b^0a^0c^0d^0e^0E^0D^0C^0A^0B^0$ 即为长方体的三点透视。

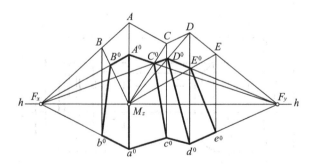

图 22-19 两点透视缩成三点透视

22.4.2 三点透视中的分割

在三点透视图中进行立面的分割,包括水平分割和竖向分割。如图 22-20 所示,若将 $A^0B^0b^0a^0$ 沿高度方向六等分,则首先过 b^0 作 $B_1b^0 /\!/ a^0A^0$,连接 a^0B^0 与 b^0B_1 相交于 B_1,将 b^0B_1

六等分，得各分点 1、2、3、4、5，连接 $a^0 1$、$a^0 2$、$\cdots$、$a^0 5$，分别与 $b^0 B^0$ 相交于 1^0、2^0、3^0、4^0、5^0；分别连接 $F_x 1^0$、$F_x 2^0$、$F_x 3^0$、$F_x 4^0$、$F_x 5^0$，并延长后与 $A^0 a^0$ 相交，即得 $A^0 B^0 b^0 a^0$ 面上沿高度方向的分层线。

若将 $D^0 d^0 e^0 E^0$ 沿 $D^0 E^0$ 方向四等分，过 D^0 作辅助线 $D^0 E_1 /\!/ d^0 e^0$，连接 $d^0 E^0$，与 $D^0 E_1$ 相交于 E_1，把 $D^0 E_1$ 四等分，连接 d^0 与各等分点，分别与 $D^0 E^0$ 相交。同理可求得 $d^0 e^0$ 上各等分点，分别连接 $D^0 E^0$、$d^0 e^0$ 上的各对应等分点，即将 $D^0 d^0 e^0 E^0$ 沿 $D^0 E^0$ 方向四等分。

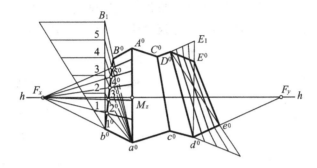

图 22 - 20　三点透视图中的分割

第 23 章 曲面体的透视

在现代建筑设计中,曲线(曲面)型建筑日益增多,这些形式的建筑,对于丰富城市的景观具有重要的作用。因此,读者在学习平面建筑形体透视图画法的基础上,也必须学习曲线(曲面)建筑形体的透视。图 23-1 是曲面体在建筑设计中的几个应用实例。

图 23-1 曲面建筑形体的透视

23.1 圆的透视

圆的透视根据圆平面与画面的相对位置不同,一般情况下可以得到圆或椭圆。

23.1.1 平行于画面的圆的透视

当圆平行于画面时,其透视仍然是一个圆。圆的透视大小依据圆距画面的远近而定。如图 23-2 所示,图中的圆 O_1、O_2、O_3 直径相等,且圆心的连线垂直于画面 P。圆 O_1 位于画面上,其透视与自身重合。圆 O_2、O_3 平行于画面 P,故它们的透视仍为圆。但是由于 O_2、O_3 与画面都有一定的距离,所以,它们的透视都是直径缩小的圆。求作圆 O_2、O_3 的透视时,首先要求出

两圆的圆心 O_2、O_3 的透视 O_2^0、O_3^0，再分别连接 sb、sc 与 $p-p$ 相交于 b_g、c_g 两点，最后，分别以 O_2^0、O_3^0 为圆心，以 $O_{2g}b_g$、$O_{3g}c_g$ 为半径画圆，即为所求。

图 23-3 所示为一个圆管的透视。圆管的前口圆周位于画面上，其透视就是它本身。后口圆周在画面后，且与画面平行，所以其透视是半径缩小的圆周。作图时，先求出后口圆心 O_2 的透视 O_2^0，再求出后口两同心圆的水平半径的透视 $A_2^0O_2^0$ 和 $O_2^0B_2^0$，分别以 $A_2^0O_2^0$ 和 $O_2^0B_2^0$ 为半径画圆，就得到后口内、外圆周的透视。最后，作出圆管前后外圆周的切线，完成作图。

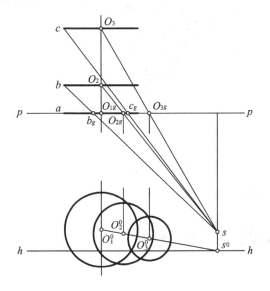

图 23-2 平行于画面的圆的透视

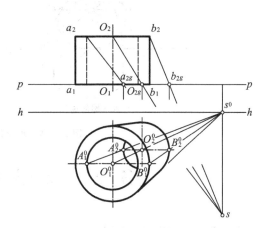

图 23-3 圆管的透视

23.1.2 不平行于画面的圆的透视

当圆所在平面不平行于画面时，其透视一般为椭圆。为了画出圆的透视，通常利用圆周的外切正方形的四边中点及对角线与圆周的四个交点，求出该八个点的透视，然后光滑地连接即可。

图 23-4 所示为一水平圆及侧平圆的透视。作圆的外切正方形时，通常使正方形的某一对对边平行于画面，圆周与正方形的切点为 A、B、C、D，圆周与外切正方形两条对角线的交点为 Ⅰ、Ⅱ、Ⅲ、Ⅳ。作出外切正方形的透视后，连接其对角线，交点为圆心 O 的透视 O^0，两平行画面的对边中点的透视为 B^0、D^0。以 B^0 为圆心，以圆周的半径为半径画半圆，求得 5^0、6^0、7^0、8^0（Ⅴ、Ⅵ 是过 Ⅰ、Ⅳ 且平行于另两对边的直线的画面迹点）。连接 s^05^0、s^06^0，分别与正方形透视的对角线相交于 1^0、2^0、3^0、4^0。连接 s^07^0、s^08^0，与过 O^0 的水平线交于 A^0、C^0，连接 $A^02^0B^03^0C^04^0D^01^0A^0$，即得水平圆的透视，如图 23-4(a) 所示。同理，可求得侧平圆的透视，如图 23-4(b) 所示。

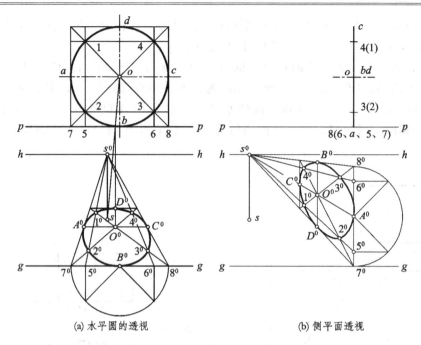

(a) 水平圆的透视　　　　(b) 侧平面透视

图 23-4　水平圆和侧平面的透视

23.2　圆柱和圆锥的透视

23.2.1　圆柱的透视

作圆柱的透视，应首先画出两端底圆的透视，再作出两透视底圆——椭圆的公切线，即得圆柱的透视。

如图 23-5 所示，按给定的直径 D 和柱高 H 画出了两个铅垂正圆柱的透视。图(a)中的

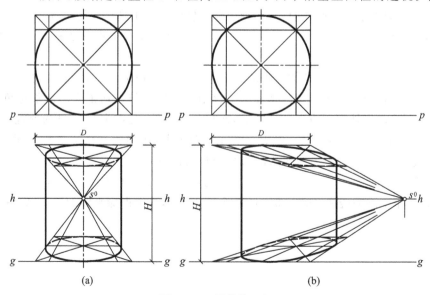

图 23-5　圆柱的透视

心点 s^0 位于铅垂圆柱透视的轴线上,图(b)中的心点 s^0 偏离轴线较远。比较这两个圆柱的透视,图(b)显然不如图(a)的效果好。

图 23-6 是圆柱式建筑形体透视图的几个实例,它们的作图可结合前述各部分原理和知识进行。

(a) (b) (c)

图 23-6 圆柱式建筑形体的透视图

23.2.2 圆锥体的透视

图 23-7 所示为正圆锥的透视作法。由于轴线铅垂,可按水平圆的透视作法作出其透视。在视平线 h-h 上任取一点 F 作为灭点,连接 FO^0,延长后与基线 g-g 相交于 n^0,过 n^0 作真高线 $n^0N^0=H$(H 为正圆锥的高度)。连接 N^0F,与过 O^0 铅垂轴线相交于 A^0,即得锥顶的透视,过 A^0 作透视椭圆的切线,即得正圆锥的透视。

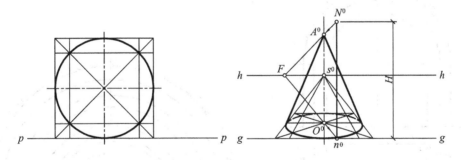

图 23-7 圆锥的透视

23.2.3 圆拱的透视

求作圆拱的透视,与圆柱一样,主要在于求作圆拱的前、后口圆弧的透视。

图 23-8 所示为圆拱门的透视作圆,作前口半圆弧的外切正方形,作出其透视后,即可得到透视圆弧上的三个点 1^0、3^0、5^0;再作出正方形的两条对角线,与半圆弧的交点的透视为 2^0、4^0,连接 $1^02^03^04^05^0$ 即为所求前口半圆弧的透视。后口半圆弧的透视为 $1_1^02_1^03_1^04_1^05_1^0$。拱门的前、后口圆弧的透视没有作公切的轮廓素线。

图 23-9 所示为圆拱大厅的一点透视。从图(a)中可看出,圆拱大厅内的各个半圆弧所在平面均平行于画面 P,各半圆弧距离画面远近不同。作图时,把画面置于第二排柱子的前侧

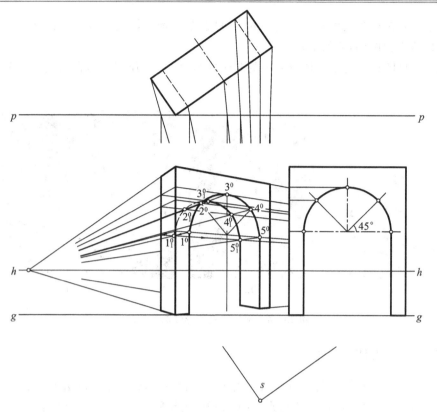

图 23-8 圆拱门的透视作图

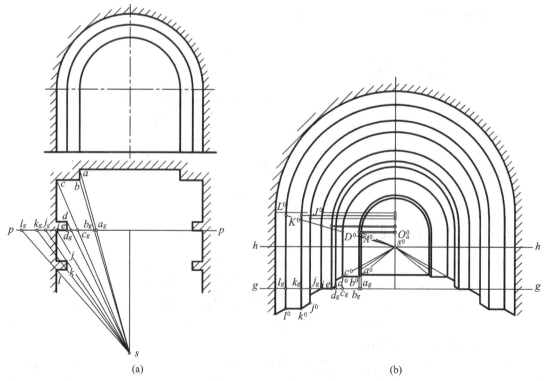

(a)　　　　　　　　　　　　　(b)

图 23-9 圆拱大厅的透视作图

面,可以使画面前的透视增大,画面后的透视缩小,从而产生深远、高大的感觉。首先在平面图上,根据站点 s、画面线 p-p,确定各厅内各墙角的视线迹点,如:a_g、b_g、c_g、…、l_g,且过视线迹点分别作竖直线。连接 s^0 与各墙角线的顶点和底点,并与各竖直线相交于 A^0、B^0、C^0、D^0、…、L^0 和 a^0、b^0、c^0、d^0、…、l^0,即为所求各墙角线的上、下两端点的透视。过 A^0 作水平线,与轴线相交于 O_a^0,过 O_a^0 作半径为 $O_a^0 A^0$ 的半圆,即得过 A 点的半圆的透视,按此法完成其他半圆的透视,即得圆拱大厅的透视,如图 23-9(b) 所示。

23.3 其他曲面体的透视

23.3.1 曲面相贯体的透视

两曲面立体相贯,必然会产生相贯线。作曲面相贯体的透视,主要在于研究透视图中相贯线的作法。

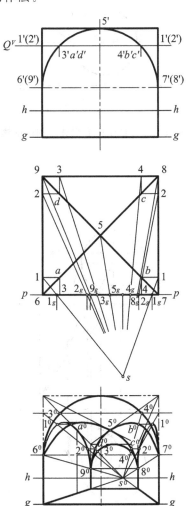

图 23-10 正交十字拱的透视

图 23-10 所示是由两个半径相等的半圆拱所组成的正交的十字拱,两拱的轴线在同一高度上,其中一个拱面垂直于画面,是正向拱,其素线和轴线的透视消失于心点 s^0;另一拱面是侧向拱,其轴线和素线平行于画面,其透视平行于视平线。

正交十字拱的左、右、前、后口的半圆的透视,可参照图 23-4 所示的方法作出,不再叙述。为了作出两拱面交线的透视,可使辅助水平面 Q 与两个拱面分别相交,与侧向拱相交得素线 1^0-1^0、2^0-2^0,与正向拱相交得素线 3^0-3^0、4^0-4^0。因此 1^0-1^0 与 3^0-3^0 交得 a^0,1^0-1^0 与 4^0-4^0 交得 b^0,2^0-2^0 与 3^0-3^0 交得 d^0,2^0-2^0 与 4^0-4^0 交得 c^0。

十字拱顶面正方形两条对角线的交点 5^0,是两拱面交线上的点,拱口四个半圆的切点 6^0、7^0、8^0、9^0 是两圆拱面交线上的起位点。将这些已求出的点,然后根据要求将所求的点进行光滑连接,即为所求的正交十字拱的透视。

23.3.2 球的透视

球的透视一般为椭圆。过视点作视线与球相切,形成一个与球面相切的视锥面,视锥面与画面的截交线,即为球的透视。

当球心位于中心视线上时,其透视是一个圆。如图 23-11 所示,sa、sb 切于球的平面圆,故 ab 的连线平行于 p-p 线。因此,视锥面与球的切线是平行于画面的圆,ab 是该圆在基圆上的积聚投影,所以该圆的透视即为球的透视,为一个圆。

当球心与视点等高,且球心与视点连线倾斜于画面时,球的透视为一椭圆。该透视的长轴位于视平线 $h-h$ 上。如图 23-12 所示,sa、sb 切于球的平面图,同样可知,ab 的连线为视锥面与球面的截交线——圆的基面投影,该圆的透视即为球的透视。由于 SA、SB 为水平视线,故 A、B 的透视位于视平线 $h-h$ 上,A^0B^0 即为透视椭圆的长轴,且 $A^0B^0 = a_g b_g$。过 $a_g b_g$ 的中点 $c_g d_g$ 点作垂直于 so 的直线,与 sa、sb 分别相交于 j、k 点,jk 就是视锥面上垂直于视锥轴线 SO 的纬圆的基面投影。以 JK 为直径作半圆,过 $c_g d_g$ 点作 jk 的垂直线与半圆相交于 e 点,$c_g e$(或 $d_g e$)即为透视椭圆的半短轴长度,即 $C^0 D^0 = 2c_g e$。由 $A^0 B^0$、$C^0 D^0$ 即可作出球的透视椭圆。

通常情况下,用包络线法求作球的透视。如图 23-13 所示,在球面上取若干个平行于画面的圆,作出这些圆的透视后,再作这些透视圆的包络线,即得圆球的透视轮廓——椭圆。

由于将椭圆作为球的透视轮廓线与观察者的视

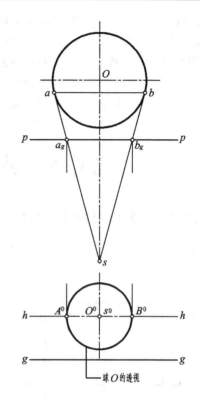

图 23-11 球心位于中心视线上的球的透视

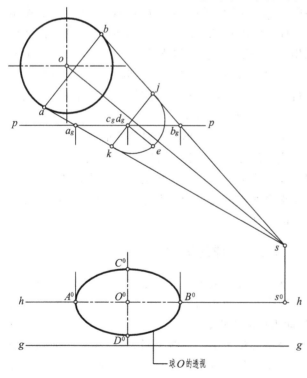

图 23-12 球心视点等高,且球心与视点
连线倾斜于画面时的球的透视

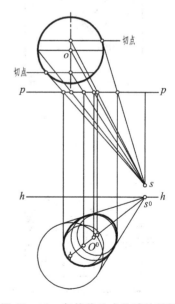

图 23-13 包络线法求作球的透视

觉印象有差距,所以当所绘建筑物上有球面时,应尽可能使切于球的视锥面的轴线,与中心视线位于同一铅垂面或同一水平面上,如图 23-14 中的 O_1^0、O_2^0、O_3^0、O_4^0 看上去比较自然,O_5^0、O_6^0、O_7^0、O_8^0 看上去则显得失真、反常。

图 23-15 是某市气象中心建筑的透视,该建筑的顶部为一球体。

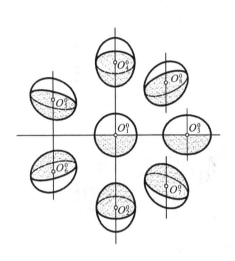

图 23-14 不同位置的球的透视

图 23-15 球的透视实例

第 24 章 透视图中的阴影、倒影和虚像

在房屋建筑的透视图中加绘阴影,可以使建筑透视图更具有真实感,这样增强了建筑透视图的艺术效果,充分表达了建筑设计的意图,如图 24-1 所示。

图 24-1 透视图加绘阴影的效果

透视图中加绘阴影,是指在已画好的建筑透视图中,按选定的光线直接作阴影的透视,而不是根据正投影图中的阴影来画出其透视。在透视图中求作阴影时,前述正投影图中的落影规律,有些仍可以运用,有些在运用时,应充分考虑其透视变形和消失规律,有些已不能运用。

24.1 透视阴影的光线

绘制透视阴影,一般采用平行光线;根据平行光线与画面的相对位置,可将平行光线分为画面平行光线和画面相交光线两种。

如果将平行光线看作是一平行的直线,则平行光线具有平行直线的透视特性。

24.1.1 画面平行光线

如图 24-2(a)所示,一组平行光线的透视 L^0 仍保持平行,并反映光线对基面的真实倾角,光线的基透视 l^0 与视平线平行。光线可以从左上方射向右下方,也可以从右上方射向左下方,而且倾角大小可根据需要选定,实际应用中常取 45°。

图 24-2(b)是空间一点 A 在基面上的落影的透视作法。在本章中,空间点 A 的透视不再用 A^0 表示,而直接采用字母表示,其落影则采用 A^0 表示,其他空间点的落影采用相同方法标注。为求图中 A 点的落影透视 A^0,首先过点的透视 A 作光线 L^0,过点的次透视 a 作光线的基透视 l^0,两线的交点即为空间点在基面上的落影透视 A^0。如果把 Aa 看作一条铅垂线,则可得出:铅垂线在画面平行光线照射下,在基面上的落影与光线的基透视平行。

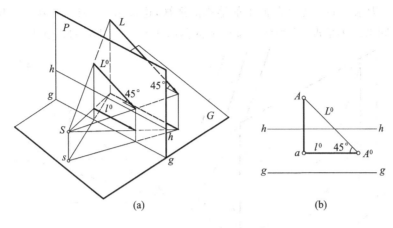

图 24-2 画面平行光线

24.1.2 画面相交光线

画面相交光线的透视汇交于光线的灭点 F_L，其基透视汇交于视平线 h-h 上的基灭点 F_l，F_L 与 F_l 的连线则垂直于视平线。根据画面相交光线的投射方向，有两种不同的情况：光线照向画面的正面和光线照向画面的背面。

1. 光线射向画面的正面

这种情况下，光线是从观察者的左后方（或右后方）射向画面。这时，光线的灭点 F_L 在视平线的下方，如图 24-3(a) 所示。为求空间一点在基面上落影的透视，连接 AF_L、aF_l，则 AF_L 与 aF_l 的交点 A^0 即为所求。如果把 Aa 看作一条铅垂线，则可得出：铅垂线在基面上的落影必有一个共同的灭点 F_l。

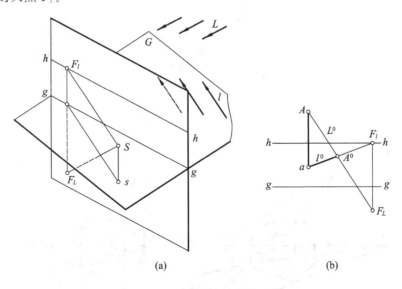

图 24-3 光线射向画面的正面

2. 光线射向画面的背面

这种情况下，光线是从画面后射向观察者。这时，光线的灭点 F_L 在视平线的上方，如图

24-4(a)所示。为求空间一点在基面上的落影的透视,连接 AF_L、aF_l,并延长后相交于 A^0,则 A^0 即为所求。同第一种情况,铅垂线在基面上的落影也有一个共同的灭点 F_l。

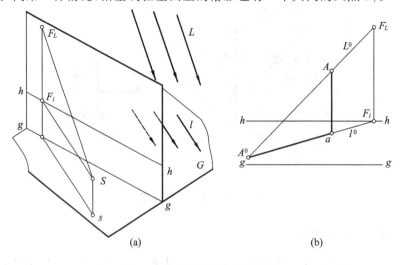

图 24-4 光线射向画面的背面

在两种不同方向的画面相交光线照射下,立体表面的阴面和阳面,会产生以下的变化:
如图 24-5(a)、(b)所示,光线 L 射向画面的正面。当光线的灭点 F_L、F_l 在 F_x、F_y 之间时,

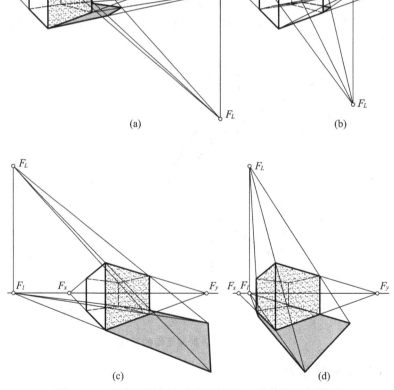

图 24-5 不同画面相交光线照射下,立体的阴面和阳面

立体的两可见侧面均为阳面,如图(b)所示;当光线的基灭点 F_l 在 F_x、F_y 在外侧时,立体两可见侧面一为阳面,一为阴面。F_l 在 F_y 之右时,立体右侧面为阴面,如图(a)所示,F_l 在 F_x 之左时,立体左侧为阴面。

如图 24-5(c)(d)所示,光线 L 射向画面的背面。当光线的灭点 F_L,F_l 在 F_x、F_y 之间时,立体的两可见侧面均为阴面,如图(d)所示;当光线的基灭点 F_l 在 F_x、F_y 的外侧时,立体两可见侧面一为阴面,一为阳面。F_l 在 F_y 之右时,立体左侧面为阴面,F_l 在 F_x 之左时,立体右侧面为阴面,如图(c)所示。

在透视阴影作图中,一般采取图(a)和(b)所示的形式,图(c)也可采用,一般较少采用图(d)所示的形式。

24.2 建筑透视阴影的作图

在上一节中对空间一点和铅垂线在两种不同方向的平行光线的照射下产生的落影,进行了分析和作图。在本节中,将对一些建筑形体求作其在两种平行光线照射下产生的阴影。

24.2.1 画面平行光线下的建筑透视阴影

1. 足球门架的透视阴影

如图 24-6 所示为一足球门架及一悬于半空的足球(以点 A 表示)的透视 A 和基透视 a,求它们在地面(基面)上的落影。过点 A 作光线的透视 L^0,过 a 作光线的基透视 l^0,L^0 和 l^0 相交于 A^0,即为点 A 在地面上的落影;足球门架可看作由三条直线组成,即立柱 Bb、Cc 和横梁 BC。立柱 Bb,其端点 b 的落影即其本身,端点 B 的落影为 B^0,可以看出,Bb 的落影 $B^0 b$ 与光线的基透视 l^0 保持平行,即为水平线。同理,立柱 Cc 的落影应与 $B^0 b$ 平行,也为一水平线。连接 $B^0 C^0$,即为横梁 BC 的落影,由于 BC 为基面平行线,故 $B^0 C^0 // BC$,在透视图中,$B^0 C^0$ 和 BC 消失在同一个灭点 F 上。

2. 四棱柱的透视阴影

图 24-7 所示为一四棱柱的透视,现求其在地面上的落影。首先,确定四棱柱的阴线,由于光线是从左上方照射过来,故其阴线为 aABCc;然后,分别求出 A、B、C 三点的透视落影 A^0、B^0、C^0,即得四棱柱的透视阴影。从图中可以看出,水平线 AB 在基面上的落影 $A^0 B^0$ 的灭点是 F_y,水平线 BC 在基面上的落影 $B^0 C^0$ 的灭点则是 F_x。

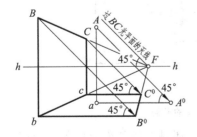

图 24-6 足球门架的透视落影

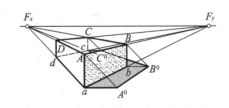

图 24-7 四棱柱的透视阴影

3. 立杆 AB 在地面和单坡顶房屋上的落影

图 24-8 所示为一立杆 AB 及一单坡顶房屋的透视,求立杆 AB 的落影。立杆 AB 在地面上的落影是一段水平线 $B1^0$,1^0 是落影的转折点,自 1^0 开始,立杆就落影到墙面 EIKJ 上。由于 AB∥EIKJ,故立杆 AB 在墙面上的落影 1^02^0 与 AB 平行,是一条铅垂线,2^0 也是落影的转折点,立杆的落影自 2^0 与转折到屋面 CEJM 上。为求点 A 在屋面上的落影,可将 B_1^0 延长与另一墙脚线交于 3,过 3 向上引竖直线与 CM 交于 4,连接 2^04,与过点 A 的光线相交于 A^0,即为所求。由于落影

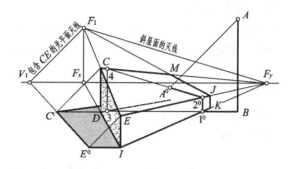

图 24-8 立杆 AB 在地面和单坡顶房屋上的落影

2^0A^0 位于过 AB 的光平面内,光平面又与画面平行,所以 2^0A^0 也平行于画面,也就是说 2^0A^0 没有灭点,与屋面 CEJM 的灭线 F_1F_y 只能互相平行。

4. 门架在地面和单坡顶房屋上的落影

图 24-9 所示为一门架 NKAB 及一单坡顶房屋的透视,求该门架的落影。门架立柱 KN 在地面上的落影不再叙述,立柱 AB 在房屋上落影的求作同图 24-8,现要求出横梁 KA 在地面及房屋上的落影。KA 为水平线,其在地面上的那段落影 K^03^0 应与 KA 共同灭于 s^0,3^0 是落影的转折点,自 3^0 开始,横梁就落影到墙面上。延长 NB 与 IF_y 交于 6,过 6 作竖直线与 KA 的延长线交于 5,56 是两平面 NKAB 和 EINJ 的交线,点 5 为 KA 与墙面 EIRJ 的交点。由此可知,KA 在该墙面上的落影必定通过点 5,连接 3^05 与 EJ 相交于 4^0,4^0 又成为落影的转折点。横梁 KA 的落影自 4^0 转折到屋面上,连接 A^04^0,即为所求。

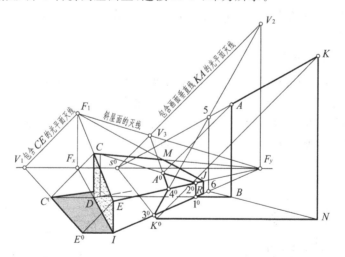

图 24-9 门架在地面和房屋的落影

由本例可看出:画面平行线,不论在水平面、铅垂面,还是在倾斜面上的落影,总是一条画面平行线,其落影与承影面的灭线一定互相平行;画面相交线,不论在水平面、铅垂面,还是在倾斜面上的落影,总是一条画面相交线,其落影的透视必然有灭点,由于直线的落影是包含该

直线的光平面与承影面的交线,因此,光平面的灭线和承影面的灭线的交点,即为落影的灭点。如图 24-9 中 KA 在屋面上的落影 4^0A^0,其灭点 V_3 就是屋面的灭线 F_yF_1 和过 KA 的光平面的灭线 s^0V_2 的交点 V_3。

5. 台阶的阴影

图 24-10 所示是一台阶的透视,求其阴影。已知光线从左上方射来,台阶的踏面、踢面均为阳面,左右栏板的左侧、前面、斜面和顶面为阳面,右侧面为阴面。左栏板的阴线是 $dDEK$,右栏板的阴线是 $aABC$,$dD /\!/ aA$,$DE /\!/ AB$,$EK /\!/ BC$,这些线在透视图中应灭于同一点。由于右栏板的承影面较为简单,故在作图时先求右栏板阴线的落影。作图过程如下:

(1) 过 A 作光线,与 a 的水平线相交于 A^0;过 B 作光线,与过 b 的水平线交于 B^0,连接 B^0F_y 与墙脚线交于 X_{BC}^0,再连接 $C\,X_{BC}^0$,即为所求右栏板的落影。

(2) 求出点 D 在地面上的落影 D^0,点 E 在地面上的虚影为 (E^0),连接 $D^0(E^0)$,与第一个踢面的下边线相交于 1^0,D^01^0 即为 DE 上的一段 $D1$ 在地面上的落影。

(3) 将第一个踢面扩大,与阴线相交于点 J,点 J 在该踢面上的落影为其自身,连接 1^0J,与第一个踢面的上边线(或第一个踏面的前边线)相交于 2^0,1^02^0 即为 DE 上的一段 12 在第一个踢面上的落影。

(4) 同理,可求出点 E 在第一个踏面上的虚影 (E_1^0),连接 $2^0(E_1^0)$ 得 3^0,进而求得 4^0,3^04^0 即为 DE 上的一段 34 在第二个踢面上的落影。

(5) 求出点 E 在第二个踏面上的落影 E_2^0,连接 $4^0E_2^0$,即为 DE 上的一段 $4E$ 在第二个踏面上的落影。

(6) EK 为水平线,其在第二、三个踏面上的落影与 EK 共同灭于 F_y。连接 $E_2^0F_y$,与第三个踢面的下边线相交于 5^0;将第三个踢面扩大。与 EK 相交于点 M,连接 5^0M 与第三个踢面的上边线相交于 6^0,5^06^0 即为 EK 上的一段 56 在第三个踢面上的落影。

(7) 连接 6^0F_y,与最上踏面上的后边线交于 7^0,连接 7^0K,至此,完成台阶的透视阴影作图。

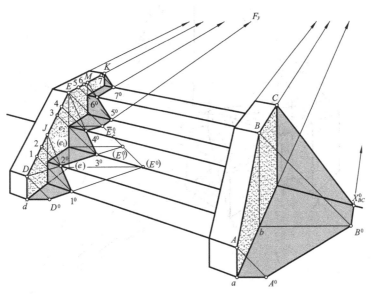

图 24-10 台阶的透视阴影

24.2.2　画面相交光线下的建筑透视阴影

图 24-11 所示为一建筑形体的透视，求其阴影。设光线从观察者的左后上方射出来，选用正左侧光，该建筑形体的阴线 BAC 落影在地面和墙面上，JDE 则全部落影在地面上。作图时，在确定 F_L 和 F_l 后，连接 BF_l 与 KE 相交于 1^0，1^0 即为铅垂线 AB 落影在地面和墙面上的转折点，过 1^0 作竖直线与 A、F_L 的连线 AF_L 相交于 A^0，连接 A^0C，$B1^0A^0C$ 即为阴线 BAC 的落影；连接 DF_L、EF_l、JF_L、IF_l，DF_L 与 EF_l 相交于 D^0，JF_L 与 IF_l 相交于 J^0，连接 J^0F_x，至此完成建筑形体的透视阴影。

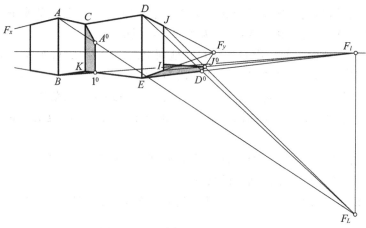

图 24-11　建筑形体的透视阴影

图 24-12 所示为一带斜面立体的透视，求其阴影。立体上的棱线 AJ 为铅垂线，用图

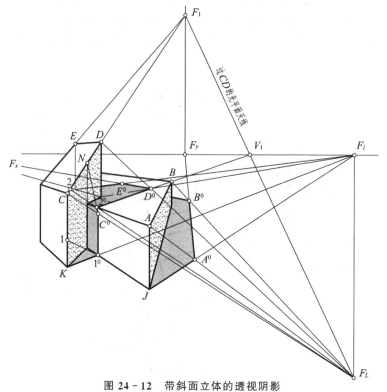

图 24-12　带斜面立体的透视阴影

23-11的方法求出点 A 在地面上的落影 A^0，点 B 在地面上的落影 B^0，连接 B^0F_x；连接 KF_l，求得 CK 在地面和墙面上落影的转折点 1^0，过 1^0 作竖直线与 CF_L 相交于 C^0。CD 与基面倾斜，其在右侧立体顶面上的落影的灭点 V_1 应符合前述的落影规律，即 V_1 是过 CD 的光平面灭线与其承影面（右侧立体水平顶面）灭线的交点。CD 在墙面上的落影，必然通过它与墙面的扩大面的交点 N；连接 C^0N 得 2^0，2^0 为 CD 在墙面和水平顶面上落影的转折点。连接 2^0V_1，与 DF_L 相交于 D^0；连接 D^0F_x 与 EF_L 相交于 E^0，连接 F_lE^0 并延长，至此完成带斜面立体的透视阴影。

图 24-13 所示为一带雨篷门洞的透视阴影，作图过程不再详述，请读者自行分析。

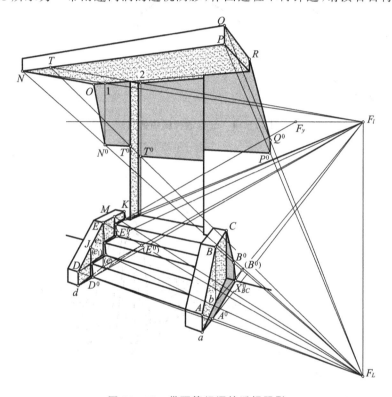

图 24-13 带雨篷门洞的透视阴影

24.2.3 三点透视中的透视阴影

在三点透视图中作阴影的原理和方法同铅垂画面上的透视阴影。

1. 光线与画面倾斜相交时的透视阴影

如图 24-14 所示，F_L、F_l 分别是光线 L 及其基透视的灭点。F_L 与 F_l 的连线通过 F_z，F_LF_z 实际上是过铅垂线的光平面的灭线，F_l 是 F_LF_z 与视平线 h-h 的交点。

图 24-15 所示是一建筑立体的仰望三点透视，求其透视阴影。作图时，先任取一点 F_L，连接 F_z 与 F_L，与视平线 h-h 相交于 F_l。连接 AF_L、aF_l，AF_L 与 aF_l 相交于 A^0，A^0 即为点 A 在地面上的落影，同理可求得 B^0、J^0。连接 F_lJ^0 并延长，完成阴线 $bBAJj$ 的落影。连接 dF_l，与 bc 相交于 1^0，连接 1^0F_z，与 DF_L 的连线相交于 D^0，连接 D^0C，则 $d1^0D^0C$ 即为另一组阴影 dDC 在地面及立体表面上的落影。

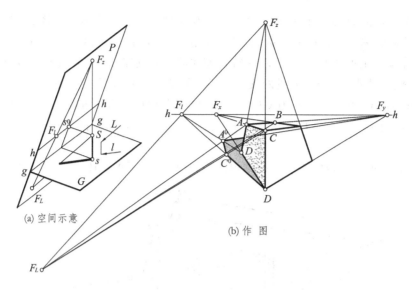

(a) 空间示意　　(b) 作图

图 24-14　三点透视图中的阴影

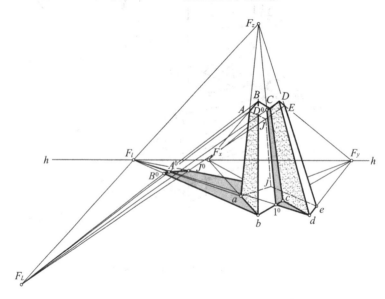

图 24-15　建筑立体的仰望三点透视阴影

2. 光线与画面平行时的透视阴影

如图 24-16 所示,光线与画面平行,光线的透视没有灭点,但铅垂线的落影有灭点,这时,过铅垂线的光平面的灭线,一定平行于光线,过 F_z 作光线的平行线,与视平线 $h-h$ 相交,即得 F_l。作图时,先在视平线 $h-h$ 上任取 F_l,连接 F_z 与 F_l,过空间一点作光线平行于 F_zF_l。连接 F_l 与该点的基投影,两线相交即得空间一点的落影。

3. 光线与画面相交,光线的基投影与画面平行时的透视阴影

如图 24-17 所示,光线与画面相交,光线的基投影 l 与画面平行,光线的透视有灭点 F_L,光线的基透视没有灭点,这时 F_zF_L 平行于视平线 $h-h$,作图时 F_L 可任意选取。

图 24-18 所示是一碑形建筑的俯瞰三点透视,求其透视阴影。作图时,先任取一点 F_L,

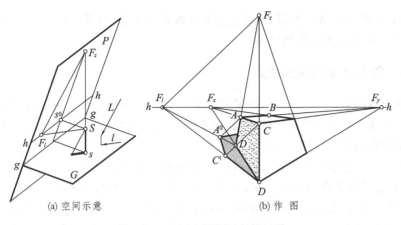

(a) 空间示意　　　　　　(b) 作　图

图 24-16　三点透视图中的阴影

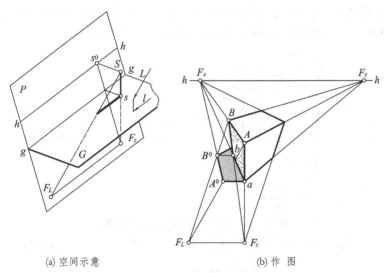

(a) 空间示意　　　　　　(b) 作　图

图 24-17　三点透视中的阴影

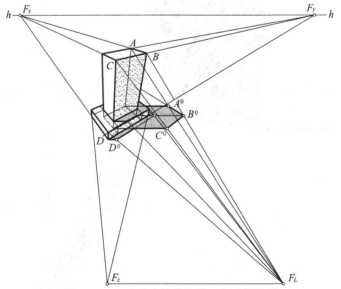

图 24-18　碑形建筑的俯瞰三点透视阴影

使 F_LF_z 平行于视平线 $h-h$。然后，过各点的基透视作水平线，与各点和 F_L 的连线分别相交于 A^0、B^0、C^0 和 D^0，其他作图过程如图所示。

24.2.4 曲面体的透视阴影

曲面体的透视阴影的作图原理与平面体相同。作图时应注意以下两点特性：

（1）由铅垂母线形成的曲面体的阴线，是光平面在此曲面上的切线，仍为铅垂线。铅垂线在铅垂母线形成的曲面上的落影也是铅垂线。

（2）一直线在与它相平行的直母线所形成的曲面上的落影，是和该直线相平行的直线。

图 24-19 为带方盖盘圆柱的透视，求其阴影。光线在盖盘底面上的基透视为水平线。作图时，首先作水平线与圆柱上底圆相切，由切点 C 作出素线 CD，CD 即为圆柱面的阴线。盖盘阴线 AB 落在圆柱面上，过阴线 AB 上某一点 E 作水平线，即为过点 E 的光线的基透视，与底圆交于 E_0，由 E_0 作素线，与过点 E 的光线相交于 E^0，即为点 E 在柱面上的落影。如此求出 AB 上若干个点在柱面上的落影，连线即得 AB 在柱面上的落影曲线。

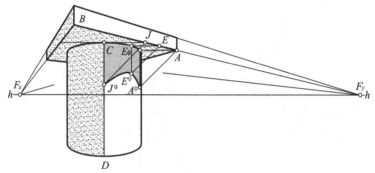

图 24-19　带方盖盘圆柱的透视阴影

图 24-20 为一圆拱门的透视阴影。作图时，可先选点 A 为控制点，假设点 A 落影在 A^0，

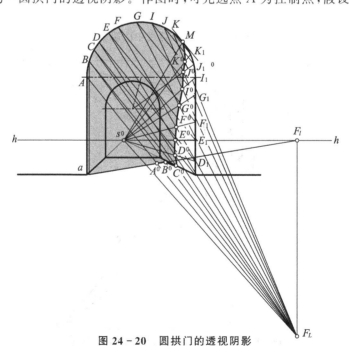

图 24-20　圆拱门的透视阴影

连接 aA^0 与视平线 h-h 交于 F_l，连接 AA^0 与过 F_l 的铅垂线交于 F_L。作大圆的切线平行于 $F_L s^0$，切点为 M，在 AM 上选取 B、C、D、E…诸点，过这些点分别作 $F_L s^0$ 的平行线，得 D_1、E_1、…。DD_1、EE_1、…分别是过 D、E、…诸点的光平面与画面的交线，它们必定平行于光平面的灭线 $F_L s^0$。过这些点所作的光平面与圆柱的截交线是素线 $D_1 s^0$、$E_1 s^0$、…，各点的落影分别位于这些素线上。为此，连接 DF_L、EF_L、…，求得 D^0、E^0、…，C^0 为地面与墙面上的落影的转折点，B^0 为 AC 段上点 B 在地面上的落影。最后，光滑地连接 $A^0 B^0 C^0 D^0 E^0 F^0 G^0 I^0 J^0 K^0 M$，$aA^0$ 为直线且灭于 F_l，完成作图。

图 24-21 是曲面体透视阴影的应用实例。

图 24-21　曲面体的透视阴影实例

24.3　倒影和虚像

在平静的水面上能够看到对称于水平面的图像，称为**倒影**。在镜中能够看到物体的形象，称为**虚像**。在建筑透视图上，往往根据需要，画出倒影或虚像，增强透视图的真实感和艺术效果。

24.3.1　倒影和虚像的形成规律

如图 24-22 所示，为一根临近水面的立杆 AB，如果点 A 为一发光灯泡，则灯泡发出的光线中会有一条光线射向水面上的点 A_1，由点 A_1 反射进入位于 S 处的视点。AA_1 称为**入射光线**，$A_1 S$ 称为**反射光线**。入射光线和反射光线与反射面的法线的夹角，分别称为**入射角** i 和**反射角** i'。根据反射定律可知，点 A 及点 A 在水中虚像的连线垂直于反射面，入射角等于反射角。立杆 AB 上除点 A 之外的所有点，都适用于这个规律。因此，立杆在水中的虚像 $B^0 A^0$ 与 AB 对称于

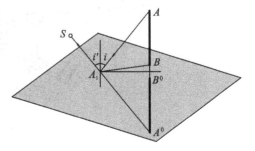

图 24-22　倒影的形成

水面,成为一根上下倒置的虚像。所以,水中虚像对于水平的反射面来说,称为倒影。

在透视图中求作一物体虚像,实际上就是画出该物体对称于反射面的对称形象的透视。

24.3.2 水中的倒影

图 24-23 是一长方体的两点透视,求其在水中的倒影。长方体的 X 向直线及其倒影因为相互平行,故均应灭于 F_x,Y 向直线及其倒影均应灭于 F_y。由于反射面为水面,在求点 B 在水中的虚像时,必须先确定点 B 在水面的投影 b_1,然后,连接 Bb 并延长,在 Bb 的延长线上自 b_1 向下截取 $b_1B^0=b_1B$,B^0 即为所求的点 B 在水中的虚像。其余作图可按两点透视规律进行。

由上图可知,由于水面是水平的,对一个点来说,该点与其在水中的倒影的连线是一条铅垂线,如 BB^0。当画面为铅垂面时,该点与其倒影对水面的垂足的距离,在透视中仍然保持相等。

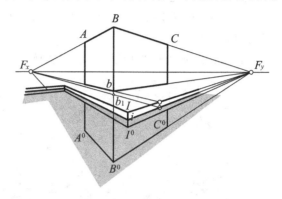

图 24-23 长方体的倒影

图 24-24 所示是一房屋的透视,求其在水中的倒影,以墙角线 Aa 为控制线,求出 Aa 在水面中的倒影 A^0a^0,求法同图 24-23。利用灭点 F_x、F_y、F_1、F_2,按透视特性作出该房屋形体上的其他点的倒影。在确定烟囱和门、窗洞的倒影时,可在已作出的墙面和屋面上作辅助线进行定位即可,其他作图过程不再细述。图 24-25 是倒影的一个应用实例。

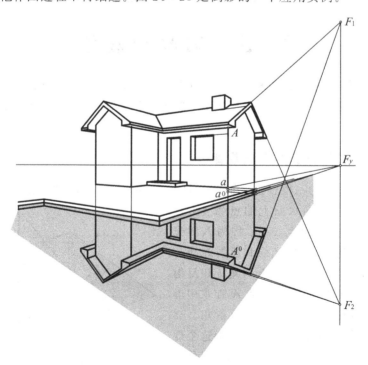

图 24-24 房屋在水中的倒影

图 24 - 25　建筑物的倒影

24.3.3　镜中的虚像

镜面可以垂直于地面放置，也可以倾斜于地面放置。镜中虚像的作图，要根据镜面与画面的各种相对位置而采取不同的方法。

1. 镜面垂直于画面，又垂直于地面

当镜面垂直于画面时，空间一点与其虚像的连线，是一条与画面相平行的直线，因此，空间点及其虚像对于镜面的垂直距离，在透视图中仍能反映等长。如图 24 - 26(a)所示，铅垂线 AB 在镜面中的虚像 A^0B^0，可过 B 作平行于画面的直线，与镜面和基面的交线 JK 相交于 B_1，过 B_1 作铅垂线，即为镜面上的对称线。延长 BB_1，在延长线上截取 $B_1B^0 = BB_1$，过 B^0 作铅垂线，使 $B^0A^0 = BA$，A^0B^0 即为铅垂线 AB 在镜中的虚像。不难证明，$AA^0 /\!/ BB^0 /\!/ g\text{-}g$ 线，透视图中求作 AB 的虚像如图 24 - 26(b)所示。

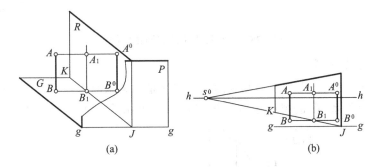

图 24 - 26　镜面垂直于画面和地面的虚像

2. 镜面垂直于画面，与地面倾斜

当镜面垂直于画面而与地面倾斜时，空间一点与其虚像的连线，仍与画面平行，也就是说，过 AB 和 A^0B^0 的平面平行于画面，如图 24 - 27(a)所示。因此，A 与 A^0 到镜面上的对称线的距离是相等的，并在透视图中保持不变。过 B 作水平线，与 JK 相交于点 e，过点 e 作与 Be 成 α 角（镜面与地面的夹角）的直线，即为镜面上的对称线，与 BA 的延长线相交于点 N，BA 与

Ne 的夹角为 β。过点 N 在对称线 Ne 的另一侧作夹角为 β 的直线,过 B 作 Ne 的垂线,得 B^0;过 A 作垂线,得 A^0,A^0B^0 即为铅垂线 AB 在镜中的虚像。透视图中求作 AB 的虚像如图 24-27(b) 所示。

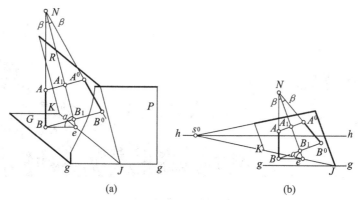

图 24-27　镜面垂直于画面而倾斜于地面时的虚像

图 24-28 所示的室内透视图中的虚像,是根据上述两种镜面位置成像的特点求出的,读者可自行分析其作图过程。

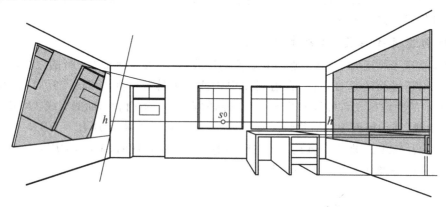

图 24-28　一点透视中的侧面镜中的虚像

3. 镜面平行于画面

当镜面平行于画面时,空间一点与其虚像的连线是一条画面垂直线。空间点与其虚像,对于镜面的对称等距关系,在透视图中将产生变形而不再相等。如图 24-29(a) 所示,铅垂线

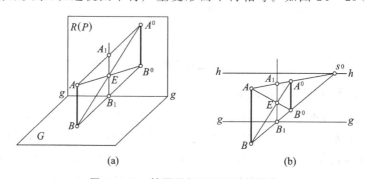

图 24-29　镜面平行于画面时的虚像

AB 与其虚像 A^0B^0 到镜面的距离相等。AA^0、BB^0 垂直于镜面,由于镜面与画面平行,故 AA^0、BB^0 都为画面垂直线,其透视必然灭于心点 s^0;在图(b)所示的透视图中,$BB_1\neq B_1B^0$,$AA_1\neq A_1A^0$。

为求 A^0、B^0,可连接 As^0、Bs^0,Bs^0 与 $g-g$ 相交于 B_1,过 B_1 作竖直线与 As^0 相交于 A_1,取 A_1B_1 的中点 E,连接 AE、BE 并分别延长,得 A^0、B^0。这是因为,在图(a)中可以看出,AB 与 A^0B^0 的对称轴线为 A_1B_1,且 $AA_1=A^0A_1$,$BB_1=B_1B^0$,由于 ABB^0A^0 为一矩形,故此矩形的对角线必通过 A_1B_1 的中点 E。

图 24-30 所示为室内一点透视图,正面墙上悬挂一镜面,求镜中的虚像。如求点 B 的虚像,先连接 Cs^0,交墙脚线于点 7,过点 7 作竖直线与 Bs^0 连线相交于点 6,连接 C 和 67 线的中点 8,与 Bs^0 相交于点 B^0,即为所求。又如求点 E 的虚像,先连接 Es^0,与竖墙角线交于点 4,过 E 作竖直线与墙脚线交于点 1,连接 1 点和 45 的中点 9,并延长与 Es^0 相交于 E^0,即为所求。同理可求得其他诸点的虚像,不再详述。

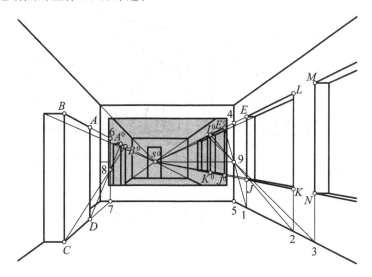

图 24-30　一点透视中正面镜中的虚像

4. 镜面垂直于地面,与画面倾斜

在这种情况下,空间一点与其虚像的连线,是一条与画面相交的水平线。空间点及其虚像对于镜面的对等关系,在透视图中也将产生变形而不相等。如图 24-31(a)所示,铅垂线 AB 与其虚像 A^0B^0 组成的平面垂直于镜面,但与画面倾斜,AA^0、BB^0 的灭点为 F_x,对角线 AB^0 与 BA^0 的交点 E 是 A_1B_1 的中点。透视图中,$BB_1\neq B_1B^0$,$AA_1\neq A_1A^0$,作图时,连接 AF_x、BF_x,BF_x 与 nF_y 相交于 B_1,过 B_1 作竖直线与 AF_x 相交于 A_1,找出 A_1B_1 的中点 E,连接 BE、AE,分别与 AF_x、BF_x 相交得 A^0、B^0,A^0B^0 即为所求的虚像,如图 24-31(b)所示。

图 24-32 所示是室内两点透视图中的镜中虚像,作图方法基本上与图 24-30 相同,不再赘述。

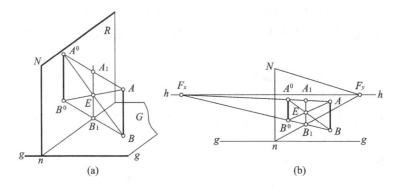

图 24-31　镜面垂直于地面、倾斜于画面时的虚像

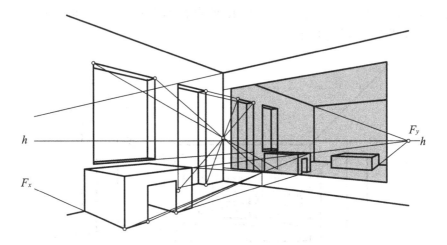

图 24-32　室内两点透视中的虚像

参考文献

[1] 朱育万. 画法几何及土木工程制图[M]. 北京:高等教育出版社,2001.
[2] 何斌,等. 建筑制图[M]. 4版. 北京:高等教育出版社,2001.
[3] 乐荷卿. 建筑透视阴影[M]. 长沙:湖南大学出版社,1996.
[4] 单国骏,等. 画法几何与土建工程制图[M]. 济南:山东科学技术出版社,2001.
[5] 同济大学建筑制图教研室. 画法几何[M]. 第2版. 上海:同济大学出版社,1996.
[6] 同济大学. 建筑阴影和透视[M]. 上海:同济大学出版社,1996.
[7] 黄红武,等. 现代阴影透视学[M]. 北京:高等教育出版社,2004.
[8] 谢培青. 画法几何与阴影透视(上)[M]. 2版. 北京:中国建筑工业出版社,1998.
[9] 许松照. 画法几何与阴影透视(下)[M]. 2版. 北京:中国建筑工业出版社,1998.
[10] 朱福熙. 建筑制图[M]. 3版. 北京:高等教育出版社,1992.
[11] 中华人民共和国国家标准 GB/T 50001—2001、GB/T 50103—2001、GB/T 50104—2001、GB/T 50105—2001. 北京:中国计划出版社,2002.
[12] 中国建筑西北建筑设计研究院,等. 建筑施工图示例图集[M]. 北京:中国建筑工业出版社,2000.
[13] 尤逸南,等. 室内装饰设计施工图集(8)[M]. 北京:中国建筑工业出版社,1999.
[14] 史春珊,等. 现代室内设计与施工[M]. 哈尔滨:黑龙江科学技术出版社,1993.